普通高等学校网络工程专业教材

现代计算机网络原理与技术

唐为方 亓江涛 杨光 史士英 王新刚 编著

U0333412

清华大学出版社

北京

内 容 简 介

本书以计算机网络五层体系结构为基础,对现代计算机网络原理和应用进行了介绍。全书共分为10章,分别介绍了计算机网络基础、网络体系结构、局域网技术、TCP/IP、网络系统与服务及云计算等内容。本书引入网络工程技术和协议分析技术,验证所学理论,帮助读者理解网络原理。本书还力图反映与计算机网络相关技术的一些最新发展。

本书适合作为高等院校计算机科学与技术、软件工程、电子信息技术、物联网等相关专业的计算机网络相关课程教材,也可作为计算机网络业内人士、信息技术爱好者和考研者的参考用书。

图书在版编目(CIP)数据

现代计算机网络原理与技术/王守强主编. —北京:清华大学出版社,2021.11

普通高等学校网络工程专业教材

ISBN 978-7-302-58526-8

Ⅰ. ①现… Ⅱ. ①王… Ⅲ. ①计算机网络—高等学校—教材 Ⅳ. ①TP393

中国版本图书馆 CIP 数据核字(2021)第 121988 号

责任编辑:郭 赛 薛 阳
封面设计:常雪影
责任校对:郝美丽
责任印制:朱雨萌

出版发行:清华大学出版社
   网　　址:http://www.tup.com.cn,http://www.wqbook.com
   地　　址:北京清华大学学研大厦 A 座   邮　　编:100084
   社 总 机:010-62770175   邮　　购:010-83470235
   投稿与读者服务:010-62776969,c-service@tup.tsinghua.edu.cn
   质量反馈:010-62772015,zhiliang@tup.tsinghua.edu.cn
   课件下载:http://www.tup.com.cn,010-83470236
印 装 者:三河市龙大印装有限公司
经　　销:全国新华书店
开　　本:185mm×260mm   印　张:21.75   字　　数:531 千字
版　　次:2021 年 11 月第 1 版   印　　次:2021 年 11 月第 1 次印刷
定　　价:59.00 元

产品编号:091147-01

前　言

　　互联网已经极大地改变了人们的生产、生活方式。今天，人们根本无法想象回到一个没有网络，不能随时随地与朋友聊天、展示图片、观看视频或者在线购物的时代将会是什么样子。在计算机网络已经成为社会基础设施的这个时代，对计算机网络的理论、技术和应用的了解、学习和掌握成为人们的基本需求，计算机网络课程也成为高等学校 IT 类专业的核心专业基础课，以及理工类和经济管理类专业的必修课。

　　应用型本科人才培养强调实践性、应用性和技术性。应用型本科计算机网络教学的主要任务是讲授计算机网络的基本原理、相关技术与应用，在学生对计算机网络基本原理和协议掌握的基础上，提高学生的网络分析能力和工程应用能力，培养学生成为知识与能力并重的一专多能的复合型人才，实现理论、应用、技术三位一体的计算机网络教学。

　　作者从事应用型本科计算机网络教学近二十年，选用过多本国内教材，在教学过程中发现学生在学习过程中普遍感觉到计算机网络课程过于理论化，并不能真正地理解计算机网络课程中的理论知识的实际应用价值。因此，在讲授过程中，作者力图增加大量案例。在讲授各层协议原理时，利用协议分析软件捕获数据包，目的是让学生看到各层数据包结构，看到每一层的封装，加深学生对各层协议及网络原理的理解，培养学生的网络分析与纠错能力。在实践教学内容上，通过融入网络工程实例，培养学生网络工程的应用能力，实现理论、应用、技术三位一体的计算机网络教学。作者基于对应用型本科计算机网络的知识模块、教学目标、教学内容的理解，参照国内部分计算机网络经典教材，编写了本书。

　　本书主要内容如下。

　　第 1 章是计算机网络概述。首先介绍计算机网络的定义、计算机网络的性能指标以及计算机网络的分类。接着介绍了互联网的概念、互联网的组成以及分组交换网的原理。最后讨论了计算机网络的几个性能指标。

　　第 2 章讨论了计算机网络协议、体系结构以及相关的基本概念。简要介绍了国际标准化组织和 TCP/IP 对计算机网络的分层结构。讨论了五层体系结构的基本功能,分析了数据在五层体系结构之间的传递过程。

第 3 章介绍了计算机网络通信的物理层。主要介绍了物理层的基本概念、数据通信的基础知识和各种传输介质,讨论了几种常用的宽带接入技术。介绍了双绞线 RJ-45 头的制作方法和步骤。

第 4 章首先介绍数据链路层基础知识和需要解决的三个基本问题:封装成帧、透明传输、差错检测。接着讲述两种类型的数据链路层,即点到点链路的数据链路层和广播信道的数据链路层。这两种数据链路层的通信机制不一样,使用协议也不一样:点到点链路使用 PPP;广播信道使用带冲突检测的载波侦听多路访问协议(CSMA/CD 协议)。本章重点介绍了基于广播信道的以太网技术,包括以太网标准、以太网原理、虚拟局域网及以太网相关配置技术。

第 5 章主要介绍了 IPv4 和 IPv6 地址。针对 IPv4,主要讲述了 IPv4 地址格式、子网掩码的作用、IPv4 地址分类以及子网划分,还介绍了公网地址和私网地址;基于 IPv6,讲述了 IPv6 地址结构、类型以及一些特殊的 IPv6 的地址。

第 6 章讲述了网络层。讲解网络层首先要理解虚拟网络的概念,因此首先介绍了虚拟网的概念。由于路由器是根据网络层首部转发数据包的,可见网络层首部各字段是为了实现网络层功能。除了讲解网络层首部,本章还讲解了TCP/IP 协议栈网络层的四个协议:IP、ICMP、IGMP 和 ARP。

第 7 章讲述了路由选择。路由选择是网络层的一个重要功能,在本章的学习中既要理解路由选择的含义、功能及相关原理,又要掌握基本路由配置技术。本章主要讲述了路由器功能、路由选择概念、自治系统概念、静态路由及动态路由选择协议。为了更深入地理解相关概念和原理,基于思科路由器,本章还介绍了静态路由和动态路由的相关配置技术。

第 8 章讲解了 TCP/IP 运输层的两个协议 TCP 和 UDP。首先讲述了传输层与应用层之间的关系、端口与服务之间的关系,根据它们之间的关系,进一步让学生明白设置防火墙实现网络安全的道理。运输层有 TCP 和 UDP 两个协议,本章讲解了这两个协议的首部和功能,重点介绍了 TCP 如何实现可靠传输、流量控制、拥塞避免和连接管理。

第 9 章介绍了应用层。应用层定义了服务器和客户机之间如何交换信息、

F O R E W O R D

服务器和客户端之间进行哪些交互、命令的交互顺序,规定了信息的格式以及每个字段的意义。本章讲述了几种标准的应用层协议,由于不同的应用实现的功能不一样,如访问网站和收发电子邮件的实现功能不一样,因此需要不同的应用层协议。

第10章讲解了云计算。本章为网络技术的应用扩展。作为一种新兴的网络技术和商业计算模型,云计算是基于网络将计算任务分布在大量计算机构成的资源池上,使用户能够借助网络按需获取计算力、存储空间和信息服务。云计算融合了大量的革新技术,它不仅是技术革新驱动商业模式变革的产物,也是用户需求驱动的结果。本章主要介绍了云计算的基本概念、云计算服务架构、云计算关键技术和国内外主流的云平台技术,目的是让读者对云平台有一个初步认识。

由于计算机网络知识和内容十分丰富,为便于读者理解基础的网络知识,本书力求与身边的计算机网络应用相联系,把计算机网络的原理、技术与应用融合在一起;通过捕获和分析协议包,使读者感受网络协议,理解网络协议的功能,感觉到计算机网络和网络协议不再抽象;在数据链路层、网络层及应用层引入相关网络技术,使读者真正体会网络的应用,目的是让读者从理论、技术与应用三方面理解计算机网络原理。

本书由山东交通学院王守强教授主笔,在编写过程中得到了山东交通学院信息科学与电气工程学院和齐鲁工业大学计算机学院的大力支持。齐鲁工业大学的唐为方编写了第1、2章,山东交通学院的史士英编写了第3章,王守强编写了第4~7章,山东交通学院的亓江涛编写了第8章,山东交通学院的杨光编写了第9章,齐鲁工业大学的王新刚编写了第10章。

由于作者水平有限,书中难免存在疏漏或不妥之处,恳请读者批评指正,并对阅读和使用本书的任课教师、学生和读者表示感谢。

作者

2021 年 10 月

CONTENTS

目　录

CONTENTS

C O N T E N T S

C O N T E N T S

CONTENTS

CONTENTS

CONTENTS

CONTENTS

第 1 章　计算机网络概述

计算机网络已经改变了人们学习、工作和生活的方式。计算机网络是计算机技术与通信技术紧密结合的产物。为了使读者对计算机网络有一个全面、准确的认识,本章首先介绍计算机网络概念、计算机网络发展、计算机网络组成、网络在信息时代的作用以及计算机网络分类;接着介绍互联网概念、分组交换网原理及互联网组成;最后介绍计算机网络的几个重要的性能指标。

本章主要内容:

(1) 计算机网络和互联网的概念;

(2) 分组交换网络;

(3) 互联网边缘部分和核心部分的作用;

(4) 计算机网络的性能指标。

1.1　计算机网络的概述

计算机网络是计算机技术和通信技术相结合的产物,这种结合开始于 20 世纪 50 年代。20 世纪 80 年代末期以来,随着计算机技术的迅猛发展,计算机的应用也逐步渗透到人们生活的各个方面和社会生产技术的各个领域。现在是信息化的时代,数据需要分步同时处理,以及世界各地大量信息资源需要共享等种种需求,促使当代的计算机技术与通信技术进行了一次又一次的"相亲",而它们结合的直接产物就是计算机网络。

1.1.1　计算机网络概念

关于计算机网络有多种不同的定义,最简单的定义是:一些相互连接的、以共享资源为目的、自治的计算机的集合。从广义上看,计算机网络是以传输信息为基础目的,用通信线路将多个计算机连接起来的计算机系统的集合。一个计算机网络组成包括传输介质和通信设备。从用户角度看,计算机网络是这样定义的:存在着一个能为用户自动管理的网络操作系统,它调用完成用户所调用的资源,而整个网络像一个大的计算机系统一样,对用户是透明的。因此,一个比较通用的定义是:利用通信线路将地理上分散的、具有独立功能的计算机系统和通信设备按不同的形式连接起来,以功能完善的网络软件及协议实现资源共享和信息传递的系统。

从整体上来说,计算机网络就是把分布在不同地理区域的计算机与专门的外部设备用通信线路互连成一个规模大、功能强的系统,从而使众多的计算机可以方便地互相传递信息,共享硬件、软件、数据信息等资源。简单来说,计算机网络就是由通信线路互相连接的许多自主工作的计算机构成的集合体。

计算机网络必须具备以下几个特征。

(1) 两台或者两台以上的有独立操作系统的计算机。

（2）计算机之间要有通信介质将其互连。

（3）遵循一定的网络协议。

（4）资源共享。

1.1.2　计算机网络发展的阶段

计算机网络的发展经历了 20 世纪 60 年代的萌芽和 20 世纪 70 年代的兴起,更是在 20 世纪 80 年代中计算机网络尤其是局域网得到了蓬勃的发展,20 世纪 90 年代到现在则被称为计算机网络的年代。随着人们不断地创新和网络技术的成熟,计算机网络将会有更广泛的应用。计算机网络发展大体经历了以下四个阶段。

1. 联机终端网络

20 世纪 50 年代到 20 世纪 60 年代,计算机还比较少,远程终端利用拨号和电话通信线路与计算机主机连接,多个终端共享主机资源,构成联机终端网络。

联机终端网络的特征是一个主机,多个终端,以主机为中心,终端之间不能进行通信。若要严格按照计算机网络定义来描述,这种联机终端网络实际上是一个计算机通信网,并不是真正的计算机网络。

2. 计算机-计算机网络

计算机-计算机网络是符合计算机网络定义的系统,典型的网络实例为 1969 年建成的 ARPANET。ARPANET 标志着目前所称的计算机网络的兴起,是计算机网络发展的里程碑,这个网络最后演变成了现在的因特网(Internet)。

计算机-计算机网络的特征是多个主机,网络设计采用分层的概念,把计算机的网络功能分到不同的层次,通信双方的对等层采用彼此能够听懂的对等层网络协议,把各层功能用网络控制协议实现,网络控制协议与传输数据一起构成协议数据单元(Protocol Data Unit, PDU)。采用分组交换技术,把传输的报文分成分组,以适应计算机数据传输突发性的特点。

这一阶段也称为分组交换网时代。计算机网络的组成包括两级子网,即用于通信控制传输和通信处理的通信子网,以及用于数据处理的资源子网。计算机网络从第一阶段以主机为中心演变为以通信子网为中心。

3. 开放的计算机网络体系结构

1974 年,美国 IBM 公司按照分层思想研制了世界上第一个网络体系结构 SNA (System Network Architecture),不久后其他一些公司也相继推出本公司的一套体系结构,采用不同名称,如 DEC 公司的 DECNET。网络体系结构出现后,按照某一厂商的网络体系结构生产的计算机网络硬件、软件产品,只能在本厂商生产的网络产品之间进行互连,无法与其他厂商的网络产品互连。

然而,全球经济的发展使得不同网络体系结构的用户迫切要求能够互相交换信息。为了使不同网络体系结构的网络互联互通,国际标准化组织(ISO)于 1977 年成立了专门机构研究该问题。不久,他们提出了一个试图使各种计算机在世界范围内互连成网的标准框架,凡是按照这一框架生产的网络硬件和软件都可以互连起来。1983 年,ISO 给出了"开放系统互连参考模型"(Open System Interconnection Reference Model,OSI/RM)。OSI 给出了 7 个层次描述,由低层向高层排列,依次为物理层、数据链路层、网络层、运输层、会话层、表示层、应用层。每一层完成特定的功能,不同系统中的同等层利用对等层协议通信。遵循 OSI 设计的计算机网络系统称为"开放系统"。

在这一阶段,TCP/IP 有了长足发展,成为 ARPANET 正式协议,采用 IP 协议实现了异构计算机和异构计算机网络的互连。

随着局域网技术的产生和发展,IEEE 开始制定用于局域网的 IEEE 802 标准,IEEE 802 系列标准后来还涉及城域网技术和无线网络技术。

4. Internet(因特网)

从 20 世纪 90 年代初到现在,计算机网络设计和应用得到迅速的发展,信息化社会对计算机网络的迫切需求,已构成促进计算机网络技术发展的强大动力。

Internet 是一个世界范围的网络中的网络(Network of Networks),Networks 包含多个不同网络体系结构的网络,例如,各种各样的局域网、城域网、广域网、无线网络以及移动网络。出现这么多种不同网络的原因是,没有一种类型的网络可以满足所有应用的需要。多种不同网络采用不同的网络技术、网络协议和地址格式,需要提供一种网络互联的方法,使网络用户的数据信息可以在互联网络中传输。

实现网络互联的技术思路是在每个网络使用各自的网络协议,每个网络与其他网络通信时,使用 TCP/IP 屏蔽底层物理网络差异,通过 IP 向上提供一致性的服务,通过互连设备(例如路由器)实现不同网络之间的互联,使各种不同网络之间的差异对网络用户透明。

Internet 的应用经历了 3 种服务:①接入服务,由 Internet 服务供应商(Internet Service Provider,ISP)提供;②内容服务,由 Internet 内容供应商(Internet Content Provider,ICP)提供;③应用服务,由 Internet 应用供应商(Internet Application Provider,IAP)提供。

计算机网络发展的 4 个阶段及其特征见表 1-1。

表 1-1　计算机网络发展的 4 个阶段及其特征

阶段	时　间	名　称	特　征	典型应用
1	1950—1960 年初	联机网络终端	主机 1 个,终端多个	气象数据传输
2	1962—1969 年	计算机-计算机网络	主机多个,两级子网,层次协议	ARPANET
3	1974 年	开放网络体系结构	开放网络体系结构框架	OSI
4	1990 年	因特网(Internet)	网络的网络	Internet、Intranet

1.1.3　计算机网络在信息时代的作用

1. 计算机网络提供基本功能

(1)数据通信。计算机网络中的终端与计算机、计算机与计算机之间进行通信,传输数据,实现数据和信息的传输、收集和交换。数据通信是计算机网络最基本的功能,也是计算机网络实现其他功能的基础。

(2)资源共享。其含义是多方面的,可以是信息共享、软件共享,也可以是硬件共享。例如,计算机网络上有许多主机存储了大量有价值的电子文档,可供上网的用户自由读取或下载(无偿或有偿)。由于网络的存在,这些资源好像就在用户身边。又如,在实验室中的所有连接在局域网上的计算机可以共享一台比较昂贵的彩色激光打印机。

（3）给网络用户提供最好的性能价格比，减少重复投资。

（4）提供大容量网络存储，不继续增加新的多媒体应用。

（5）提供分布式处理，使得协同操作成为可能，可以平衡不同地点计算机系统负荷，降低软件设计复杂性，充分利用计算机网络系统内的资源，使得网络计算成为可能。

（6）可以对地理上分散的计算机系统进行集中控制，实现对网络资源集中管理和分配。

（7）提供高可靠性的系统，借助在不同信息处理位置和数据存储地点的备份，通过传输线路和信息处理设备的冗余实现高可靠性。

2. 计算机网络形成一种新的文化

人类文化发展经历了以下四个重要阶段。

（1）语言的产生和形成，开创了人类思维和文件交流。

（2）文字的产生和形成，使得人类的交流不受时间和空间的限制，大量的信息可以通过文字保留下来，形成文化积累。

（3）工业化社会给人类带来机器化大生产的观念，以及在一个特定时间和地点以统一的标准方式重复生产的经济形态，产生出相应的工业化社会文化。

（4）计算机网络技术的发展与应用正在产生一种新的文化，称为电子信息文化，使得人类冲破时间和空间的限制，把时间和距离缩小到零，人类生活的地球变成了"地球村"。

例如，通过因特网，人们可以和地球上任何地方的任何一个人通信，通信的另一方可以不在现场，可以在空闲时间处理电子邮件，不会受到时间限制。采用超文本、超媒体技术，人们可以在家里、在办公室不受任何空间限制浏览世界各地的信息。信息检索技术和视频点播技术改变了人们以往被动接收信息数据、实时接收广播和电视的习惯，真正做到按需索求。人们利用信息网络接受教育，使得知识更新和终身教育成为可能。人们利用信息网络开展科学研究，有可能加快科学的发明和发现。远程医疗、电子图书馆、电子商务、电子政务等的出现已经极大地改变了信息社会结构，以及人类社会的生活方式和人类的生存质量。

1.1.4　计算机网络的硬件和软件

1. 计算机网络硬件

计算机网络的硬件包括计算机设备、网络互联设备、网络连接设备和传输介质。计算机设备有各种计算机、打印机、网络存储等设备，他们作为信息的发送和接收设备，同时也是信息处理设备。网络互联设备包括中继器、桥接器、路由器和协议转换器，用于网络之间的互联。网络连接设备包括交换机和集线器；传输介质分为有线介质和无线介质，用来作信号的通路。

为了使信号能够在信道上传输，还需要信号变换设备，把计算机设备给出的信号转换成适合在信道上传输的形式。例如，家庭通过拨号上网，用到的调制解调器就是一个信号变换设备，它用来把计算机输出的信号转换为模拟信号，以适应电话网络模拟信道的要求。还有光电转换设备，用来实现光信号和电信号之间的转换，使得信号可以在电信道或光信道上传输。

2. 计算机网络软件

计算机网络软件包括网络体系结构、网络操作系统、网络协议软件、网络工具软件、网络编程软件和网络应用软件。

网络体系结构给出计算机网络的层次和协议集合,给出网络协议簇和网络体系结构参考模型,是计算机网络理论最重要的内容。网络操作系统用于管理计算机网络的连接和运行,常用的有 Windows、UNIX、Linux 等。网络协议软件用于实现网络协议的功能,构成计算机网络中的通信语言。网络操作系统都应支持相应的网络协议,常用的网络协议有 TCP/IP,它是因特网中的语言。网络工具软件用于对网络环境的配置,对网络运行参数的设置,对网络运行状态进行测试,实现网络的管理。网络编程软件用于编制在计算机网络环境中的应用程序,例如 C 语言、Java 语言、HTML、XML 和各种脚本语言。网络应用软件是在网络环境中解决各种应用问题的软件,提供网络用户的使用界面,实现特定的网络应用需求。

1.1.5　计算机网络的分类

计算机网络有多种类别,可以从不同角度对计算机进行分类。

1. 从网络的作用范围进行分类

1) 局域网

局域网(Local Area Network,LAN)一般用微型计算机或工作站通过高速通信线路相连(速率通常在 10Mb/s 以上)。但地理上则局限在较小范围内,如一个实验室、一幢楼或一个校园内,距离一般在 1km 以内。局域网通常由某个单位拥有、使用和维护。在局域网发展初期,一个学校或工厂往往只拥有一个局域网,现在局域网已被非常广泛地使用。一个学校或企业大都拥有许多个互联的局域网(这样的网络称为校园网或企业网)。

2) 城域网

城域网(Metropolitan Area Network,MAN)的作用范围一般是一个城市,可跨越几个街区甚至整个城市,其作用范围为 5～50km。城域网通常作为城市骨干网,互联大量企业、机构和校园局域网。近几年,城域网已开始成为现代城市的信息服务基础设施,为大量用户提供接入和各种信息服务,并有趋势将传统的电信服务、有线电视服务和互联服务融为一体。

3) 广域网

广域网(Wide Area Network,WAN)的作用范围通常为几十到几千米,可以覆盖一个国家、地区,甚至跨越几个洲,因而有时也称为远程网。广域网是因特网的核心部分,其任务是为核心路由器提供远距离(例如,跨越不同的国家)高速连接,互联分布在不同地区的城域网和局域网。

4) 个人区域网

个人区域网(Personal Area Network,PAN)不同于以上网络,不是用来连接普通计算机的,而是在个人工作的地方把属于个人使用的电子设备(如便携式计算机、打印机、鼠标、键盘、耳机等)用无线技术连接起来的网络,因此也称为无线个人区域网(Wireless PAN,WPAN),其作用范围在 10m 以内。

2. 从网络使用者进行分类

1) 公用网

公用网是指电信公司(国有或私有)出资建造的大型网络。"公用"的意思是所有愿意按电信公司的规定缴纳费用的人都可以使用这种网络。因此公用网也可称为公众网。

2）专用网

专用网是指某个部门为本单位的特殊业务工作的需要而建造的网络。这种网络不向本单位以外的人提供服务，例如，政府、军队、铁路、电力等系统均有本系统的专用网。

公用网和专用网都可以提供多种服务，若传送的是计算机数据，则分别是公用计算机网络和专用计算机网络。

1.2　互联网概述

起源于美国的因特网现已成为世界上最大的国际性计算机互联网。下面给出互联网的一些最基本概念，然后简要介绍互联网的发展，最后给出互联网的组成结构。

1.2.1　互联网概念

计算机网络是由若干节点(node)和链接这些节点的链路(link)组成的。网络中的节点可以是计算机、集线器、交换机或路由器等。图 1-1(a)给出一个具有四个节点和三条链路的网络。我们看到有三台计算机通过三条链路连接到一个交换机或集线器上，构成一个简单网络。在很多情况下可以用一朵云表示一个网络。这样做的好处是，可以不必关心网络中的细节问题，因而可以集中精力研究涉及与网络互联有关的一些问题。

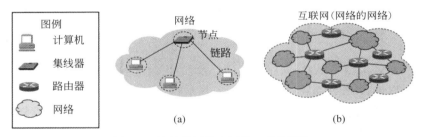

图 1-1　简单的网络和网络互联的网络

网络和网络还可以通过路由器互联起来，这样就构成了一个覆盖范围更大的网络，即互联网，如图 1-1(b)所示。因此互联网是"网络的网络"。

因特网(Internet)是世界上最大的互联网络，它是互联网络的全球集合，这些网络采用通用标准相互交换信息。Internet 用户可以通过电话线、光缆、无线传输和卫星链路，以各种形式交换信息。

先初步建立这样一个概念：计算机网络把许多计算机连接在一起，而互联网则把许多网络通过路由器连接在一起。与网络相连的计算机常称为主机。全球最大的互联网是因特网。

互联网的拓扑结构虽然非常复杂，并且在地理上覆盖全球，但从功能上看，可以划分为以下两大块。

（1）边缘部分。由所有连接在互联网上的主机组成。这部分是为用户使用的，用来运行各种网络应用，为用户直接提供电子邮件、文件传输、网络音视频等服务。

（2）核心部分。由大量网络和连接这些网络的路由器组成。这部分是为边缘部分提供服务的(提供连通性和数据交换)。

图 1-2 给出了这两部分的示意图。下面分别讨论这两部分的作用和工作方式。

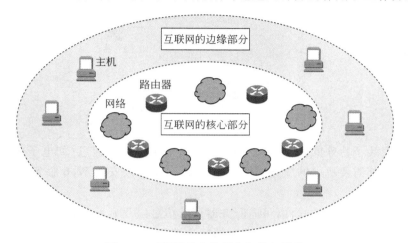

图 1-2　互联网的边缘部分与核心部分

1.2.2　互联网的边缘部分

与互联网边缘相连的计算机通常被称为端系统。如图 1-2 所示，因为它们位于互联网的边缘，故而被称为端系统。端系统在功能上可能有很大的差别，小的端系统可以是一台普通个人计算机(包括笔记本电脑或平板电脑)和具有上网功能的智能手机，甚至是一个很小的网络摄像头(可监视当地的天气或交通情况，并在互联网上实时发布);而大的端系统则可以是一台非常昂贵的大型计算机。端系统的拥有者可以是个人，也可以是单位(如学校、企业、政府机关等)，当然也可以是某个 ISP(ISP 不仅向端系统提供服务，也可以拥有一些端系统)。

边缘部分利用核心部分所提供的服务，使众多主机之间能够相互通信并交换或共享信息。关于计算机通信的含义，需要明确一下，如果说"主机 A 和主机 B 进行通信"，实际上是指"运行在主机 A 上的某个进程和运行在主机 B 上的另一个进程进行通信"。所谓"进程"就是指"运行的程序"。

在网络边缘的端系统之间的通信方式通常可划分为两大类：客户端/服务器(C/S)方式和对等(P2P)方式。下面分别对这两种方式进行介绍。

1. 客户端/服务器方式

客户端/服务器方式在互联网上是最常用的，也是传统的方式。人们在上网发送电子邮件或在网站上查找资料时，都是使用客户端/服务器方式。

如前所述，客户端和服务器都是指通信中所涉及的两个应用进程。客户端/服务器方式所描述的是进程之间服务和被服务的关系。在图 1-3 中，主机 A 运行客户端程序而主机 B 运行服务器程序。在这种情况下，A 是客户端而 B 是服务器。客户端 A 向服务器 B 发出请求，而服务器 B 向客户端 A 提供服务。这里最主要的特征是，客户端是服务请求方，服务器是服务提供方。

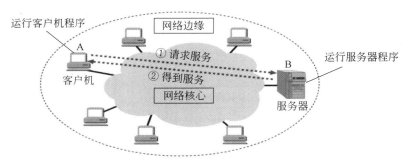

图 1-3　客户端/服务器工作方式

服务器是安装了特殊的软件，可以为网络上其他主机提供信息（如电子邮件或网页）的主机。每项服务都需要单独的服务器软件。例如，主机必须安装 Web 服务器软件才能为网络提供 Web 服务。

客户端是安装了特殊的软件，可向服务器请求信息以及显示所获取信息的计算机主机。Web 浏览器（如 Internet Explorer）是典型的客户端软件，它访问存储在 Web 服务器中的网页。其他常见客户端软件包括 Microsoft Outlook 和 Windows 资源管理器，其中，前者用于访问 Web 服务器中的电子邮件，而后者用于访问存储在文件服务器中的文件。

安装有服务器软件的计算机可以同时向一个或多个客户端提供服务。

一台计算机可以运行多种类型的服务器软件，在家庭或小企业中，一台计算机可能要同时充当文件服务器、Web 服务器和电子邮件服务器等多个角色。

一台计算机也可以运行多种类型客户端软件。所需每项服务都必须有客户端软件。安装客户端后，主机可以同时连接到多台服务器。例如，用户在收发即时消息和收听互联网广播的同时，可以查收电子邮件和浏览网页。

2. 对等连接方式

对等连接（Peer to Peer，P2P）是指两个主机在通信时并不区分哪一个是服务请求方哪一个是服务提供方。只要两个主机都运行了对等连接软件（P2P 软件），它们就可以进行平等的、对等连接通信。这时双方都可以下载对方已经存储在硬盘中的共享文档。因此这种工作方式也称为 P2P 文件共享。在图 1-4 中，主机 C,D,E 和 F 都运行了 P2P 软件，因此这

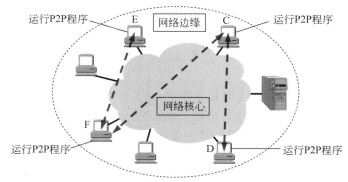

图 1-4　对等连接工作方式

几个主机都可以进行对等通信(如 C 和 D，E 和 F，以及 C 和 F)。实际上，对等连接方式从本质上看仍然是使用客户端/服务器方式，只是对等连接中的每一台主机既是客户端又同时是服务器。例如主机 C，当 C 请求 D 的服务时，C 是客户端，D 是服务器。但如果 C 又同时向 F 提供服务，那么 C 又同时起着服务器的作用。

P2P 方式可支持大量对等用户(如上百万个)同时工作。BT(BitTorrent)或电驴(eMule)都使用了 P2P 工作方式。

1.2.3　互联网的核心部分

网络核心部分是互联网中最复杂的部分，因为网络中的核心部分要向网络边缘中的大量主机提供连通性，使边缘部分中的任何一台主机都能够与其他主机通信。

在网络核心部分起特殊作用的是路由器，它是一种专用计算机(但不叫作主机)。路由器是实现分组交换的关键构件，其任务是转发收到的分组，这是网络核心部分最重要的功能。为了弄清分组交换，首先介绍电路交换的基本概念。

1. 电路交换

在使用电路交换通话之前，必须先拨号请求建立连接，建立一个临时电路来连接电话呼叫，该电路是能够将电话信号从发送者传输到接收者的物理连接，这是一条专用的物理通路。这条连接保证了双方通话时所需的通信资源，而这些资源在双方通信时不会被其他用户占用。此后，主叫和被叫双方就能互相通电话了。通话完毕挂机后，中间的交换机释放刚才使用的这条专用的物理通路(把刚才占用的所有资源归还给电信网)。这种必须经过"建立连接(占用通信资源)→通话(一直占用通信资源)→释放连接(归还通信资源)"三个步骤的交换方式称为电路交换。如果用户在呼叫时电信网的资源已不足以支持这次的呼叫，主机用户会听到忙音，表示电信网不接受用户的呼叫，用户必须挂机，等待一段时间后再重新拨叫。

电路交换的设计为消费者提供了新的服务，但它同样存在缺陷。例如，仅一个电话呼叫就能够占用所有电路，而在原先呼叫结束之前，没有其他的呼叫能够使用该电路。这个缺陷限制了电话系统的性能并使得它的花费很高，特别是当长距离呼叫时。根据美国国防部(DoD)的观点，这种系统在受到敌人攻击时很容易瓦解。

使用电路交换来传送计算机数据时，其线路的传输效率往往很低。这是因为计算机数据是突发式地出现在传输线路上的，因此真正用来传送的时间往往不到 10% 甚至低到 1%。已被用户占用的通信线路资源绝大部分时间都是空闲的。例如，当用户阅读终端屏幕上的信息或键盘输入和编辑一份文件时，或计算机正在进行处理而结果尚未返回时，宝贵的通信线路资源并未被利用而是被白白浪费了。

2. 分组交换

计算机网络通常采用分组交换技术。如图 1-5 所示的是把一个数据报文划分成几个分组的概念。通常把要发送的整块数据报称为一个报文。在发送报文之前，先把较长的报文划分成一个个更小的等长数据段，在每个数据段前面，加上一些必要的控制信息组成的首部后，就构成了一个分组。分组首部也称为包头，分组的首部是非常重要的，它包含发送者和接收者的地址信息。然后这些分组沿着不同的路径在一个或多个网络中传输，并且在目的地重新组合。

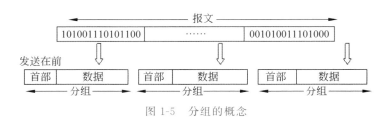

图 1-5　分组的概念

分组是网络中传送的数据单元，一个分组的首部非常重要，它包含的控制信息可以在分组交换网中独立地选择路由。这些分组传输彼此独立，互不影响，并且通常沿着不同的路由到达目的地。需要发送的数据块通常被分成多个分组，通常其中的一些分组在传输中丢失，网络协议允许这种情况发生并且包含要求重发在途中丢失的分组的方法。

图 1-6 描述了在源点和目的地之间有多条可用路由的分组交换网络。

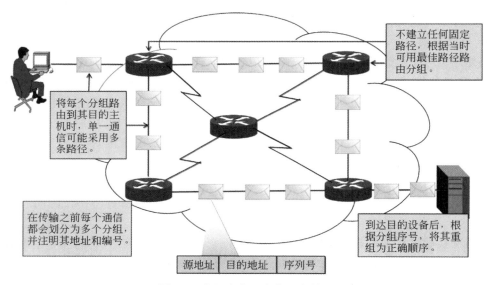

图 1-6　分组在分组交换网中转发

使用分组交换时，在传送数据之前可以不必先建立一条连接，这样就减少了建立连接和释放连接所需要的开销，使得数据传输效率更高。这种不先建立连接而随时可发送数据的联网方式，称为无连接式。

位于网络边缘的主机和位于网络核心部分的路由器都是计算机，但它们的作用明显不同。主机是为用户进行信息处理的，并且可以通过网络和其他主机交换信息。路由器的用途则是用来转发分组的，即进行分组交换。路由器处理分组的过程是：将收到的分组先暂时存储，检查其首部，查找转发表，按照首部中的目的地址，找到合适的接口转发出去，把分组交给下一个路由器。这样一步一步地（有时会经过几十个不同的路由器）以存储转发的方式，把分组交付给最终目的主机。采用存储转发的分组交换，实质上采用了在数据通信过程中断续（或动态）分配传输带宽的策略。这对传送突发式的计算机非常合适，使得通信线路利用率大大提高了。

为了提高分组交换的可靠性，互联网的核心部分采用网状拓扑结构，使得当发生网络拥塞或少数节点、链路出现故障时,路由器可灵活地改变转发路由而不致引起通信的中断或全网的瘫痪。此外,通信网络的主干线路往往是由一些高速链路构成的,这样能以较高的数据率迅速地传送计算机数据。分组交换的主要优点如表 1-2 所示。

表 1-2　分组交换的优点

优点	所采用的手段
高效	在分组传输过程中,动态分配传输带宽,对通信链路是逐段占用
灵活	为每一个分组独立地选择转发路由
迅速	以分组为传送单位,可不先建立连接就能向其他主机发送分组:网络使用高速链路
可靠	完善的网络协议,分布式多路由的分组交换网,使网络有很好的生存性

分组交换也会带来一些问题。例如,分组在各个路由器存储转发时需要排队,这就会造成一定的时延。因此,必须尽量设法减少这种时延。此外,由于分组交换不像电路交换那样通过建立连接来保证通信所需要的各种资源,因而无法确保通信时端到端所需要的带宽。

分组交换带来的另一个问题是各分组必须携带的控制信息造成了一定的开销,整个分组交换网还需要有专门的管理和控制机制。

1.3　计算机网络性能指标

性能指标从不同的方面来度量计算机网络的性能。下面介绍常用的几个性能指标。

1.3.1　速率

计算机通信需要将发送的信息转换成二进制数字来传输。一位二进制数称为一个比特(bit,b),二进制数字转换成数字信号在线路上传输,如图 1-7 所示。

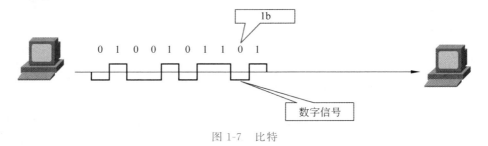

图 1-7　比特

网络技术中的速率指的是连接在计算机网络上的主机在数字信道上传送数据的速率,也称为数据率或比特率。速率是计算机网络上最重要的性能指标。数据率的单位是 b/s(bit per second)。当数据率较高时,就常在 b/s 的前面加上一个字母,例如,k(kilo)=10^3=千,M(Mega)=10^6=兆,G(Giga)=10^9=吉,T(Tera)=10^{12}=太,P(Peta)=10^{15}=拍,E(Exa)=10^{18}=艾,Z(Zetta)=10^{21}=泽,Y(Yotta)=10^{24}=尧。这样,4×10^{10} b/s 的数据率就可记为 40Gb/s。现在人们常用更简单的但很不严格的记法来描述网络的速率,如100M 以太网,而省略了单位中的 b/s,其含义是速率为 100Mb/s 的以太网。

1.3.2　带宽

带宽本来指某个信号具有的频带宽度,即该信号的各种不同频率成分所占据的频率范围。例如,传统通信线路上电话信号的标准带宽是 3.1kHz(从 300Hz 到 3.4kHz,即话音的主要成分的频率范围)。这种意义带宽的单位是 Hz(或 kHz、MHz、GHz)。

在计算机网络中,带宽用来表示网络的通信线路传送数据的能力。因此网络带宽表示在单位时间内从网络中的某一点到另一点所能通过的“最高数据率”。在本书中提到“带宽”时,主要是指这个意思。在该意义下,带宽的单位是“比特每秒”,记为 b/s。

在“带宽”的两种表述中,前者为频域称谓,而后者为时域称谓,其本质是相同的。也就是说,一条通信链路的“带宽”越宽,其所能传输的“最高数据率”也越高。

1.3.3　吞吐量

吞吐量表示在单位时间内通过某个网络(或信道、接口)的数据量,包括全部上传或下载的流量。如图 1-8 所示,计算机 A 同时浏览网页,在线看电影,向 FTP 服务器上传文件。访问网页的下载速率是 30kb/s,播放视频的下载速率为 40kb/s,向 FTP 上传文件速率为20kb/s,A 计算机的吞吐量就是全部上传下载速率的总和,即 30+40+20=90(kb/s)。

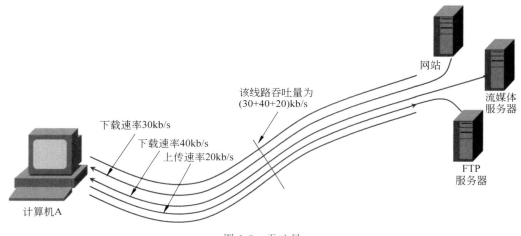

图 1-8　吞吐量

吞吐量经常被用于对现实世界中的网络进行测量,以便知道实际上到底有多少数据量能够通过网络。显然,吞吐量受网络的带宽或网络的预定速率的限制。例如,对于一个100Mb/s 的以太网,其额定速率是 100Mb/s,那么这个数值也是该以太网吞吐量的绝对上限值。因此,对于 100Mb/s 的以太网,其典型的吞吐量可能只有 70Mb/s。请注意,有时吞吐量还可用每秒传送字节数或帧数来表示。

1.3.4　时延

时延是指一个报文或分组甚至比特从网络(或链路)的一端传送到另一端所需的时间。时延是一个很重要的性能指标,它有时也称为延迟或迟延。

网络中的时延是由以下几个不同的部分组成的。

（1）**发送时延**。发送时延是主机或路由器发送数据帧所需要的时间，也就是从发送数据帧的第一个比特开始，到最后一个比特发送完毕所需的时间。发送时延又称传输时延。计算公式为

$$发送时延 = \frac{数据帧长度（b）}{发送速率（b/s）}$$

由此可见，对于一定的网络，发送时延并非固定不变，而是与发送的帧长（单位是 b）成正比，与发送速率成反比。

（2）**传播时延**。传播时延是电磁波在信道中需要传播一定的距离而花费的时间。

$$传播时延 = \frac{信道长度（m）}{电磁波在信道上的传播速率（m/s）}$$

电磁波在自由空间中的传播速率即光速，即 3.0×10^5 km/s。电磁波在网络传输媒体中的传播速率比自由空间要略低一些：在铜线电缆中的传播速率约为 2.3×10^5 km/s，在光纤中的传播速率约为 2.0×10^5 km/s。例如，1000km 长的光纤线路产生的传播时延约为 5ms。

（3）**处理时延**。主机或路由器收到分组时要花费一定时间进行处理，例如，分析分组首部、从分组中提取数据部分、进行差错检验或查找适当路由等，这样就产生了处理时延。

（4）**排队时延**。分组在经过网络传输时，要经过许多路由器，但分组在进入路由器后要先在输入队列中排队等待处理，在路由器确定转发接口后，还要在输出队列中排队等待转发，这就产生了排队时延。排队时延的长短往往取决于网络当时的通信量，当网络的通信量很大时会发生队列溢出，使分组丢失，这相当于排队时延为无穷大。

这样，数据在网络中经历的总时延就是以上四种时延之和。

$$总时延 = 发送时延 + 传播时延 + 处理时延 + 排队时延 \tag{1-1}$$

图 1-9 给出了几种时延所产生的位置，希望读者能分清这几种时延。

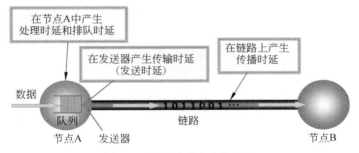

图 1-9　几种时延产生的位置

必须指出，在总时延中，究竟是哪一种时延占主导地位必须具体分析。现在暂时忽略处理时延和排队时延。假定有一个长度为 100MB 的数据块（这里的 M 显然不是指 10^6 而是指 2^{20}，即 1 048 576。B 是字节，1B=8b），在带宽为 1Mb/s 的信道上（这里的 M 是 10^6）连续发送，其发送时延是

$$100 \times 2^{20} \times 8 \div 10^6 = 838.9s$$

即大约要用 14min 才能把这样大的数据块发送完毕。然而，若将这样的数据块用光纤传送到 1000km 远的计算机，那么每一个比特在 1000km 的光纤上只需用 5ms 就能到达目的地。因此对于这种情况，发送时延占主导地位。如果把传播距离缩短到 1km，那么传播时延也

会相应地减小到原来数值的千分之一。然而,由于传播时延在总时延中的比重是微不足道的,因此总时延的数值基本上还是由发送时延来决定的。

再看一个例子。要传送的数据仅有 1B(如键盘上输入的一个字符,共 8b),在 1Mb/s 信道上的发送时延:当传播时延为 5ms 时,总时延为 5.008ms。在这种情况下,传播时延决定了总时延。这时,即使把数据率提高到 1000 倍(将数据的发送速率提高到 1Gb/s),总时延也不会减小多少。这个例子告诉我们,不能笼统地认为"数据的发送速率越高,传送得就越快"。这是因为数据传送的总时延是由式(1-1)右端的四项时延组成的,不能仅考虑发送时延这一项。

注意:对于高速网络链路,提高的仅仅是数据的发送速率,而不是比特在链路上的传播速率。提高链路带宽只是减小了数据的发送时延,与传播时延无关。

1.3.5 时延带宽积

把以上讨论的网络性能的两个度量传播时延和带宽相乘,就得到另一个很有用的度量——传播时延带宽积,即

$$时延带宽积 = 传播时延 \times 带宽 \qquad (1-2)$$

可以用如图 1-10 所示的示意图来表示时延带宽积。这是一个代表链路的圆柱形管道,

图 1-10 链路像一条空心管道

管道的长度表示链路的传播时延(请注意,现在以时间作为单位来表示链路长度),而管道的截面积表示链路的带宽。因此,时延带宽积就表示这个管道的体积,表示这样的链路可容纳多少个比特。例如,设某段链路的传播时延为 20ms,带宽为 10Mb/s,算出:

$$时延带宽积 = 20 \times 10^{-3} \times 10 \times 10^{6} = 2 \times 10^{5} b$$

这就表示,若发送端连续发送数据,则在发送的第一个比特即将达到终点时,发送端就已经发送了 20 万比特,而这 20 万比特都正在链路上向前移动。因此,链路的时延带宽积又称为以比特为单位的链路长度。

不难看出,管道中的比特数表示从发送端发出的但尚未达到接收端的比特。对于一条正在传送数据的链路,只有在代表链路的管道都充满比特时,链路才得到了充分的利用。

1.3.6 往返时间

在计算机网络中,往返时间(Round-Trip Time,RTT)也是一个重要的性能指标。这是因为在许多情况下,互联网上的信息不是单向传输而是双向交互。它表示从发送端发送数据开始,到发送端收到来自接收端的确认(接收端收到数据后便立即发送确认),总共经历的时间。对于复杂的互联网,往返时间要包括各中间节点的处理时延和转发数据时的发送时延。

往返时间带宽积表示在收到对方的确认之前,就已经将这样多的比特发送到链路上了。利用往返时间带宽积,可以用来计算当发送端连续发送数据时,接收端如发现错误,立即向发送端发送通知使发送端停止,发送端这段时间发送的比特量。

在 Windows 中使用 ping 命令可以测试网络中两个端点之间是否连通,该命令返回结

果中显示往返时间。如图 1-11 所示,分别 ping 网关、国内的网站和美国网站,可以看到每一个数据包的往返时间和平均统计往返时间,可以看到途径的路由器越多距离越远,往返时延也会越长。

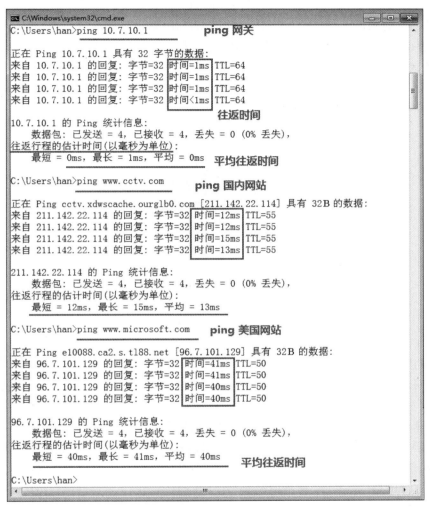

图 1-11　往返时间

1.3.7　利用率

利用率有信道利用率和网络利用率两种。信道利用率指出某信道有百分之几的时间是被利用的(有数据通过),完全空闲的信道利用率是零。网络利用率则是全网络的信道利用率的加权平均值。信道利用率并非越高越好,这是因为,根据排队论,当某信道的利用率增大时,该信道引起的时延也就迅速增加。这和高速公路的情况有些相似。当高速公路上的车流量很大时,由于在公路上的某些地方会出现堵塞,因此行车所需的时间就会增长。网络也有类似的情况。当网络的通信量很少时,网络产生的时延并不大。但在网络通信量不断增大的情况下,由于分组在网络节点(路由器或节点交换机)进行处理时需要排队等候,因此网络引起的时延就会增大。如果令 D_0 表示网络空闲时的时延，D 表示网络当前的时延，那么在适当的假定条件下，可以用下面的式(1-3)表示 D 和 D_0 及网络利用率 U 之间的关系：

$$D = \frac{D_0}{1-U} \tag{1-3}$$

式中，U 是网络的利用率，取值为 $0\sim1$。当网络的利用率达到其容量的 $1/2$ 时，时延就要加倍。特别值得注意的是：当网络的利用率接近最大值 1 时，网络的时延就趋于无穷大。因此必须有这样的概念：信道或网络利用率过高会产生非常大的时延。图 1-12 给出了上述概念的示意图。因此，一些拥有较大主干网的 ISP 通常控制他们的信道利用率不超过 50%。如果超过了就要准备扩容，增大线路的带宽。

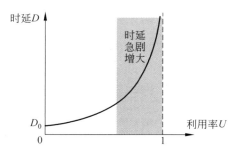

图 1-12　时延与利用率关系

习　　题

一、填空题

1. 按网络覆盖的地理范围分类，计算机网络可分为 _____、_____、_____ 和 _____。

2. 计算机网络是通信技术与 _____ 技术相结合的产物。

3. 时延是指一个报文或分组从网络的一端传到另一端所需的时间。数据从发送端到接收端所经历的总时延是 _____、_____ 和排队处理时延这三种时延之和。

4. 发送时延是 _____，传播时延是 _____。

二、选择题

1. 组建计算机网络的目的是能够相互共享资源，这里的计算机资源主要是指硬件、软件与(　　　)。

　　A. 大型计算机　　　B. 通信系统　　　C. 服务器　　　D. 数据

2. 一座建筑物内的几个办公室要实现联网，应该选择的方案属于(　　　)。

　　A. PAN　　　　　B. LAN　　　　　C. MAN　　　　D. WAN

3. 下列说法中哪个是正确的？(　　　)

　　A. 网络中的计算机资源主要指服务器、路由器、通信线路与用户计算机

　　B. 网络中的计算机资源主要指计算机操作系统、数据库与应用软件

　　C. 网络中的计算机资源主要指计算机硬件、软件、数据

　　D. 网络中的计算机资源主要指 Web 服务器、数据库服务器与文件服务器

4. 计算机网络最重要的功能是(　　)。

　　A. 收发邮件　　　　B. 资源共享　　　　C. 节省费用　　　　D. 提高可靠性

5. 在不同的网络之间实现分组的存储和转发,并在网络层提供协议转换的网络互联器称为(　　)。

　　A. 转接器　　　　B. 路由器　　　　C. 网桥　　　　D. 中继器

6. 世界上第一个分组交换网络是(　　)。

　　A. ARPANET　　　B. ChinaNet　　　C. Internet　　　D. CERNET

7. 计算机网络中广泛使用的交换技术是(　　)。

　　A. 信源交换　　　B. 报文交换　　　C. 分组交换　　　D. 线路交换

8. 在因特网中,用户计算机需要通过校园网、企业网或 ISP 联入(　　)。

　　A. 电报交换网　　　　　　　　B. 国家间的主干网

　　C. 电话交换网　　　　　　　　D. 地区主干网

9. 关于因特网的描述中,错误的是(　　)。

　　A. 是一个局域网　　　　　　　B. 是一个信息资源网

　　C. 是一个互联网　　　　　　　D. 运行 TCP/IP

三、简答题

1. 什么是计算机网络的带宽?单位是什么?

2. 按照网络的交换功能,计算机网络可以划分为哪几类?

3. 计算机网络由哪几个部分组成?

4. 互联网的两大组成部分(边缘部分与核心部分)的特点是什么?它们的工作方式各有什么特点?

5. 客户端/服务器方式与 P2P 对等通信方式的主要区别是什么?有没有相同的地方?

四、计算题

1. 试计算以下两种情况的发送时延和传播时延。

(1) 数据长度为 10^7b,数据发送速率为 100kb/s,传播距离为 1000km,信号在媒体上的传播速率为 2×10^8m/s。

(2) 数据长度为 10^3b,数据发送速率为 1Gb/s,传输距离和信号在媒体上的传播速率同上。

2. 假设信号在媒体上的传播速率为 2.3×10^8m/s,媒体长度 L 分别为:

(1) 10cm(网络接口卡)

(2) 100m(局域网)

(3) 100km(城域网)

(4) 5000km(广域网)

试计算当数据率为 1Mb/s 和 10Gb/s 时在以上媒体中正在传播的比特数。

3. 试在下列条件下比较电路交换和分组交换。要传送的报文共 x(b),从源点到终点共经过 k 段链路,每段链路的传播时延为 d(s),数据率为 b(b/s)。在电路交换时电路的建立时间为 s(s)。在分组交换时分组的长度为 p(b),且各节点的排队等待时间可忽略不计。问在怎样的条件下,分组交换的时延比电路交换要小?(提示:画一下草图,观察 k 段链路共有几个节点。)

第 2 章　计算机网络协议和体系结构

在计算机网络的基本概念中,分层次的体系结构是最基本的,因此,在这里对计算机网络的体系结构进行简单的阐述。本章讨论计算机网络协议和体系结构的基本概念。学习网络通信协议的定义和作用,网络协议的 3 个要素,网络协议描述方法。

目前,计算机网络体系结构分为五个层次,计算机网络体系结构有哪些层次,每层完成什么样的功能,支持用到哪些网络协议,适用于哪些应用,这是学习计算机网络理论和技术的重要基础。计算机网络体系结构、网络协议、层次、服务、接口等概念较为抽象,需要结合实际网络的应用以及人们日常的信息获取和传递例子去体会、比较和理解。

通过学习本章,读者应了解 OSI 参考模型、TCP/IP 协议簇体系结构特点、网络体系结构层次化研究方法。掌握网络协议、层次、接口、服务的基本概念,以及相互联系。掌握 5 层计算机网络体系结构的基本知识,为后面的学习打下基础。

本章主要内容:
(1) 协议与计算机网络体系结构;
(2) 计算机网络分层体系结构;
(3) TCP/IP 协议簇。

2.1　计算机网络协议

2.1.1　计算机网络协议概念

人们可以使用许多不同的通信方式来进行交流,但不管选择何种方式,所有的通信方式都有三个共同要素。第一个要素是消息来源或发送方,消息来源是需要向其他人或设备发送消息的人或电子设备;第二个要素是消息目的地或消息接收方,目的地接收并解释消息;第三个要素是通道,包括提供消息传送途径的介质。在通道上消息能够从源传送到目的地。图 2-1 显示了人与人之间,计算机与计算机之间通信的基本模型。

图 2-1　网络通信的要素

消息从源到目的地所采用的路径各式各样,无论是面对面交流还是通过网络通信,它们必须遵循一组预先确定的规则。消息的发送都是由被称为协议的规则来管理的。不同类型的通信方式会有不同的协议。在日常的个人通信中,通过一种介质(如电话)通信时采用的规则不一定与使用另一种介质(如邮寄信件)时的协议相同。

网络可以复杂到通过互联网来连接设备,也可以简单到直接将两台计算机用一根电缆连接,不同的网络规模、形状和功能都存在很大差异。然而,这只是完成终端设备之间的物理连接,并不足以实现通信。要实现通信,必须遵守一组预先确定的规则。这些规则明确规定了所交换的数据格式以及有关数据同步问题。这里所说的同步不是狭义的(同频或同频同相),而是广义的,即在一定条件下应当发生什么事件(如发送一个应答信息)。

为进行网络中的数据交换而建立的规则、标准或约定称为网络协议。网络协议也可简称为协议。更进一步讲,网络协议主要由以下 3 个要素组成。

(1) **语法**,即数据与控制信息的结构或格式。

(2) **语议**,即需要发出何种控制信息,完成何种动作以及做出何种响应。

(3) **同步**,即事件实现顺序的详细说明。

网络协议是计算机网络不可缺少的组成部分。实际上,只要我们想让连接在网络上的另一台计算机做点事情(例如,从网络上某台主机下载文件),都需要有协议。计算机网络协议定义了用于设备之间交换信息的通用格式和规则集。这些格式和规则集描述了:

(1) 消息的格式或结构如何;

(2) 网络设备如何与其他网络共享路径信息;

(3) 设备之间传送错误消息和系统消息的方式与时机;

(4) 数据传输会话的建立和终止。

2.1.2　计算机网络协议分层与协议簇

计算机网络协议是计算机网络中的计算机设备之间在相互通信时所遵循的规则、标准和约定。这里所说的计算机设备可以是主机、路由器、交换机等,也可以认为是网络中的节点。一种网络协议是一组控制数据的通信规则。

通信时所涉及的通信协议和通信系统是很复杂的。通信系统为完成一次可靠的通信要实现许多功能,例如,连接建立、差错控制、流量控制、寻址、恢复、重发、连接释放等。在处理一个复杂问题和复杂系统时,人们往往把一个复杂问题化为一些较小或简单的问题,这些较简单的问题解决了,复杂问题也就解决了。对复杂系统的分析处理也是如此,把复杂系统分解为一些较简单的子系统来考虑。这种处理问题的方法称作分层。

事实上,人们之间的会话也在使用分层的概念,人们之所以感觉不到是因为人们已经习惯了。以两个人之间的自然语言通信为例,可以认为分为 3 个层次:传输层、语言层和知识层。两个人通信用到的分层如图 2-2 所示。

(1) 传输层。气流通过声带的振动发出声音,声音通过空气传输到人的听觉器官,耳膜感受到声波振动,接收声音。传输层并不关心采用什么语言,也不考虑传输的是什么内容,只要能够发出声音传到对方,对方可以听到声音就行了。

(2) 语言层。解决双方采用哪一种语言,如讲汉语还是英语,关心的是彼此能够听得懂通信语言,但是不未考虑语言所表示的确切含义。

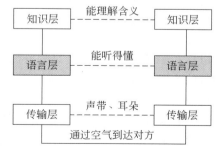

图 2-2　两个人通信用到的分层

(3) 知识层。该层关心彼此之间的通信内容,双方传递消息的具体含义,与收、发双方的文化背景、经验、阅历有关,例如,若有一方从来没听说过互联网,即使能辨别听到的有关互联网内容的声音,双方也无法交流。

计算机网络是由互连的多个节点组成的,网络中的节点需要交换数据和控制信息,要做到有条不紊地交换和传输各种信息,每个节点必须遵循网络通信协议。对计算机网络来说,网络协议是不可缺少的,计算机网络需要制定一整套复杂的协议簇,对结构复杂的网络协议采用层次结构模型来组织和描述。例如,Web 服务器与 Web 客户端之间的协议交互,如图 2-3 所示。

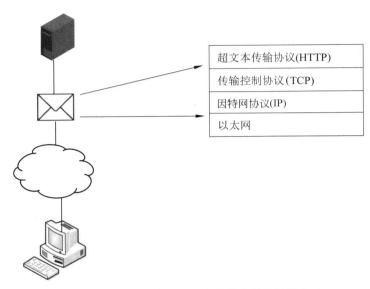

图 2-3 Web 服务器和 Web 客户端之间的协议交互

这种交互在信息交换过程中使用了大量的协议和标准。各种协议共同确保双方都能够接收和理解交换的报文。这些协议主要包括以下几个。

(1) **应用层协议**:超文本传输协议(HTTP)是一种控制 Web 服务器和 Web 客户端交互方式的协议。HTTP 定义了客户端和服务器之间信息交换的请求和响应的内容与格式。客户端软件和 Web 服务器软件都将 HTTP 作为应用程序的一部分来实现。HTTP 依靠其他协议来控制客户端和服务器之间的传输报文方式。

(2) **传输协议**:传输控制协议(TCP)是管理 Web 服务器与 Web 客户端之间会话的传输协议。TCP 将 HTTP 消息划分为较小的片段——数据段。这些数据段将在 Web 服务器和目的主机的客户端之间传输。TCP 还负责控制服务器和客户端之间交换的报文长度和传输速率。

(3) **因特网协议**:IP 负责从 TCP 获取格式段数据,将其封装成数据包,给它们分配合适的地址,选择最佳路径并通过该路径将数据传送到目的主机。

(4) **网络访问协议**:网络访问协议描述了两个主要功能——数据链路上的通信和网络介质中数据的物理传输。数据链路管理协议接收来自 IP 的数据包,并将其封装为合适的通过介质传输的格式。物理介质方面的标准和协议规定了发送信号的方式以及接收客户端解释信号的方式。以太网就是一种网络访问协议。

2.1.3　计算机网络协议的格式

在计算机网络中使用协议数据单元(Protocol Data Unit，PDU)来描述网络协议，计算机设备之间的通信类似于人们之间的信息交流，它采用的是书面语言、用二进制语言来表示、可以彼此理解并且有结构的由二进制数据 0 或 1 组成的数据块，即网络协议数据单元。网络体系结构中的每一层都有该层对应的 PDU。PDU 由控制部分和数据部分组成。控制部分由若干字段组成，表示通信中用到的双方可以理解和遵循的协议。数据部分由数据字段组成，为需要传输的信息内容。

PDU 的控制部分即是该层的协议，数据部分一般为上一层的 PDU。PDU 格式如图 2-4 所示。

图 2-4　协议数据单元格式

人们常说的协议封装，指的是在发送方从高层到低层，高层的 PDU 到低一层时，成为该层 PDU 的数据部分(数据字段)的内容。在接收方从低层向高层逐渐剥离出数据字段的内容，称为拆封。在拆封过程中，对等层之间彼此理解协议，实现了对等层之间的通信。

2.2　计算机网络的体系结构

2.2.1　计算机网络体系结构的定义

计算机网络是一个复杂的系统，按照人们解决复杂问题的方法，把计算机网络实现的功能分到不同层次上，层与层之间通过接口连接。通信的双方具有相同的层次，层次实现的功能由协议数据单元来描述。不同系统中的同一层构成对等层，对等层之间通过对等层协议进行通信，理解彼此定义好的规则和约定。

计算机网络体系结构是计算机网络层次和协议的集合。网络的体系结构是对计算机网络实现的功能，以及网络协议、层次、接口和服务进行了描述，但并不涉及具体的实现。换种说法，计算机网络体系结构就是这个计算机网络及其构件所应完成功能的精确定义。实现各层的功能需要什么硬件或软件，可以由网络设计者确定，前提是确保层与层之间的接口不变，这从另一方面体现了计算机网络的开放性、可扩充性、独立性、灵活性和易维护性。计算机网络体系结构采用分层方法有利于促进标准化，易于设计与实现，各层实现技术的改变不会影响到其他层次。总之，体系结构是抽象的，而实现是具体的，是真正运行的计算机硬件和软件。

在同一系统中相邻两层的实体进行交互(即交换信息)的地方，通常称为服务访问点(Service Access Point，SAP)。SAP 是一个抽象的概念，它实际就是一种逻辑接口，但这种层间的接口和两个设备之间的硬件接口并不一样。低层通过接口向高层提供服务。某一层相邻层包括该层的上一层和下一层。下层为上层提供服务，上层调用下层服务。高层使用低层提供的服务时,不需要知道低层实现的服务方法。计算机网络中的层次概念体现了对复杂系统采用"分而治之"、简化处理难度的策略。

基于分层思想,1974 年,IBM 公司研制出世界上第一个网络体系结构(System Network Architecture,SNA)。这个著名的网络标准就是按照分层的方法制定的。现在用 IBM 大型计算机构建的专用网络仍在使用 SNA。不久后,其他一些公司也相继推出自己公司的不同名称的体系结构。

根据某公司网络体系结构生产的网络硬件和软件不能与其他公司的网络产品进行互联,这样的网络系统称为"封闭系统"。为了使不同网络厂商研制和生产的网络产品能够互联和通信,需要研究开放的计算机网络体系结构,使得各网络厂商只要遵循开放的网络体系结构框架,不同厂商的网络产品就可以很方便地实现互联,这样的网络系统称为"开放系统"。

计算机网络体系结构是抽象的,而真正在运行的计算机网络硬件和软件则是具体的。开放的网络体系结构是人们研制网络时遵循的框架规范,它不限制具体实现时所采用的技术和方法。

2.2.2 具有五层协议的体系结构

为了使不同体系结构的计算机能够互连,国际标准化组织 ISO 于 1977 年成立了专门机构研究该问题。不久,他们提出了一个试图使各种计算机在世界范围内互连成网的标准框架,即著名的开放系统互连基本参考模型(Open Systems Interconnection Reference Model,OSI/RM),简称 OSI。"开放"是指非独家垄断的。因此只要遵循 OSI 标准,一个系统就可以和位于世界上任何地方的、也遵循这同一标准的其他任何系统进行通信。这一点很像世界范围的有线电话和邮政系统。OSI/RM 将计算机网络体系结构分为 7 个层次,如图 2-5(a)所示,从低到高依次称为物理层、数据链路层、网络层、传输层、会话层、表示层及应用层。

OSI 的七层协议体系结构的概念清楚,理论也较完整,但它既复杂又不实用,在市场化方面没有得到广泛的应用。而在市场化方面得到广泛应用的则是 TCP/IP,TCP/IP 常常被称为事实上的国际标准,而 OSI 则被称为法律上的国际标准。

美国国防部高级研究计划局(DARPA)于 1969 年在研究 ARPANET 时提出了 TCP/IP 模型,该模型将计算机网络体系结构分为四层,如图 2-5(b)所示,从低到高各层依次为网络接口层、际际接口层、运输层、应用层。不过从实质上讲,TCP/IP 只有最上面的三层,因为最下面的网络接口层基本上和一般通信链路在功能上没有多大差别,对于计算机网络来说,这一层并没有什么特别新的具体内容。因此在学习计算机网络原理时往往采用折中的办法,即综合 OSI 和 TCP/IP 的优点,采用一种只有五层协议的体系结构(见图 2-5(c))。

现在结合因特网的情况,自上而下、简要地介绍一下各层的主要功能。实际上,只有认真学习完本书各章的协议后才能真正弄清各层的作用。

1. 应用层

应用层是网络体系结构中的最高层。应用层的任务是通过应用进程之间的交互来完成特定的网络应用。应用层协议定义的是应用进程之间的通信和交互的规则。这里的进程就是指主机中正在运行的程序。对于不同的网络应用需要有不同的应用层协议。在互联网中

7	应用层
6	表示层
5	会话层
4	运输层
3	网络层
2	数据链路层
1	物理层

(a) OSI 七层协议

4	应用层 (各种应用层协议 如 TELNET, FTP, SMTP)
3	运输层(TCP或UDP)
2	网际层 IP
1	网络接口层

(b) TCP/IP 四层协议

5	应用层
4	运输层
3	网络层
2	数据链路层
1	物理层

(c) 五层协议

图 2-5　计算机网络体系结构

的应用层协议很多,如域名系统 DNS、支持万维网应用的 HTTP、支持电子邮件的 SMTP、支持文件传送的 FTP,等等。应用层交互的数据单元称为报文。

2. 运输层

运输层的任务就是负责向两个主机中进程之间的通信提供通用的数据传输服务。应用进程利用该服务传送应用层报文。所谓通用,是指并不针对某个特定网络应用,而是多种应用可以使用同一个运输层服务。由于一台主机可同时运行多个进程,因此运输层有复用和分用的功能。复用是指多个应用层进程可同时使用下面运输层的服务;分用与复用相反,是运输层把收到的信息分别交付给上面应用层中的相应进程。

运输层主要使用以下两种协议。

(1) **传输控制协议**(Transmission Control Protocol,TCP)——提供面向连接的、可靠的数据传输服务,其数据传输的单位是报文段。

(2) **用户数据报协议**(User Datagram Protocol,UDP)——提供无连接的、尽最大努力的数据传输服务(不保证数据传输的可靠性),其数据传输的单位是用户数据报。

3. 网络层

网络层负责为分组交换网上的不同主机提供通信服务。在发送数据时,网络层把运输层产生的报文段或用户数据报封装成分组或包(Packet)进行传送。在 TCP/IP 体系中,由于网络层使用 IP,因此分组也叫作 IP 数据报,或简称为数据报。本书把"分组"和"数据报"作为同义词使用。

网络层的另一个任务就是要选择合适的路由,使源主机运输层所传下来的分组能够通过网络中的路由器找到目的主机。

因特网是一个很大的互联网,它由大量的异构网络通过路由器相互连接起来。因特网主要的网络层协议是无连接的网际协议(Internet Protocol,IP)和许多种路由选择协议,因此因特网的网络层也叫作网际层或 IP 层。

4. 数据链路层

数据链路层常简称为链路层。我们知道,两台主机之间的数据传输,总是在一段一段的链路上传送的,这就需要使用专门的链路层的协议。在两个相邻节点之间传送数据时,数据链路层将网络层交下来的 IP 数据报封装成帧,在两个相邻节点之间的链路上传送帧。每一帧包括数据和必要的控制信息(如同步信息、地址信息、差错控制等)。

在接收数据时,控制信息使接收端能够知道一个帧从哪一个比特开始和到哪一个比特结束。这样,数据链路层在收到一个帧后,就可从中提取出数据部分,上交给网络层。

控制信息还使接收端能够检测到所收到的帧中有无差错。如发现有差错,数据链路层就简单地丢弃这个出了差错的帧,以免继续在网络中传送下去白白地浪费网络资源。如果需要改正在数据链路层传输出时出现的差错(这就是说,链路层不仅要检错,而且要纠错),那么就要采用可靠传输协议来纠正出现的差错。这种方法会使数据链路层的协议复杂些。

5. 物理层

在物理层上所传送数据的单位是比特。发送方在发送 1(或 0)时,接收方应当收到 1(或 0)而不是 0(或 1)。因此物理层要考虑用多大的电压代表"1"或"0",以及接收方如何识别出发送方所发送的比特。物理层还要确定连接电缆的插头应当有多少根引脚以及各条引脚应如何连接。当然,解释比特代表的意思,就不是物理层的任务。请注意,传递信息所利用的一些物理媒体,如双绞线、同轴电缆、光缆、无线信道等,并不在物理层协议之上而是在物理层协议的下面。因此,有人把物理媒体当作第 0 层。

在互联网所使用的各种协议中,最重要的和最著名的就是 TCP 和 IP。现在人们经常提到的 TCP/IP 并不一定是单指 TCP 和 IP 这两个具体的协议,而往往是表示因特网所使用的整个 TCP/IP 协议簇。

2.2.3 实体、协议、服务和访问点

当研究开放系统中的信息交换时,往往使用实体这一较为抽象的名词表示任何可发送或接收信息的硬件或软件进程。在许多情况下,实体就是一个特定的软件模块。

协议是控制两个对等实体(或多个实体)进行通信的规则的集合。协议在语法方面的规则定义了所交换信息的格式,而协议在语义方面的规则就定义了发送者或接收者所要完成的操作。例如,在何种条件下,数据必须重传或者丢弃,协议在同步方面的规则定义了收发双方的时序关系,即在一定条件下应当发生什么事件。

在协议的控制下,两个对等实体间的通信使得本层能够向上一层提供服务。要实现本层协议,还需要使用下面一层所提供的服务。

一定要搞清楚,协议和服务在概念上是很不一样的。

首先,协议的实现保证了能够向上一层提供服务。使用本层服务的实体只能看见服务而无法看见下面的协议。也就是说,下面的协议对上面的实体是透明的。

其次,协议是"水平的",即协议是控制对等实体之间的通信规则。但服务是"垂直的",即服务是由下层向上层通过层间接口提供的。另外,并非在一个层内完成的全部功能都称为服务。只有那些能够被高一层实体"看得见"的功能才能称为"服务"。上层使用下层所提供的服务必须通过与下层交换一些命令,这些命令在 OSI 中称为服务原语。

在同一系统中相邻两层的实体进行交互(即交换信息)的地方,通常称为服务访问点(Service Access Point,SAP)。SAP 是一个抽象的概念,它实际上就是一个逻辑接口,有点像邮政信箱(可以把邮件放入信箱和从信箱中取走邮件),但这种层间接口和两个设备之间的硬件接口(并行的或串行的)并不一样。OSI 把层与层之间交换的数据的单位称为服务数

据单元(Service Data Unit,SDU),它可以与 PDU 不一样。例如,可以是多个 SDU 合成为一个 PDU,也可以是一个 SDU 划分为几个 PDU。

这样,在任何相邻两层之间的关系可以概括为如图 2-6 所示的那样。这里要注意的是,第 n 层的两个实体"实体(n)"之间通过"协议(n)"进行通信,而第 $n+1$ 层的两个"实体($n+1$)"之间通过另外的"协议($n+1$)"进行通信(每一层都使用不同的协议)。第 n 层向上面的第 $n+1$ 层所提供的服务实际上已包括在它以下各层所提供的服务。第 n 层的实体对第 $n+1$ 层的实体就相当于一个服务提供者。服务提供者的上一层的实体又称为"服务用户",因为它使用下层服务提供者所提供的服务。

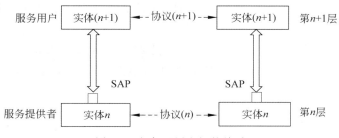

图 2-6 相邻两层之间的关系

2.3 网络中传输数据

2.3.1 数据在各层之间传递过程

图 2-7 描述了应用进程数据在各层之间的传递过程中所经历的变化。为简单起见,假定两台主机通过一台路由器连接起来。

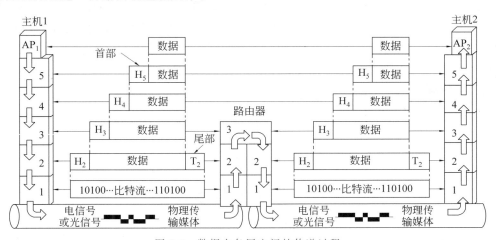

图 2-7 数据在各层之间的传递过程

假定主机 1 的应用进程 AP₁ 向主机 2 的应用进程 AP₂ 传送数据。AP₁ 先将其数据交给本主机的第 5 层(应用层)。第 5 层加上必要的控制信息 H₅ 就变成了下一层的数据单元。

第 4 层(运输层)收到这个数据单元后,加上本层的控制信息 H_4,再交给第 3 层(网络层),成为第 3 层的数据单元。以此类推。不过到了第 2 层(数据链路层)后,控制信息被分成两部分,分别加到本层数据单元的首部(H_2)和尾部(T_2)。而第 1 层(物理层)由于是比特流的传送,所以不再加上控制信息。请注意,传送比特流时应从首部开始传送。

当这一串的比特流离开主机 1 的物理层经过网络的物理媒体(传输信道)传送到路由器时,就从路由器的第 1 层(物理层)依次上升到第 3 层(网络层)。每一层都是根据控制信息进行必要的操作,然后将控制信息剥去,将该层剩下的数据单元上交给更高的一层。当分组上升到了第 3 层时,就要根据首部中的目的地址查找路由器中的路由表,找出转发分组的接口,然后往下传送到第 2 层(链路层),加上新的首部和尾部后,再到下面的第 1 层,然后在物理媒体上把每一个比特发送出去。

当这一串的比特流离开路由器到达目的主机 2 时,应从主机 2 的第 1 层按照上面讲过的方式,依次上升到第 5 层。最后,把应用进程 AP_1 发送的数据交给目的站的应用进程 AP_2。

2.3.2 数据封装与解封

在通过网络介质传输应用程序的数据过程中,随着数据沿协议栈向下传递,每层的各种协议都会添加信息。这个过程通常称为封装。数据封装是传输前给数据添加额外协议报头(额外控制信息)的过程。在大多数形式的通信过程中,原始数据在传输前都会使用几种协议进行封装。

接收主机处理过程与之相反,称为解封。解封是接收设备删除一个或多个协议报头的过程。数据在朝着最终用户应用程序沿着协议栈向上移动的过程中被解封。

协议层的表示形式称为协议数据单元(PDU)。在封装过程中,每层都根据使用的协议封装从上一层收到的 PDU。在这个过程的每一个阶段,PDU 都以不同的名称来反映其新功能。尽管目前对 PDU 的命名没有通用的约定,但本书根据 TCP/IP 协议簇的协议来命名 PDU。

(1) **数据**:泛指应用层使用的 PDU。

(2) **数据段**:传输层 PDU。

(3) **数据包或 IP 分组**:网络层 PDU。

(4) **帧**:数据链路层 PDU。

(5) **比特**:通过介质或实际传数据时使用的 PDU。

2.4 TCP/IP 体系结构

TCP/IP 结构为 4 个层次,自顶向下依次为应用层(Application Layer)、运输层(Transport Layer)、网际层(Internet Layer)以及网络接口层(Network Interface Layer)。TCP/IP 的层次结构如图 2-8 所示。

图 2-9 给出了用四层协议表示方法的例子。请注意,图中的路由器在转发分组时最高只用到网络层而没有使用运输层和应用层。

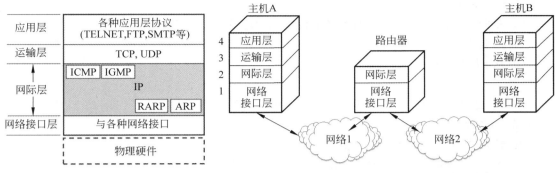

图 2-8　TCP/IP 的层次结构　　　　图 2-9　TCP/IP 四层协议的表示方法举例

　　TCP/IP 是一个协议簇(Protocol Family),图 2-10 分层次画出了具体的 TCP/IP 协议簇的表示,由该图可以看出它是一个"沙漏模型"。它的特点是上下两头大而中间小,即应用层和网络接口层都有多种协议,而中间的 IP 层很小,上层的各种协议都向下汇聚到一个 IP 协议中。这种很像沙漏计时器形状的 TCP/IP 协议簇表明:TCP/IP 可以为各式各样的应用提供服务(所谓的 Everything over IP),同时 TCP/IP 也允许 IP 协议在各式各样的网络构成的互联网上运行(所谓的 IP over Everything)。正因为如此,因特网才会发展到今天的这种全球规模。从图中不难看出,IP 协议在网络中起到核心作用。

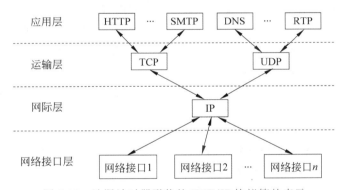

图 2-10　沙漏计时器形状的 TCP/IP 协议簇的表示

习　　题

一、填空题

1. 为进行网络中的数据交换而建立的规则、标准或约定即为_____。

2. TCP/IP 体系共有四个层次,它们是_____、_____、_____和_____。

3. 计算机网络协议的三个要素为_____、_____和_____。

4. 五层结构的计算机网络体系结构的五层协议分别是_____、_____、_____、_____和_____(按从高层到低层的顺序)。

5. _____是控制两个对等实体进行通信的规则的集合。

6. 在 OSI 参考模型中,上层使用下层所提供的服务必须与下层交换一些命令,这些命令在 OSI 中称为_____。

7. 在同一系统中相邻两层的实体进行交互的地方,通常称为_____。

8. 面向连接的服务具有_____、_____和_____这三个阶段。

9. 从网络的作用范围进行分类,计算机网络可以分为_____、_____和

_____。

10. 从通信的角度看,各层所提供的服务可分为两大类,即_____和_____。

二、选择题

1. 计算机网络的体系结构是指(　　)。

    A. 计算机网络的分层结构和协议的集合　　B. 计算机网络的连接形式

    C. 计算机网络的协议集合　　　　　　　　D. 由通信线路连接起来的网络系统

2. TCP/IP 参考模型中的主机-网络层对应于 OSI/RM 中的(　　)。

    A. 网络层　　　　　　　　　　　　　　　B. 物理层

    C. 数据链路层　　　　　　　　　　　　　D. 物理层与数据链路层

3. 在 TCP/IP 的(　　)使用的互联设备是路由器。

    A. 物理层　　　　　B. 数据链路层　　　　　C. 网络层　　　　　D. 传输层

4. (　　)不是通信协议的基本元素。

    A. 格式　　　　　　B. 语法　　　　　　C. 传输介质　　　　　D. 计时

5. 下列选项中,不属于网络体系结构中所描述的内容是(　　)。

    A. 网络的层次　　　　　　　　　　　　　B. 每一层使用的协议

    C. 协议的内部实现细节　　　　　　　　　D. 每一层必须完成的功能

6. 在 OSI 参考模型中,自下而上第一个提供端到端服务的层次是(　　)。

    A. 数据链路层　　　　B. 传输层　　　　　C. 会话层　　　　　D. 应用层

三、简答题

1. 什么是计算机网络体系结构?

2. 开放系统互连基本参考模型 OSI/RM 中"开放"的含义是什么?

3. 协议与服务有何区别与关系?

4. 网络协议三要素是什么?各有什么含义?

5. 试解释 Everything over IP 和 IP over Everything 的含义。

6. 简述五层体系结构中各层的功能。

第3章　物　理　层

物理层是计算机网络体系结构中的最底层,也是各层的通信基础。本章首先讨论物理层的基本概念,然后介绍数据通信的基础知识,接着介绍各种传输介质,但传输介质本身不属于物理层的范围,最后讨论几种常用的宽带接入技术。本章还给出了双绞线 RJ-45 水晶头的制作方法及步骤。

本章主要内容:

(1) 物理层的任务;

(2) 数据通信基础知识;

(3) 几种宽带接入技术;

(4) 双绞线制作技术。

3.1　物理层的基本概念

要通过网络传输数据,发送节点必须将要发送的数据转换为传输介质上的信号,而接收设备必须对传输介质上的信号进行解读,这个功能由物理层负责完成。

物理层从数据链路层接收完整的帧,将这些帧编码为一系列信号,再传输到本地介质上。经过编码的比特构成了帧,这些比特在传输过程中被终端设备或中间设备接收。由于计算机网络中的硬件设备和传输介质的种类繁多,而通信手段也有多种不同的通信方式,在物理层上就需要尽可能地屏蔽掉这些差异,使上层的数据链路层感觉不到这些差异。因此,物理层的主要功能是透明地传送比特流。

为实现透明地传送比特流,物理层定义了与传输媒体接口有关的一些特性。这些特性定义了与传输媒体接口的标准。只有定义了这些接口的标准,各厂家生产的网络设备接口才能相互连接和通信,例如,思科交换机和华为交换机使用双绞线就能够连接。物理层定义了以下几个方面的接口特性。

(1) 机械特性。指明接口所用连接器的形状和尺寸、引脚的数目和排列、固定和锁定装置等。平时常见的各种规格和连接插件都有严格的标准化的规定,如图 3-1 所示。

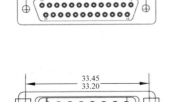

图 3-1　机械特型

（2）电气特性。指明在接口电缆的各条线上出现的电压范围，如−5～+5V。

（3）功能特性。指明某条线上出现的某一电平的电压表示何种意义。

（4）过程特性。定义了在信号线上进行二进制比特流传输的一组操作过程，包括各信号线的工作顺序和时序，使得比特流传输得以完成。

在物理层标准的制定和维护中涉及许多不同的国际和国家组织、政府监管机构和私营企业。例如，物理层硬件、介质、编码和信令标准由以下组织定义和管理。

- 国际标准化组织(ISO)。
- 电信工业协会/电子工业协会(TIA/EIA)。
- 国际电信联盟(ITU)。
- 美国国家标准学会(ANSI)。
- 电气电子工程师协会(IEEE)。
- 国家级电信管理局包括美国联邦通信委员会(FCC)和欧洲电信标准协会(ETSI)。

除了这些组织之外，现在还设有地方性布线标准组织，例如 CSA（加拿大标准协会）、CENELEC（欧洲电工标准化委员会）和 JSA/JIS（日本标准协会），开发本地规范。

3.2 数据通信基础知识

3.2.1 数据通信模型

下面列出几种常见的计算机通信模型。

1. 局域网通信模型

如图 3-2 所示，使用集线器或交换机组建的局域网，计算机 A 和计算机 B 通信，计算机 A 将要传输的信息变换成数字信号通过集线器或交换机发送给计算机 B，这个过程不需要对数字信号进行转换。

计算机A　　　网线　　　　　　　　　网线　　　　计算机B

图 3-2　局域网通信模型

2. 广域网通信模型

为了对计算机传输的数字信号进行长距离传输，需要把传输的数字信号转换成模拟信号或光信号。例如，现在家庭用户的计算机（计算机 A）通过 ADSL 接入互联网，如图 3-3 所示，就需要将计算机网卡的数字信号调制成模拟信号，以便适合在电话线上长距离传输，接收端需要使用调制解调器将模拟信号转换成数字信号，以便和互联网中的计算机 B 通信。

现在很多家庭用户已经通过光纤接入互联网了，如图 3-4 所示，这就需要将计算机网卡的数字信号通过光电转换设备转换成光信号进行长距离传输，在接收端再使用光电转换设备将光信号转换成数字信号。

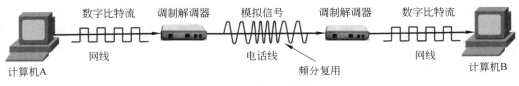

图 3-3 广域网通信模型

图 3-4 广域网通信模型

3.2.2 数据通信的一些常用术语

信息：通信的目的是传送信息，如文字、图像、视频和音频等都是信息。

数据：信息在传输之前需要进行编码，编码后的信息就变成数据。

信号：数据在通信线路上传递需要变成电信号或光信号。

如图 3-5 所示浏览器访问网站过程，展现了信息、数据和信号之间的关系。网页内容就是要传送的信息，经过 M 字符集（字符集就是给一个国家文字或字符进行编码，英文字符集有 ASCII 码，中文字符集有 GBK、UTF-8 等，为了便于说明字符集的作用，案例中的字符集只是列举了 4 个字符）进行编码，变成了二进制数据。网卡将二进制数据转换成电信号或光信号在网络中传递，接收端网卡接收到电信号，转换为二进制数据，再经过 M 字符集编码，得到信息。

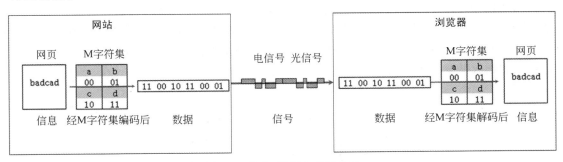

图 3-5 信息、数据和信号关系

当然，为了传送图片或声音文件，可以将图片中每一个像素颜色使用数据表示，将声音文件中声音高低使用数据来表示，这样声音和图片都可以编码成数据。

3.2.3 物理层信号和编码

通信的目的是传送消息，如话音、文字、图像、视频等都是消息。数据是运送消息的实体。数据是使用特定方式表示信息，通常是有意义的符号序列。这种信息的表示可用计算机或其他机器（或人）处理或产生。信号则是数据的电气或电磁的表现。

在计算机通信中,传送的消息都为二进制代码形式的数字逻辑。物理层的任务之一就是将代表数据链路层的帧的二进制数字编码成信号,并通过连接网络设备的物理介质发送和接收这些信号。

根据信号代表信息的参数取值方式不同,信号可以分为以下两大类。

1. 模拟信号或连续信号

指用连续变化的物理量所表达的信息,如温度、湿度、压力、长度、电流、电压等,通常又称为模拟信号或连续信号,它在一定时间范围内可以有无限多个不同的取值。如图 3-3 中调制解调器之间的用户线上传送的就是模拟信号。

2. 数字信号或离散信号

代表信息的参数取值是离散的。如图 3-3 中,计算机到调制解调器之间或调制解调器到计算机之间传送的就是数字信号。在数字通信中常常用时间间隔相同的符号来表示一个二进制数字,这样的时间间隔内的信号称为(二进制)码元。例如,计算机传输二进制数据111011000110010101001100,就可以使用数字信号进行表示。如图 3-6 所示的二进制码元,一个码元表示一个二进制数。

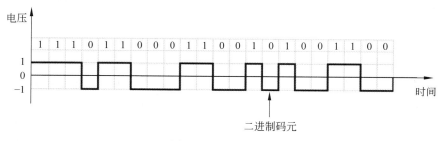

图 3-6　二进制码元

当然也可以使用一个码元表示两位二进制数,两位二进制数有 00、01、10 和 11 四个取值,这就要求码元有四个波形。对上面的一组二进制数进行分组:11 10 11 00 01 10 01 01 01 00 11 00,将分组后的二进制数转换成数字信号,波形如图 3-7 所示,可以看出,同样传输这些二进制数需要的码元数量减少了。

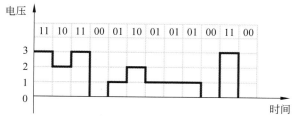

图 3-7　一码元携带 2b 信息

当然也可以使用一个码元表示三位二进制数,三位二进制数有 000、001、010、011、100、101、110、111 八种取值,这就要求码元有八个波形。对以上二进制进行分组:111 011 000 110 010 101 001 100,并将分组后的二进制数转换成数字信号,波形如图 3-8 所示。

通过上面的学习可见,如果打算让一个码元承载四位二进制数,则需要的码元波形有

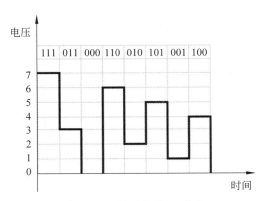

图 3-8　一码元携带 3b 信息

16 种,这样的码元就是十六进制码元。可以看到,要想让一个码元承载更多信息就需要有更多的波形。

综上所述,码元是信号的传输单位,码元传输的基本单位是波特。一个码元可以承载一个比特的信息,也可以承载多个比特的信息。信息的传输速率"比特/秒"与码元的传输速率"波特"在数量上有一定的关系。若 1 个码元只携带 1b 的信息量,则"比特/秒"和"波特"在数值上相等。若 1 个码元携带 nb 的信息量,则 M 波特的码元传输速率所对应的信息传输速率为 $(M \times n)$b/s。

数字信号在传输过程中由于信道本身的特性及噪声干扰会使得数字信号波形产生失真和信号衰减,如图 3-9 所示。为了消除这种波形失真和衰减,每隔一定距离需要添加"再生中继器",经过"再生中继器"的波形恢复到发送信号的波形。模拟信号没有办法消除噪声干扰造成的波形失真,所以现在电视信号逐渐以数字信号替换以前的模拟信号。

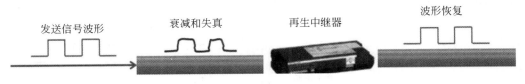

图 3-9　数字信号波形恢复

3.2.4　信道和调制

信道(Channel)是信息传输的通道,即信息传输时所经过的一条通路,信道的一端是发送端,另一端是接收端。一条传输介质上可以有多条信道(多路复用)。如图 3-10 所示计算

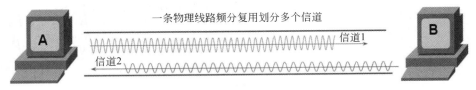

图 3-10　物理线路多信道

机A和计算机B通过频分复用技术,将一条物理线路划分为两个信道。对于信道1,A是发送端,B是接收端;对于信道2,B是发送端,A是接收端。

信道和电路并不等同,信道一般都是用来表示向某一个方向传送信息的媒体。因此,一条通信电路往往包含一条发送信道和一条接收信道。

从通信的双方信息交互的方式来看,可以有以下三种基本方式。

(1)单向通信。又称为单工通信,即只能有一个方向的通信而没有反方向的交互。无线电广播或有线电视广播就是这种类型。

(2)双向交替通信。又称为半双工通信,即通信的双方都可以发送信息,但不能双方同时发送(当然也就不能同时接收)。这种通信方式是一方发送另一方接收,过一段时间后可以再反过来。

(3)双向同时通信。又称为全双工通信,即通信的双方可以同时发送和接收信息。

单向通信只需要一条信道,而双向交替通信或双向同时通信则都需要两条信道(每个方向各一条)。显然,双向同时通信的传输效率最高。

来自信源的信号常称为基带信号(即基本频带信号)。像计算机输出的代表各种文字或图像文件的数据信号都属于基带信号。基带信号往往包含较多的低频成分,甚至有直流成分,而许多信道并不能传输这种低频分量或直流分量。为了解决这一问题,必须对基带信号进行调制(Modulation)。

如图3-11所示,调制可以分为两大类。一类是仅对基带信号的波形进行变换,使它能够与信道特性相适应,变换后的信号仍然是基带信号,这类调制称为基带调制。由于这种基带调制是把数字信号转换为另一种形式的数字信号,因此人们更愿意把这种过程称为编码。另一类调制则需要使用载波进行,把基带信号的频率范围搬移到较高的频段,并转换为模拟信号,这样应能够更好地在模拟信道中传输。经过载波调制后的信号称为带通信号(即仅在一段频率范围内能够通过信道),而使用载波调制称为带通调制。

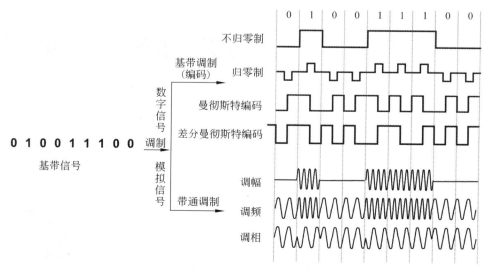

图 3-11   调制技术分类

1. 常用编码方式

（1）不归零制。正电平代表 1，负电平代表 0。不归零制编码是效率最高的编码，但是如果发送端发送连续的 0 或连续的 1，接收端不容易判断码元的边界。

（2）归零制。正脉冲代表 1，负脉冲代表 0。码元中间信号归到零电平，每传输完一位数据，信号返回到零电平，也就是说，信号线上会出现三种电平：正电平、负电平、零电平。因为每位传输之后都要归零，所以接收者只要在信号归零后采样即可，不再需要单独的时钟信号，这样的信号也叫作自同步信号。归零制虽然省了时钟数据线，但还是有缺点的，因为在归零制编码中，大部分的数据带宽都用来传输"归零"而浪费掉了。

（3）曼彻斯特编码。在曼彻斯特编码中，每一位的中间有一个跳变，位中间的跳变既作时钟信号，又作数据信号。从低到高跳变表示 1，从高到低跳变表示 0。常用于局域网传输。曼彻斯特编码将时钟和数据包含在数据流中，在传输代码信息的同时，也将时钟同步信号一起传输到对方，每位编码中有跳变，不存在直流分量，因此具有自同步能力和良好的抗干扰性能。但每一个码元都被调制成两个电平，所以数据传输速率只有调制速率的 1/2。使用曼彻斯特编码 1b 需要两个码元。

（4）差分曼彻斯特编码。在信号位开始时改变信号极性，表示逻辑"0"，在信号位开始时不改变信号极性，表示逻辑"1"。识别差分曼彻斯特编码的方法：主要看两个相邻的波形，如果后一个波形和前一个波形相同，则后一个波形表示 0，如果波形不同，则表示 1。因此画差分曼彻斯特波形要给出初始波形。

差分曼彻斯特编码比曼彻斯特编码的变化要少，因此更适合于传输高速的信息，被广泛应用于宽带高速网中。然而，由于每个时钟位都必须有一次变化，所以这两种编码的效率仅可达到 50% 左右。使用差分曼彻斯特编码 1b 也需要两个码元。

2. 常用带通调制方法

最基本的二元制调制方法有以下几种。

（1）调幅（AM）。载波的振幅随基带数字信号而变化。例如，0 或 1 分别对应于无载波或有载波输出。

（2）调频（FM）。载波的频率随基带数字信号而变化。例如，0 或 1 分别对应于频率 f_1 或 f_2。

（3）调相（PM）。载波的初始相位随基带数字信号而变化。例如，0 或 1 分别对应相位 $0°$ 或 $180°$。

3.3 物理层下面传输媒体

传输媒体也称为传输介质或传输媒介，它就是数据传输系统中在发送器和接收器之间的物理通路。传输媒体可分为两大类，即导向型传输媒体和非导向型传输媒体。在导向型传输媒体中，电磁波被导向沿着固体媒体（铜线或光纤）传播，而非导向型传输媒体就是指自由空间，在非导向型传输媒体中电磁波的传输常称为无线传输。

3.3.1 导向型传输媒体

1. 双绞线

双绞线也称为双扭线，是最古老但又最常用的传输媒体。把两根互相绝缘的铜导线并排放在一起,然后用规则的方法绞合起来就构成了双绞线。用这种方式,不仅可以抵御一部分来自外界的电磁波干扰,也可以减少相邻导线的电磁干扰。使用双绞线最多的地方就是到处都有的电话系统。几乎所有的电话都用双绞线连接到电话交换机。这段从用户电话机到交换机的双绞线称为用户线或用户环路。通常将一定数量的这种双绞线捆成电缆,在其外面包上护套。

为了提高双绞线抗电磁干扰的能力,可以在双绞线的外面再加上一层用金属丝编织成的屏蔽层。这就是屏蔽双绞线(Shielded Twisted Pair,STP)。它的价格当然比无屏蔽双绞线(Unshielded Twisted Pair,UTP)要贵一些。图 3-12 是无屏蔽双绞线和屏蔽双绞线的示意图。

屏蔽层

图 3-12　无屏蔽双绞线和屏蔽双绞线

1991 年,美国电子工业协会(Electronic Industries Association,EIA)和电信行业协会(Telecommunications Industries Association,TIA)联合发布了标准 EIA/TIA-568,它的名称是"商用建筑物电信布线标准"(Commercial Building Telecommunications Cabling Standard)。这个标准规定了用于室内传送数据的无屏蔽双绞线和屏蔽双绞线的标准。随着局域网上数据传输速率的不断提高,EIA/TIA 也不断对其标准进行更新。

UTP 布线遵循由 TIA/EIA 共同制定的标准。具体来讲,TIA/EIA-568 规定了局域网商业布线标准,它是局域网环境最常用的标准,定义的一些要素包括电缆类型、电缆长度、接头和电缆端接。表 3-1 给出了常用的绞合线的类别、带宽和典型应用。

表 3-1　常用的绞合线的类别、带宽和典型应用

绞合线类别	带　　宽	典 型 应 用
3	16MHz	用于语音通信,最常用于电话线
4	20MHz	短距离的 10BASE-T 以太网
5	100MHz	10BASE-T 以太网;某些 100BASE-T 快速以太网
5E(超 5 类)	100MHz	100BASE-T 快速以太网;某些 1000BASE-T 吉比特以太网
6	250MHz	1000BASE-T 吉比特以太网;ATM 网络
7	600MHz	只使用 STP,可用于 10Gb/s 以太网

现在计算机连接交换机使用的网线就是双绞线,其中有八根线,网线两头连接着 RJ-45 连接头(俗称水晶头)。对于传输信号来说它们所起的作用:1、2 用于发送,3、6 用于接收,4、5 和 7、8 是双向线。对与其相连的双绞线来说,为降低相互干扰,标准要求 1、2 必须是绞缠的一对线,3、6 也必须是绞缠的一对线,4 和 5 相互绞缠,7 和 8 相互绞缠。

EIA/TIA 的布线标准中规定了两种双绞线的线序：568A 与 568B。八根线的接法标准分别为 TIA/EIA 568B 和 TIA/EIA 568A。

TIA/EIA 568B：1-橙白,2-橙,3-绿白,4-蓝,5-蓝白,6-绿,7-综白,8-棕

TIA/EIA 568A：1-绿白,2-绿,3-橙白,4-蓝,5-蓝白,6-橙,8-棕白,9-棕

如图 3-13 所示,网线的水晶头两端的线序如果都是 T568B,就称为直通线;如果网线一端的线序是 T568B,另一端是 T568A,就称为交叉线。直通线是最常见的电缆类型,常用于主机到交换机和交换机到路由器的互连。交叉线用于连接类似的设备,如两台主机、两台交换机或两台路由器;还用于将主机连接到路由器。不过,现在计算机网卡大多能够自适应线序。

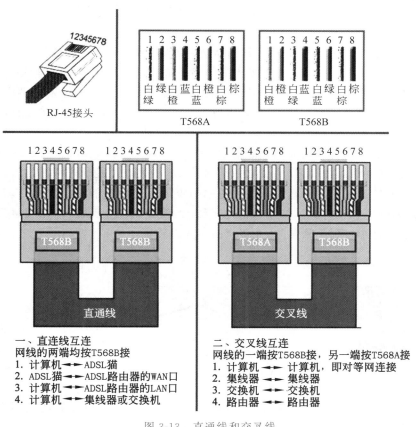

图 3-13 直通线和交叉线

2. 同轴电缆

同轴电缆由同质内芯、绝缘层、网状编织金属屏蔽层以及保护塑料外皮组成,同轴电缆的结构形式如图 3-14 所示。这种结构中的金属屏蔽网可防止中心导体向外辐射电磁波,也可用来防止外界电磁场干扰中心导体的信号,它具有较好的抗干扰特性,被广泛应用于传输较高速率的数据。

在局域网发展的初期曾广泛地使用同轴电缆作为传输媒体。但随着技术的进步,在局域

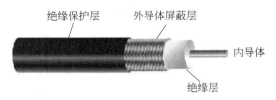

图 3-14　同轴电缆结构

网领域都是采用双绞线作为传输介质。目前同轴电缆主要用于有线电视网的居民小区中。

3. 光纤

光纤通信作为一门新兴技术，近年来其发展速度之快，应用面之广是通信史上罕见的。光纤的信息传输速率从 20 世纪 70 年代的 56kb/s 提高到现在的几吉比特每秒至几十吉比特每秒（Gb/s）（使用光纤通信技术）。因此光纤通信成为现代通信技术中一个十分重要的领域。

光纤通信就是利用光导纤维（以下简称为光纤）传递光脉冲来进行通信。有光脉冲相当于 1，而没有光脉冲相当于 0。由于可见光的频率非常高，约为 10^8 MHz 的量级，因此一个光纤通信系统的传输带宽远远大于目前其他各种传输媒体的带宽。光纤发送端有光源，可以采用发光二极管或半导体激光器，它们在电脉冲作用下能产生光脉冲。在接收端利用发光二极管做成光检测器，在检测到光脉冲时可还原出电脉冲。

光纤通常由非透明的石英玻璃拉成细丝，它主要是由纤芯和包层构成的双层通信圆柱体。纤芯很细，其直径只有 $8\sim100\mu m$（$1\mu m=10^{-6}m$）。光波正是通过纤芯进行传导的。包层较纤芯有较低的折射率。当光线从高折射率的媒体射向低折射率的媒体时，其折射角将大于入射角（见图 3-15）。因此，如果入射角足够大，就会出现全反射，即光线碰到包层时就会折射回纤芯。这个过程不断重复，光也就沿着光纤传输下去。

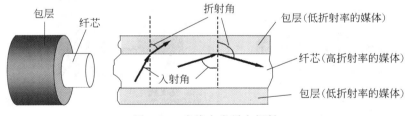

图 3-15　光线在光纤中折射

图 3-16 画出了光波在纤芯中的传播示意图。现代生产工艺可以制造出超低损耗的光纤，即做到光线在纤芯中传输数千米而基本上没有什么衰耗。这一点乃是光纤通信得到飞速发展的最关键因素。

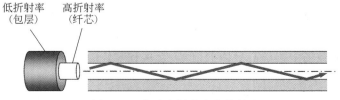

图 3-16　光波在纤芯中的传播

光纤有多模和单模之分。只要从纤芯中射到纤表面的光线的入射角大于某一临界角度,就可以产生全反射。图 3-16 中只画出了一条光线。实际上,可以有多条不同角度入射的光线在一条光纤中传输,这种光纤称为多模光纤(见图 3-17(a))。光脉冲在多模光纤中传输时会逐渐展宽,造成失真。因此多模光纤只适于近距离传输。若光纤的直径减小到只有一个波长,则光纤就像一根波导那样,可以使光纤一直向前传播,而不会产生多次反射。这样的光纤称为单模光纤(见图 3-17(b))。单模光纤的纤芯很细,其直径只有几微米,制造成本高。同时单模光纤的光源要使用昂贵的半导体激光器,而不能使用较便宜的发光二极管。但单模光纤的衰耗较小,在 100Gb/s 的高速率下可传输 100km 而不必采用中继器。

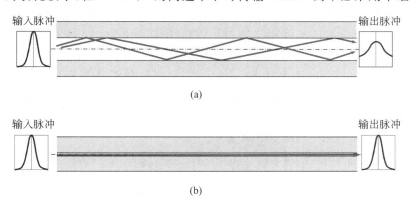

图 3-17 单模光纤和多模光纤的比较

由于光纤非常细,连包层一起的直径也不到 0.2mm,因此必须将光纤做成很结实的光缆。一根光缆少则只有一根光纤,多则可包括数十至数百根光纤,再加上加强芯和填充物就可以大大提高其机械强度。必要时还可放入远供电源线。最后加上包带层和保护套,就可以使抗拉强度达到几千克,完全可以满足工程施工的强度要求。图 3-18 为四芯光缆剖面的示意图。

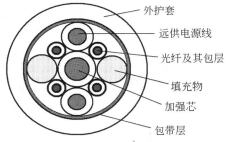

图 3-18 四芯光缆的示意图

光纤不仅具有通信容量非常大的优点,还具有以下几个特点。

(1) 传输损耗小,对远距离传输特别经济。

(2) 抗雷电和电磁干扰性能好,这在有大电流脉冲干扰的环境下尤为重要。

(3) 无串音干扰,保密性好,也不易被窃听或截取数据。

(4) 体积小,重量轻。这在现有电缆管道已拥塞不堪的情况下特别有利。例如,1km 长的 1000 对双绞线电缆约重 8000kg,而同样长度但容量大得多的一对两芯光纤仅重 100kg。但光纤也有一定缺点,这就是将两根光纤精确地连接需要专用设备。

3.3.2 非导向型传输媒体

前面介绍了三种导向型传输媒体。但若通信线路要通过一些高山或岛屿,有时就很难施工。即使在城市中,挖开马路敷设电缆也不是一件很容易的事。当通信距离很远时,敷设电缆既昂贵又费时,但利用无线电波在自由空间的传播就可较快地实现多种通信。由于这种通信方式不使用前面所介绍的各种导向传输媒体,因此就将自由空间称为"非导向型传输媒体"。

特别要指出的是,由于信息技术的发展,社会各方面的节奏都变快了,人们不仅要求能够在运动中进行电话通信(即移动电话通信),而且还要求能够在运动中进行计算机数据通信(俗称上网),现在智能手机大多使用 4G 技术访问互联网。因此在最近十几年无线电通信发展得特别快,因为利用无线信道进行信息的传输,是移动通信的唯一手段。

1. 无线电频段

无线传输可使用的频段很广,如图 3-19 所示。现在已经利用了好几个波段进行通信,紫外线和更高的波段目前还不能用于通信。ITU(国际电信联盟)对不同波段取了正式名称。例如,LF 波段的波长为 1~10km(对应于 30kHz~300kHz)。LF、MF 和 HF 的中文名称分别是低频、中频和高频。更高频段中的 V、U、S 和 E 分别对应于 Very、Ultra、Super 和 Extremely,相应的频段中文名称是甚高频、特高频、超高频和极高频。在低频(LF)的下面其实还有几个更低的频段,如甚低频(VLF)、特低频(ULF)、超低频(SLF)和极低频(ELF)等,因不用于一般的通信,故未在图中画出。

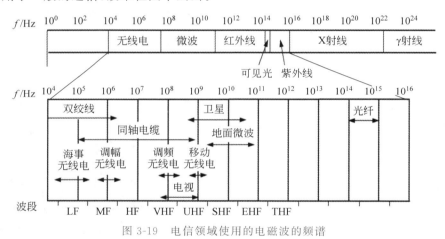

图 3-19 电信领域使用的电磁波的频谱

表 3-2 列出了无线电波频段和波段的名称和范围。

表 3-2 无线电波频段和波段

频 段 名 称	频 率 范 围	波 段 名 称	波 长 范 围
甚低频(VLF)	3kHz~30kHz	万米波,甚长波	10~100km
低频(LF)	30kHz~300kHz	千米波,长波	1~10km
中频(MF)	300kHz~3000kHz	百米波,中波	100~1000m
高频(HF)	3MHz~30MHz	十米波,短波	10~100m
甚高频(VHF)	30MHz~300MHz	米波,超短波	1~10m
特高频(UHF)	300MHz~3000MHz	分米波	10~100cm
超高频(SHF)	3GHz~30GHz	厘米波	1~10cm

续表

频 段 名 称	频 率 范 围	波 段 名 称	波 长 范 围
极高频(EHF)	30GHz～300GHz	毫米波	1～10mm
	300GHz～3000GHz	亚毫米波	0.1～1mm

2. 短波通信

短波通信即高频通信,主要是靠电离层的反射。人们发现,当电波以一定的入射角到达电离层时,它会像光学中的反射那样以相同的角度离开电离层。显然,电离层越高或电波进入电离层时与电离层的夹角越小,电波从发射点经电离层反射到达地面的跨越距离越大,这就是短波可以进行远程通信的根本原因。而且,电波返回地面时又可能被大地反射而再次进入电离层,形成电离层的第二次、第三次反射,如图 3-20 所示。由于电离层对电波的反射作用,这就使本来直线传播的电波有可能到达地球背面或其他任何一个地方。电波经电离层一次反射称为"单跳",单跳的跨越距离取决于电离层的高度。

但电离层的不稳定所产生的衰弱现象和电离层反射所产生的多径效应使得短波信道的通信质量较差。因此,当必须使用短波无线电台传送数据时,一般都是低速传输,即速率为一个标准模拟话路传几十至几百比特/秒。只有采用复杂的调制解调技术后,才能使数据的传输速率达到几千比特/秒。

3. 微波通信

微波是指频率为 300MHz～300GHz 的电磁波,但主要是 2GHz～40GHz 的频率范围。微波在空间主要是直线传播。由于微波会穿透电离层而进入宇宙空间,因此它不像短波那样可以经电离层反射传播到地面上很远的地方。传统的微波通信主要有两种主要的方式,即地面微波接力通信和卫星通信。

由于微波在空间是直线传播,而地球表面是个曲面,地球上还有高山或高楼等障碍,因此其传播距离受到限制,一般只有 50km 左右。但若采用 100m 高的天线塔,则传播距离可增大到 100km。如图 3-21 所示,为实现远距离通信必须在一条无线电通信信道的两个终端之间建立若干个中继站,中继站把前一站送来的信号经过放大后再发送到下一站,故称为"接力"。

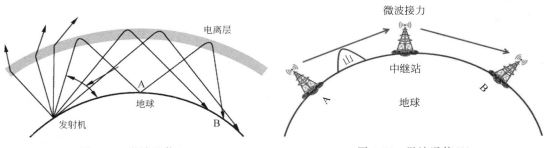

图 3-20　微波通信(1)　　　　　　　　图 3-21　微波通信(2)

微波接力通信可以传输电话、电报、图像、数据等信息。其主要特点如下。
- 微波波段频率很高,其频段范围也很宽,因此其通信信道的容量很大。
- 因为工业干扰和天电干扰的主要频谱成分比微波频率低得多,因此对微波通信的危害比对短波和米波通信小得多,因而微波传输质量较高。

- 与相同容量和长度的电缆载波通信比较,微波接力通信建设投资少、见效快,易于跨越山区、江河。

当然,微波接力通信也存在如下一些缺点。

- 相邻站之间必须直视,不能有障碍物。有时一个天线发射出的信号也会分成几条略有差别的路径到达接收天线,因而造成失真。
- 微波的传播有时也会受到恶劣气候的影响。
- 与电缆通信系统比较,微波通信的隐蔽性和保密性较差。
- 对大量中继站的使用和维护要耗费较多的人力和物力。

另一个微波中继是使用地球卫星,如图 3-22 所示。卫星通信是在地球站之间利用位于约 36 000km 高空的人造地球同步卫星作为中继器的一种微波接力通信。对地静止通信卫星就是在太空的无人值守的微波通信中继点。卫星通信的主要缺点和地面微波通信差不多。

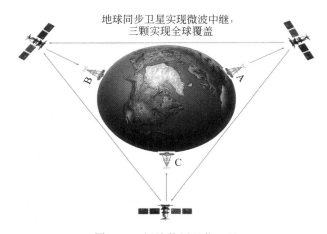

图 3-22　短波使用通信卫星

卫星通信的最大特点是通信距离远,且通信费用与通信距离无关。地球同步卫星发射出的电磁波能辐射地球上的通信覆盖区的跨度为 18000 多千米,约占全球面积的三分之一。只要在地球赤道上空的同步轨道上,等距离地放置 3 颗相隔 120°的卫星,就能基本上实现全球通信。

和微波接力通信相似,卫星通信的频带很多,通信容量很大,信号所受到的干扰也比较小,通信比较稳定。为了避免产生干扰,卫星之间相隔如果不小于 2°,那么整个赤道上只能放置 180 颗同步卫星,好在人们想出来可以在卫星上使用不同的频段来进行通信。因此总的通信容量资源还是很大的。

卫星通信的另一特点就是具有较大的传播时延。由于各地球站的天线仰角并不相同,因此不管两个地球站之间的地面距离是多少(相隔一条街或相隔上万千米),从一个地球站经卫星到另一地球站的传播时延为 250～300ms。一般可取 270ms。这和其他通信有较大的差别(请注意:这两个地球站之间的距离没有什么关系)。对比之下,地面微波接力通信链路的传播时延一般取为 3.3μs/km。

请注意,"卫星信道的传播时延较大"并不等于"卫星信道传送数据的时延较大"。这是因为传送数据的总时延除了传播时延外,还有传输时延、处理时延和排队时延等部分。传播时延在总时延中所占比例有多大,取决于具体情况。但利用卫星信道进行交互式的网上游戏显然是不合适的。卫星通信非常适合于广播通信,因为它的覆盖面很广。但从安全方面考虑,卫星通信系统的保密性是较差的。

4. 无线局域网

从 20 世纪 90 年代起,无线通信和互联网一样,得到了飞速发展。与此同时,使用无线信道的计算机局域网也得到了越来越广泛的应用。我们知道,要使用某一段无线频谱进行通信,通常必须得到本国政府有关无线电频谱管理机构的许可证。但是,也有一些无线电频段是可以自由使用的(只要不干扰他人在这个频段中的通信),这正好满足计算机无线局域网的需求。图 3-23 给出了美国的 ISM 频段,现在的无线局域网就使用其中的 2.4GHz 和 5.8GHz 频段。ISM 是 Industrial,Scientific,and Medical(工业、科学与医药)的缩写,即所谓的"工、科、医频段"。各国的 ISM 标准有可能略有差别。

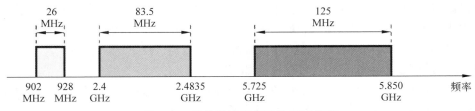

图 3-23　无线局域网使用的 ISM 频段

红外通信、激光通信也使用非引导型媒体。可使用近距离的笔记本电脑相互传送数据。

3.4　宽带接入技术

用户要想接入互联网,必须经过 ISP(如电信、移动、联通等)。近年来,互联网服务提供商为用户提供了宽带接入方式,提高用户的上网速率。宽带接入是相对于窄带接入而言,一般把速率超过 1Mb/s 的接入称为宽带接入。宽带接入技术主要包括铜线宽带接入技术(电话线)、HFC 技术(有线电视线路)、光纤接入技术和移动互联接入技术(4G 技术)。

3.4.1　光纤接入技术

光纤接入是指 ISP 服务商与用户之间完全以光纤作为传输媒体。目前,互联网上已经有大量的视频信息资源,因此近年来宽带上网的普及率增长得很快。为了更快地下载视频文件,更流畅地在线看高清电视节目,尽快把用户的上网速度进行提升成为 ISP 的重要任务。

根据光纤深入用户的程度不同,有多种光纤接入方式,称为 FTTx(Fiber-To-The-x)光纤接入,其中,x 代表不同的光纤接入点。

所谓光纤到户,就是把光纤一直铺设到用户家庭,在用户家中才把光信号转换成电信号,这样用户可以得到更高的上网速率。根据光纤到用户的距离来分类,可分成光纤到小区(Fiber To The Zone,FTTZ)、光纤到路边(Fiber To The Curb,FTTC)、光纤到大楼(Fiber

To The Building,FTTB),光纤到楼户(Fiber To The Home,FTTH),以及光纤到桌面(Fiber To The Desk,FTTD)。

光纤是宽带网络中多种传输媒介中最理想的一种,它的特点是传输容量大,传输质量好,损耗小,中继距离长等。

3.4.2　移动互联技术

移动通信技术和互联网技术是信息技术领域中重要的组成部分,这两项技术的发展直接影响着人们的生活和工作方式。移动互联网是一个新型的融合型网络,是移动通信技术和互联网技术充分融合的产物。在移动互联网环境下,人们可以通过智能手机、PDA、车载终端等设备通过移动网访问互联网,随时随地地享受互联网提供的服务。

移动互联网,就是将移动通信和互联网二者结合起来,成为一体,是互联网技术、平台、商业模式和应用与移动通信技术结合并实践的活动的总称。4G 时代的开启以及移动终端设备的凸显必将为移动互联网的发展注入巨大的能量。

4G 即第四代移动电话行动通信标准,指的是第四代移动通信技术,具有非对称的超过2Mb/s 的数据传输能力,是支持高速数据率(2～20Mb/s)连接的理想模式,上网速度从2Mb/s 提高到 100Mb/s,具有不同速率间的自动切换能力。

4G 系统总的技术目标和特点可以概括如下。

(1) 系统具有更高的数据率、更好的业务质量(QoS)、更高的频谱利用率、更高的安全性、更高的智能性、更高的传输质量、更高的灵活性。

(2) 4G 系统能够支持非对称性业务,并能支持多种业务。

(3) 4G 系统应体现移动与无线接入网和 IP 网络不断融合的发展趋势。

下面介绍移动互联网 IP 的网络结构。

对于基于 IP 网络的宽带无线接入,可以有两种设计架构。一种是全 IP 网络架构,如图 3-24 所示。在这种网络设计模型中,基站不仅可以具有信号的物理传输功能,还可以对无线资源进行管理,扮演接入路由器功能,缺点是会引入较大的开销,尤其是在移动终端从

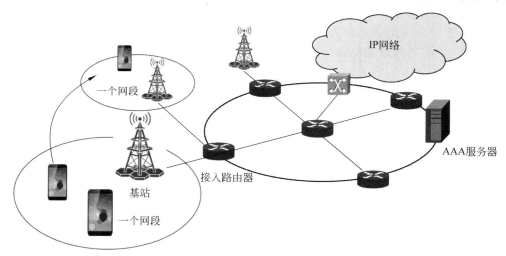

图 3-24　4G 的全 IP 网络

一个基站移动到另一个基站时需要对移动 IP 地址进行重新配置。

另一种是基于子网的 IP 架构,如图 3-25 所示,其中几个相邻基站组成子网接入基于 IP 接入网的路由器。这时,基站和接入路由器分别负责管理第二层和第三层协议,当用在相邻基站间发生切换时,只涉及第二层的切换协议,不需要改变第三层的移动 IP 的地址。

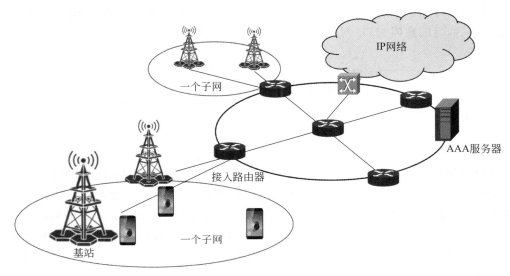

图 3-25　基于子网的 4G IP 网络

3.4.3　HFC 技术

HFC 是 Hybrid Fiber Coax 的缩写,光纤同轴 HFC 网(混合网)在 1988 年被提出。HFC 是在目前覆盖面很广的有线电视网(CATV)的基础上开发的一种居民宽带接入网。除可传送 CATV 外,还提供电话、数据和其他宽带业务。现有的 CATV 网是树形拓扑结构的同轴电缆网络,它采用模拟技术频分复用对电视节目进行单向传输。

为了提高传输的可靠性和电视信号的质量,HFC 网把原有的有线电视网中的同轴电缆主干部分改换为光纤(见图 3-26)。光纤从头端连接到光纤节点。在光纤节点光信号被转换为电信号,然后通过同轴电缆送到每个用户家庭。从头端到用户家庭所需的放大器数目

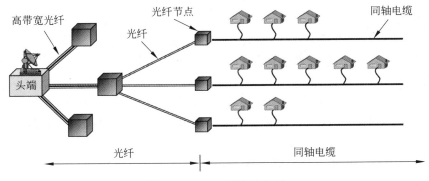

图 3-26　HFC 网的结构图

也就减少到 4~5 个,这就大大提高了网络的可靠性和电视信号的质量。连接到一个光纤节点的典型用户数是 500 左右,但不超过 2000。

光纤节点与头端的典型距离是 25km,而从光纤节点到其用户距离不超过 2~3km。原来的有线电视网的最高传输频率是 450MHz,并且仅用于电视信号的下行传输。但现有的 HFC 网具有双向传输功能,而且扩展了传输频带。根据有线电视频率配置标准 GB/T 17786—1999,目前我国 HFC 网的频带划分如图 3-27 所示。

图 3-27　我国 HFC 网的频带划分

要使用现有的模拟电视机能够接收数字电视信号,需要把一个叫作机顶盒的设备连接在同轴电缆和用户的电视机之间,但为了使用户能够利用 HFC 接入互联网,以及在上行信道中传送交互数字电视所需要的信息,还需增加一个为 HFC 网使用的调制解调器,它又称为电缆调制解调器。电缆调制解调器可以做成一个单独的设备(类似于 ADSL 的调制解调器),也可以做成内置的、安装在电视机的机顶盒里面。用户只要把自己的计算机连接到电缆调制解调器,就可以接入互联网了。

电缆调制解调器不需要成对使用,而只需要安装在客户端。电缆调制解调器比 ADSL 使用的调制解调器复杂得多。因为它必须解决共享信道中可能出现的冲突问题。在使用 ADSL 调制解调器时,用户计算机所连接的电话用户线是该用户专用的,因此在用户线上所能达到的最高速率是确定的,与其他用户是否上网是无关的。但在使用 HFC 的电缆调制解调器时,在同轴电缆这一段用户所享用的最高数据率是不确定的,因为某个用户所能享用的数据率大小取决于这段电缆上现有多少个用户正在传送数据,因为 HFC 网上行信道是一个用户群所共享的,而每个用户都可在任何时刻发送上行信息,当所有用户都要使用上行信道时,每个用户所能分配的带宽就要减少。

习　　题

一、填空题

1. 常用的有线传输介质有_____、_____和_____。

2. 物理层定义了与传输媒体的接口有关的特性,即_____特性、_____特性、_____特性和_____特性。

3. 物理层的功能就是透明地传送_____,物理层上所传数据的单位是_____。

4. _____特性用来说明接口所用接线器的形状和尺寸、引脚数目和排列、固定和锁定装置等。

5. _____特性用来说明在接口电缆的哪条线上出现的电压应在什么范围,即什么样的电压表示 1 或 0。

6. _____特性用来说明某条线上出现的某一电平的电压表示何种意义。

7. _____ 特性用来说明对于不同功能的各种可能事件的出现顺序。

8. 为了提高双绞线的 _____ 能力,可以在双绞线的外面再加上一个用金属丝编织成的屏蔽层,这就是屏蔽双绞线。

二、选择题

1. 在下列传输介质中,哪种传输介质的抗电磁干扰性最好?(　　)
   A. 双绞线　　　　　B. 同轴电缆　　　　C. 光缆　　　　　　D. 无线介质

2. 下列传输介质中,哪种传输介质的典型传输速率最高?(　　)
   A. 双绞线　　　　　B. 同轴电缆　　　　C. 光缆　　　　　　D. 无线介质

3. 在物理层接口特性中,用于描述完成每种功能的事件发生顺序的是(　　)。
   A. 机械特性　　　　B. 功能特性　　　　C. 规程特性　　　　D. 电气特性

4. 双绞线中电缆相互绞合的作用是(　　)。
   A. 使线缆更粗　　　　　　　　　B. 使线缆更便宜
   C. 使线缆强度加强　　　　　　　D. 减弱噪声

5. 下面哪两项是数据网络物理层的用途和功能?(　　)
   A. 控制将数据传输到物理介质上的方式　B. 将数据编码成信号
   C. 提供逻辑地址　　　　　　　　　　　D. 将位封装成数据单元
   E. 控制介质访问

三、简答题

1. 物理层要解决哪些问题?物理层的主要特点是什么?

2. 物理层的接口有哪几个方面的特性?各包含什么内容?

3. 常用的传输媒体有哪几种?各有何特点?

第 4 章　数据链路层

数据链路层的主要任务是实现计算机网络中相邻节点之间的可靠传输,把原始的、有差错的物理传输线路加上数据链路层协议后,构成逻辑上可靠的数据链路。数据链路层协议需要完成差错控制、流量控制、协议数据单元边界的确定和物理寻址等功能。

数据链路层属于计算机网络的低层,数据链路层使用的信道主要有以下两种类型。

(1) 点对点信道:这种信道使用一对一的点对点通信方式。

(2) 广播信道:这种信道使用一对多的广播通信方式,因此过程比较复杂。广播信道上可以连接多个计算机,因此必须使用专用的共享信道协议来协调这些计算机的数据发送。

本章首先介绍数据链路层基础知识和需要解决的三个基本问题:封装成帧、透明传输、差错检测。然后介绍两种类型的数据链路层,即点到点链路的数据链路层和广播信道的数据链路层。这两种数据链路层通信机制不一样,使用协议也不一样,点到点链路使用 PPP 协议,广播信道使用带冲突检测的载波侦听多路访问协议(CSMA/CD 协议)。最后介绍基于广播信道的以太网技术。

本章主要内容:

(1) 数据链路层的三个重要问题:封装成帧、差错检测和可靠传输;

(2) 互联网点对点协议实例;

(3) 广播信道的特点和媒体接入控制概念,以及以太网媒体接入控制协议;

(4) 以太网交换机工作原理及虚拟局域网(VLAN)。

4.1　数据链路层概述

4.1.1　数据链路层基础知识

数据链路层位于网络层之下,物理层之上。数据链路层需要解决的问题如下。

(1) 把从网络层交下来的 IP 分组封装成帧,给出帧的边界。

(2) 把帧从一个节点发送到另一个节点,实现相邻节点之间的可靠传输,涉及差错控制、流量控制、信道访问、丢失、重复、超时和失序控制等。

(3) 目的节点收到正确帧后,从帧中取出 IP 分组交给上面的网络层。

(4) 物理寻址,保证每一帧都能送到目的节点,收、发双方均知道对方是谁。

数据链路层位置如图 4-1 所示。数据链路层协议实现相邻节点之间的可靠传输,通过相邻节点之间的链路段串接,为网络层提供传输 IP 分组服务。数据链路层提供的许多服务与运输层类似,但是两个层次在网络中的位置是不同的。数据链路层协议定义了帧的格式,以及相邻节点在发送和接收帧时应该采取的动作。数据链路层为网络层屏蔽了物理层采用的传输技术的差异性。

需要注意的是,网络层的 IP 分组在传输路径的各段链路上可能会由不同的数据链路

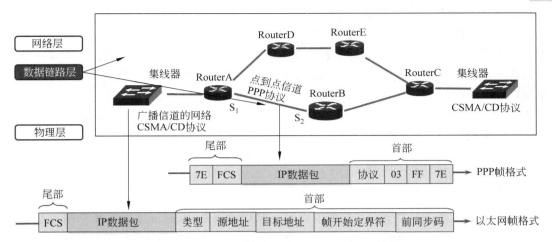

图 4-1 不同数据链路层及数据链路层位置

协议处理。例如,分组在第一段链路上由以太网协议处理,在中间的各段链路上由 PPP 协议处理。在各段链路上均要进行数据链路层协议的拆封和封装过程,把前一段链路的协议转换为下一段链路的协议,在数据链路层协议的拆封和封装过程中实现对等层协议的理解。

下面用一个生活中的例子来类比各段链路可以采用不同数据链路层协议的过程。例如,哈尔滨—上海—杭州—西湖的旅行过程,在各段旅行过程中可以使用不同的交通工具,从哈尔滨到上海可以乘坐飞机,从上海到杭州可以乘坐动车,到杭州之后可乘坐地铁或汽车到西湖。在这个例子中,每个人可以类比一个分组,每个运输区段类比一段链路,每种运输方式类似一种数据链路层协议。

数据链路层协议需要提供的主要服务如下。

(1)封装成帧。用来把网络层的 PDU(例如分组)封装成帧,帧由协议控制部分和数据部分组成,网络层的分组插在数据链路层的数据字段中。多个协议控制字段执行数据链路层协议,包括协议首部和尾部。

(2)物理寻址。在帧的首部包括源节点和目的节点的物理地址,物理地址一般为网卡地址,也称为 MAC 地址。物理地址为硬件地址,需要通过地址解析协议(ARP)把分组的IP 地址转换为物理地址,才能真正找到节点或端节点主机。而 IP 地址为逻辑地址,主要用于实现不同网络之间或网络中主机之间的互联。

(3)链路访问。也称为介质(信道)访问控制(Medium Access Control,MAC),描述帧在数据链路上传输的规则。对于点到点的链路,MAC 比较简单;对于共享的广播链路,涉及多路访问(Multiple Access)机制,可以用 MAC 协议协调多个节点争用信道的问题,实现对链路的多路访问。

(4)可靠数据传输。通过数据链路层协议,使得通信双方确保发送的数据按要求的长度、正确的顺序传输到对方。若数据不能到达对方或出现差错,发送方可以及时得到反馈,得知出现了问题,或通过发送方设置的超时机制判断传输出现问题,发送方此时重发数据。

(5)流量控制。受到节点缓冲区和处理速度的限制,需要协调发送方节点的发送速率,使得接收方节点来得及接收数据,避免帧的丢失。一般采用由接收方来控制的方式,通过反馈机制告诉发送方可以接受的数据量大小。

（6）差错控制。链路上出现差错是不可避免的,对差错进行控制包括差错检测和差错纠正。网络中一般采用自动请求重发（Automatic Repeat reQuest,ARQ）机制,在发送节点通过差错控制协议产生差错控制冗余位,也称为校验位,把校验位放在数据后面一起发送到数据链路上,在接收节点按相同的差错控制协议进行处理,从而判断在数据链路传输过程中是否出现了差错。例如,在局域网中通常采用循环冗余校验（Cyclic Redundancy Check,CRC）,数据链路层差错控制通过硬件来实现。

4.1.2 链路、数据链路和帧

在本书中链路和数据链路是有区别的。

所谓链路就是从一个节点到相邻节点的一段物理线路(有线或无线),而中间没有任何其他的交换节点。计算机通信的路径往往要经过许多段这样的链路。链路只是一条路径的组成部分。

如图 4-2 所示,计算机 A 到计算机 B 要经过链路 1、链路 2、链路 3、链路 4 和链路 5。集线器不是交换节点,因此计算机 A 和路由器 1 之间是一条链路,而计算机 B 和路由 3 之间使用交换机连接,这就是两条链路——链路 4 和链路 5。

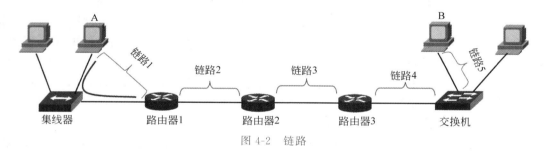

图 4-2　链路

数据链路则是另一个概念,这是因为当需要在一条线路上传送数据时,除了必须有一条物理线路外,还必须有一些必要的通信协议来控制这些数据的传输。若把实现这些协议的硬件和软件放到链路上,就构成了数据链路。现在最常用的方法是使用这些网络适配器(既有硬件也有软件)来实现这些协议。一般的适配器都包括数据链路层和物理层这两层的功能。

早期的数据通信协议曾叫作通信规程。因此,在数据链路层,规程和协议是同义语。

下面再介绍点对点信道的数据链路层的协议数据单元——帧。

数据链路层把网络层交下来的数据封装成帧发送到链路上,以及把接收到的帧中的数据取出并上交给网络层。在互联网中,网络层协议数据单元是 IP 数据报(或简称为数据报、分组或包)。如图 4-3 所示,数据链路层封装成帧,在物理层变成数字信号在链路上传输。

本章讨论数据链路层,就不考虑物理层如何实现比特传输的细节,如图 4-4 所示,可以简单地认为数据帧通过数据链路由节点 A 发送到节点 B。

数据链路层要把网络层交下来的 IP 数据报添加首部和尾部封装成帧,B 节点收到后检测帧在传输过程中是否产生差错,如果无差错将会把 IP 数据报上交给网络层,如果有差错则丢弃。

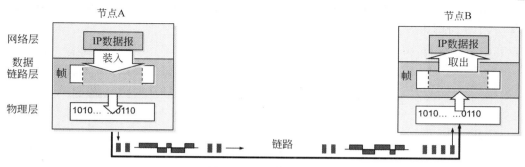

图 4-3 三层简化模型

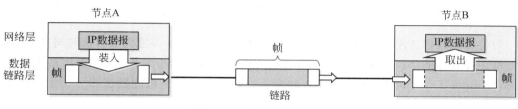

图 4-4 只考虑数据链路层

4.1.3 数据链路层的三个基本问题

数据链路层协议有许多种,但有三个基本问题是共同的。这三个基本问题是封装成帧、透明传输和差错检测。下面分别讨论这三个基本问题。

1. 封装成帧

封装成帧,就是将网络层的 IP 数据报的前后分别添加首部和尾部,这样就构成了一个帧。如图 4-5 所示,不同数据链路层协议的帧的首部和尾部包含的信息有明确的规定,帧的首部和尾部有帧的开始符和帧的结束符,称为帧定界符。接收端收到物理层传过来的数字信号读取到帧的开始符一直到帧的结束符,就认为收到了一个完整的帧。

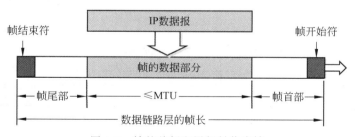

图 4-5 帧的首部和尾部封装成帧

当帧中的数据是由可打印的 ASCII 码组成的文本文件时,帧定界可使用特殊的帧定界符。ASCII 码是 7 位编码,一共可以组成 128 个不同的 ASCII 码,其中可打印的字符有 95 个,而不可打印的控制字符有 33 个。图 4-6 说明帧定界的概念,控制字符 SOH(Start Of Header)放在一帧的最前面,表示帧的首部开始,另一控制字符 EOT(End Of Transmission)表示帧的结束。请注意,SOH 和 EOT 都是控制字符的名称,它们的十六进制编码分别是

01(二进制是 00000001)和 04(二进制是 00000100)。SOH(或 EOT)并不是 S、O、H(或 E、O、T)三个字符的组合。

图 4-6　用控制字符进行帧定界方法

在帧的数据传输过程中出现差错时,帧定界符的作用更加明显。如果发送端在尚未发送完一个帧时突然出现故障,停止发送,接收端收到了只有开始符但没有结束符的帧,就认为是一个不完整的帧,应该丢弃。

为了提高数据链路层的传输效率,应当使帧的数据部分尽可能大于首部和尾部的长度。但是每一种数据链路层协议都规定了所能够传送帧的数据部分长度的上限,即最大传输单元(Maximum Transfer Unit,MTU),如图 4-5 所示,MTU 是指的数据部分长度。以太网的 MTU 长度为 1500B。

2. 透明传输

由于帧的开始和结束标记使用专门指明的控制字符,因此所传输的数据中的任何 8b 的组合一定不允许和用作帧定界的控制字符的比特编码一样,否则就会出现帧定界的错误。

当传送的帧是用文本文件组成的帧时(文本文件中的字符都是使用键盘输入的可打印字符),其数据部分显然不会出现 SOH 或 EOT 这样的帧定界符,可见不管从键盘上输入什么字符都可以放在这样的帧中传输。

当数据部分是非 ASCII 码表的文本文件时(如二进制代码的计算机程序或图像等),情况就不同了。如果数据中的某一段二进制代码正好和 SOH 或 EOT 帧定界字符编码一样,接收端就会误认为这就是帧的边界。如图 4-7 所示,接收端收到数据部分出现 EOT 帧定界符,就误认为接收到了一个完整的帧,而后面部分因为没有帧开始定界符而被认为是无效的帧而遭丢弃。

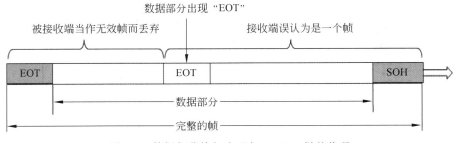

图 4-7　数据部分恰好出现与 EOT 一样的代码

所谓"透明传输"是指发送端无论发送什么样的比特组合数据,接收端都能够按照原样正确地把它接收下来。像如图 4-7 所示的帧的传输显然就不是"透明传输",因为当遇到数据中碰巧出现字符"EOT"时就传不过去了。数据中的"EOT"将被接收端错误地解释为"传输结束"的控制字符,而在其后面的数据因找不到"SOH"被接收端当作无效帧而丢弃。但实际上在数据中出现的字符"EOT"并非控制字符而仅仅是二进制数据 00000100。

　　前面提到的"透明"是一个很重要的术语。它表示:某一实际存在的事物看起来却好像不存在一样(例如,你看不见在你前面有块 100% 透明的玻璃)。"在数据链路层透明传送数据"表示无论什么样的比特组合的数据,都能够按照原样没有差错地通过这个数据链路层。因此,对所传送的数据来说,这些数据就"看不见"数据链路层有什么妨碍数据传输的东西。或者说,数据链路层对这些数据来说是透明的。

　　为了解决透明传输问题,就必须想办法让接收端能够区分帧中 EOT 或 SOH 是数据部分还是帧定界符,可以在数据部分出现的帧定界符前面插入转义字符"ESC"(其十六进制编码是 1B,二进制是 00011011)。而在接收端的数据链路层把数据交给网络层之前删除这个插入的转义字符。这种方法称为字节填充或字符填充。如果转义字符也出现在数据当中,那么解决方法仍然是在转义字符的前面插入一个转义字符。因此,当接收端收到连续的两个转义字符时,就删除其中前面的一个。图 4-8 表示用字节填充法解决透明传输的问题。

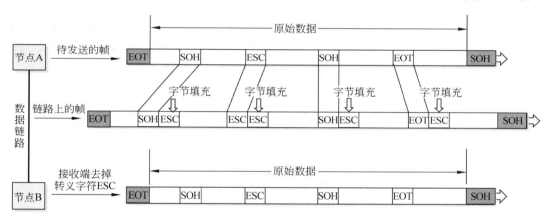

图 4-8　使用字节填充法解决透明传输的问题

3. 差错检测

　　现实的通信链路都不会是理想的,这就是说,比特在传输过程中可能会产生差错:1 可能会变为 0,而 0 也可能会变为 1,这就叫作比特差错。比特差错是传输差错中的一种。在一段时间内,传输错误的比特占所传输比特总数的比率称为误码率(Bit Error Rate)。例如,误码率为 10^{-10} 时,表示平均每传送 10^{10} b 就会出现 1b 的差错。误码率与信噪比有很大的关系。如果设法提高信噪比,就可以使误码率降低。但实际线路并非理想的,它不可能使误码率下降到零。因此,为了保证数据传输的可靠性,在计算机网络中传输数据时,必须采用各种差错检验措施。目前在数据链路层广泛使用了循环冗余检验(Cyclic Redundancy Check,CRC)的差错检验技术。

　　CRC 算法的基本思想是将传输的数据当作一个位数很长的数。将这个数除以另一个数,得到的余数作为校验数据附加到原数据后面。

　　要想让接收端能够判断帧在传输过程中是否出现差错,需要在传输的帧中包含用于检测错误的信息,这部分信息就称为帧校验序列(Frame Check Sequence,FCS)。

下面通过例子来说明 CRC 技术来计算帧校验序列。CRC 运算就是在需要发送数据 M 的后面添加供差错检测用的 n 位冗余码,然后构成一帧发送出去。如图 4-9 所示,要使用帧的数据部分和数据链路层首部合起来的数据($M=101001$)来计算 n 位帧校验序列(FCS),放到帧的尾部,那么校验序列如何算出来呢?

图 4-9 计算 FCS

首先在要校验的二进制数 $M=101001$ 后面添加 n 位 0,再除以收发双方事先商定好的 $n+1$ 位的除数 P,得出的商是 Q,而余数是 R(n 位,比除数少一位),这个 n 位余数 R 就是计算出的 FCS。

假如要得到 3 位帧校验序列,就要在 M 后面添加 3 个 0,成为 101001**000**,假定事先商定好的除数 $P=1101$(4 位),如图 4-10 所示,做完除法运算后余数是 001,001 将会添加到帧的尾部作为帧校验序列(FCS),得到的商 $Q=110101$,但这个商并没有什么用途。

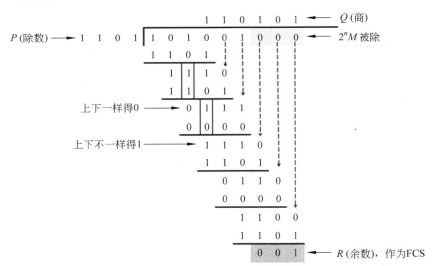

图 4-10 循环冗余校验原理例子

如图 4-11 所示,计算出 FCS$=001$ 和要发送的数据 $M=101001$ 一起发送到接收端。

图 4-11 通过 CRC 计算得出的 FCS

在接收端收到数据后,会使用 M 和 FCS 合成一个二进制数 101001001 再除以事先商定好的同样的数 $P=1101$,如果在传输过程中没有出现差错,则余数是 0。读者可以自行计算一下看看结果。如果出现误码,余数为 0 的概率将非常非常小。

接收端对收到的每一帧都进行 CRC 校验,如果得到的余数 R 等于 0,则断定该帧没有差错,就接收。若余数 R 不等于 0,则断定这个帧有差错(但无法确定究竟是哪一位或哪几位出现了差错,也不能纠错),就丢弃。这对于通信的两个计算机来说,就出现丢包现象了,不过通信的两个计算机传输层的 TCP 可以实现可靠传输(如丢包重传)。

计算机通信往往需要经过多条链路,IP 数据包经过路由器,网络层首部会发生变化,比如经过一个路由器转发,网络层首部的 TTL(生存时间)会减 1,或经过配置端口地址转换(PAT)路由器,IP 数据报的源地址和源端口会被修改,这就相当于帧的数据部分被修改,并且 IP 数据报从一个链路发送到下一个链路,每条链路的协议若不同,数据链路层首部格式也会不同,且帧开始符和帧结束符也会不同。这都需要将帧进行重新封装,重新计算帧校验序列。

在数据链路层,发送端帧校验序列 FCS 的生成和接收端的 CRC 校验都是用硬件完成的,处理很迅速,因此不会延误数据的传输。

4.2　点对点协议

点对点信道是指一条链路上只有一个发送端和一个接收端的信道,通常应用在广域网链路。例如,两个路由器通过串口(广域网口)相连,如图 4-12 所示,或家庭用户使用调制解调器通过电话线拨号连接 ISP,如图 4-13 所示,这都是点对点信道。

图 4-12　点对点信道

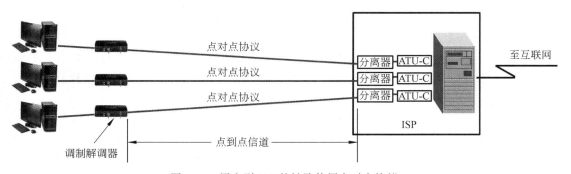

图 4-13　用户到 ISP 的链路使用点对点协议

在通信线路质量较差的年代,在数据链路层使用可靠传输协议曾经是一种好办法。因此,能实现可靠传输的高级数据链路控制(High-level Data Link Control,HDLC)就成为当时比较流行的数据链路层协议,但现在 HDLC 已很少使用了。对于点对点链路,简单得多的点对点协议(PPP)则是目前使用最广泛的数据链路层协议。

4.2.1　点对点协议的特点

适合于点对点信道的协议很多,当前应用最广泛的是 PPP。PPP 在 1994 年就成为互联网的正式标准。这就意味着该协议是开放式协议,是不同厂家的网络设备都支持的协议。

PPP 有数据链路层的三个功能:封装成帧、透明传输和差错检测,同时还具有以下特点。

1. 简单

PPP 不负责可靠传输、纠错和流量控制,也不需要给帧编号。接收端收到帧后,就进行 CRC 校验,如果 CRC 校验正确,就收下该帧,反之直接丢弃,其他什么也不做。

2. 封装成帧

PPP 必须规定特殊的字符作为帧定界符(每种数据链路层协议都有特定的帧定界符),以便使接收端能从收到的比特流中准确找出帧的开始和结束位置。

3. 透明传输

PPP 必须保证数据传输的透明性。这就是说,如果数据中碰巧出现了和帧定界符一样的比特组合时,就要采取有效的措施来解决这个问题。

4. 差错检测

PPP 必须能够对接收端收到的帧进行检测,并立即丢弃有差错的帧。若在数据链路层不进行差错检测,那么已出现差错的无用帧就还要在网络中继续向前转发,因而会白白浪费掉许多网络资源。

5. 支持多种网络层协议

PPP 必须能够在同一条物理链路上同时支持多种网络层协议(如 IPv4 和 IPv6 等)的运行,这就意味着 IPv4 数据报和 IPv6 数据报都可以封装在 PPP 帧中进行传输。

6. 多种类型链路

除了支持多种网络层的协议外,PPP 还必须能够在多种类型的链路上运行。例如,串行的(一次只发送一个比特)或并行的(一次并行地发送多个比特),同步的或异步的,低速的或高速的,电的或光的,交换的(动态的)或非交换的(静态的)点对点链路。

7. 检测连接状态

PPP 必须具有一种机制能够及时(不超过几分钟)自动检测出链路是否处于正常工作状态;当出现故障的链路隔了一段时后又重新恢复正常工作时,就特别需要有这种及时检测功能。

8. 最大传送单元

PPP 必须对每一种类型的点对点链路设置最大传送单元的标准默认值。这样做是为了促进各种实体之间的互操作性。如果高层协议发送的分组过长并超过 MTU 的数值,PPP 就要丢弃这样的帧,并返回差错。需要强调的是,MTU 是数据链路层的帧可以载荷的数据部分的最大长度,而不是帧的总长度。

9. 网络层地址协商

PPP 必须提供一种机制使通信的两个网络层(例如,两个 IP 层)的实体能够通过协商知道或配置彼此的网络层地址。使用 ADSL 调制解调器拨号访问互联网,ISP 会给拨号的计算机分配一个公网地址,这就是 PPP 的功能。

10. 数据压缩协商

PPP 必须提供一种方法来协商使用数据压缩算法,但 PPP 并不要求将数据压缩算法进行标准化。

4.2.2　点对点协议的组成

点对点协议由以下三部分组成。

(1) 一个将 IP 数据报封装到串行链路的方法。PPP 既支持异步链路(无奇偶校验的 8b 数据),也支持面向比特的同步链路。IP 数据报在 PPP 帧中就是其信息部分,这个信息部分的长度受最大传送单元(MTU)的限制。

(2) 一个用来建立、配置和测试数据链路连接的链路控制协议(Link Control Protocol,LCP)。通信的双方可协商一些选项。

(3) 一套网络控制协议(Network Control Protocol,NCP),其中的每一个协议支持不同的网络层协议,如 IP、IPv6、DECnet 以及 AppleTalk 等。

4.2.3　同步传输和异步传输

点对点信道通常应用在广域网的串行通信中,串行通信可分为两种:同步通信和异步通信。下面分别讨论一下它们之间的区别。

1. 同步通信

在数字通信中,同步(Synchronous)是十分重要的,为了保证传输信号的完整性和准确性,要求在接收端时钟与发送端时钟保持相同的频率,以保证单位时间读取的信号单元数相同,即保证传输信号的准确性。

同步传输(Synchronous Transmission)以数据帧为单位传输数据,可采用字符形式或位组合形式的帧同步信号,在短距离的传输中,该时钟信号可由专门的时钟线路传输,由发送端或接收端提供专用于同步的时钟信号,计算机网络采用同步传输方式时,常将时钟同步信号(前同步码)植入数据信号帧中,以实现接收端与发送端的时钟同步。

如图 4-14 所示,发送端发送的帧在帧开始定界符前植入了前同步码,用于同步接收端时钟,前同步码后面是一个完整的帧。

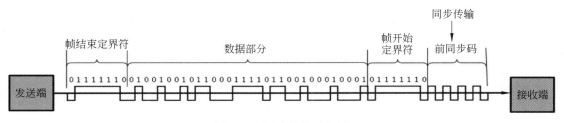

图 4-14　同步传输示意图

2. 异步通信

异步传输(Asynchronous Transmission)以字符为单位传输数据,发送端和接收端具有相互独立的时钟(频率相差不能太多),并且两者中任一方都不能向对方提供时钟同步信号。异步传输发送端与接收端在数据可以传送之前双方不需要协调。发送端可以在任何时刻发送数据,而接收端必须随时处于准备接收数据的状态。计算机主机与输入、输出设备之间一般采用异步传输方式,如键盘,可以在任何时刻发送一个字符,这取决于用户的输入。

异步传输存在一个潜在的问题,即接收方并不知道会在什么时候到达。在它检测到数据并做出响应之前,第一个比特已经过去了。这就像有人出乎意料地从后面上来跟你说话,而你没来得及反应过来,漏掉了最前面的几个词。因此,每次异步传输的信息都以一个起始位开头,它通知接收方数据已经到达了,这就给了接收方响应、接收和缓存数据比特的时间;在传输结束时,一个停止位表示该次传输信息的终止。按照惯例,空闲(没有传送数据)的线路实际携带着一个代表二进制1的信号,异步传输的开始位使信号变成0,其他的比特位使信号随传输的数据信息而变化。最后停止位使信号重新变回1,该信号一直保持到下一个开始位到达。例如,键盘上的数字"1",按照8b的扩展ASCII编码,将发送"00110001",同时需要在8比特位的前面加一个起始位,后面加一个停止位。

如图4-15所示,如果发送方以异步传输的方式发送帧到接收方,需要将发送的帧拆分成以字为单位进行传输,每个字符前有一个起始位,后有一个停止位。字符之间的时间间隔不固定。接收端收到这些陆续到来的字符,照样可以组装成一个完整的帧。

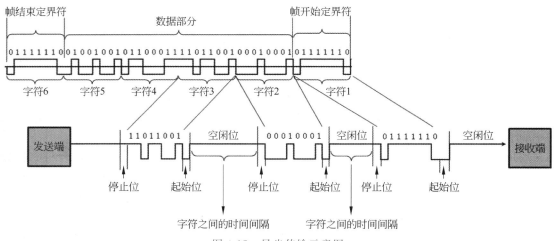

图 4-15 异步传输示意图

异步传输的实现比较容易,由于每个信息都加上了"同步"信息,因此计时的漂移不会产生大的积累,但却产生了较多的开销。在上面的例子中,每8b要多传送2b,总的传输负载增加25%。对于数据传输量很小的低速设备来说问题不大,但对于那些数据传输量很大的高速设备来说,25%的负载增值就相当严重了。因此,异步传输常用于低速设备。

异步传输与同步传输的区别如下。

(1)异步传输是面向字符的传输,而同步传输是面向比特的传输。

(2)异步传输的单位是字符,而同步传输的单位是帧。

(3)异步传输通过字符起止的开始码和停止码抓住再同步的机会,而同步传输则是从前同步码中抽取同步信息。

(4)异步传输相对于同步传输效率较低。

4.2.4　点对点协议的帧格式

　　PPP 帧格式如图 4-16 所示。PPP 帧的首部和尾部分别为四个字段和两个字段。首部的第一个字段和尾部的第二个字段都是标志字段 F(Flag)，规定为 0x7E(符号"0x"表示它后面的字符是用十六进制表示的。十六制的 7E 的二进制表示是 011111110)。标志字段表示一个帧的开始或结束。因此，标志字段就是 PPP 帧的定界符。连续两帧之间只需要用一个标志字段。如果出现连续两个标志字段，就表示这是一个空帧，应当丢弃。

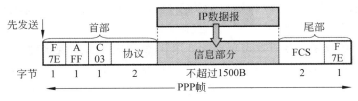

图 4-16　PPP 帧格式

　　首部中的地址字段 A 规定为 0xFF(即 11111111)，控制字段 C 规定为 0x3(即 00000011)。最初曾考虑以后再对两个字段的值进行其他定义，但至今也没给出。可见这两个字段实际上并没有携带 PPP 帧的信息。

　　PPP 首部的第四个字段是 2B 的协议字段。当协议字段为 0x0021 时，PPP 帧的信息字段就是 IP 数据报。若为 0xC021，则信息字段是 PPP 链路控制协议 LCP 的数据，而 0x8021 表示这是网络层的控制数据。

　　信息字段的长度是可变的，不超过 1500B。

　　尾部中的第一个字段(2B)是使用 CRC 的帧校验序列。

4.2.5　点对点帧的填充方式

　　当信息字段中出现和帧开始定界符和帧结束定界符一样的比特(0x7E)组合时，就必须采取一些措施使这种形式上和标志字段一样的比特组合不出现在信息字段中。

1. 异步传输使用字节填充

　　在异步传输的链路上，数据传输以字节为单位，PPP 帧的转义符定义为 0x7D(即 01111101)，并使用字节填充，RFC1662 规定了如下所述填充方法，如图 4-17 所示。

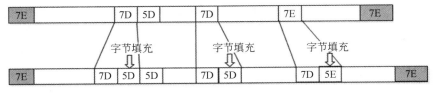

图 4-17　PPP 帧字节填充

　　把信息字段中出现的每一个 0x7E 字节转变成为 2B 序列(0x7D,0x5E)。

　　若信息字段中出现一个 0x7D 的字节(即出现了和转义字符一样的比特组合)，则把 0x7D 转变成为 2B 序列(0x7D,0x5D)。

若信息字段中出现 ASCII 码的控制字符(即数值小于 0x20 的字符),则在该字符前面要加入一个 0x7D 字节,同时将该字符的编码加以改变。例如,出现 0x03(在控制字符中是"传输结束"ETX),就要把它转变为 2B 序列(0x7D,0x23)。

由于发送端进行了字节填充,因此在链路上传送的信息字节数就超过了原来的信息字节数。但接收端在收到数据后再进行与发送端字节填充相反的变换,就可以正确地恢复出原来的信息。

2. 同步传输使用零比特填充

在同步传输的链路上,数据传输以帧为单位,PPP 协议采用零比特填充方法来实现透明传输。PPP 协议帧定界符 0x7E 写成二进制 0111 1110,也就是可以看到中间有连续的 6 个 1,只要想办法在数据部分不要出现连续 6 个 1,就肯定不会出现这种定界符。

零比特填充的具体做法是:在发送端,先扫描整个信息字段(通常是用硬件实现,但也可用软件实现,只是会慢些)。只要发现有连续 5 个 1,则立即填入一个 0。因此,经过这种零比特填充后的数据,就可以保证在信息字段不会出现连续 6 个 1。接收端在收到一个帧时,先找到一个标志字段 F 以确定一个帧的边界,接着再用硬件对其中的比特流进行扫描。每当发现连续 5 个 1 时,就把这连续 5 个 1 后的一个 0 删除,以还原成原来的信息比特流,如图 4-18 所示。这样就保证了透明传输在所传送的数据比特流中可以传送任意组合的比特流,而不会引起对帧边界的错误判断。

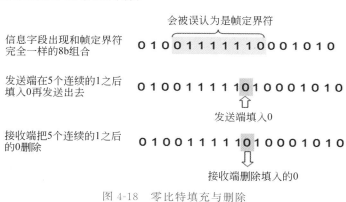

图 4-18   零比特填充与删除

4.3   广播信道数据链路层

前面讲的点到点信道更多地应用于广域网通信,广播信道更多地用于局域网通信。

4.3.1   广播信道局域网

局域网的主要特点是:网络为一个单位所拥有,且地理范围和站点数目均有限。

现在大多数企业都有自己的网络,通常企业购买网络设备组建内部办公网络,局域网严格意义上讲是封闭的,这样的网络通常不对互联网用户开放,允许访问互联网,使用保留的私网地址。

最初的局域网使用同轴电缆进行组网,采用总线型拓扑,如图 4-19 所示。和点到点信道的数据链路相比,一条链路通过 T 型接口连接多个网络设备(网卡),链路上两台计算机通信,如计算机 A 给计算机 B 发送一个帧,同轴电缆会把承载该帧的数字信号传送到所有终端,链路上所有计算机都能收到(所以称广播信道)。要在这样的一个广播信道实现点到点通信,就需要给发送的帧添加源地址和目的地址,这就要求网络中的每个计算机网卡有唯一的一个物理地址(即 MAC 地址),仅当帧的目标 MAC 地址和计算机网卡 MAC 地址相同,网卡才接收该帧,对于不是发给自己的帧则丢弃。这和点到点链路的帧不同,点到点链路的帧不需要源地址和目的地址。

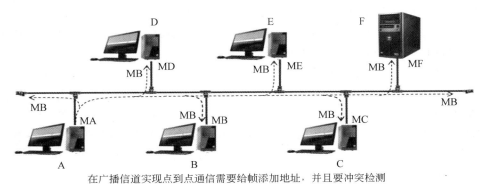

图 4-19　总线型广播信道

广播信道中的计算机发送数据的机会均等,但是链路上又不能同时传送多个计算机发送的信号,因为会产生信号叠加相互干扰,因此每台计算机发送数据之前要判断链路上是否有信号在传,开始发送后还要判断是否和其他链路上传过来的数字信号发生冲突。如果发生冲突,就要等一个随机时间再次尝试发送,这种机制就是带冲突检测的载波侦听多路访问(Carrier Sense Multiple Access with Collision Detection,CSMA/CD)。CSMA/CD 就是广播信道使用的数据链路层协议,使用 CSMA/CD 协议的网络就是以太网。关于 CSMA/CD 协议实现及原理,将在 4.3.3 节中详细介绍。由于点到点链路不需要进行冲突检测,因此没必要使用 CSMA/CD 协议。

广播信道除了总线型拓扑,使用集线器设备还可以连接成星状拓扑。如图 4-20 所示,计算机 A 发送给计算机 C 的数字信号,会被集线器发送到所有端口(这和总线型拓扑一样),

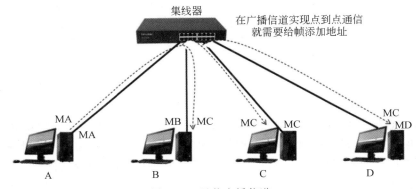

图 4-20　星状广播信道

网络中计算机 B、计算机 C 和计算机 D 的网卡都能收到,该帧的目标 MAC 地址和计算机 C 的网卡相同,只有计算机 C 接收该帧。为了避免冲突,计算机 B 和计算机 D 就不能同时发送帧了,因此连接在集线器上的计算机也要使用 CSAM/CD 协议进行通信。

4.3.2 以太网标准

以太网是目前世界上占主导地位的局域网技术。以太网是由美国施乐(Xerox)公司的 Palo Alto 研究中心(简称为 PARC)于 1975 年研制成功的。1980 年 9 月,DEC 公司、英特尔公司和施乐公司联合提出了 10Mb/s 以太网规约的第一个版本 DIX V1(DIX 是这三个公司名称的缩写)。1982 年又修改为第二版规约(实际上也就是最后版本),即 DIX Ethernet V2,成为世界上第一个局域网产品的规约。

在此基础上,IEEE 802 委员会的 802.3 工作组于 1983 年制定了第一个 IEEE 的以太网标准 IEEE 802.3,数据率为 10Mb/s。802.3 局域网对以太网标准中的帧格式做了很小的一点改动,但允许基于这两种标准的硬件实现可以在同一个局域网上的互操作。以太网的两个标准 DIX Ethernet V2 与 IEEE 的 802.3 标准只有很小的差别,因此很多人也常把 802.3 的局域网简称为"802.3"(本书也不经常严格区分它们,虽然严格来说,"以太网"应当是指符合 DIX Ethernet V2 标准的局域网)。

最初以太网只有 10Mb/s 吞吐量,使用的是带冲突检测的载波侦听多路访问(CSMA/CD)的访问控制方法。这种早期的 10Mb/s 以太网称为标准以太网,以太网可以使用粗缆、细缆、非屏蔽双绞线、屏蔽双绞线和光纤等多种传输介质进行连接。

在 IEEE 802.3 标准中,为不同的传输介质制定了不同的物理层标准。标准中前面的数字表示传输速度,单位是"Mb/s",最后一个数字表示单段网线的长度(基准单位是 100m),BASE 表示"基带"的意思。

标准以太网为 10M 带宽,如表 4-1 所示。

表 4-1 以太网标准

名　　称	传输介质	网段最大长度	特　　点
10BASE-5	粗同轴电缆	500m	早期电缆,已经废弃
10BASE-2	细同轴电缆	185m	不需要集线器
10BASE-T	非屏蔽双绞线	100m	最便宜系统
10BASE-F	光纤	2000m	适合于楼间使用

4.3.3 CSMA/CD 协议

1. CSMA/CD 协议简介

使用同轴电缆或集线器组建的网络都是总线型网络。总线型网络的特点就是一台计算机发送数据时,总线上的所有计算机都能够检测到这个数字信号,这种链路就是广播信道。在广播信道中同一时间只能允许一台计算机发送数据,否则各计算机之间就会互相干扰,使得发送数据被破坏。因此,如何协调总线上各计算机工作就是以太网需要解决的一个重要问题。IEEE 制定的 IEEE 802.3 标准给出了以太网的技术标准,即以太网的介质访问控制协议(CSMA/CD)及物理层技术规范。它适用于总线型控制网络。

　　总线型网络使用 CSMA/CD 协议进行通信,CSMA/CD 是带碰撞检测的载波侦听多点接入(Carrier Sense Multiple Access with Collision Detection)技术。下面就对这个协议进行详细阐述。

　　"多点接入"就是说明这是总线型网络,许多计算机以多点接入的方式连接在一根总线上。协议的实质是"载波监听"和"碰撞检测"。

　　"载波监听"就是用电子技术检测总线上有没有其他计算机也在发送数据。其实总线上并没有什么"载波",这里只不过借用一下"载波"这个名词而已。因此载波监听就是监测信道,这个是很重要的措施。这是由于在广播信道中的计算机发送数据的机会均等,但不能同时有两台计算机发送数据,因为总线上只要有一台计算机在发送数据,总线的传输资源就被占用。因此不管在发送前还是发送中,每个站都必须不停地检测信道。

　　在发送前检测信道,是为了获得发送权,如果检测出已经有其他站在发送,则自己就暂时不允许发送数据,必须等到信道变为空闲时才能发送。在发送过程中即便检测出总线上没有信号,开始发送数据后也有可能和迎面而来的信号在链路上发生碰撞。如图 4-21 所示,计算机 A 发送的信号和计算机 B 发送的信号在链路 C 处发生碰撞。因此在发送中检测信道,是为了及时发现其他站的发送和本站发送的碰撞,这就称为碰撞检测。

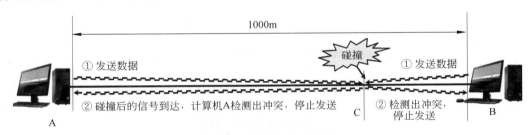

图 4-21　碰撞检测示意图

　　"碰撞检测"也就是"边发送边监听",即适配器边发送数据边检测信道上的信号电压变化情况,以便判断自己在发送数据时其他站是否也在发送数据。当几个站同时在总线上发送数据时,总线上的信号电压变化幅度将会增大(互相叠加)。当适配器检测到的信号电压变化幅度超过一定的门限时,就认为总线上至少有两个站同时发送数据,表明产生了碰撞。所谓"碰撞"就是发生了冲突。因此"碰撞检测"也称为"冲突检测"。这时,总线上传输的信号产生了严重的失真,无法从中恢复出有用的信息来。因此,任何一个正在发送数据的站,一旦发现总线上出现了碰撞,其适配器就要立即停止发送,免得继续进行无效的发送,白白浪费网络资源,然后等待一段随机时间后再次发送。

　　显然,使用 CSMA/CD 协议时,一个站不能同时进行发送和接收。因此,使用 CSMA/CD 协议的以太网不可能进行全双工通信,而只能进行双向交替通信(半双工通信)。

　　为了能够检测到正在发送的帧在总线上是否产生冲突,以太网的帧不能太短,如果太短就有可能检测不到自己发送的帧产生了冲突,下面探讨以太网的帧最短应该是多少字节。

　　2. 争用期

　　要想让发送端能够检测出发生在链路上任何地方的碰撞,就要探讨一下广播信道中发送端冲突检测最长需要多少时间,以及在此期间发送了多少比特,也就能够算出广播信道中检测到发送冲突的最短帧。

如图 4-22 所示,设图中的局域网两端的站 A 和站 B 相距 1000m,用同轴电缆相连。电磁波在 1000m 电缆的传播时延约为 5μs(这个数字应当记住)。因此 A 向 B 发送的数据,在约 5μs 后才能传送到 B。换言之,B 若在 A 发送的数据到达 B 之前发送自己的帧(因为这时 B 的载波监听检测不到 A 所发送的信息),则必然在某个时间和 A 发送的帧发生碰撞。碰撞的结果是两个帧都变得无用。在局域网的分析中,常把总线上的单程端到端传播时延记为 τ。发送数据的站希望尽早知道是否发生了碰撞。那么,A 发送数据后,最迟要经过多长时间才能知道自己发送的数据有没有发生碰撞?从图 4-22 不难看出,这个时间最多是两倍的总线端到端的传播时延(2τ),或总线端到端往返传播时延。由于局域网上任意两个站之间的传播时延有长有短,因此局域网必须按最坏情况设计,即取总线两端的两个站之间的传播时延(两个站之间的距离最大)为端到端传播时延。

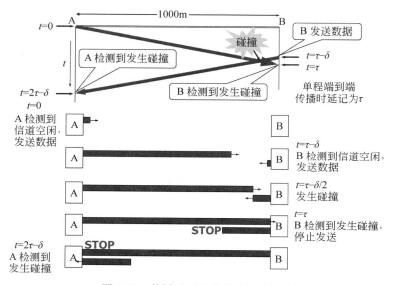

图 4-22   传播时延对载波监听的影响

下面是图 4-22 中的一些重要的时刻。

在 $t=0$ 时,A 发送数据,B 检测到信道为空闲。

在 $t=\tau-\delta$ 时(这里 $\tau>\delta>0$),A 发送的数据还没有到达 B 时,由于 B 检测到信道空闲,因此 B 发送数据。

经过时间 $\delta/2$ 后,即在 $t=\tau-\delta/2$ 时,A 发送的数据和 B 发送的数据发生了碰撞。但这时 A 和 B 都不知道发生了碰撞。

在 $t=\tau$ 时,B 检测到发生了碰撞,于是停止发送数据。

在 $t=2\tau-\delta$ 时,A 也检测到发生了碰撞,因而也停止发送数据。

A 和 B 发送数据均失败,它们都要推迟一段时间再重新发送。

由此可见,每一站在自己发送数据之后的一小段时间内,存在着遭遇碰撞的可能性。这一小段时间是不确定的,它取决于另一个发送数据的站到本站的距离。因此,以太网不能保证某一时间之内一定能够把自己的数据帧成功地发送出去(因为存在产生碰撞的可能)。以太网的这一特点称为发送的不确定性。如果希望在以太网中发生碰撞的机会很小,必须使整个以太网的平均通信量远小于以太网的最高数据率。

从图 4-22 可看出,最先发送数据帧的 A 站,在发送数据帧后至多经过时间 2τ 就可知道所发送的数据帧是否遭受了碰撞。这就是 $\delta\rightarrow0$ 的情况。因此以太网的端到端的往返时延 2τ 称为争用期,它是一个很重要的参数。争用期又称为碰撞窗口,这是因为一个站在发送完数据数之后,只有通过争用期的"考验",即经过争用期这段时间还没有检测到碰撞,才能肯定这次发送不会发生碰撞。这时,就可以放心地把这一帧数据顺利发送完毕。

现在考虑一种情况。某个站发送了一个很短的帧,但在发送完毕之前并没有检测出碰撞。假定这个帧在继续向前传播到达目的站之前和别的站发送的帧发生了碰撞,因而目的站将收到有差错的帧(当然会把它丢弃)。可是发送站却不知道这个帧发生了碰撞,因而不会重传这个帧。这种情况显然是我们所不希望的。为了避免发生这种情况,以太网规定了一个最短帧长 64B,即 512b。如果要发送的数据非常少,那么必须加入一些填充字节,使帧长不小于 64B。对于 10Mb/s 以太网,发送 512b 的时间需要 $51.2\mu s$,也就是上面提到的争用期。

由此可见,以太网在发送数据时,如果在争用期(共发送了 64B)没有发生碰撞,那么后续发送的数据就一定不会发生冲突。换句话说,如果发生碰撞,就一定是在发送的前 64B 之内。由于一检测到冲突就立即中止发送,这时已经发送出去的数据一定小于 64B,因此凡是长度小于 64B 的帧都是由于冲突而异常中止的无效帧。只要收到了这种无效帧,就应当立即将其丢弃。

3. 冲突解决方法——退避算法

由上面的讨论可知,总线型网络中的计算机数量越多,在链路上发送数据产生冲突的机会就越多。以太网使用截断二进制指数退避算法来解决碰撞问题,该算法并不复杂。这种算法让发生碰撞地站在停止发送数据后,不是等待信道变为空闲后就立即发送数据,而是推迟(这叫作退避)一个随机时间。这样做是为了使重传时再次发生冲突的概率减小。具体的退避算法如下。

(1) 确定基本退避时间,它就是争用期 2τ。以太网把争用期定为 $51.2\mu s$。对于 10Mb/s 以太网,在争用期内可发送 512b,即 64B。也可以说争用期是 512b 时间。1b 时间就是发送 1b 所需的时间。所以这种时间单位与数据率密切相关。

(2) 从离散的整数集合 $[0,1,\cdots,2^k-1]$ 中随机取出一个数,记为 r。重传应推后的时间就是 r 倍争用期。参数 k 按下面的公式计算。

$$k=\min[\text{重传次数},10]$$

可见当重传次数不超过 10 时,参数 k 等于重传次数;但当重传次数超过 10 时,k 就不再增大而一直等于 10。

(3) 当重传达到 16 次仍不能成功时(这表明同时打算发送数据的站太多,以致连续发生冲突),则丢弃该帧,并向高层报告。

例如,在第 1 次重传时,$k=1$,随机数从整数 $\{0,1\}$ 中选一个。因此重传的站可选择的重传推迟时间是 0 或 2τ,即在这两个时间中随机选择一个。

若再次发生碰撞,则在第 2 次重传时,$k=2$,随机数 r 就从整数 $\{0,1,2,3\}$ 中选一个。因此重传推迟的时间是在 $0,2\tau,4\tau$ 和 6τ 这 4 个时间中随机地选取一个。

同样,若再次发生碰撞,则重传时 $k=3$,随机数 r 就从整数 $\{0,1,2,3,4,5,6,7\}$ 中选一个数,以此类推。

若连续多次发生冲突,就表明可能有较多的站参与争用信道。但使用上述退避算法可使重传需要推迟的平均时间随重传次数而增大(这也称为动态退避),因而减小发生碰撞的概率,有利于整个系统的稳定。

还应注意到,适配器每发送一个帧,就要执行一次 CSMA/CD 算法。适配器对过去发生的碰撞并无记忆功能。每个适配器根据尝次发送的次数选择退避时间。到底哪台计算机能够获得发送机会,完全看运气,比如 A 计算机和 B 计算机前两次都发生了冲突,正在尝试第三次发送时,A 计算机选择了 6τ 作为退避时间,B 计算机选择了 12τ 作为退避时间,这时 C 计算机第一次重传,退避时间选择了 2τ,因此 C 计算机获得发送机会。

4.3.4　以太网信道利用率

下面来学习以太网信道利用率,以及想要提高信道利用率需要做哪些方面的努力。

假如一个 10M 的以太网,有 10 台计算机接入,每台计算机能够分到的带宽似乎应该是总带宽的 1/10(即 1M 带宽)。其实不然,这 10 台计算机在以太网的链路上进行通信,会产生碰撞,然后计算机会采用截断二进制指数退避算法来解决碰撞问题。信道资源实际上被浪费了,扣除碰撞所造成的信道损失后,以太网总的信道利用率并不能达到 100%。这意味着以太网中这 10 台计算机,每台计算机实际能够获得的带宽小于 1M。

利用率是指发送数据的时间占整个时间的比例。图 4-23 的例子是以太网信道被占用的情况。一个站在发送帧时出现了碰撞。经过一个争用期 2τ 后(τ 是以太网单程端到端传播时延),可能又出现了碰撞。这样经过了 n 倍争用期后,一个站发送成功了。假定 T_0 为发送该帧所需时间,它等于帧长(单位是 b)除以发送速率(10Mb/s)。

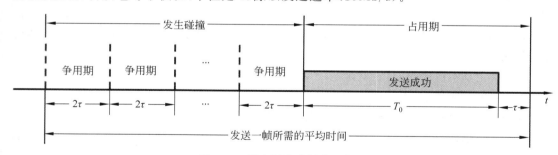

图 4-23　以太网信道被占用情况

应当注意到,成功发送一个帧需要占用信道的时间是 $T_0+\tau$,比这个帧的发送时间要多一个单程端到端时延 τ。这是因为当一个站发送完最后一个比特时,这个比特还要在以太网上传播。在最极端情况下,发送站在传输媒体一端,而比特在媒体上传输到另一端所需时间是 τ。因此,必须经过时间 $T_0+\tau$ 后以太网的媒体才进入完全空闲状态,才能允许其他站发送数据。

信道利用率为

$$S=\frac{T_0}{n\cdot 2\tau+T_0+\tau} \tag{4-1}$$

从式(4-1)可以看出,要想提高信道利用率,最好使 n 为 0,这就意味着以太网上的各台计算机发送数据不会产生碰撞(这显然已经不是 CSMA/CD,而需要一种特殊的调度方法),并且能够非常有效地利用网络的传输资源,即总线一旦空闲就有一个站立即发送数据。以这种情况算出信道利用率是极限信道利用率。

这样发送一帧占用线路时间是 $T_0+\tau$,因此极限信道利用率为

$$S_{\max}=\frac{T_0}{T_0+\tau}=\frac{1}{1+\dfrac{\tau}{T_0}} \qquad (4-2)$$

从式(4-1)和式(4-2)可以看出,即便是以太网极限信道利用率也不能达到 100%。要想提高极限信道利用率,就要降低公式中 $\dfrac{\tau}{T_0}$ 的值。τ 的值和以太网连线长度有关,即 τ 值要小,以太网连线的长度就不能太长。带宽一定情况下,T_0 和帧的长度有关,这就意味着,以太网的帧不能太短。

4.3.5　以太网 MAC 层

1. 以太网网络适配器

计算机与外界局域网连接是通过通信适配器进行的。适配器本来是在主机箱内插入的一块网络接口板(或者在笔记本电脑中插入一块 PCMCIA 卡)。网络接口板又称为通信适配器或网络适配器或网络接口卡(Network Interface Card,NIC)。由于现在计算机主板上都已经嵌入了这种适配器,不再使用单独网卡了,因此本书使用适配器这个更准确的术语。

如图 4-24 所示,网络适配器是工作在数据链路层和物理层的网络组件,是局域网中连接计算机和传输介质的接口,不仅能实现与局域网传输介质之间的物理连接和电信号匹配,还涉及帧的发送与接收、帧的封装与拆封、帧的差错校验、介质访问控制(以太网使用 CSMA/CD 协议)、数据的编码与解码以及数据缓存等功能。

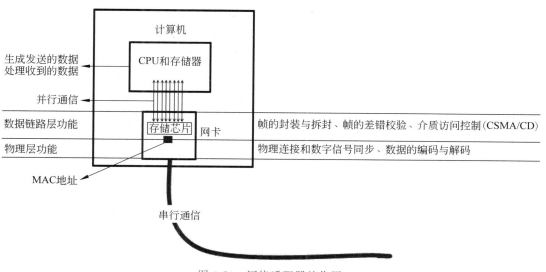

图 4-24　网络适配器的作用

在通信适配器上装有处理器和存储器(包括 RAM 与 ROM),适配器与局域网之间的通信是通过电缆或双绞线以串行传输方式进行的。而适配器和计算机之间的通信则是通过计算机主板上的 I/O 总线以并行传输方式进行的。因此,适配器的一个重要功能就是要进行数据的串行传输和并行传输的转换。由于网络上的数据率和计算机总线上的数据率并不相同,因此在适器中必须装有对数据进行缓存的存储芯片。

适配器还要能够实现以太网协议(CSMA/CD)、帧的封装与拆封、帧的发送与接收等功能,这些工作都是由网络适配器来做,不使用计算机 CPU。这时计算机中的 CPU 可以处理其他任务。当适配器收到有差错的帧时,就把这个帧直接丢弃而不必通知计算机。当适配器收到正确的帧时,它就使用中断来通知该计算机并交付协议中的网络层。当计算机要发送 IP 数据报时,就由协议栈把 IP 数据报向下交给适配器,组装成帧后发送到局域网。

物理层功能实现网络适配器和网络的连接和数字信号的同步,实现数据的编码。

2. MAC 层硬件地址

在广播信道实现点到点通信,需要网络中的每个网卡都有一个地址。这个地址称为物理地址或 MAC 地址(因这种地址用在 MAC 帧中)。IEEE 802 标准为局域网规定了一种 48 位的全球地址(一般简称为地址)。

在生产适配器时,这 6B 的 MAC 地址已被固化在适配器的 ROM 中。因此 MAC 地址也叫作硬件地址或物理地址。当这块网卡插入(或嵌入)某台计算机后,网卡上的 MAC 地址就成为这台计算机的 MAC 地址了。

MAC 地址值是 IEEE 为确保每台以太网设备使用的全局唯一地址而强制厂商遵守规定的直接结果。IEEE 规定销售以太网设备的任何厂商都要向 IEEE 的地址管理机构 RA(Registration Authority)注册。RA 负责为厂商分配地址字段的 6B 中的前 3B(高 24b),称为组织唯一标识符(OUI)。地址字段中的后 3B(低 24b)则由厂家自行指派,称为扩展标识符,只要保证生产出来的适配器没有重复地址即可。

IEEE 要求厂商遵守两条简单的规定,如图 4-25 所示。第一,分配给网络适配器或其他

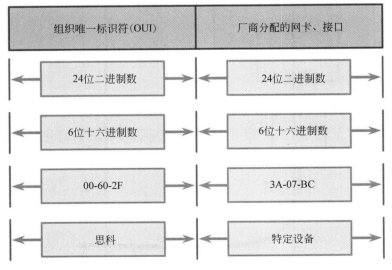

图 4-25　以太网 MAC 地址结构

以太网设备的所有 MAC 地址都必须使用厂商分配的 OUI 作为前 3B。第二,OUI 相同的所有 MAC 地址必须在最后 3B 中分配一个唯一值。

IEEE 规定地址字段的第一字节的最低位为 I/G 位。I/G 表示 Individual/Group。当 I/G 位为 0 时,地址字段表示一个单个站地址。当 I/G 位为 1 时表示组地址,用来进行多播(也称为组播)。因此,IEEE 只分配地址字段前 3B 中的 23b。当 I/G 位分别为 0 和 1 时,一个地址块可分别生成 2^{24} 个单个站地址和 2^{24} 个组地址。需要指出,有的书把上述最低位写为"第一位",但"第一"的定义是含糊不清的。这是因为在地址记法中有两种标准:第一种记法是把每一字节的最低位写在最左边(最左边的最低位是第一位)。IEEE 802.3 标准就采用这种记法。第二种记法是把每一字节的最高位写在最左边(最左边的最高位是第一位)。在发送数据时,两种记法都是按照字节的顺序发送,但每一字节中先发送哪一位则不同:第一种记法先发送最低位,第二种记法先发送最高位。

IEEE 还考虑到可能有人并不愿意向 IEEE 的 RA 购买 OUI。为此,IEEE 把地址字段第一字节的最低第二位规定为 G/L 位,表示 Global/ Local。当 G/L 位为 0 时是全球管理(保证在全球没有相同的地址),厂商向 IEEE 购买的 OUI 全部属于全球管理。当地址字段的 G/L 位为 1 时是本地管理,这时用户可任意分配网络上的地址。采用 2B 地址字段时全都是本地管理。但应当指出,以太网几乎不理会这个 G/L 位。

这样,在全球管理时,对每一个站的地址可用 46b 的二进制数字来表示(最低位和最低第二位都为 0 时)。剩下的 46b 组成的地址空间可以有 2^{46} 个地址,已经超过 70 万亿个,可保证世界上的每一个适配器都可有一个唯一的地址。当然,非无限大的地址空间总有用完的时候。但据测算,到 2020 年以前还不需要考虑 MAC 地址耗尽的问题。

连接在以太网上路由器接口和计算机网卡一样,也有 MAC 地址。当路由器通过适配器连接到局域网时,适配器上的硬件地址就用来标志路由器的某个接口。路由器如果同时连接到两个网络上,那么它就需要两个适配器和两个硬件地址。

适配器有过滤功能。但适配器从网络上每收到一个 MAC 帧就先用硬件检查 MAC 帧中的目的地址。如果是发往本站的帧则收下,然后再进行其他的处理;否则就将此帧丢弃,不再进行其他的处理。这样做就不会浪费主机的处理机和内存资源。这里"发往本站的帧"包括以下三种帧。

(1) 单播帧(一对一),即收到的帧的 MAC 地址与本站的硬件地址相同。

(2) 广播帧(一对全体),即发送给本局域网上所有站点的帧(全 1 地址)。

(3) 多播帧(一对多),即发送给本局域网上一部分站点的帧。

所有的适配器都至少应当能够识别前两种帧,即能够识别单播和广播地址。有的适配器可用编程方法识别多播地址。当操作系统启动时,它就把适配器初始化,使适配器能够识别某些多播地址。显然,只有目的地址才能使用广播地址和多播地址。

以太网适配器还可设置为一种特殊的工作方式,即混杂方式。工作在混杂方式的适配器只要"听到"有帧在以太网上传输就都悄悄地接收下来,而不管这些帧是发往哪个站。请注意,这样做实际上是"窃听"其他站点的通信而并不中断其他站点的通信。网络上的黑客常利用这种方法非法获取网上用户的口令。因此,以太网上的用户不愿意网络上有工作在混杂方式的适配器。

但混杂方式有时却非常有用。例如,网络维护和管理人员需要用这种方式来监视和分析以太网上的流量,以便找出提高网络性能的具体措施。有一种很有用的网络工具叫作嗅探器(Sniffer)就使用了设置为混杂方式的网络适配器。此外,这种嗅探器还可帮助学习网络的人员更好地理解各种网络协议的工作原理。因此,混杂方式就像一把双刃剑,是利是弊要看你怎样使用它。

在 Windows 主机上,ipconfig/all 命令可用于确定以太网适配器的 MAC 地址,如图 4-26 所示。

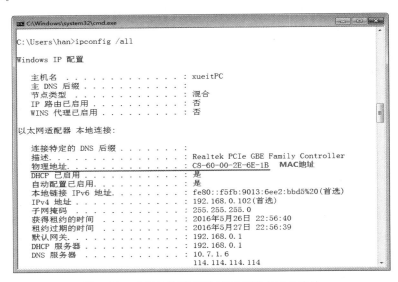

图 4-26　查看计算机网络适配器的 MAC 地址

3. MAC 帧格式

常用的以太网帧格式有两种标准,一种是 DIX Ethernet V2 标准(以太网 V2 标准);另一种是 IEEE 802.3 标准。目前使用最多的是以太网 V2 的 MAC 帧格式。这里只介绍使用得最多的以太网 V2 的 MAC 帧格式(见图 4-27)。图中假定网络层使用的是 IP 协议。实际上使用其他协议也是可以的。

以太网 V2 的 MAC 帧比较简单,由五个字段组成。前两个字段分别为 6B 长的目标MAC 地址和源地址字段。第三个字段是 2B 的类型字段,用来标志上一层使用的是什么协议,以便把收到的 MAC 帧的数据交给上一层的这个协议。例如,当类型字段的值是 0x800时,就表示上层使用的是 IP 数据报;若字段类型的值为 0x8137,则表示该帧是由 NovellIPX 发过来的。第四个字段是数据字段,其长度为 46~1500B(46B 是这样得出的:最小长度 64B 减去 18B 的首部和尾部就得出数据字段的最小长度)。最后一个字段是 4B 的帧校验序列 FCS(使用 CRC 校验)。

图 4-28 给出了基于抓包工具 Wireshark 捕获的一个帧的数据包,可以看到以太网帧是EthernetII 帧(以太网 V2 标准),帧的首部有目的 MAC 地址,源 MAC 地址以及协议类型字段。

这里要指出,在以太网 V2 的 MAC 帧没有结束定界符,那么接收端如何断定帧结束呢?以太网使用曼彻斯特编码,这种编码的一个重要特点就是:在曼彻斯特编码的每一个码元(不管码元是 1 或 0)的正中间一定有一次电压的转换(从高到低或从低到高)。当发送方把

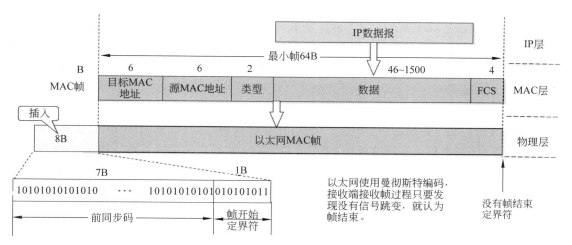

图 4-27 以太网帧结构

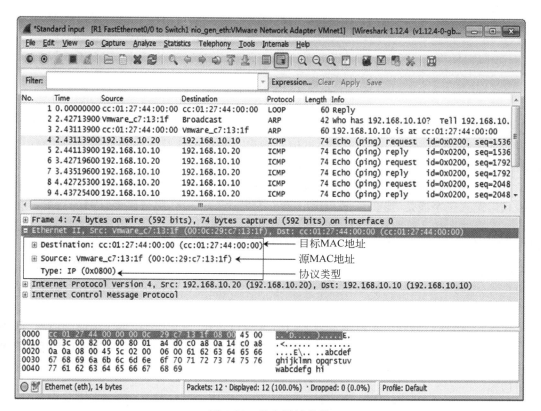

图 4-28 以太网帧首部

一个以太网帧发送完毕后,就不再发送其他码元了(既不发送 1,也不发送 0)。因此,发送方网络适配器的接口上的电压也就不再变化了。这样,接收方就可以很容易地找到以太网帧的结束位置。在这个位置往前数 4B(FCS 字段长度是 4B),就能确定数据字段的结束位置。

当数据字段的长度小于 46B 时,MAC 子层就会在数据字段的后面加入一个整数字节的填充字段,以保证以太网的 MAC 帧长不小于 64 个 B。应当注意到,MAC 帧的首部并没有指出数据字段的长度是多少。在有填充字段的情况下,接收端的 MAC 子层在剥去首部和尾部后就把数据字段和填充字段一起交给上层协议。现在的问题是:上层协议如何知道填充字段的长度呢?

这就要求 IP 层应当丢弃没有用处的填充字段。可见,上层协议必须具有识别有效的数据字段长度的功能。后面会讲到,当上层使用 IP 协议时,其首部就有一个“总长度”字段。因此,“总长度”加上填充字段的长度,应当等于 MAC 帧数据字段的长度。如图 4-29 所示,接收端的数据链路层将帧的数据部分提交给网络层,网络层根据 IP 数据报网络层首部“总长度”字段得知数据包总长度为 42B,就会去掉填充的 4B。

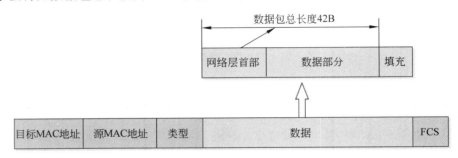

图 4-29　网络层首部指定数据包长度

从图 4-27 可以看出,在传输媒体上实际传送要比 MAC 帧还多 8B。这是因为当一个站在刚开始接收 MAC 帧时,由于适配器的时钟尚未与到达的比特流达成同步,因此 MAC 帧的最前面的若干位就无法接收,结果使整个 MAC 成为无用的帧。为了接收端迅速实现位同步,从 MAC 子层向下传到物理层时还要在帧的前面插入 8B(由硬件生成),它由两个字段构成。第一个字段是 7B 的前同步码(1 和 0 交替码),它的作用是使接收端的适配器在接收 MAC 帧时能够迅速调整其时钟频率,使它和发送端的时钟同步,也就是“实现位同步”(位同步就是比特同步的意思)。第二个字段是帧开始定界符,定义为 10101011。它的前六位的作用和前同步码一样,最后的两个连续的 1 就是告诉接收端适配器“MAC 帧的信息马上就要来了,请适配器注意接收”。MAC 帧的 FCS 字段的检验范围不包括前同步码和帧的开始定界符。

还需注意,在以太网上传送数据时是以帧为单位传送。以太网在传送帧时,各帧之间还必须有一定的间隙。因此,接收端只要找到帧开始定界符,其后面连续到达的比特流就都属于同一个 MAC 帧。可见以太网不需要使用帧结束定界符,也不需要使用字节插入来保证透明传输。

IEEE 802.3 标准规定凡出现下列情况之一的即为无效的 MAC 帧。

(1) 帧的长度不是整数字节。

(2) 用收到的帧检验序列 FCS 查出有差错。

(3) 收到的帧的 MAC 客户数据字段的长度不为 46~1500B。考虑到 MAC 帧首部和尾部的长度共有 18B,可以得出有效的 MAC 帧长度为 64~1518B。

对于检查出的无效 MAC 帧就简单地丢弃,以太网并不负责重传丢弃的帧。

4.4　扩展以太网

以太网主机之间的距离不能太远(例如,10BASE-T 以太网的两台主机之间的距离不超过 200m),否则主机发送的信号经过铜线传输就会衰减到使 CSMA/CD 协议无法正常工作。在许多情况下,我们希望对以太网覆盖范围进行扩展。而以太网扩展方式有两种:在物理层上扩展以太网和在数据链路层上扩展以太网。这种扩展的以太网在网络层看来仍然是一个网络。

4.4.1　在物理层扩展以太网

传统以太网最初是使用粗同轴电缆作为传输介质,后来演进到比较便宜的细同轴电缆,最后发展为使用更便宜和更灵活的双绞线。这种以太网采用星状拓扑,在星状中心则增加了一种可靠性非常高的设备,叫作集线器,如图 4-30 所示。双绞线以太网总是和集线器配合使用的。双绞线两端使用 RJ-45 插头。由于集线器使用了大规模集成电路芯片,因此集线器的可靠性大大提高。1990 年,IEEE 制定出星状以太网 10BASE-T 的标准 802.3i。"10"代表 10Mb/s 的数据率,BASE 表示连接线上的信号是基带信号,T 代表双绞线。

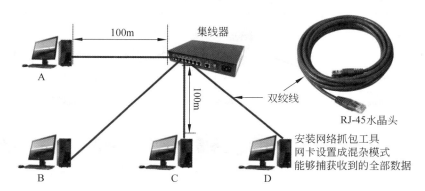

图 4-30　基于集线器组建局域网

10BASE-T 以太网的通信距离稍短,每个站到集线器的距离不超过 100m,这种性价比很高的 10BASE-T 双绞线以太网的出现,是局域网发展史上的一个非常重要的里程碑,它为以太网在局域网中占统治地位奠定了基础。

集线器组建的局域网中计算机共享带宽,当集线器一个节点收到数据时,它会向除该节点之外的所有连接到该集线器的计算机转发数据。连接在该集线器上的计算机执行同一个 CSMA/CD 协议。计算机数量越多,平分下来的带宽越低。如果在网络中的计算机 D 上安装抓包工具,该网卡工作在混杂模式,只要收到数据帧,不管目标 MAC 地址是否是自己的,抓包工具都能捕获到,因此以太网有与生俱来的安全隐患。

集线器工作在物理层,它的功能只是将数字信号发送到其他端口,并不能识别哪些数字信号是前同步码、哪些是帧定界符、哪些是网络层数据首部。

如果使用多个集线器,就可以连接成覆盖更大范围的多级星状结构的以太网。如图 4-31 所示,一间教室使用一个集线器连接,每间教室就是一个独立的以太网,计算机数量受集线器接口数量的限制,计算机和计算机之间的距离也被限制在 200m 以内。

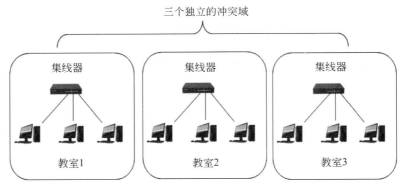

图 4-31　独立的冲突域

图 4-32 使用主干集线器连接各教室中的集线器,构成一个更大范围的以太网,这不仅可以扩展以太网中的计算机数量,而且可以扩展以太网的覆盖范围。在图 4-32 中,计算机之间的最大距离可以达到 400m。

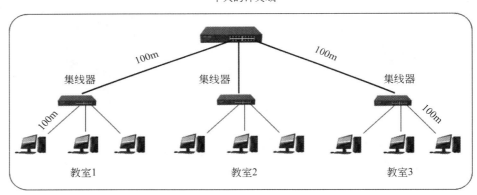

图 4-32　规模上扩展

这样做的好处:

(1) 以太网的计算机数量增加。

(2) 以太网覆盖范围扩大。

这样做带来的问题是:

(1) 合并后的以太网成了一个更大的冲突域,随着网络中计算机数量增加,冲突机会也增加,每台计算机平分到的带宽降低。

(2) 相连的集线器要求每个接口带宽要相同。教室 1 是 10M 以太网,教室 2 和教室 3 是 100Mb/s 以太网,那么用集线器连接起来后,大家只能工作在 10Mb/s 的带宽,这是因为集线器接口不能缓存。

通过将集线器连接起来能够扩展以太网覆盖范围增加以太网中计算机的数量。要是两个集线器的距离超过 100m,还可以用光纤将两个集线器连接起来,如图 4-33 所示,集线器之间通过光纤连接,可以将相距几千米的集线器连接起来,但需要通过光电转换器,实现光信号和电信号的相互转换。

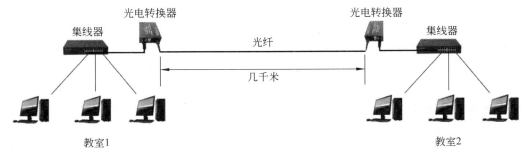

图 4-33 距离上扩展以太网

4.4.2 基于交换机以太网扩展

扩展以太网更常用的方法是在数据链路层进行。最初人们使用的是网桥。网桥对收到的帧根据其 MAC 帧的目的地址进行转发和过滤。当网桥收到一个帧时,并不是向所有接口转发此帧,而是根据此帧的目的 MAC 地址,查找网桥中的地址表,然后确定将该帧转发到哪一个接口,或者是把它丢弃(即过滤)。

1990 年问世的交换式集线器,很快淘汰了网桥,交换式集线器常称为以太网交换机或者是第二层交换机(L2 switch),强调这种交换机工作在数据链路层。

以太网交换机的性能远远超过普通集线器,而且价格并不贵,这就使工作在物理层的集集线器逐渐地退出了市场。

1. 以太网交换机特点

以太网交换机实质上就是一个多端口网桥,通常都有十几个或更多的接口。其进行转发的依据就是以太网帧的信息,即帧中目的 MAC 地址。每个交换机维护一个地址表,该地址表记录着与该端口相连计算机的 MAC 地址以及与其相对应的端口号。

交换机每收到一个以太网帧后,根据该帧的目的 MAC,把报文从正确的端口转发出去,该过程称为二层交换,对应的设备称为二层交换机。在这里稍微提一下,在二层交换机之前用于二层交换机的设备是透明网桥,它和二层交换机的最大区别就是,透明网桥只有两个端口,而交换机的端口数目远远超过两个。

使用交换机组网与集线器组网相比具有以下特点。

1)端口独享宽带

对于传统的 10Mb/s 的共享式以太网,若共有 10 个用户,则每个用户占有的平均带宽只有 1Mb/s。若使用以太网交换机来连接这些主机,虽然每个接口到主机的带宽还是 10Mb/s,但由于一个用户在通信时是独占而不是和其他用户共享传输媒体的带宽,因此对于拥有 10 个接口的交换机的总容量则为 100Mb/s。这正是交换机的最大优点。

2)安全

使用交换机组建的网络比集线器安全,交换机根据 MAC 地址表转发到端口,与其他端口相连的计算机根本收不到其他计算机通信的数字信号,即便安装了抓包工具也没用。

3）全双工通信

交换机接口和计算机直接相连,计算机和计算机之间的链路可以使用全双工通信。使用全双工通信数据链路层就不需要使用 CSMA/CD 协议,但我们还是称交换机组建的网络是以太网,这是因为帧的格式和以太网一样。

4）接口可以工作在不同的速率

交换机使用存储转发,也就是交换机的每一个接口都可以存储帧,从其他端口转发出去时,可以使用不同的速率。通常连接服务器的端口要比连接普通计算机的端口带宽高,交换机连接交换机的端口也比连接普通计算机的端口带宽高。

5）转发广播帧

广播帧会转发到发送端口以外的全部端口,广播帧是指目标 MAC 地址 48 位二进制全是 1。如图 4-34 所示,抓包工具捕获目标 MAC 地址为 FF-FF-FF-FF-FF-FF,图中捕获的数据帧是 TCP/IP 中的网络层协议 ARP 发送的广播帧,将本网段计算机 IP 地址解析到 MAC 地址。有些病毒也会在网络中发送广播帧,造成交换机忙于转发这些广播帧而影响网络中正常计算机的通信,造成网络拥塞。因此,交换机组建的以太网是一个广播域。路由器负责在不同网段转发数据,广播数据包不能跨越路由器,所以说路由器隔离广播域。

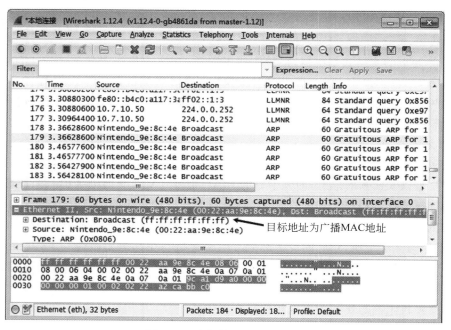

图 4-34　广播帧的 MAC 地址

如图 4-35 所示,交换机和集线器连接组建的两个以太网使用路由器连接。连接在集线器上的计算机就在一个冲突域中,交换机和集线器连接形成一个大的广播域。连接在集线器上的设备只能工作在半双工,使用 CSMA/CD 协议,交换机和计算机连接的接口工作在全双工模式,数据链路层不再使用 CSMA/CD 协议。

2. 以太网交换机自学习功能

以太网交换机是一种即插即用设备。交换机内部有一个 MAC 地址表(见表 4-2),该地

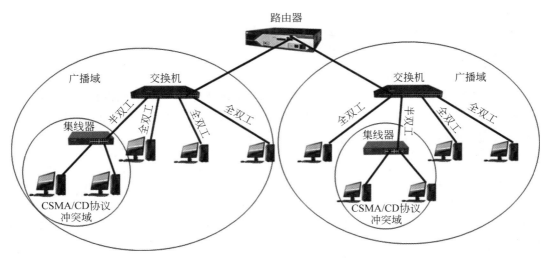

图 4-35　路由器隔绝广播域

址表用来存放端口和目的 MAC 地址对应表。以太网交换机在做出每个帧的转发决策时会查询 MAC 地址表。如图 4-36 所示,初始时,四端口交换机已启动,但它未获知四台连接的计算机的 MAC 地址。

表 4-2　MAC 地址表

MAC 地址	接　　口

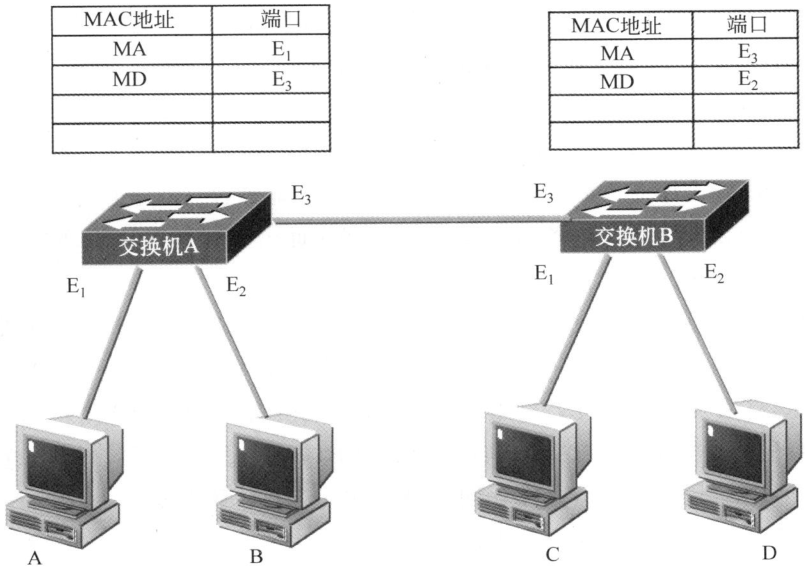

MAC地址	端口
MA	E_1
MD	E_3

MAC地址	端口
MA	E_3
MD	E_2

图 4-36　构建 MAC 地址表过程

交换机通过检查端口传入帧的源 MAC 地址来动态构建 MAC 地址表。交换机通过匹配帧中的目的 MAC 地址与 MAC 地址表中的条目来转发帧。

对进入交换机的每个以太网帧执行下列流程。

（1）学习-检查源 MAC 地址。

交换机的端口每收到一个帧，就要检查 MAC 地址表中与收到的帧的源 MAC 地址有无匹配项目。如果没有，就在 MAC 地址表中添加该端口和该帧的源 MAC 地址对应关系以及进入端口的时间；如果有，则对原有的项目进行更新。

（2）转发帧。

交换机端口每收到一个帧，就要检查 MAC 地址表中有没有该帧目标 MAC 地址对应端口。如果有，则将该帧转发到地址表中对应的端口；如果没有，则将该帧转发到除接收端口以外的其他端口。如果转发表中给出的端口就是该帧进入交换机的端口，则应丢弃这个帧（因为这个帧不需要经过交换机进行转发）。

下面举例说明 MAC 地址表构建过程，如图 4-36 所示，交换机 A 和交换机 B 刚刚接入以太网时，MAC 地址是空的。

（1）计算机 A 向计算机 C 发送一个数据帧，该数据帧的源地址为 MA，目的地址为 MC。发送时，该帧首先通过交换机 A 的 E_1 端口进入交换机 A，交换机 A 收到该帧后，通过检查该数据帧的源 MAC 地址 MA，就可以断定 E_1 端口连接着 MA，于是在交换机 A 的 MAC 地址表中增加一条记录，该记录对应关系是 MA 和 E_1，这意味着以后要有到达 MA 的帧，在交换机 A 中需要转发给 E_1。

（2）交换机 A 在 MAC 地址表中没有找到关于 MC 和端口的对应关系，就会将该数据帧向本交换机的 E_2 和端口 E_3 转发该帧。

（3）交换机 B 的端口 E_3 收到该数据帧，查看该数据帧的源 MAC 地址，由于初始表中记录为空，类似（1）处理，在交换机 B 的 MAC 地址表中也增加一条记录，该记录对应关系是 MA 和 E_3，这意味着以后要有到达 MA 的帧，在交换机 B 中需要转发给 E_3。

（4）交换机 B 在 MAC 地址表中没有找到关于 MC 和接口的对应关系，就会将该帧向本交换机的 E_1 和 E_2 端口转发该帧。计算机 C 和计算机 D 均收到该数据帧，每台计算机网卡收到该帧后，检查该帧的目的地址与本机的 MAC 地址是否一致。由于计算机 C 的本机 MAC 地址与帧中目的地址相一致，将该帧接收下来；而计算机 D 的本机 MAC 地址与目的地址不一致，将该帧在网卡中直接丢弃掉。

（5）这时计算机 D 向计算机 B 发送一数据帧，由于交换机 B 中没有计算机 B 的 MAC 地址 MB 和端口 E_2 的对应关系，会在交换机 B 的 MAC 地址表中添加一条 MD 和 E_2 的对应关系的记录，并且通过交换机 B 的端口 E_3 转发到交换机 A 的端口 E_3。

（6）交换机 A 的端口 E_3 收到该帧，查看该帧的源 MAC 地址，就会在 MAC 地址表中记录一条 MD 和端口 E_3 的对应关系。同时将该帧发送到计算机 B。

经过一段时间后，只要主机 B 和主机 C 也向其他主机发送帧，以太网交换机 A 和交换机 B 就会把主机 B 和主机 C 相对应的端口号写入各自的地址表中。这样地址表中项目就齐全了。要转发给任何一台主机的帧,都能够很快地在地址表中找到相应的转发端口。

考虑到有时可能要在交换机的端口更换主机,或者主机要更换其网络适配器,这就需要更改地址表中的项目。为此,在交换表中每个项目都设有一定的有效时间。过期项目自动被删除。用这样的方法保证地址表中的数据都符合当前网络的实际状况。

3. 生成树协议

现在组建企业局域网通常使用交换机,如图 4-37 所示,交换机有接入层交换机、汇聚层交换机之分,计算机连接接入层交换机,接入层交换机再连接到汇聚层交换机。汇聚层交换机连接企业服务器。这是规范组网方式。但这种方式存在一个问题,那就是单点故障,如图 4-37 所示,接入层到汇聚层出现故障,会造成计算机不能访问企业服务器,或者汇聚层交换机出现故障,则全部接入层交换机不能访问企业服务器。

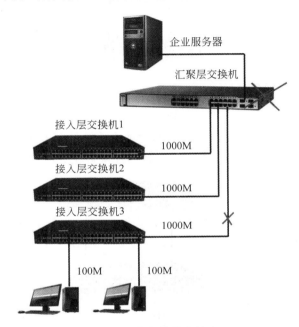

图 4-37　存在单节点故障

如果企业的业务对网络要求非常高,不允许长时间网络中断,就需要考虑增加冗余设备以避免硬件故障造成网络中断。如图 4-38 所示,为了让交换机组建网络更加可靠,在网络中部署两个汇聚层交换机,这样即便坏掉一个汇聚层交换机或断掉一条链路,接入层交换机也可以通过另一个汇聚层交换机访问业务服务器。

但这样做的后果是网络拓扑形成了多个环路,前面已经提到,交换机组建的网络应是一个大的广播域,交换机会把广播帧发送到全部端口(除了发送端口),有环路之后,只要有计算机发送一个广播帧,该帧就会在环路中进行无数次转发,这就形成了广播风暴。

如图 4-38 所示,计算机 A 发送一个广播帧,该帧由接入层交换机 3 转发到汇聚层交换机 1,再被转发到其他接入层交换机,又经汇聚层交换机 2 回到接入层交换机 3,接入层交换机 3 并不知道这是自己发送的广播帧又回来了,于是又开始了新一轮的转发。

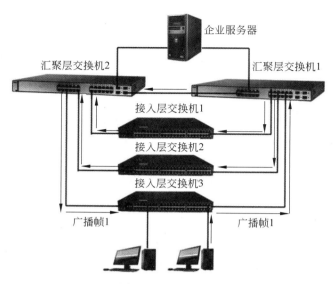

图 4-38　双汇聚层

其实交换机形成环路很容易,两个交换机也能形成环路。如图 4-39 所示,计算机 A 发送一个广播帧,就会在环路中无限次转发,同时网络中所有计算机都能无数次收到该广播帧,如果在计算机 B 安装抓包工具,该广播帧会被抓到无数次。

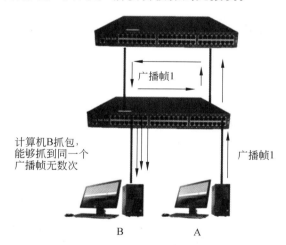

图 4-39　两个交换机形成环路

交换机为了避免广播风暴,使用生成树协议来阻断环路。该协议将交换机的某些端口设置成阻断状态,这些端口就不再转发计算机发送的任何数据,一旦链路发生变化,生成树协议将重新设置端口的阻断或转发状态。

如图 4-40 所示,网络中交换机都要运行生成树协议,生成树协议会把一些交换机的端口设置成阻断状态,计算机发送的任何帧都不转发,这种状态不是一成不变的,当链路发生变化后,会重新设置哪些端口应该阻断,哪些端口应该转发。

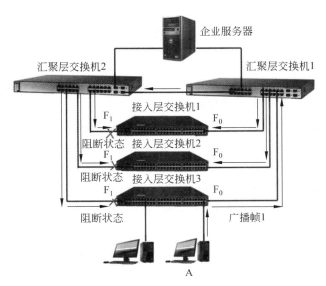

图 4-40　生成树协议(1)

如图 4-41 所示,当接入层交换机 3 连接汇聚层交换机 1 的链路被拔掉后,生成树协议会将 F_1 端口由阻断状态设置成转发状态。

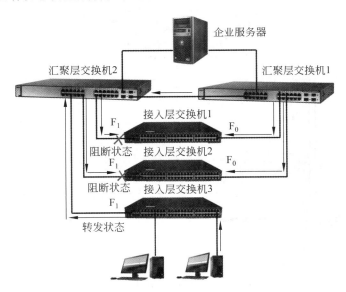

图 4-41　生成树协议(2)

　　总结:为了使交换机组建的局域网更加可靠,我们使用双汇聚层交换机架构,这样会形成环路,产生广播风暴,交换机中运行的生成树协议能够阻断环路,如果链路发生变化,生成树协议很快能把阻断端口设置为转发状态。

4.5　虚拟局域网

4.5.1　虚拟局域网概念

前面提到过,路由器能够隔离广播域,所以通过路由器可以限制广播的转发,形成更多的广播域或逻辑网段。虽然路由器能达到限制以太网广播域的作用,但其有一定的限制:①路由器成本较高;②路由器端口数目较少,一般不能满足二层网络的应用。为此,在以太网交换机中引入了虚拟局域网(Virtual LAN,VLAN)的概念。在 IEEE 802.1Q 标准中,对虚拟局域网是这样定义的:虚拟局域网(VLAN)是由一些局域网网段构成的与物理位置无关的逻辑组,而这些网段具有某些共同的需求。每一个 VLAN 帧都有一个明确的标识符,指明发送这个帧的计算机属于哪一个 VLAN。虚拟局域网其实只是给用户提供的一种服务,而不是一种新型局域网。

如图 4-42 所示使用了 4 个交换机的网络拓扑。设有 10 个站点分布在三个楼层中,分别连接到各自所在楼层的交换机。但这 10 个站点根据工作需要被划分为三个工作组,也就是说划分为三个 VLAN,每个 VLAN 分布在不同的楼层。即 $VLAN_1(A_1,A_2,A_3,A_4)$,$VLAN_2(B_1,B_2,B_3)$,$VLAN_3(C_1,C_2,C_3)$。

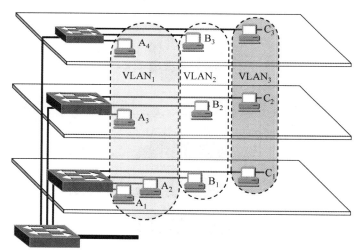

图 4-42　三个虚拟局域网 $VLAN_1$、$VLAN_2$ 和 $VLAN_3$ 的构成

每个 VLAN 在逻辑上就如同一个物理上独立的局域网一样,VLAN 中的站点仅能与同一 VLAN 中的站点进行通信。例如,站点 $B_1 \sim B_3$ 同属于局域网 $VLAN_2$。B_1 仅能接收到工作组内成员(B_2 和 B_3)发送的帧,虽然它们没有和 B_1 连在同一个交换机上;相反,B_1 接收不到与 B_1 连接在同一个交换机上其他工作组成员(A_1,A_2 和 C_1)发送的帧,即使这些帧的目的 MAC 地址是 B_1 或广播地址。

4.5.2　划分虚拟局域网优点

那么,使用 VLAN 有什么优点?

（1）限制了网络中的广播。当用交换机构建较大局域网时，大量的广播报文会导致网络性能下降，甚至会引起"广播风暴"（网络因传播过多的广播信息而引起性能恶化）。VLAN 将广播报文限制在本 VLAN 之内，将大的局域网分隔成多个独立的广播域，可有效防止或控制广播风暴，提高网络的整体性能。

（2）虚拟工作组。使用 VLAN 的另一个目的就是建立虚拟工作站模型。当企业级的 VLAN 建成之后，某一部门或分支机构的职员可以在虚拟工作组模式下共享同一个"局域网"。这样绝大多数的网络都限制在 VLAN 广播域内部了。当部门内的某一个成员移动到另一个网络位置时，他所使用的工作站不需要做任何改动；相反，一个用户的改变可以不用移动他的工作站就可以调整到另一个部门去，网络管理者只需要在控制台上进行简单的操作就可以了。

VLAN 的这种功能使人们以前曾设想过的动态网络组织结构成为可能，并在一定程度上大大推动了交叉工作组的形成。这就引出了虚拟工作组的定义。例如，某一个公司经常会针对某一个具体的开发项目临时组建一个由各部门的技术人员组成的工作组，他们可能分别来自经营部、网络部、技术服务等。有了 VLAN，小组内的成员不用再集中到一个办公室了，他们只要坐在自己的计算机旁就可以了解到其他合作者的开发情况。另外，VLAN 为我们带来了巨大的灵活性。当有实际需要时，一个虚拟工作组可以应运而生。当项目结束后，虚拟工作组又可以随之消失。这样，无论是对用户还是对网络管理者来说，VLAN 都十分方便。

（3）安全性。由于配置了 VLAN 后，一个 VLAN 的数据包不会发送到另一个 VLAN，这样，其他 VLAN 的用户的网络上是收不到任何该 VLAN 的数据包的，从而就确保了该 VLAN 的信息不会被其他 VLAN 的人窃听，从而实现了信息的保密。

（4）简化了网络管理。由于站点位置与逻辑分组无关，当站点从一个工作组迁移到另一个工作组时，网络管理员仅需调整 VLAN 配置即可，无须改变网络布线或将站点搬移到新的物理位置。

4.5.3　VLAN 划分方法

1. 基于端口的 VLAN 划分

基于端口的 VLAN 划分是一种最常用的划分方法。如图 4-43 所示，交换机上的端口被划分成了"工程部""市场部"和"销售部"三个 VLAN，交换机为每个 VLAN 维护一个转发表，并且仅在同一个 VLAN 内的端口之间才转发帧，从而将一个物理交换机划分成多个逻辑上独立的交换机。

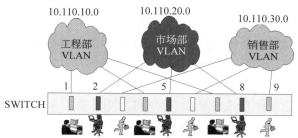

图 4-43　将交换机的接口划分到不同 VLAN

如果某些 VLAN 要跨越多个交换机,最简单的方法是将两个交换机中属于同一个 VLAN 的端口用网线连接起来。但这种简单方法导致交换机之间需要用多对端口用网线直接连接,即 n 个 VLAN 需要 n 对端口直接连接。一种更好的互连 VLAN 交换机的方法是使用 VLAN 干道(Trunk)技术。如图 4-44 所示,管理员可将某个端口配置为 Trunk 端口,将两个 VLAN 交换机用一对 Trunk 端口互连,Trunk 端口可以同时属于多个 VLAN,因此多个 VLAN 可以共享同一条干道来传输各自的帧。

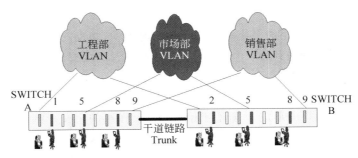

图 4-44 跨越多个交换机的 VLAN

现在问题是交换机如何知道从一个 Trunk 端口上接收到的一个帧是属于哪一个 VLAN 的呢? IEEE 802.1Q 标准对以太网的帧格式进行了扩展,允许交换机在以太网帧格式中插入一个 4B 的标识符(见图 4-45),该标识符称为 VLAN 标记,其中,前两字节 Etype 为固定值 0x8100;后两字节为 802.1P/Q Label,即 802.1P 优先级和 VLAN ID 的定义。802.1P 优先级为高 3 位,即优先级 0~7;VLAN ID 为后 12 位,即 ID 的范围为 0~4095。

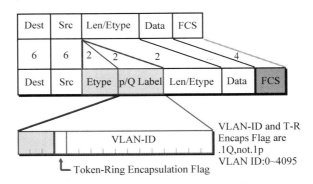

图 4-45 插入 VLAN 标记的 802.1Q 帧格式

通过设定连接交换机之间的链路为支持传送 VLAN Tag Header 的 Trunk 链路,就可以很容易实现前面提到的虚拟工作组功能,如图 4-45 所示。交换机 A、交换机 B 上的端口分别属于工程部、市场部、销售部,通过 Trunk 链路可以使得分别接在交换机 A、交换机 B 上的工程部用户之间进行通信。市场部、销售部的用户也是如此。

按交换机端口来划分 VLAN 成员,其配置过程简单明了。因此迄今为止,这仍然是最常用的一种方式。但是这种方式不允许多个 VLAN 共享一个物理网段或交换机端口,而且,如果某一个用户从一个端口所在的虚拟局域网移动到另一个端口所在的虚拟局域网,网络管理者需要重新进行配置,这对于拥有众多移动用户的网络来说是难以实现的。

2. 根据 MAC 地址划分 VLAN

根据 MAC 地址划分 VLAN 的方法是根据每个主机的 MAC 地址来划分,即对每个 MAC 地址的主机都配置它属于哪个组。这种划分 VLAN 的方法的最大优点就是当用户物理位置移动时,即从一个交换机移动到其他的交换机时,VLAN 不用重新配置,所以可以认为这种根据 MAC 地址的划分方法是基于用户的 VLAN,这种方法的缺点是初始化时,所有的用户都必须进行配置,如果有几百个甚至上千个用户,配置是非常累的。而且这种划分的方法也导致了交换机执行效率的降低,因为在每一个交换机的端口都可能存在很多个 VLAN 组的成员,这样就无法限制广播包了。另外,对于使用笔记本电脑的用户来说,他们的网卡可能经常更换,这样,VLAN 就必须不停地配置。

3. 根据网络层划分 VLAN

根据网络层划分 VLAN 的方法是根据每个主机的网络层地址或协议类型(如果支持多协议)划分的,虽然这种划分方法可能是根据网络地址,如 IP 地址,但它不是路由,不要与网络层的路由混淆。它虽然查看每个数据包的 IP 地址,但由于不是路由,所以,没有 RIP、OSPF 等路由协议,而是根据生成树算法进行桥交换。

这种方法的优点是用户的物理位置改变时,不需要重新配置他所属的 VLAN,而且可以根据协议类型来划分 VLAN,这对网络管理者来说很重要。此外,这种方法不需要附加的帧标签来识别 VLAN,可以减少网络的通信量。

这种方法的缺点是效率低,因为检查每一个数据包的网络层地址是很费时的(相对于前面两种方法),一般的交换机芯片都可以自动检查网络上数据包的以太网帧头,但要让芯片能检查 IP 帧头,需要更高的技术,同时也更费时。当然,这也跟各个厂商的实现方法有关。

4. IP 组播作为 VLAN

IP 组播实际上也是一种 VLAN 的定义,即认为一个组播组就是一个 VLAN,这种划分的方法将 VLAN 扩大到了广域网,因此这种方法具有更大的灵活性,而且也很容易通过路由器进行扩展,当然这种方法不适合局域网,主要是效率不高,对于局域网的组播,有二层组播协议 GMRP。

5. 基于组合策略划分 VLAN

基于组合策略划分 VLAN 即上述各种 VLAN 划分方法的组合。应该说,目前很少采用这种 VLAN 划分方法。

4.6　高速以太网

速率达到或超过 100Mb/s 的以太网称为高速以太网。在 IEEE 802.3 标准下还针对不同的带宽进一步定义了相应的标准,下面列出不同带宽的以太网标准代号。

IEEE 802.3——CSMA/CD 访问控制方法与物理层规范。

IEEE 802.3i——10BASE-T 访问控制方法与物理层规范。

IEEE 802.3u——100BASE-T 访问控制方法与物理层规范。

IEEE 802.3ab——1000BASE-T 访问控制方法与物理层规范。

IEEE 802.3z——100BASE-SX 和 1000BASE-LX 访问控制方法与物理层规范。

4.6.1 100BASE-T 以太网

100BASE-T 是指在双绞线上传送 100Mb/s 基带信号的星状拓扑以太网,它仍然使用 IEEE 802.3 的 CSMA/CD 协议,又称为快速以太网(Fast Ethernet)。用户只要使用 100M 的适配器和 100Mb/s 的集线器或交换机,就可很方便地由 10BASE-T 以太网直接升级到 100Mb/s,而不必改变网络的拓扑结构。现在网络适配器大多能够支持 10Mb/s、100Mb/s、1000Mb/s 三个速率,具有很强的自适应性,能够根据连接端速率自动识别和协商带宽。

使用交换机组建的 100BASE-T 以太网,可在全双工方式下工作而无冲突发生。因此,CSMA/CD 协议在全双工方式工作的快速以太网是不起作用的(但在半双工方式工作时则一定使用 CSMA/CD 协议)。快速以太网使用的 MAC 帧格式仍然是 IEEE 802.3 标准规定的帧格式。

在 100Mb/s 的以太网中采用的方法是保持最短帧长不变。前面讲过,以太网的最短帧与带宽和链路长度有关,100Mb/s 以太网比 10Mb/s 以太网速率提高 10 倍,要想和 10Mb/s 以太网兼容,就要确保最短帧也是 64B,那就将电缆最大长度以由 1000m 降到 100m。

快速以太网 100Mb/s 带宽有如表 4-3 所示标准。

表 4-3　100Mb/s 以太网物理层标准

名　称	传输介质	网段最大长度	特　点
100BASR-TX	铜缆	100m	2 对 UTP5 类线或屏蔽双绞线
100BASE-T4	铜缆	100m	4 对 UTP3 类线或 5 类线
100BASE-FX	光纤	2000m	2 根光纤,发送和接收各用一根,全双工,长距离

在标准中把上述 100BASE-TX 和 100BASE-FX 合在一起称为 100BASE-X。

100BASE-T4 使用 4 对 UTP3 类线或 5 类线时,使用其中的 3 对线同时传送数据,使用另一对线作碰撞检测的接收信道。

4.6.2 吉比特以太网

吉比特以太网使用的带宽是 1000Mb/s。吉比特以太网于 1996 年夏季问世,IEEE 在 1997 年通过了吉比特以太网的标准 802.3z,并在 1998 年成为正式标准。

吉比特以太网的标准 IEEE 802.3z 具有以下几个特点。

(1) 允许在 1Gb/s 下以全双工和半双工两种方式工作。

(2) 使用 IEEE 802.3 协议规定的帧格式。

(3) 在半双工方式下使用 CSMA/CD 协议(全双工方式不需要使用 CSMA/CD 协议)。

(4) 与 10BASE-T 和 100BASE-T 技术向后兼容。

吉比特以太网的物理层使用两种成熟技术:一种来自现有的以太网;另一种则是美国国家标准协会 ANSI 制定的光纤通道(Fibre Channel,FC)。采用成熟技术能够大大缩短吉比特以太网标准的开发时间。

现在 1000BASE-X(包括表 4-4 中的前三项)的标准是 IEEE 802.3z,而 1000BASE-T 的标准是 IEEE 802.3ab。

表 4-4 吉比特以太网物理层标准

名 称	传输介质	网段最大长度	特 点
1000BASE-SX	光缆	550m	多模光纤(50μm 和 62.5μm)
1000BASE-LX	光缆	5000m	单模光纤(10μm),多模光纤(50μm 和 62.5μm)
1000BASE-CX	铜缆	25m	使用 2 对 STP
1000BASE-T	铜缆	100m	使用 4 对 UTP 5 类线

吉比特以太网工作在半双工方式时,必须进行碰撞检测。由于数据率提高了,要想和 10Mb/s 的以太网兼容,就要确保最短帧也是 64B,这只能减少最大电缆长度,以太网电缆长度就要缩短到 10m,那么网络实际价值就大大减少了。

吉比特以太网仍然保持一个网段的最大长度为 100m,但采用了"载波延伸"的办法,使最短帧长仍为 64B(这样可以保持向后兼容),同时将争用期增大为 512B。凡发送的 MAC 帧长不足 512B 时,就用一些特殊字符填充在帧的后面,使 MAC 帧的发送长度增大到 512B。接收端在收到以太网的 MAC 帧后,要把所填充的特殊字符删除后才向高层交付,如图 4-46 所示。

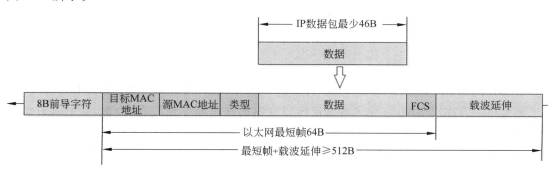

图 4-46 1000Mb/s 以太网载波延伸示意图

当原来仅 64B 长的短帧填充到 512B 时,所填充的 448B 就造成了很大的开销。为此,吉比特以太网还增加了一种功能称为分组突发技术,就是当很多短帧要发送时,第一个短帧采用上面所说的载波延伸的方法进行填充,但随后的一些短帧则可一个接一个地发送,它们之间只需留有必要的帧间最小间隔即可,如图 4-47 所示。这样就形成一串分组的突发,直到达到 1500B 或稍多一些为止,这样可以提高链路的利用率。

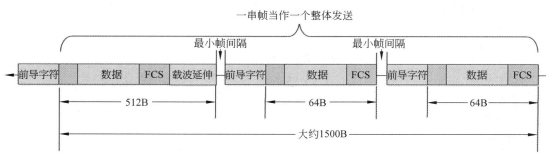

图 4-47 分组突发示意图

"载波延伸"和"分组突发"仅用于吉比特以太网的半双工模式,而全双工模式不需要 CSMA/CD 协议,也就不需要这两个特性。

吉比特以太网可用作现有网络的主干网,也可在高带宽(高速率)的应用场合中(如医疗图像或 CAD 的图形等)用来连接工作站和服务器。如图 4-48 所示,吉比特以太网通常用于实现交换机与交换机之间的连接,以及交换机与服务器之间的连接。

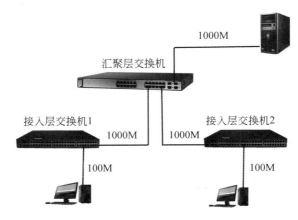

图 4-48　吉比特以太网

4.6.3　10 吉比特以太网

10GE 的标准由 IEEE 802.3ae 委员会制定的,10GE 的标准已在 2002 年 6 月完成。10GE 也就是万兆以太网,它并非将吉比特以太网的速率简单地提高 10 倍,这里有许多技术上的问题需要解决。

10GE 的帧格式与 10Mb/s、100Mb/s 和 1Gb/s 以太网的帧格式完全相同。10GE 还保留了 802.3 标准规定的以太网最小和最大帧长。这就使用户在将其已有的以太网进行升级时,仍能和较低速率的以太网很方便地通信。

10GE 只工作在全双工模式,因此不存在争用问题,也不使用 CSMA/CD 协议。这就使得 10GE 的传输距离不再受进行碰撞检测的限制而大大提高了。

由于数据率很高,10GE 不再使用铜线而只使用光纤作为传输媒体。它使用长距离(40km)的光收发器与单模光纤接口,以便能够工作在广域网和城域网范围。10GE 也可使用较便宜得多模光纤,但传输距离为 65～300m。

万兆以太网 10GE 有如表 4-5 所示的物理层标准。

表 4-5　10GE 以太网标准

名　　称	传 输 介 质	网段最大长度	特　　点
10GBASE-SR	光缆	300m	多模光纤(0.85μm)
10GBASE-LR	光缆	10km	单模光纤(1.3μm)
10GBASE-ER	光缆	40km	单模光纤(1.5μm)
10GBASE-CX4	铜线	15m	使用 4 对双芯同轴电缆
10GBASE-T	铜线	100m	使用 4 对 6A 类 UTP 双绞线

在 10GE 标准问世后不久,有关 40GE/100GE(40 吉比特以太网和 100 吉比特以太网)的标准 IEEE 802.3ba 在 2010 年 6 月公布了。每一种传输速率都有 4 种不同的传输媒体,这里不再一一介绍了。

需要指出的是,40GE/100GE 只工作在全双工的传输方式(因而不使用 CSMA/CD 协议),并且仍然保持了以太网的帧格式及 802.3 标准规定的以太网最小和最大帧长。100GE 在使用单模传输时,仍然可以达到 40km 的传输距离,但这时需要波分复用,即使用 4 个波长复用一根光纤,每一个波长的有效传输速率是 25Gb/s,这样使得 4 个波长的总的传输速率达到 100Gb/s。40GE/100GE 可以用光纤进行传输,也可以使用铜缆进行传输(但传输距离很短,如 1m 或不超过 10m)。

现在,以太网的工作范围已经从局域网(校园网、校业网)扩大到城域网和广域网,从而实现了端到端的以太网传输。这种工作方式的好处如下。

(1)以太网是一种经过实践证明的成熟技术,无论是 ISP 还是端用户都很愿意使用以太网。当然对 ISP 来说,使用以太网还需在更大的范围进行实验。

(2)以太网的互操作性也很好,不同厂商生产的以太网都能可靠地进行互操作。

(3)在广域网中使用以太网时,其价格大约只有 SONET(Synchronous Optical Network,同步光纤网络)的五分之一和 ATM 的十分之一。以太网还能适应多种传输媒体,如铜缆、双绞线以及各种光缆。这就使得具有不同传输媒体的用户在进行通信时不必重新布线。

(4)端到端的以太网连接使帧的格式全都是以太网的格式,而不需要再进行帧的格式转换,这就简化了操作和管理。但是以太网和现有的其他网络,如帧中继或 ATM 网络,仍然需要有相应的接口才能进行互联。

4.7　企业局域网

根据企业网络规模,企业的网络结构可以设计成二层结构或三层结构。通过本节的学习,读者将了解企业内部网络的交换机如何部署和连接,以及服务器部署的位置。

需要说明的是,这里讨论的二层、三层是按照逻辑拓扑结构进行的分类,并不是说五层模型中的数据链路层和网络层,而是指核心层、汇聚层和接入层,这三层都部署的就是三层网络结构,二层网络结构没有汇聚层。

核心层的主要目的在于通过高速转发通信,提供快速、可靠的骨干传输结构,因此核心层交换机应拥有更高的可靠性、性能和吞吐量。汇聚层处理来自接入层设备的所有通信量,并提供到核心层的上行链路,并且实施与安全、流量控制和路由相关的策略。因此汇聚层交换机与接入层交换机相比较,需要更高的性能、更少的接口和更高的交换速率。接入层提供终端用户访问网络。因此,接入层交换机具有低成本和高端口的密度特性。

4.7.1　二层结构的局域网

如图 4-49 所示,以某学校网络结构为例来讨论一下二层结构的局域网。该网络结构为一个二层结构的局域网。教室 1、教室 2 和教室 3 分别部署一台交换机,对教室内的计算机进行连接。教室中的交换机要求接口多,这样能够将更多的计算机接入网络,这一级别的交换机称为接入层的交换机,接计算机的端口的带宽可为 10Mb/s、100Mb/s 或 1000Mb/s。

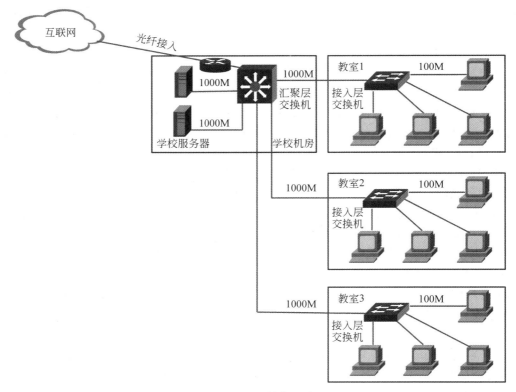

图 4-49 二层结构局域网

学校机房部署一台交换机,该交换机连接学校的服务器和教室中的交换机,并通过路由器连接互联网,同时汇聚教室中交换机的流量,该级别的交换机称为汇聚层交换机。汇聚层交换机端口不一定太多,但端口带宽要比接入层交换机的带宽高,否则会成为制约网速的瓶颈。

在二层结构局域网中,只有核心层和接入层的二层。网络结构模式运行简便,交换机根据 MAC 地址表进行数据包的转发,有则转发,没有则将数据包广播发送到所有端口。如果目的终端收到给出回应,那么交换机就可以将该 MAC 地址添加到地址表中,这是交换机对 MAC 地址进行建立的过程。但这样频繁地对未知的 MAC 目标的数据包进行广播,在大规模的网络架构中形成的网络风暴是非常庞大的,这也很大程度上限制了二层网络规模的扩大,因此二层网络的组网能力非常有限,所以一般只是用来搭建小型局域网。

4.7.2 三层网络

三层网络结构采用层次化模型设计,即将复杂的网络设计分成几个层次,每个层次着重于某些特定的功能,这样就能够使一个复杂的大问题变成许多简单的小问题。三层网络架构设计的网络有三个层次:核心层(网络的高速交换主干)、汇聚层(提供基于策略的连接)、接入层(将工作站接入网络)。图 4-50 给出某高校网络拓扑结构图。该高校有多个二级学院,每个二级学院有自己的机房和网络,学校网络中心为全部二级学院提供互联网接入,各学院汇聚层交换机连接到网络中心的交换机,网络中心的交换机称为核心层交换机。网络中心的服务器接入到核心层交换机,为整个学校提供服务。

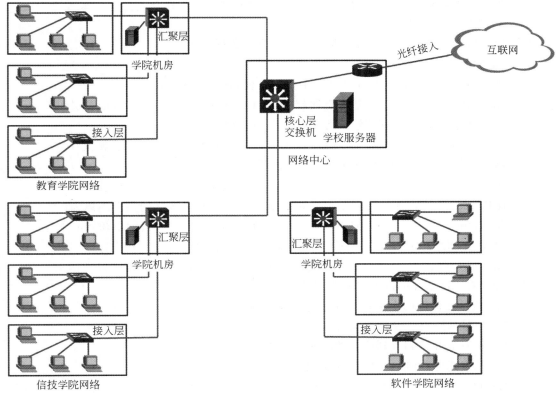

图 4-50　三层结构的局域网

　　核心层是整个网络的支撑脊梁和数据传输通道,重要性不言而喻。因此在整个三层网络结构中,核心层的设备要求是最高的,必须配备高性能的数据冗余转接设备和防止负载过剩的均衡负载的设备,以降低各核心层交换机所承载的数据量。

　　汇聚层是连接网络的核心层和各个接入层的应用层,在两层之间承担"媒介传输"的作用。汇聚层应该具备以下功能:实施安全功能(划分 VLAN 和配置 ACL),工作组整体接入功能,虚拟网络过滤功能。因此,汇聚层设备应采用三层交换机。

　　接入层的面向对象是终端客户,为终端客户提供接入功能。

习　　题

一、填空题

1. 所谓_____就是不管所传数据是什么样的比特组合,都应当能够在链路上传送。

2. 互联网中使用得最广泛的点对点数据链路层协议是_____协议。

3. PPP 采用同步传输技术传送比特串 01101 11111 11111 00,则零比特填充后的比特串为_____。

4. 10BASE-T 的含义是_____,其中 T 的含义是指_____。

5. 以太网 MAC 地址长度是_____位二进制。

6. 集线器工作在 OSI 模型的_____层,网桥和交换机工作在_____层。

7. VLAN 的含义是_____。

8. 以太网交换机通过建立和维护_____进行数据交换。

二、选择题

1. 将一组数据封装成帧在相邻两个节点间传输,该功能属于(   )。

    A. 物理层   B. 数据链路层   C. 网络层   D. 传输层

2. CRC 校验可以查出帧传输过程中的(   )差错。

    A. 基本比特差错   B. 帧丢失   C. 帧重复   D. 帧失序

3. 通常数据链路层交换的协议数据单元被称为(   )。

    A. 报文   B. 帧   C. 报文分组   D. 比特

4. IEEE 802.3 的物理层协议 10BASE-T 规定从网卡到集线器的最大距离为(   )。

    A. 100m   B. 185m   C. 500m   D. 850m

5. CSMA/CD 是 IEEE 802.3 所定义的协议标准,它适用于(   )。

    A. 令牌环网   B. 令牌总线   C. 网络互联   D. 以太网

6. CSMA/CD 定义的冲突检测时间是(   )。

    A. 信号在最远两个端点之间往返传输时间

    B. 信号从线路一端传输到另一端的时间

    C. 从发送开始到收到应答的时间

    D. 从发送完毕到收到应答的时间

7. CSMA/CD 方法用来解决多节点如何共享共用总线传输介质问题,在采用 CSMA/CD 的网络中(   )。

    A. 不存在集中控制的节点   B. 存在一个集中控制的节点

    C. 存在多个集中控制的节点   D. 可以有也可以没有集中控制的节点

8. 在一个采用 CSMA/CD 协议的网络中,传输介质是一个完整的电缆,传输速率为 1Gb/s,电缆中的信号传播速度是 200 000km/s。若数据帧长度减少了 800b,则最远的两个站点之间的距离至少需要(   )。

    A. 增加 160m   B. 增加 80m   C. 减少 160m   D. 减少 80m

9. 在总线结构的局域网中,关键是要解决(   )。

    A. 网卡如何接收总线上的数据问题

    B. 总线如何接收网卡上传出来的数据问题

    C. 网卡如何接收双绞线上的数据问题

    D. 多节点共同使用数据传输介质的数据发送和接收控制问题

10. 以太网帧中的哪个字段用于错误检测?(   )

    A. 类型   B. 前导码   C. 帧校验序列   D. 目的 MAC 地址

11. 以下哪个地址是用于以太网广播帧的目的地址?(   )

    A. 0.0.0.0   B. 255.255.255.255

    C. FF-FF-FF-FF-FF-FF   D. 0C-FA-94-24-EF-00

12. IEEE 802.3 规定的以太网帧的长度范围是(　　)。

　　A. 64～1518　　　　B. 64～1522　　　　C. 32～1518　　　　D. 32～1522

13. 有关以太网 MAC 地址,下面哪种说法是错误的?(　　)

　　A. MAC 地址长度为 32b

　　B. MAC 地址前 3B 标识 OUI

　　C. IEEE 负责给厂商分配唯一的 6B 编码中前 3B

　　D. 厂商负责分配 MAC 地址的最后 24 位

14. 在下列网间连接器中,(　　)在数据链路层实现网络互联。

　　A. 集线器　　　　B. 交换机　　　　C. 路由器　　　　D. 网关

15. 100BASE-FX 采用的传输介质是(　　)。

　　A. 双绞线　　　　B. 光纤　　　　C. 无线电波　　　　D. 同轴电缆

16. 在 VLAN 中,每个虚拟局域网组成一个(　　)。

　　A. 区域　　　　B. 组播域　　　　C. 冲突域　　　　D. 广播域

17. 如果一个 VLAN 跨越多个交换机,则属于同一 VLAN 的工作站要通过(　　)互相通信。

　　A. 应用服务器　　　　B. 主干线路　　　　C. 环网　　　　D. 本地交换机

18. 下列关于虚拟局域网的说法不正确的是(　　)。

　　A. 虚拟局域网是用户和网络资源的逻辑划分

　　B. 虚拟局域网中工作站可处于不同的交换机连接中

　　C. 虚拟局域网是一种新型的局域网

　　D. 虚拟局域网的划分与设备的实际物理位置无关

19. 如果到达交换机的帧中包含的源 MAC 地址没有列在 MAC 地址表中,将如何处理?(　　)

　　A. 过期　　　　B. 过滤　　　　C. 广播　　　　D. 学习

20. 吉比特以太网传输速率比传统 10M 以太网快 100 倍,但是它们仍然保留着和传统以太网相同的(　　)。

　　A. 物理网卡　　　　B. 帧格式　　　　C. 物理层协议　　　　D. 集线器

三、简答题

1. 数据链路层要传输的二进制数据是 1010011,现在需要计算 CRC 校验值,选择除数 $P=1101$。计算 CRC 校验值,发送序列是什么?

2. PPP 协议主要特点是什么?为什么 PPP 不使用帧的编号?PPP 适用于什么情况?为什么 PPP 协议不能使用数据链路层实现可靠传输?

3. 数据链路层的三个基本问题(帧定界、透明传输和差错检测)为什么都必须加以解决?

4. 局域网的主要特点是什么?

5. 网络适配器的作用是什么?网络适配器工作在哪一层?

6. 什么叫传统以太网?传统以太网有哪两个主要标准?

7. 以太网交换机有何特点?用它怎样组建成虚拟局域网?

8. 交换机中的转发表是用自学习算法建立的。如果有的站点总是不发送数据而仅接收数据,那么在转发表中是否就没有这样的站点相对应的项目? 如果要向这个站点发送数据帧,那么交换机能够把数据帧正确转发到目的地址吗?

四、计算题

1. 设 2km 长的 CSMA/CD 网络的数据率为 1Gb/s,信号在网络上的传播速率为 200 000km/s,求能够使用此协议的最短帧长。

2. A、B 两站相距 2km,使用 CSMA/CD 协议,信号在网络上的传播速率为 200 000km/s,两站的发送速率为 1Gb/s,A 先发送数据,如果发生碰撞,求:

（1）最先发送数据的 A 站最晚经过多长时间才检测到发生了碰撞?

（2）检测到碰撞后,A 已经发送了多少位(假设 A 要发送的帧足够长)?

3. 某局域网采用 CSMA/CD 协议实现介质访问控制,数据传输率为 10Mb/s,主机甲和主机乙之间的距离为 2km,信号传播速度是 200 000km/s。

若主机甲和主机乙发送数据时发生冲突,则从开始发送时刻起,到两台主机均检测到冲突止,最短需要多长时间? 最长需要多长时间?(假设主机甲和主机乙在发送数据过程中,其他主机不发送数据。)

4. 有 10 个站连接到以太网上,分别计算每种情况下每个站所能得到的带宽。

（1）10 个站都连接到一个 100Mb/s 的以太网集线器上。

（2）10 个站都连接到一个 100Mb/s 的以太网交换机上。

第 5 章　IP 地 址

网络中计算机之间通信需要有地址,该地址用来标识计算机或相关设备的通信接口。每个网卡有物理地址(MAC 地址),每台计算机需要有网络层地址,使用 TCP/IP 通信的计算机网络层地址就称为 IP 地址。

互联网协议第 4 版本和第 6 版本分别提供了 IPv4 和 IPv6 两种编址的方法。基于 IPv4,本章主要讲解 IPv4 地址格式、子网掩码的作用、IPv4 地址分类及子网划分。基于 IPv6,本章主要讲解 IPv6 地址结构及类型、IPv6 的一些特殊地址。

本章主要内容:

(1) IP 地址概念;

(2) IPv4 地址分类;

(3) IPv4 子网划分;

(4) IPv4 的公网地址与私网地址;

(5) IPv6 地址。

5.1　IP 编址简介

编址是网络层协议的重要功能,IP 编址就是给每个连接在互联网上的主机或相关设备分配一个 IP 地址。IP 地址用来定位网络中的计算机和网络设备。IP 地址能够使我们可以在因特网上很方便地进行寻址或定位某台计算机或网络设备。IP 地址现在由因特网名字和数字分配机构(Internet Corporation for Assigned Names and Numbers,ICANN)负责进行分配。

5.1.1　理解 IP 地址

计算机的网卡有物理层地址(MAC 地址),为什么还需要 IP 地址呢?

如图 5-1 所示,网络中有三个网段,一个交换机一个网段,使用两个路由器连接这三个

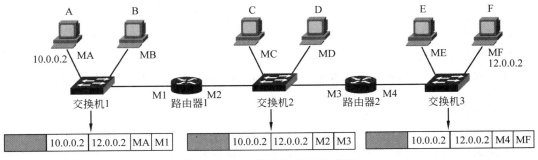

图 5-1　MAC 地址和 IP 地址作用

网段。图中 MA、MB、MC、MD、ME、MF 以及 M1、M2、M3 和 M4 分别代表计算机和路由器接口的 MAC 地址。

计算机 A 给计算机 F 发送一个数据包,计算机 A 在网络层给数据报文添加源地址(10.0.0.2)和目的地址(12.0.0.2)。

该数据报文要想到达计算机 F,首先需要经过路由器 1 进行转发,由路由器 1 再转发到路由器 2。该数据报文如何才能让交换机 1 转发到路由器 1 呢?那就需要在数据链路层添加 MAC 地址,源 MAC 地址为 MA,目标 MAC 地址为路由器 1 中 M1 的端口地址。

路由器 1 收到该数据报文,需要将该数据报文转发到路由器 2,这就要求将数据报文重新封装成帧,帧的目标 MAC 地址是 M3,源 MAC 地址是 M2,这也要求重新计算帧校验序列。

数据报到达路由器 2,数据报需要重新封装,目标 MAC 地址为 MF,源 MAC 地址为 M4。交换机 3 将该帧转发给计算机 F。

从图 5-1 可以看出,数据报文的目标 IP 地址决定了数据报最终到达哪一台计算机,而目标 MAC 地址决定了该数据包下一跳由哪个设备接收,但不一定是终点。

5.1.2 IP 地址组成

在讲解 IP 地址之前,先看一个日常生活中的例子。如图 5-2 所示,住在北大街的住户要能互相找到对方,必须各自都要有个门牌号,这个门牌号就是各家的地址,门牌号的表示方法为:北大街＋××号。假如 1 号住户要找 6 号住户,过程是这样的:1 号在大街上喊了一声"谁是 6 号,请回答",这时北大街的住户都听到了,但只有 6 号做了回答,这个喊的过程叫"广播",北大街的所有用户就是他的广播范围。假如北大街共有 20 个用户,那么广播地址就是北大街 21 号。也就是说,北大街的任何一个用户喊一声能让"广播地址减 1"个用户听到。

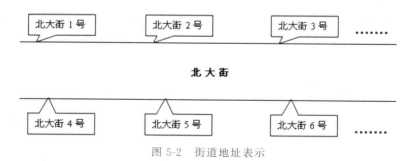

图 5-2　街道地址表示

从这个例子中可以抽出下面几个词。

街道地址:北大街,如果给该大街一个地址,则用第一个住户的地址减 1,此例为:北大街 0 号。

住户的号:如 1 号、2 号等。

住户的地址:街道地址＋××号,如北大街 1 号、北大街 2 号等。

广播地址:最后一个住户的地址＋1,此例为:北大街 21 号。

互联网中,每个上网的计算机都有一个像上述例子的地址,这个地址就是 IP 地址,它是分配给网络设备的门牌号。为了让网络中的计算机能够互相访问，IP 地址也由两部分组成，一部分是网络标识，另一部分是主机标识。如图 5-3 所示，同一网段中的计算机网络部分相同，路由器连接不同的网段，负责不同网段之间的数据转发，交换机连接的则是同一网段的计算机。

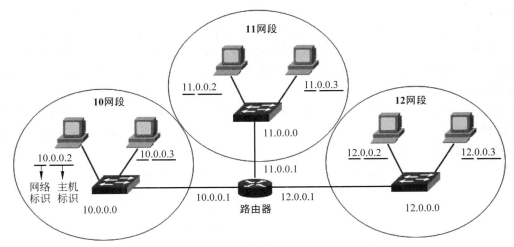

图 5-3　网络标识和主机标识

计算机在与其他计算机通信之前，首先要判断目标 IP 地址和自己的 IP 地址是否在同一个网段中，这就决定了数据链路层目标 MAC 地址是目标计算机的还是路由器接口的。

5.2　IPv4 地址

整个互联网就是一个单一的、抽象的网络。IPv4 地址就是给互联网上的每一个主机（或路由器）的每一个端口（或接口）分配一个在全世界范围的唯一的 32 位标识符。IP 地址的结构使人们可以在互联网上很方便地进行寻址。IP 地址现在由互联网名字和数字分配机构（Internet Corporation for Assigned Names and Numbers，ICANN）进行分配。目前，IP 地址有两个版本 IPv4 和 IPv6，在本书中若无特别指明，默认所指的 IP 地址是 IPv4 地址。

IPv4 地址的编址方法共经历了以下三个阶段。

（1）分类的 IPv4 地址。这是最基本的编址方法，在 1981 年通过了相应的标准协议。

（2）子网划分。这是对最基本的编址方法的改进，其标准 RFC950 在 1985 年通过。

（3）构成超网。这是比较新的无分类编址方法，1993 年提出后很快得到推广应用。

5.2.1　分类的 IP 地址

所谓"分类的 IP 地址"就是将 IP 地址划分为若干个固定的子类，每一类地址都由两个固定长度的字段组成，其中，第一个字段是网络号（net-id），它标识主机（或路由器）所连接的网络，一个网络号在整个互联网范围内必须是唯一的；第二个字段是主机号（host-id），它标识着该主机或路由器的一个接口。一个主机号在它前面的网络号所指明的网络范围内必须是唯一的。由此可见,一个 IP 地址在整个互联网范围内是唯一的。

1. IP 地址及其表示

这种两级的 IP 地址可以记为

IP 地址∷＝{＜网络号＞,＜主机号＞}

其中,"∷＝"表示"定义为"。

这种 IP 地址的分层方案类似于人们常用的电话号码,电话号码是全球唯一的。例如,对于电话号码 010-×××××××,前面的字段 010 代表北京的区号,后面的字段代表北京地区的一部电话。IP 地址也是一样,前面的网络号代表一个网段,后面的主机号代表这个网段中的一台设备。

那么如何区分 IP 地址的网络号和主机号呢? 最初互联网络设计者根据网络规模的大小,把 IP 地址划分为 A、B、C、D、E 共 5 类。如图 5-4 所示为 IP 地址的分类以及各类地址中的网络号字段和主机号字段。

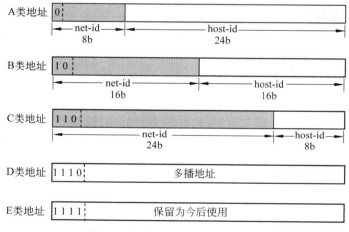

图 5-4　分类 IP 地址类别及其格式

从图 5-4 中可以看出:

A 类、B 类和 C 类地址的网络号字段(在图中这个字段是灰色的)分别为 1B,2B 和 3B 长,而在网络号字段的最前面有 1～3b 的类别位用来指明哪一类地址,其数值分别规定为 0,10 和 110。相应地,A 类、B 类和 C 类地址的主机号字段分别为 3B、2B 和 1B 长。

D 类地址(前 4 位是 1110)用于多播(一对多通信)。

E 类地址(前 4 位是 1111)保留为以后用。

从 IP 地址结构来看,IP 地址并不仅仅指明一个主机,而且还指明了主机所连接到的网络。

对主机或路由器来说,IP 地址都是 32b 二进制代码。为了提高可读性,通常在每 8 位之间插入一个空格(但在机器中并没有这样的空格)。为了便于书写,可用其等效的十进制数字表示,并且在这些数字之间加上一个点。这就叫作点分十进制记法。图 5-5 是一个 B 类的 IP 地址表示方法。显然,128.11.3.31 比 10000000 00001011 00000011 00011111 使用起来要方便得多。

点分十进制这种 IP 地址写法,方便了人们的书写和记忆,通常计算机配置 IP 地址时就

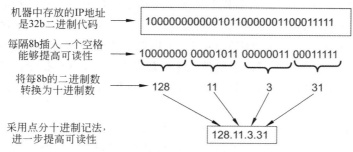

图 5-5　采用点分十进制记法能够提高可读性

是这种写法，如图 5-6 所示。

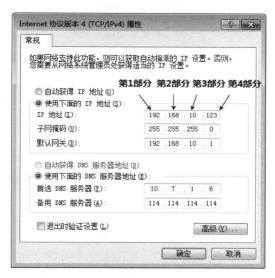

图 5-6　点分十进制记法

2. 常用的三种类别的 IP 地址

A 类地址的网络号占 1B，只有 7 位可供使用（该字段的第一位已固定为 0），但可指派的网络号有 126（即 2^7-2）个。减 2 的原因是全 0（即 00000000）和全 1（01111111，127）在地址中有特殊用途。网络号字段为全 0 的 IP 地址是一个保留地址，意思是"本网络"；网络号字段为 127 的 IP 地址保留作为本地软件的环回测试本主机的进程之间的通信之用。若主机发送一个目的地址为环回地址（例如 127.0.0.1）的 IP 数据报，则本主机中的协议软件就处理数据报中的数据，而不会把数据报发送到任何网络。目的地址为环回地址的 IP 数据报永远不会出现在任何网络上，因为网络号为 127 的地址根本不是一个网络。

A 类地址的主机号占 3B，因此每一个 A 类网络中的最大主机数是 $2^{24}-2$，即 16 777 214。这里减 2 的原因是：全 0 的主机号字段表示该 IP 地址是"本主机"所连接到的单个网络地址。例如，某主机的 IP 地址为 5.6.7.8，则该主机所在的网络地址就是 5.0.0.0。而全 1 表示"所有的"，因此全 1 的主机号字段表示该网络上的所有主机。

B 类地址的网络号字段有 2B，但前两位（10）已经固定了，只剩下 14 位可以进行分配。

因为网络号字段后面的 14 位无论怎样取值也不可能出现使整个 2B 的网络号字段成为全 0 或全 1,因此这里不存在网络总数减 2 的问题。但实际上 B 类网络地址 128.0.0.0 是不指派的,而可以指派的 B 类最小网络地址是 128.1.0.0,因此 B 类地址可以指派的网络数为 $2^{14}-1$,即 16 383。B 类地址的每一个网络上的最大主机数是 $2^{16}-2$,即 655 534。这里需要减 2 是因为要扣除全 0 和全 1 的主机号。整个 B 类地址空间共约有 2^{30} 个地址,占整个 IP 地址空间的 25%。

C 类地址有 3B 的网络号字段,最前面 3 位是(110),还有 21 位可以进行分配。C 类网络地址 192.0.0.0 也是不指派的,可以指派的 C 类最小网络地址是 192.0.1.0,因此 C 类地址可指派的网络总数是 $2^{21}-1$,即 2 097 151。每一个 C 类地址的最大主机数是 $2^{8}-2$,即 254。整个 C 类地址空间共约有 2^{29} 个地址,占整个 IP 地址的 12.5%。

根据以上分析,可以得出如表 5-1 所示的 IP 地址指派范围。

表 5-1 IP 地址的指派范围

网络类别	最大可指派的网络数	第一个可指派的网络数	最后一个可指派的网络数	每个网络中的最大主机数
A	126(2^7-2)	1	126	$2^{24}-2$
B	16 383($2^{14}-1$)	128.1	191.255	$2^{16}-2$
C	2 097 151($2^{21}-1$)	192.0.1	223.255.255	$2^{8}-2$

表 5-2 给出了一般不使用的特殊 IP 地址,这些地址只能在特殊情况下使用。

表 5-2 一般不使用的 IP 地址

网络号	主 机 号	源地址使用	目的地址使用	含 义
0	0	可以	不可以	本网络上本主机
0	host-id	可以	不可以	在本网络上某个主机的 host-id
全 1	全 1	不可以	可以	只在本网络上广播(路由器不进行转发)
net-id	全 1	不可以	可以	对 net-id 上所有主机进行广播
127	非全 0 或 1 的任何数	可以	可以	用作本地软件环回测试

3. IP 地址特点

(1)计算机 IP 地址由两部分组成,一部分为网络标识,另一部分为主机标识,如图 5-7 所示,同一网段计算机网络部分相同。路由器连接不同网段,负责不同网段之间的数据转发,交换机连接的则是同一网段的计算机。

(2)实际上 IP 地址是标识一个主机和一条链路的接口,当一个主机同时连接到两个网络时,该主机就必须有两个相应的 IP 地址,其网络号必须是不同的,这种主机称为多归属主机。由于一个路由器至少应当连接到两个网络,因此,一个路由器至少应当有两个不同的 IP 地址。

(3)按照互联网的观点,用转发器或网桥连接起来的若干局域网仍为一个网络,因此,这些局域网都有同样的网络号。

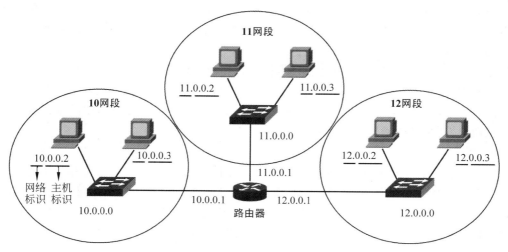

图 5-7　三个局域网

（4）在 IP 地址中，所有分配到网络号的网络都是平等的。

图 5-7 画出了通过路由器连接的三个局域网，我们应当注意到：

- 同一局域网上主机或路由器的 IP 地址网络号必须是相同的。
- 路由器总是具有两个或两个以上的 IP 地址，即路由器的每一个接口都有一个不同网络号的 IP 地址。

5.2.2　IPv4 单播、广播和组播

在 IPv4 数据网络中，数据通信可以以单播、广播或组播的形式发生。下面讨论这 3 种通信方式。

1. 单播通信

单播是指一台主机向另一台主机发送数据报的过程。在计算机网络中，主机之间的常规通信都使用单播通信，如图 5-8 所示。单播数据报使用目的设备地址作为目的地址并且可以通过网际网络路由。

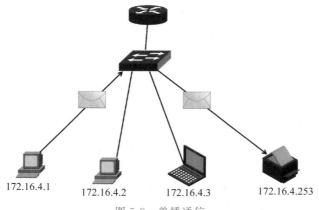

图 5-8　单播通信

在 IPv4 网络中,用于发送端设备的单播地址称为源 IP 地址,用于终端设备的单播地址称为目的 IP 地址。发送端设备在封装 IP 数据报的过程中,将源主机的 IP 地址作为源地址,目的主机的 IP 地址作为目的地址。

无论目标指定的数据报是单播、广播或组播,任何数据报的源地址总是源主机的单播地址。在本课程中,除非特别说明,否则设备之间的所有通信均指单播通信。

IPv4 单播主机地址范围是 0.0.0.0~223.255.255.255。不过,此范围中的很多地址被留作特殊用途,这些特殊地址用途参见表 5-2。

2. 广播通信

广播是指一台主机利用网络的广播地址向该网络中的所有主机发送数据报的过程。如图 5-9 所示。源主机在发送广播报文时,数据报以主机部分全部为 1 的地址作为目的 IP 地址,这表示本地网络(广播域)中的所有主机都将接收和查看该数据报。当网络中其他主机收到广播地址数据报时,主机处理该数据报的方式与处理发送到单播地址的数据报的方式相同,即将该数据报接收下来。

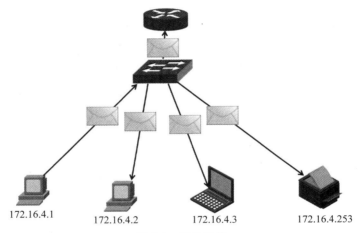

172.16.4.1   172.16.4.2   172.16.4.3   172.16.4.253

图 5-9　广播通信

广播地址是一种特殊的 IP 地址形式,它有两种形式:一种是直接广播地址;另一种是有限广播地址。直接广播地址包含一个有效的网络号和一个全"1"的主机号,例如 202.163.30.255,255 就是一个主机号,202 则表明该类地址是 C 类的 IP 地址;有限广播地址是指 32 位全为 1 的 IP 地址,即地址为 255.255.255.255。有限广播地址用于主机配置过程中 IP 数据报的目的地址,此时,主机可能还不知道它所在网络的网络掩码,甚至连它的 IP 地址也不知道,比如向 DHCP 服务器索要地址时、PPPOE 拨号时等。在任何情况下,路由器都不转发目的地址为有限的广播地址的数据报,这样的数据报仅出现在本地网络中。直接广播可用于本地网络,也可以跨网段广播,比如主机 192.168.1.1/30 可以发送广播包到 192.168.1.7,使主机 192.168.1.5/30 也可以接收到该数据包,前提是它们之间的路由器要开启定向广播功能。

基于广播地址传播数据报时,数据报使用网上的资源,这使得网络上的所有接收主机都处理该数据报。因此广播通信应加以限制,以免对网络或设备的性能造成负面的影响。因为路由器可以隔离广播域,所以可以通过细分网络消除过多的广播通信来提高网络的性能。

3. 组播通信

组播是指从一台主机向特定的一组主机(可能在不同网络中)发送数据报的过程,如图 5-10 所示。

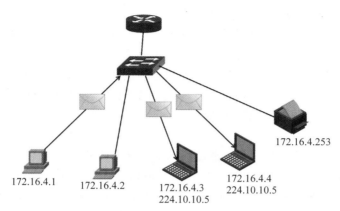

172.16.4.253

172.16.4.1　172.16.4.2　172.16.4.3　172.16.4.4
　　　　　　　　　　　224.10.10.5　224.10.10.5

图 5-10　组播通信

IPv4 将 224.0.0.0～239.255.255.255 的地址保留为组播地址范围,其中,组播地址 224.0.0.0～224.0.0.255 是专为本地网络的组播保留的,这些地址将用于本地网络中的组播组。连接到本地网络的路由器识别出这些数据报的目的地址为本地网络组播组,路由器不再把这些数据报发送到别处。

接收特定组播数据报的主机称为组播客户端。组播客户端主机使用客户端程序请求的服务来加入组播组。每一个组播组由一个组播 IP 的地址来代表。当 IPv4 主机加入组播组后,该主机既要处理目的地址为组播地址的数据报,也要处理发往其唯一单播地址的数据报。

5.2.3　子网划分

IP 地址由 32 位的二进制数组成,这些地址如果全部能分配给计算机,共计 $2^{32} = 4\,294\,967\,296$,大约 40 亿个可用地址,这些地址去除掉 D 类地址和 E 类地址,还有保留的私网地址,能够在互联网上使用的公网地址就变得越发紧张。

另外,传统的分类 IP 地址还会造成地址浪费。例如,如图 5-11 所示,某网段有 200 台计算机。如果按照 IP 地址传统的分类方法,分配给该网段一个 C 类地址,网络号为 212.2.3.0,那个么可用的地址范围为 212.2.3.1～212.2.3.254。尽管没有全部用完,但这种情况下还不

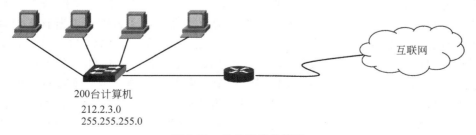

互联网

200台计算机
212.2.3.0
255.255.255.0

图 5-11　地址浪费的情况

算是极大浪费。

如果一个网络中有 400 台计算机,分配一个 C 类网络,地址就不够用了,那就分配一个 B 类网络 131.107.0.0,该 B 类网络可用的地址范围为 131.107.0.1~131.107.255.254,一共有 56 634 个地址可用,这就造成了极大浪费。

为了减轻地址耗尽,提出了两种策略,并且它们在某种程度上被实施了,那就是子网划分和构造超网。关于构造超网部分,将在 5.2.5 节介绍。

子网划分就是指从网络的主机号位中借用连续的若干位作为子网号,当然主机号也就相应地减少了同样的位数。于是两级层次结构的 IP 地址就变为三级 IP 地址:网络号,子网号和主机号。也可以用以下记法来表示:

$$\text{IP 地址}::=\{<\text{网络号}>,<\text{子网号}>,<\text{主机号}>\}$$

注意:子网划分是本单位内部的事情。本单位以外的网络看不见这个网络是由多少个子网组成的,因为这个单位对外仍然表现为一个网络。凡是从其他网络发送给本单位某台主机的 IP 数据报,仍然是根据 IP 数据报的目的网络号找到连接在本单位网络上的路由器。但此路由器在收到 IP 数据报后,再按目的网络号和子网号找到目的子网,把 IP 数据报交付给目的主机。

下面用例子说明划分子网的概念。图 5-12 表示某单位拥有一个 C 类 IP 地址,网络地址是 202.11.2.0(网络号是 202.11.2)。凡目的地址为 202.11.2.x 的数据报都被送到这个网络上的路由器 R_1。

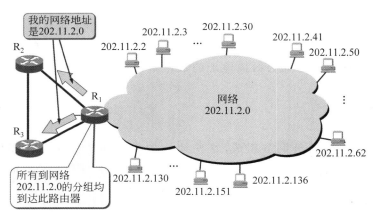

图 5-12　一个 C 类网络

现在把图 5-12 划分为三个子网,如图 5-13 所示。这里假定每个子网的主机数不超过 30 个。现在以子网划分的方法为其完成 IP 地址规划。由于该网络中所有子网合起来的主机数没有一个超过 C 类网络所能容纳的最大主机数,将 C 类网络 202.11.2.0 从主机位中借出其中的高 3 位作为子网号(请思考为什么不能是 2 位),这样一共可得到 8 个子网,每个子网的相关信息如表 5-3 所示。其中,第 1 个子网因网络号与未进行划分前的原网络号 202.11.2.0 重复而不能用,第 8 个子网因为广播地址与未进行划分前的原广播地址 202.11.2.255 重复也不可用,这样可以选择 6 个可用子网中的任何 3 个为现有的 3 个网段进行 IP 地址分配,留下的 3 个可用子网为未来扩充之用。在划分子网后,整个网络对外表现为统一的网络,其网络地址仍为 202.11.2.0。但网络 202.11.2.0 上的路由器 R_1 在收到数据后,再根据数据报的目的地址将其转发到相应的子网。

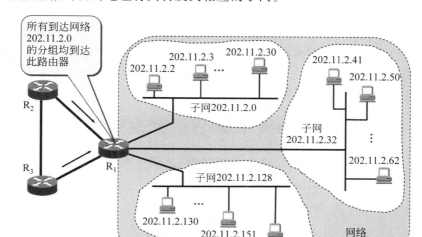

图 5-13　将图 5-12 划分为三个子网,对外仍为一个网络

表 5-3　对 C 类网络 202.11.2.0 进行子网划分

第 n 个子网	地 址 范 围	网 络 号	广 播 地 址
1	202.11.2.0～202.11.2.31	202.11.2.0	202.11.2.31
2	202.11.2.32～202.11.2.63	202.11.2.32	202.11.2.63
3	202.11.2.64～202.11.2.95	202.11.2.64	202.11.2.95
4	202.11.2.96～202.11.2.127	202.11.2.96	202.11.2.127
5	202.11.2.128～202.11.2.159	202.11.2.128	202.11.2.159
6	202.11.2.160～202.11.2.191	202.11.2.160	202.11.2.191
7	202.11.2.192～202.11.2.223	202.11.2.192	202.11.2.223
8	202.11.2.224～202.11.2.255	202.11.2.224	202.11.2.255

5.2.4　子网掩码

引入子网划分技术后,带来一个重要问题是主机或路由器如何区分一个给定的 IP 地址是否已被进行了子网划分,从而能正确地区分有效的网络号和子网号。

我们知道,从 IP 数据报的首部无法看出源主机或目的主机所连接的网络是否进行了子网的划分。这是因为 32 位的 IP 地址本身以及数据报首部都没有包含任何有关子网划分信息。因此必须另外想办法,这就是使用子网掩码。

子网掩码是一个 32 位的二进制,它是一种用来指明一个给定的 IP 地址中哪些位标识的是主机所在的子网以及哪些位标识的是主机的位掩码。子网掩码只有一个作用,就是将某个 IP 地址划分成网络地址和主机地址两部分。子网掩码又叫网络掩码或地址掩码。

1. 子网掩码计算

如图 5-14 所示，计算机的 IP 地址是 131.107.41.6，子网掩码是 255.255.255.0，所在网段是 131.107.41.0，主机部分归零，就是该主机所在的网段或网络号。该计算机和远程计算机通信，只要目标 IP 地址前面三部分是 131.107.41 就认为和该计算机在同一个网段，比如该计算机和 IP 地址 131.107.41.123 在同一网段，和 IP 地址 131.107.42.123 不在同一网段，因为网络号不同。

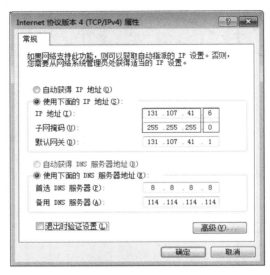

图 5-14　子网掩码

例 1：给定一个 IP 地址 141.14.72.24，子网掩码 255.255.192.0，求其 IP 地址的网络地址。

解：如图 5-15 所示，将给定的 IP 地址和子网掩码都以 32b 的二进制表示，然后使得两者逐位"与"运算，就可以得到对应的网络地址，最后将二进制转换为点分十进制，即 IP 地址的网络地址是 141.14.64.0。

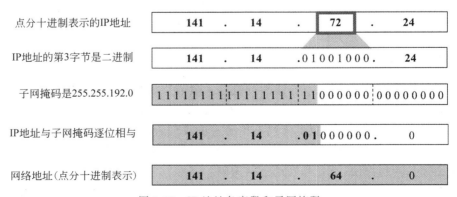

图 5-15　IP 地址各字段和子网掩码

例 2：例 1 中若将掩码改为 255.255.224.0，试其求网络地址。

解：如图 5-16 所示，用同样方法计算，得到网络地址是 141.14.64.0。

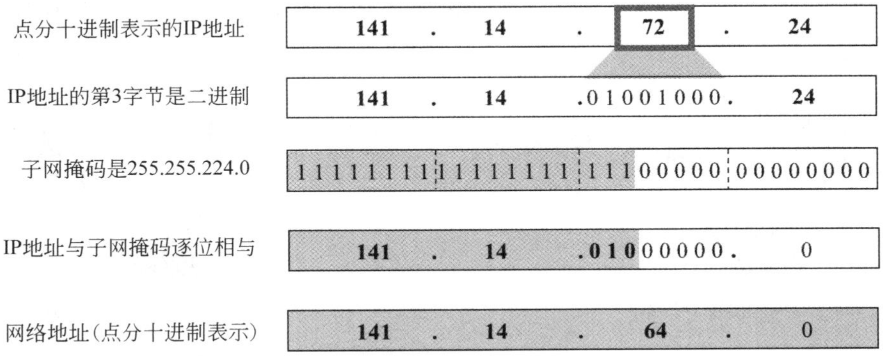

点分十进制表示的IP地址	**141** . **14** . **72** . **24**
IP地址的第3字节是二进制	**141** . **14** . .01001000. **24**
子网掩码是255.255.224.0	11111111.11111111.11100000.00000000
IP地址与子网掩码逐位相与	**141** . **14** . .010 00000. **0**
网络地址(点分十进制表示)	**141** . **14** . **64** . **0**

图 5-16　IP 地址各字段和子网掩码

通过以上两个例子，我们发现同样的 IP 地址和不同的子网掩码可以得出相同的网络地址。但是不同的掩码产生的结果是不一样的，也就是说，子网掩码中子网号所占位数不同，所得子网数和在该子网中的主机数也是不一样的。

2. 子网掩码配置

子网掩码很重要，配置错误会造成计算机通信故障。在每个子网中，所有计算机或网络设备的子网掩码是相同的。计算机和计算机通信时，发送端发送之前需要确定目的地址和自己是否在同一个子网中。为此，先用自己的子网掩码和自己的 IP 地址进行"与"运算得到自己所在的子网，再用自己的子网掩码和目的地址进行"与"运算，看看得到的网络部分与自己所在的子网是否相同。如果不相同，表明它们不在同一个子网中，封装帧时目标 MAC 地址用网关的 MAC 地址，交换机将帧转发给路由器接口；如果相同，则直接使用目标 IP 地址的 MAC 地址封装帧，直接把帧发送给目标 IP 地址。

如图 5-17 所示，路由器连接两个网络 131.107.41.0,255.255.255.0 和 131.107.42.0,255.255.255.0，同一子网中的计算机子网掩码相同，计算机的网关就是到其他网络的出口，也就是路由器接口地址。路由器接口使用的地址可以是本网络中的任何一个地址，不过通常使用该网络的第一个地址或最后一个地址，这是为了尽可能地避免和网络中的其他计算机地址冲突。

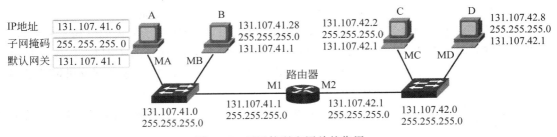

图 5-17　子网掩码和网关的作用

如果计算机没有设置默认网关，跨网络通信时它就不知道谁是路由器，下一跳该给哪个设备。因此计算机要想实现跨网络通信，必须指定默认网关。

如图 5-18 所示,连接在交换机上的计算机 A 和计算机 B 的子网掩码设置不一样,都没有设置默认网关。思考一下,计算机 A 是否能够和计算机 B 通信? 注意:只有数据报能去能回的网络才能通信。

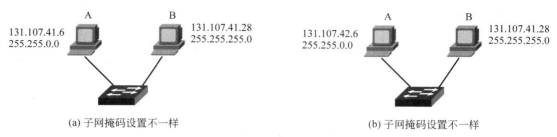

(a) 子网掩码设置不一样   (b) 子网掩码设置不一样

图 5-18　子网掩码设置

如图 5-18(a)所示,计算机 A 和自己的子网掩码做“与”运算,得到自己所在的网络 131.107.0.0,目的地址 131.107.41.28 也属于 131.107.0.0 网络,计算机 A 把帧直接发送给计算机 B。计算机 B 收到计算机 A 发送的数据报文后,给计算机 A 发送返回的数据报文,计算机 B 在 131.107.41.0 网络,目的地址 131.107.41.6 碰巧也属于 131.107.41.0 网络,所以计算机 B 也能够把数据报直接发送到计算机 A,因此计算机 A 能够和计算机 B 通信。

如图 5-18(b)所示,连接在交换机上的计算机 A 和计算机 B 的子网掩码设置不一样,IP 地址如图 5-18(b)所示,都没有设置网关。思考一下,计算机 A 是否能够和计算机 B 通信?

计算机 A 和自己的子网掩码做“与”运算,得到自己所在的网络 131.107.0.0,目的地址 131.107.41.28 也属于 131.107.0.0 网络,计算机 A 可以把数据报发送给计算机 B。计算机 B 给计算机 A 发送返回的数据报,计算机 B 使用自己的子网掩码计算自己所属网络,得到自己所在的网络为 131.107.41.0,目的地址 131.107.42.6 不属于 131.107.41.0 网络,计算机 B 没有设置网关,不能把数据报发送到计算机 A。计算机 A 能发送数据报给计算机 B,但是计算机 B 不能发送返回的数据报,因此网络不通。

3. 子网划分举例

子网划分就是借用现有网段的主机位作为子网位,划分出多个子网。子网划分的任务包括以下两部分。

(1) 确定子网掩码的长度。

(2) 确定子网中第一个可用的 IP 地址和最后一个可用的 IP 地址。

在求子网掩码之前必须先搞清楚要划分的子网数目,以及每个子网内的所需主机数目。首先将子网数目转换为二进制来表示。基于该二进制数和需要划分的子网数目,确定从主机号借用的子网数 N。将其主机地址部分的前 N 位置 1 即得出该 IP 地址划分子网的子网掩码。

假设需要划分的子网数为 N,需要从主机号中借用 i 位作为子网号,则 N 和 i 之间的关系需满足条件:$2^{i-1} < N \leqslant 2^i - 2$。

例3:某公司申请了一个 C 类地址 196.5.1.0。为了便于管理,需要划分为 4 个子网,每个子网都不超过 20 台主机,3 个子网用路由器连接。请说明如何对该子网进行规划,并写出每个子网掩码和每个子网的子网地址。

解:196.5.1.0 是 C 类地址,可以从最后 8 位中借出几位作为子网地址。由于 2<4<8,

所以选择 3 位作为子网地址,即子网掩码所对应的 8 位二进制形式是 11100000,3 位可以提供 6 个可用子网地址。由于子网地址为 3 位,故还剩下 5 位作为主机地址。而 $2^5-2>30$,所以能满足每个子网中不超过 20 台主机的要求。

IP 地址:196.5.1.×××××××

子网掩码:255.255.255.11100000(224)

可能的子网地址:

196.5.1.0000 0000(0)非法,子网 id 全 0

196.5.1.0010 0000(32)子网中 IP 值范围是:196.5.1.32～196.5.1.63

196.5.1.0100 0000(64)子网中 IP 值范围是:196.5.1.64～196.5.1.95

196.5.1.0110 0000(96)子网中 IP 值范围是:196.5.1.96～196.5.1.127

196.5.1.1000 0000(128)子网中 IP 值范围是:196.5.1.128～196.5.1.159

196.5.1.1010 0000(160)子网中 IP 值范围是:196.5.1.160～196.5.1.191

196.5.1.1100 0000(192)子网中 IP 值范围是:196.5.1.192～196.5.1.223

196.5.1.1110 0000(224)非法,子网 id 全 1

因此,子网地址可在十进制数 32,64,96,128,160,192 中任意选 4 个。4 个子网的子网掩码都是 255.255.255.224。

5.2.5　无分类域间路由选择

划分子网在一定程度上缓解了因特网在发展中遇到的困难。然而在 1992 年因特网仍然面临三个必须解决的问题,这就是:

(1) B 类地址在 1992 年已经分配了近一半,眼看很快就要全部分配完毕。

(2) 因特网主干网上的路由表中项目数急剧增长(从几千个增长到几万个)。

(3) 整个 IPv4 的地址空间最终将全部耗尽。2011 年 2 月 3 日,IANA 宣布 IPv4 地址耗尽了。

其实早在 1987 年,RFC1009 就指明了在一个划分子网的网络中可同时使用几个不同的子网掩码。使用变长子网掩码可进一步提高资源利用率。在 VLSM 基础上又进一步研究出无分类编址方法,它的正式名字是无分类域间路由选择(Classless Inter-Domain Routing,CIDR)。

1. 变长子网掩码

如果每个子网中计算机的数量不一样,就需要将该网段划分成地址空间不等的子网,这就是就变长的子网。VLSM 规定了如何在一个进行了子网划分的网络中的不同部分使用不同的子网掩码。这对于网络内部不同网段需要不同大小的子网情形来说是非常有效的。VLSM 实际上是一种多级子网划分技术。

在变长子网划分中共享同一 IP 网络前缀的子网大小不同,子网网络号可以使用全 0 或全 1,但主机号仍然不能全 0 或全 1。

变长子网划分过程中,首先根据需要划分出子网个数和每个网络需要容纳的主机数量。然后执行下面两个步骤。

(1) 划分主机数最多的子网,注意的是划分后要有一个子网空着用于第(2)步。

(2) 划分主机数次多的子网,若还有子网划分则要留一个空子网。

重复上述两个步骤，直到所有子网网络划分完毕。

下面用一个例子来说明变长子网划分方法。

如图 5-19 所示，有一个 C 类网络 192.168.0.0 255.255.255.0，需要将该网络划分成 5 个网段以满足以下网络需求，该网络中有 3 个交换机，分别连接 20 台 PC、50 台 PC 和 100 台 PC，路由器之间连接也需要地址，这两个地址是一个网段，这样网络中一共有 5 个网段。

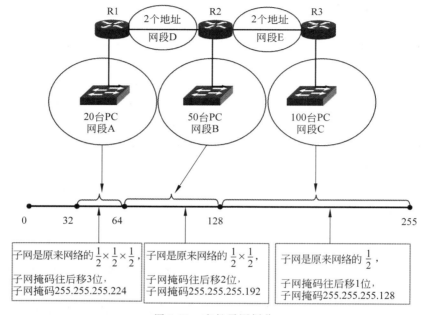

图 5-19　变长子网划分

如图 5-19 所示，将 192.168.0.0 255.255.255.0 的主机位从 0 到 255 画一条数轴，将 128～255 的地址空间分配给 100 台 PC 比较合适，该子网的地址范围是原来网络的 1/2，子网掩码后移 1 位，写成十进制形式就是 255.255.255.128。第一个可用地址是 192.168.0.129，最后一个可用地址是 192.168.0.254。

64～128 的地址空间分配给 50 台 PC 比较合适，该子网地址是原来的 $\frac{1}{2} \times \frac{1}{2}$，子网掩码后移 2 位，写成十进制形式就是 255.255.255.192。第一个可用地址是 192.168.0.65，最后一个可用地址是 192.168.0.126。

32～64 的地址空间分配给 20 台 PC 比较合适，该子网地址范围是原来的 $\frac{1}{2} \times \frac{1}{2} \times \frac{1}{2}$，子网掩码往后移 3 位，写成十进制形式就是 255.255.255.224。第一个可用地址是 192.168.0.33，最后一个可用地址是 192.168.0.62。

路由器之间连接的接口也是一个网段，且需要两个地址。

0～4 的子网可以给网段 D 中两个路由器接口，第一个可用地址是 192.168.0.1，最后一个可用地址是 192.168.0.2，192.168.0.3 是该网络中的广播地址。该子网是原来网络的 $\frac{1}{2} \times$ $\frac{1}{2} \times \frac{1}{2} \times \frac{1}{2} \times \frac{1}{2} \times \frac{1}{2}$，也就是 $\left(\frac{1}{2}\right)^{6}$，子网掩码后移 6 位，写成十进制形式是

255.255.255.252。

4～8 的子网可以给网段 E 中两个路由器接口,第一个可用地址是 192.168.0.5,最后一个可用的地址是 192.168.0.6,192.168.0.7 是该网络中的广播地址。该子网是原来网络的 $\frac{1}{2} \times \frac{1}{2} \times \frac{1}{2} \times \frac{1}{2} \times \frac{1}{2} \times \frac{1}{2}$,也就是 $\left(\frac{1}{2}\right)^6$,子网掩码后移 6 位,写成十进制形式是 255.255.255.252。

子网划分的最终结果如图 5-20 所示,经过精心规划,不但满足了 5 个网段的地址需求,还剩余了两个地址块(8～16 地址块和 16～32 地址块)没有被使用。

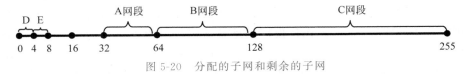

图 5-20   分配的子网和剩余的子网

也可以使用以下子网划分方案,100 台 PC 的网段可以使用 0～128 的子网,50 台 PC 的网段可以使用 128～192 的子网,20 台 PC 的网段可以使用 192～224 的子网,如图 5-21所示。

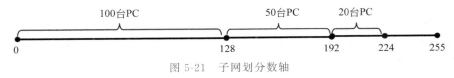

图 5-21   子网划分数轴

规律:如果一个子网地址块是原来的 $\left(\frac{1}{2}\right)^n$,子网掩码就在原网段的基础上后移 n 位,不等长子网,子网掩码也不同。

2. 无分类域间路由选择

无分类编址最主要的特点有以下两个。

(1) CIDR 消除了传统的 A 类、B 类、C 类以及划分子网的概念,因而可以更加有效地分配 IPv4 的地址空间。CIDR 把 32 位的 IP 地址划分为两部分。前面的部分是"网络前缀"(或简称为前缀),用来指明网络,后面部分则用来指明主机。因此,CIDR 使 IP 地址从三级编址(使用子网掩码)又回到了两级编址,但这已是无分类两级编址。它的记法是:

IP 地址∷=｛<网络前缀><主机号>｝

为了区分网络前缀,通常采用"斜线记法"(又称 CIDR 记法),即 IP 地址/网络前缀所占比特数。例如,202.114.20.74/20 表示在这个 32b 地址中,前 20b 为网络前缀,后 12b 代表主机数。

(2) CIDR 把网络前缀都相同的连续的 IP 地址组成一个"CIDR 地址块"。只要知道CIDR 地址块中的任何一个地址,就可以知道这个地址块的起始地址(即最小地址)和最大地址,以及地址块中的地址数。例如,已知 IP 地址 128.14.35.7/20 是某 CIDR 地址块中的一个地址,现在把它写成二进制表示,其中前 20 位是网络前缀(用粗体和下画线表示),而前缀后面的 12 位是主机号:

128.14.35.7/20＝**10000000 00001110 0010**0011 00000111

这个地址所在的地址块中的最小地址和最大地址可以很方便地得出：

最小地址 128.14.32.0 **10000000 00001110 0010**0000 00000000

最大地址 128.14.47.255 **10000000 00001110 0010**1111 11111111

当然，这两个主机号是全 0 和全 1 的地址一般并不使用。通常只使用在这两个地址之间的地址。不难看出，这个地址块共有 2^{12} 个地址。可以用地址块中的最小地址和网络前缀的位数指明这个地址块。例如，上面的地址块可记为 128.14.32.0/20。在不需要指出地址块的起始地址时，也可以把这样的地址块简称为"/20 地址块"。

为了更方便地进行路由选择，CIDR 使用 32 位的地址掩码。地址掩码由串 1 串 0 组成，而 1 的个数就是网络前缀的长度。虽然 CIDR 不使用子网了，但是目前仍然有一些网络使用子网划分和子网掩码，因此，CIDR 使用的地址掩码也可以继续称为子网掩码。例如，IP 地址 210.31.233.1，子网掩码 255.255.255.0 可表示成 210.31.233.1/24；IP 地址 166.133.67.98，子网掩码 255.255.0.0 可表示成 166.133.67.98/16；IP 地址 192.168.0.1，子网掩码 255.255.255.240 可表示成 192.68.0.1/28 等。其中，对于/20 地址块，其地址掩码是 11111111 11111111 11110000 00000000（20 个连续的 1）。斜线记法中，斜线后面的数字就是地址掩码中 1 的个数。

3. 地址聚合

CIDR 可以用来做 IP 地址汇聚，在未做地址汇聚之前，路由器需要对外声明所有的内部网络 IP 地址空间段。这将导致互联网核心路由器中的路由条目非常庞大（接近十万条）。采用 CIDR 地址汇聚后，可以将连续的地址空间聚合成一条路由条目，这种地址聚合常称为路由聚合。它使得路由表中的一个项目可以表示原来传统分类地址的很多个（甚至上千个）路由。路由聚合也称为构成超网。如果没有采用 CIDR，则在 1994 年和 1995 年，互联网的一个路由表就会超过 7 万个项目，而使用了 CIDR 后，在 1996 年一个路由表的项目数才只有 3 万多个。路由聚合有利于减少路由器之间的路由选择信息的交换，从而提高了整个互联网的性能。

使用 CIDR 的一个好处就是可以更加有效地分配 IPv4 地址空间，可根据客户的需要分配适当大小的 CIDR 地址块。然而在分类地址的环境中，向一个部门分配 IP 地址，就只能以/8,/16 或/24 为单位来分配。这就很不灵活。

图 5-22 给出的是 CIDR 地址块分配的例子。假定某个 ISP 拥有地址块 206.0.64.0/18，

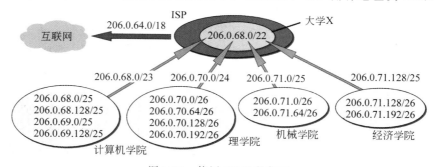

图 5-22 使用 CIDR 的例子

相当于 64 个 C 类网络,某大学需要 800 个 IP 地址。采用分类 IP 地址时,需要给该学校分配一个 B 类地址,但会浪费 64 734 个地址,或分配 4 个 C 类地址,但会在路由表中出现对应 4 个表项。若用 CIDR 方法,ISP 可以给该学校分配一个地址块 206.0.68.0/22,该地址块包括 1024 个 IP 地址,相当于 4 个连续的 C 类(网络前缀 24)地址块,占该 ISP 拥有的地址空间的 1/16。学校可以再对各院系分配地址块,院系可以继续对各教研室划分地址块,以此类推。

使用 CIDR 的例子图中的地址块分配,见表 5-4。

表 5-4　CIDR 地址块分配

单　　位	地　址　块	二进制表示	地　址　数
ISP	206.0.64.0/18	11001110.00000000.01*	16 384
大学 X	206.0.68.0/22	11001110.00000000.010001*	1024
计算机学院	206.0.68.0/23	11001110.00000000.0100010*	512
理学院	206.0.70.0/24	11001110.00000000.01000110.*	256
机械学院	206.0.71.0/25	11001110.00000000.01000111.0*	128
经济学院	206.0.71.128/25	11001110.00000000.01000111.1*	128

采用地址汇聚(路由汇聚)后,在互联网路由器的路由表中只需要路由汇聚后的一个表项 206.0.64.0/18 就可以找到该 ISP,在 ISP 路由器的路由表中只需要路由汇聚后的一个表项 206.0.68.0/22 就可以找到该学校。到学校后再通过学校网络路由器中的表项设置,找到各个学院网络。以此类推,若下面还有前缀划分,可以继续寻址和查找更大前缀值的网络。

可以看出,在引入子网和超网(路由汇聚)技术以后,可以减小路由表的规模,同时提高了路由器的转发效率,也实现了一个 IP 网络地址划分为多个 IP 子网络地址。路由汇聚是把网络前缀缩短,而划分子网是把网络前缀变长。

5.3　私网地址与公网地址

5.3.1　公网地址

在互联网上有成百上千万台主机,每台主机都要使用 IP 地址进行通信,这就要求接入互联网的各个国家的各级 ISP 使用的 IP 地址不能重叠,需要互联网有一个组织进行统一的地址规划和分配。这些统一规划和分配的全球唯一的地址被称为"公网地址"。

公网地址分配和管理由 InterNIC(Internet Network Information Center,互联网信息中心)负责。各级 ISP 使用的公网地址都需要向 InterNIC 提出申请,由 InterNIC 统一发放,这样应能确保地址不冲突。

正是因为 IP 地址是统一规划、统一分配的,只要知道 IP 地址,就能很方便查到该地址是哪个城市的哪个 ISP。如果你的网站遭到了来自某个地址的攻击,通过以下方式就可以知道攻击者所在的城市和所属的运营商。

例如,想知道淘宝网站在哪个城市,需要先解析出这些网站的 IP 地址,如图 5-23 所示。

用命令提示符 ping 该网站的域名,就能解析出该网站的 IP 地址。

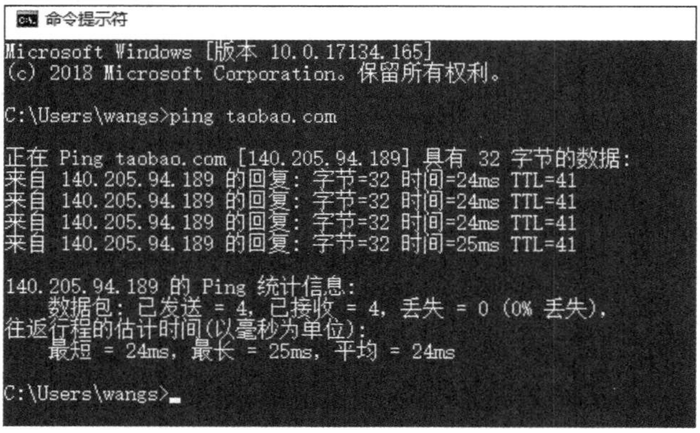

图 5-23　查看解析网站的 IP 地址

如图 5-24 所示,在百度网页上输入这个地址,就能查到这个地址所在城市和 ISP。

图 5-24　查看 taobao.com 的 IP 地址所属运营商和所在地

5.3.2　私网地址

由于 IP 地址紧缺,一个机构能够申请到的 IP 地址数往往远小于本机构所拥有的主机数。考虑到互联网并不安全,一个机构内也并不需要把所有主机接入到外部互联网。实际上在许多情况下,很多主机主要还是和本机构内的其他主机进行通信(例如,在大型商场或宾馆中,有很多用于营业和管理的计算机,显然这些计算机并不都需要和互联网相连)。假定在一个机构内部的计算机通信也是采用 TCP/IP,那么从原则上讲,对于这些仅在机构内部使用的计算机就可以由本机构自行分配其 IP 地址。这就是说,让这些计算机使用仅在本机构有效的 IP 地址(这种地址称为本地地址),而不需要向互联网的管理机构申请全球唯一的 IP 地址(这种地址称为全球地址)。这样应可以大大节约宝贵的全球 IP 地址资源。

但是,如果任意选择一些 IP 地址作为本机构内部使用的本地地址,那么在某种情况下会引起一些麻烦。例如,有时机构内部的某个主机需要和互联网连接,那么这种仅在内部使用的本地地址有可能和互联网中的某个 IP 地址重合,这样就会出现地址的二义性问题。

为了解决这一问题,RFC1918 指明了一些私网地址,也称为专用地址。这些地址只能用于一个机构内部通信,而不能用于和互联网上的主机通信。换言之,私网地址只能用作本地地址而不能用于全球地址。在互联网中的所有路由器,对目的地址是私网地址的数据报一律不进行转发。RFC1918 指明的专用地址是:

(1) 10.0.0.0～10.255.255.255(或记为 10/8,它又称为 24 位块)。

(2) 172.16.0.0～172.31.0.0(或记为 172.16/12,它又称为 20 位块)。

(3) 192.168.0.0～192.168.255.255(或记为 192.168/16,它又称为 16 位块)。

采用这样专用的 IP 地址的互联网称为专用互联网或本地互联网,或更简单些,就叫作专用网。显然,全世界可能有很多的专用互联网络具有相同的专用 IP 地址,但这并不会引起麻烦,因为这些专用地址仅在本机构内部使用。

5.3.3　网络地址转换 NAT

下面讨论另一种情况,就是在专用网内部的一些主机本来已经分配到了本地 IP 地址(即仅在本专用网内使用的专用地址或私网地址),但现在又想与互联网上的主机通信(并不需要加密),那么应当采取什么措施呢?

最简单的办法就是设法再申请一些全球 IP 地址或公网地址。但这在很多情况下是不容易做到的,因为全球 IPv4 的地址已经所剩不多了。目前使用最多的方法是采用网络地址转换。

网络地址转换(Network Address Translation,NAT)方法是在 1994 年提出的。这种方法需要在专用网连接到互联网的路由器上安装 NAT 软件。装有 NAT 软件的路由器叫作 NAT 路由器,它至少有一个有效的外部全球 IP_G 地址。这样,所有使用本地地址的主机在和外界通信时,都要在 NAT 路由器上将其本地地址转换成全球 IP_G 地址,才能和互联网连接。

最基本的地址转换方法如图 5-25 所示,当内部主机 X 用其本地地址 IP_X 和因特网上的主机 Y 通信时,它所发送的数据报必须经过 NAT 路由器。NAT 路由器从全球地址池中为主机 X 分配一个临时的全球地址 IP_G,并记录在 NAT 转发表中,然后将数据报源地址 IP_X 转换成全球地址 IP_G,但目的地址 IP_Y 保持不变,然后发送到互联网。当 NAT 路由器从互联网收到主机 Y 返回的数据报时,根据 NAT 转换表,NAT 路由器知道这个数据报是要发送给主机 X 的,因此 NAT 路由器将目的地址 IP_G 转换为 IP_X,最终转发给内部主机 X。

内部本地地址	内部全局地址
192.168.1.7	200.8.7.3
192.168.1.5	200.8.7.4

图 5-25　NAT 地址转换

但以上基本方法存在一个问题：如果 NAT 路由器具有 N 个全球 IP 地址，那么至多只有 N 个内网上主机能够同时和互联网上的主机进行通信。为了支持更多的主机能同时访问外网，现在常用的 NAT 转换表把运输层端口号也利用上。这样可以使多个拥有本地地址主机，共用一个 NAT 路由器上的全球 IP 地址，因而可以同时和互联网上的不同主机进行通信。

由于端口号在运输层讨论，因此，建议在学完运输层有关内容后再学习下面的内容。从系统性考虑，把下面的这部分内容放在本章中介绍较为合适。

使用端口号的 NAT 也叫作网络地址与端口号转换（Network Address and Port Translation，NAPT），而不使用端口号的 NAT 叫作传统的 NAT（Traditional NAT）。但在许多文献中并没有这样区分，而是不加区分地都使用 NAT 这个更加简洁的缩写词。

图 5-26 说明了 NAPT 工作原理。企业内网使用私有地址 10.0.0.0 255.0.0.0，在连接互联网的路由器 R$_1$ 上配置 NAT，R$_1$ 连接互联网的接口公网地址为 11.1.5.25。内网计算机访问互联网数据包经过 R$_1$ 路由器（配置了 NAPT 功能的路由器），转发到互联网。源地址转换成公网地址 11.1.5.25，同时源端口也替换成公网端口，公网端口由路由器统一分配，以确保公网端口唯一。以后返回来的数据报还要根据公网端口将数据报的目的地址和目标端口替换成内网计算机的私有地址和专用端口。

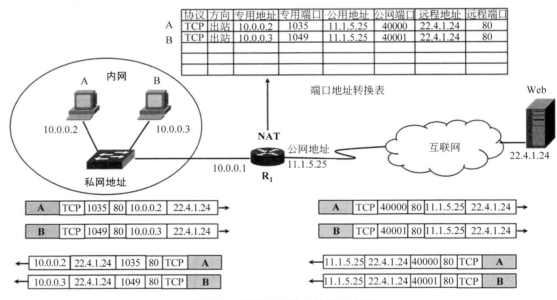

协议	方向	专用地址	专用端口	公用地址	公网端口	远程地址	远程端口
TCP	出站	10.0.0.2	1035	11.1.5.25	40000	22.4.1.24	80
TCP	出站	10.0.0.3	1049	11.1.5.25	40001	22.4.1.24	80

图 5-26 网络地址端口转换示意图

在 NAT 路由器上维护着一张端口地址转换表，用来记录计算机端口地址和公网端口地址的映射关系。只要内网有到互联网上的流量，就会在该表中添加记录。数据报回来时，再根据这张表将数据报目的地址和端口修改成内网地址和专用端口，发送给内网计算机。由于经过 NAT 路由器需要修改数据报网络层地址和传输层端口，因此性能比路由器直接转发差一些。

5.4　IPv6 地址

IP 是互联网的核心协议。目前采用的 IP 协议是它的第 4 版(即 IPv4),它是 20 世纪 70 年代末期设计的。互联网经过几十年的快速发展,到 2011 年 2 月,IPv4 地址已经耗尽,ISP 已经不能再申请到新的 IP 地址块了。要解决 IP 地址耗尽问题可以采用以下三种措施。

(1) 采用无分类编址 CIDR,使 IP 地址分配更加合理。

(2) 采用网络地址转换的 NAT 方法以节省全球 IP 地址。

(3) 采用具有更大地址空间的新版本的 IP 协议 IPv6,这也是根本性的解决方法。

解决 IP 地址耗尽的根本措施就是采用具有更大地址空间的新版本的 IP,即 IPv6。我国在 2014—2015 年也逐步停止了向新用户和应用分配 IPv4 地址,同时全面开始商用部署 IPv6。

虽然 IPv6 与 IPv4 不兼容,但是总的来说它跟所有其他的因特网协议兼容,包括 TCP、UDP、ICMP、IGMP、OSPF、BGP 和 DNS 等,只是在少数地方做了必要的修改(大部分是为了处理长地址)。

5.4.1　IPv6 地址简介

与 IPv4 相比,IPv6 具有更大的地址空间,它将地址从 IPv4 的 32 位增大到 128 位。在 IPv6 中,由于每个地址长度为 128 位,这样总的地址空间大于 3.4×10^{38}。如果整个地球表面(包括陆地和水面)都覆盖计算机,那么 IPv6 允许每平方米拥有 7×10^{23} 个 IP 地址。如果地址分配速率是每微秒分配 100 万个地址,则需要 1019 年的时间才能将所有可能的地址分配完毕,可见在想象到的将来,IPv6 的地址空间是不可能用完的。

巨大的地址范围还必须使维护互联网的人易于阅读和操纵这些地址。如果将 IPv4 所采用的点分十进制记法应用在 IPv6 记法中,则在实用中是非常不方便的。例如,一个用点分十进制记法的 128 位的地址为

104.230.140.100.255.255.255.255.0.0.17.128.150.10.255.255

为了使地址再稍微简洁些,IPv6 使用冒号十六进制记法,如图 5-27 所示,它把 128 位写作十六进制值字符串,每 4 位以一个十六进制数字表示,各值之间用冒号分隔,共 32 个十六进制值。IPv6 地址不区分大小写,可用大写或小写书写。

IPv6 地址首选格式为 x:x:x:x:x:x:x:x,其中每个"x"均包括 4 个十六进数值,如图 5-28 所示。

首选格式表示使用所有 32 个十六进制数字书写 IPv6 地址,这并不意味着它是表示 IPv6 地址的理想方法。在 IPv6 的地址表示中有两个规则用来减少书写 IPv6 地址所需的位数。

规则 1:忽略前导 0。忽略十六进制数中的所有前导 0(零)。例如:

01AB 可表示为 1AB。

09F0 可表示为 9F0。

0A00 可表示为 A00。

00AB 可表示为 AB。

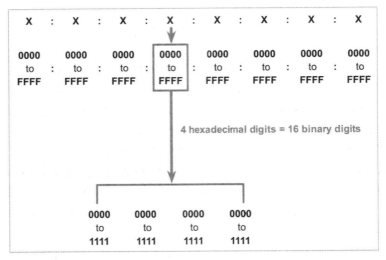

图 5-27   十六进制记法

2001	:	0DB8	:	0000	:	1111	:	0000	:	0000	:	0000	:	0200
2001	:	0DB8	:	0000	:	00A3	:	ABCD	:	0000	:	0000	:	1234
2001	:	0DB8	:	000A	:	0001	:	0000	:	0000	:	0000	:	0100
2001	:	0DB8	:	AAAA	:	0001	:	0000	:	0000	:	0000	:	0200
FE80	:	0000	:	0000	:	0000	:	0123	:	4567	:	89AB	:	CDEF
FE80	:	0000	:	0000	:	0000	:	0000	:	0000	:	0000	:	0001
FF02	:	0000	:	0000	:	0000	:	0000	:	0000	:	0000	:	0001
FF02	:	0000	:	0000	:	0000	:	0000	:	0001	:	FF00	:	0200
0000	:	0000	:	0000	:	0000	:	0000	:	0000	:	0000	:	0001
0000	:	0000	:	0000	:	0000	:	0000	:	0000	:	0000	:	0000

图 5-28   首选格式示例

此规则仅适用于前导 0,不适用于后缀 0,否则会造成地址不明确。例如,十六进制的 "ABC"可能是"0ABC",也可能是"ABC0",但这些表示的值不相同。

规则 2:零压缩。忽略全 0 数据段,即一连串连续的 0 可以用一对冒号所取代,例如:

FE05:0:0:0:0:0:0:B3

可压缩为

FE05::B3

为保证零压缩有一个不含混的解释,规定在任一地址中只能使用一次零压缩。

例如,不正确的地址 2001:0DB8:ABCD::1234,压缩的不明确地址的可能扩展为

2001:0DB8::ABCD:0:0:1234

2001:0DB8::ABCD:0:0:0:1234

2001:0DB8:0:ABCD:1234

2001:0DB8:0:0:ABCD:1234

表 5-5 给出几个示例显示如何使用双冒号(::)和忽略前导 0 的方法来减小 IPv6 地址大小。

表 5-5　压缩 IPv6 地址的示例

示 例 1	
首选	2001:0DB8:0000:1111:0000:0000:0000:0200
规则 1:忽略前导 0	2001:DB8:0:1111:0:0:0:200
规则 2:零压缩	2001:DB8:0:1111::200

示 例 2	
首选	2001:0DB8:0000:A300:ABCD:0000:0000:1234
规则 1:忽略前导 0	2001:DB8:0:A300:ABCD:0:0:1234
规则 2:零压缩	2001:DB8:0:A300:ABCD::1234 或 2001:DB8::A300:ABCD:0:0:1234

示 例 3	
首选	FE80:0000:0000:0000:0123:4567:89AB:CDEF
规则 1:忽略前导 0	FE80:0:0:0:123:4567:89AB:CDEF
规则 2:零压缩	FE80::123:4567:89AB:CDEF

示 例 4	
首选	0000:0000:0000:0000:0000:0000:0000:0001
规则 1:忽略前导 0	0:0:0:0:0:0:0:1
规则 2:零压缩	::1

CIDR 斜线表示法在 IPv6 中仍然可以使用。IPv6 使用前缀长度表示地址的前缀部分,例如,60 位的前缀 12AB00000000CD3 可记为

　12AB:0000:0000:CD30:0000:0000:0000:0000/60

　或 12AB::CD30:0:0:0:0/60

　或 12AB:0:0:CD30::/60

但不允许记为

　12AB:0:0:CD3/60(不能把 16 位地址 CD30 块中最后的 0 省略)

　或 12AB::CD30/60(这是地址 12AB:0:0:0:0:0:0:CD30 的前 60 位二进制)

　或 12AB::CD3/60(这是地址 12AB:0:0:0:0:0:0:0CD3 的前 60 位二进制)

IPv6 使用前缀长度表示地址的前缀部分。IPv6 不使用点分十进制子网掩码记法。如图 5-29 所示,它使用前缀长度表示 IPv6 地址的网络部分。

前缀长度范围为 0～128。局域网和大多数其他网络类型的典型前缀长度为 64 位,这意味着地址前缀或网络部分长度为 64 位,为该地址的接口 ID(主机部分)另外保留 64 位。

IPv6 地址分为以下 3 种类型。

(1) 单播:IPv6 单播地址用于唯一标识支持 IPv6 设备上的接口。单播就是传统的点

图 5-29　/64 前缀

对点通信。

（2）组播：IPv6 组播地址用于将单个 IPv6 数据包发送到多个目的地。组播是一点对多点的通信。

（3）任播：这是 IPv6 新增加的一种类型，任播的目的站是一组计算机，但数据报在交付时只交付给其中的一个，通常是距离最近的一个。任播地址不在本书的讨论范围之内。

与 IPv4 类似，源 IPv6 地址必须是单播地址，目的 IPv6 地址可以是单播地址也可以是组播地址。与 IPv4 不同，IPv6 没有广播地址。但是 IPv6 具有 IPv6 全节点组播地址，这在本质上与广播地址的效果相同。

5.4.2　IPv6 单播地址

如图 5-30 所示，IPv6 单播地址用于用来唯一标识一个支持 IPv6 的设备有的接口，发送到单播地址的数据报文将被传送给此地址所标识的一个接口接收。

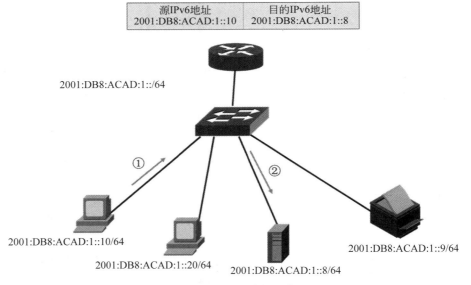

图 5-30　IPv6 单播通信

IPv6 单播地址分为五种类型：全局单播地址、本地链路单播地址、环回地址（::1/128）、未指定地址（::/128）、唯一本地址（FC00::/7～FDFF::/7）和嵌入式 IPv4。

IPv6 单播地址中最常见的类型是全局单播地址（GUA）和本地链路单播地址。

1. 全局单播地址

全局单播地址(Global Unique Address,GUA)等同于 IPv4 中的公网地址,可以在 IPv6 互联网上进行全局路由和访问。这种地址类型允许路由前缀的聚合,从而限制了全球路由表项的数量。

互联网名称与数字地址分配机构(ICANN),即 IANA 运营商,将 IPv6 地址块分配给 5 家 RIR(Regional Internet Registry)。目前分配的仅是前 3 位为 001 或 2000::/3 的全局单播地址。换句话说,GUA 地址的第一个十六进制数以 2 或 3 开头。这只是可用 IPv6 地址空间的 1/8,相对于其他类型的单播和组播,它只是很小的一部分。

如图 5-31 所示,全局单播地址由 3 部分组成:全局路由前缀、子网 ID 和接口 ID。

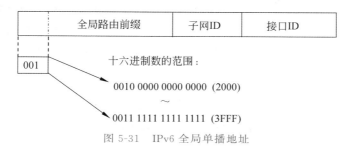

图 5-31　IPv6 全局单播地址

1) 全局路由前缀

全局路由前缀是指服务商(如 ISP)分配给客户或站点的地址的前缀或网络部分。一般来说,RIR 向客户分配/48 的全局路由前缀,包括从公司企业网络到单个家庭网络中的每个站点。

图 5-32 给出使用/48 全局路由前缀的全局单播地址结构。/48 前缀是最常见的全局路由前缀。本书中多数示例均使用该前缀。

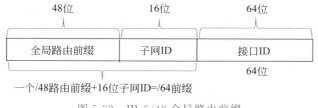

图 5-32　IPv6/48 全局路由前缀

例如,IPv6 地址 2001:0DB8:ACAD::/48 的前缀为 2001:0DB8:ACAD。/48 前缀长度前的双冒号(::)表示地址的剩余部分全部为 0。

全局路由前缀的大小决定子网 ID 的大小。

2) 子网 ID

占 16 位,用于各公司和机构创建自己的子网。对于小公司,可以把这个字段置为全 0。

3) 接口 ID

IPv6 接口 ID 相当于 IPv4 地址的主机部分,占 64 位,它指明主机或路由器单个的网络接口。实际上,这就相当于分类的 IPv4 地址中的主机号字段。与 IPv4 不同,IPv6 地址的主机号字段有 64 位之多,它足够大,因而可以将各种接口的硬件地址直接进行编码。这样,

IPv6 只需把 128 位地址中的最后 64 位提取出就可得到相应的硬件地址,而不需要使用地址解析协议进行地址解析。

一个路由器的接口可以有一个链路本地地址和多个全局单播地址,而 PC 则可以有多个链路本地地址和多个全局单播地址。

2. 本地链路地址

本地链路地址是 IPv6 中一类特殊的地址,它仅限于在本地链路使用,不能在子网间路由。这类主机通常不需要外部互联网服务,仅有主机间相互通信的需求。协议中规定,每个 IPv6 接口必须要有本地链路地址,使用 FE80::/10 地址块,类似于 IPv4 中的 169.254.0.0/16 网段,只在本地链路有效。

当在一个节点启用 IPv6,启动时节点的每个接口自动生成一个本地链路地址。其前缀 64 位为标准指定的,其后 64 位按 EUI-64 流程或随机生成 64 位数创建的接口 ID 动态创建本地链路地址。图 5-33 给出示例说明 IPv6 本地链路地址的创建方法。

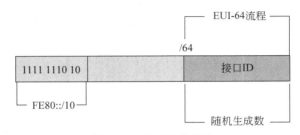

图 5-33　本地链路地址

所有 IPv6 设备必须具有 IPv6 本地链路地址。本地链路地址可以通过动态创建,也可以通过手工配置。手工配置本地链路地址使得创建的地址便于识别和记忆。手工配置本地链路地址的语法如下。

Router(config-if)# **ipv6 address** link-local-address **link-local**

以下示例显示了使用 ipv6 address 接口命令配置的本地链路地址。

```
R1(congig)#interface gigabitethernet 0/0
R1(config-if)#ipv6 address fe80::1 ?
   Link-local User link-local address

R1(config-if)#ipv6 address fe80::1 link-local
R1(config-if)#exit
R1(config)#interface gigabitethernet 0/1
R1(config-if)#ipv6 address fe80::1 link-local
R1(config-if)#exit
R1(config)#interface serial 0/0/0
R1(config-if)#ipv6 address fe80::1 link-local
R1(config-if)#
```

使用本地链路地址 fe80::1 让系统更容易识别出它属于路由器 R1。所有 R1 接口上均配置相同的 IPv6 本地链路地址。可以在各个链路上配置 fe80::1,因为它仅需在单个链路上保持唯一性。类似于 R1,可以将 fe80::2 配置为路由器 R2 所有接口的 IPv6 本地链路地址。

3. 本地站点地址

本地站点地址表示 IPv6 的私网地址,就像 IPv4 中的私网地址一样只占用到整个 IPv6 地址空间的 0.1%。它的前缀为 FEC0::/10,其后的 54b 用于子网 ID,最后 64b 用于主机 ID。它只能在本站点内使用,不能在公网上使用。

例如,在本地分配 10 个子网:

FEC0:0:0:0001::/64

FEC0:0:0:0002::/64

FEC0:0:0:0003::/64

…

FEC0:0:0:000A::/64

本地站点地址被设计用于永远不会与全球 IPv6 互联网进行通信的设备,例如,打印机、内部网服务器、网络交换机等。

4. 未指定地址

未指定地址表示地址未指定,或者在写默认路由时代表所有路由。它的形式为 0:0:0:0:0:0:0:0。

5. 回环地址

回环地址同 IPv4 中 127.0.0.1 地址的含义一样,表示节点自己。它的形式为 0:0:0:0:0:0:0:1。

6. 内嵌 IPv4 地址的 IPv6 地址

内嵌 IPv4 地址的 IPv6 地址有以下两种类型。

(1) 与 IPv4 兼容的 IPV6 地址:用于在 IPv4 网络上建立自动隧道,以传输 IPv6 数据报。其中,高 96b 设为 0,后面跟 32b 的 IPv4 地址。例如:

0000:0000:0000:0000:0000:0000:206.123.31.2

0000:0000:0000:0000:0000:0000:ce7b:1f01

由于这种机制不太好,现在已经不再使用,转而采用更好的过渡机制。

(2) 映射 IPv4 的 IPv6 地址:仅用于拥有 IPv4 和 IPv6 双协议栈节点的本地范围,其中高 80b 设为 0,后 16b 设为 1,最后再跟 IPv4 地址。例如:

0000:0000:0000:0000:0000:ffff:206.123.31.2

0000:0000:0000:0000:0000:ffff:ce7b:1f01

5.4.3　IPv6 单播地址配置

本书以思科为例,讨论介绍 IPv6 单播地址配置。在思科 IOS 中,大多数 IPv6 的配置和验证命令与 IPv4 相似。在多数情况下,唯一区别是命令中使用 IPv6 取代 IP。

与 IPv4 一样,可以采取静态方式对主机或设备配置 IPv6 的单播地址,也可以通过动态方式为客户端设备配置 IPv6 地址。目前有两种方式可以自动获取 IPv6 全局单播地址:无状态地址自动配置(SLAAC)和有状态的 DHCPv6。当使用 DHCPv6 或 SLAAC 时,本地路由器的本地链路地址将自动指定为默认网关。

1. 全局单播地址的静态配置

1) 路由器配置

用于为路由器接口配置 IPv6 全局单播地址的命令是：

IPv6 address IPv6 地址/前缀长度

注意：IPv6 地址和前缀长度之间没有空格。图 5-34(a)给出 IPv6 配置示例拓扑结构图，图 5-34(b)给出配置命令。

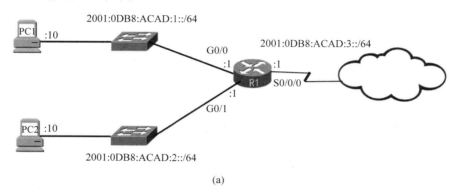

(a)

```
R1(config)# interface g0/0
R1(config-if)#ipv6 address 2001:db8:acad:1::1/64
R1(config-if)#no shutdown
R1(config-if)#exit
R1(config)#interface g0/1
R1(config-if)#ipv6 address 2001:db8:acad:2::1/64
R1(config-if)#no shutdown
R1(config-if)#exit
R1(config)# interface s0/0/0
R1(config)#ipv6 address 2001:db8:acad:3::1/64
R1(config-if)#no shutdown
R1(config-if)end
```

(b)

图 5-34　IPv6 拓扑结构及配置示例

2) 主机配置

在主机配置上，手动配置 IPv6 地址与配置 IPv4 地址相似。如图 5-35 所示，为 PC1 配置的默认网关地址为 2001:db8:acad:1::1。

2. 动态配置

无状态地址自动配置(SLAAC)是允许设备从 IPv6 路由器获取 IPv6 前缀、前缀长度、默认网关地址及其他信息，而无须使用 DHCPv6 服务器的方法。使用 SLAAC，设备根据本地路由器的 ICMPv6 路由器通告消息(RA)获取必要的信息。

IPv6 路由器每 200s 定期将 ICMPv6 路由器通告消息 RA 发送到网络上所有支持 IPv6 的设备。ICMPv6 RA 消息提示设备获取 IPv6 全局单播地址的方式。主机在响应 ICMPv6 路由器请求消息(RS)时，也会发送 RA 消息。

默认情况下未启用 IPv6 路由，因此，需要使用命令 **ipv6 unicast-routing** 全局配置命令将路由器启用为 IPv6 路由器。

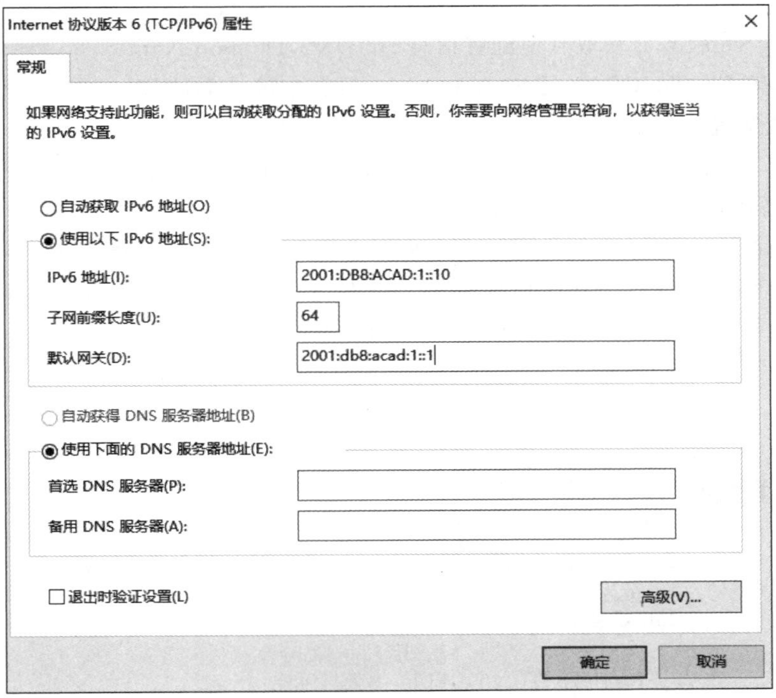

图 5-35　IPv6 静态主机配置

ICMPv6 的 RA 消息包括：

（1）网络前缀和前缀长度：通知设备其所属的网络。

（2）默认网关：IPv6 的本地链路地址，RA 消息的源 IPv6 地址。

（3）DNS 地址和域名：DNS 服务器的地址和域名。

如图 5-36 所示，一个站点要想分配到 IPv6 地址，该站点首先面向所有 IPv6 路由器发出请求信息，信息内容为"我需要来自路由器的编址信息"。路由器收到请求信息后，面向所有 IPv6 发出通告消息，该消息有以下 3 个选项。

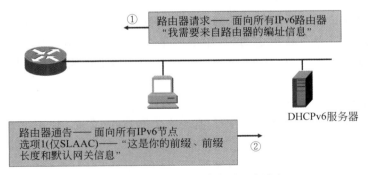

图 5-36　路由器请求和路由器通告消息

选项 1：SLAAC——站点从路由器通告中获取所有信息，包括前缀、前缀长度和默认网关等信息。

选项 2：无状态 DHCPv6 服务器的 SLAAC——站点从路由器通告消息中获取地址信息，并从 DHCPv6 服务器获取其他配置信息（如 DNS,Domain Name）。

选项 3：有状态 DHCPv6（无 SLAAC）——站点直接从 DHCPv6 服务器获取全部的地址信息及其他配置信息（如 DNS,Domain Name）。

默认情况下，路由器通告消息 RA 会提示接收设备使用 RA 消息中的信息创建自己的 IPv6 全局单播地址及其他信息。DHCPv6 服务器的服务不是必需项。

SLAAC 是无状态的，也就是说没有中央服务器（例如有状态 DHCPv6 服务器）来分配全局单播地址和维持设备用其地址的清单。借助 SLAAC，客户端设备使用消息中的信息创建自己的全局单播地址。如图 5-37 所示，地址的两部分生成如下。

前缀：从 RA 消息中接收。

接口 ID：使用 EUI-64 流程或通过生成一个随机的 64b 数。

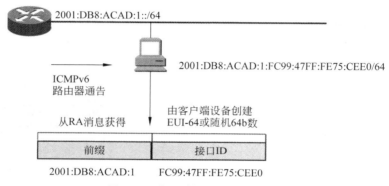

图 5-37　全局单播地址和 SLAAC

在无状态地址自动配置方式下，接口 ID 的设置方式主要有：

（1）根据 IEEE 的 EUI-64 规范将接口的 48b 的 MAC 地址转换为 64b 的接口 ID。

（2）手工为接口配置接口 ID。

（3）某些系统支持自动生成随机接口 ID（例如 Windows 7）。

下面主要介绍 EUI-64 转换流程。

EUI-64 是 IEEE 定义的一种基于 64b 的扩展唯一标示符。它是 IEEE 指定的公共 24b 制造商标识和制造商为产品指定的 40 位值的组合。在 IPv6 地址中，接口 ID 的长度为 64b，它由 48b 的以太网 MAC 地址，并在 48b 的 MAC 地址中间插入另外 16b 转换得到。下面介绍 EUI-64 转换算法。

EUI 接口 ID 以二进制表示，共分为以下 3 部分。

（1）客户端 MAC 地址的 24 位 OUI，但是第 7 位 U/L（全局/本地）位颠倒，即如果第 7 位是 0，则它会变为 1，反之亦然。

（2）插入的 16 位值 FFFE（十六进制）。

（3）客户端 MAC 地址的 24 位设备标识符。

图 5-38 给出 EUI-64 转换示例流程图，该示例中假设 MAC 地址为 FC99:4775:CEE0，整个转换流程可分为以下三步。

第一步：划分 OUI 和设备标识符之间的 MAC 地址。

第二步：中间插入十六进制值 FFFE（二进制形式为 1111 1111 1111 1110）。

第三步：将 OUI 的前两个十六进制转换为二进制，并颠倒 U/L 位（第 7 位）。在该示例中，第 7 位的 0 变为 1。

在本示例中最终生成的 EUI-64 的接口 ID 为 FE99：47FF：FE75：CEE0。

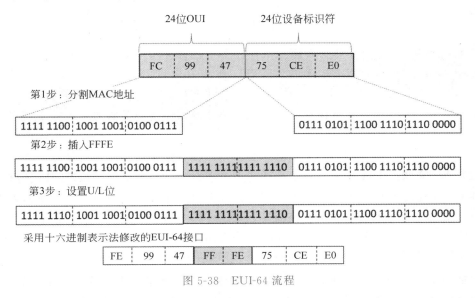

图 5-38　EUI-64 流程

EUI-64 的优点是可以使用以太网的 MAC 地址生成接口 ID，允许网络管理员使用唯一 MAC 地址来跟踪终端设备的 IPv6 地址。但是，这也为很多用户带来隐私保护问题，因为根据数据包接口 ID 可以追溯到实际物理计算机。

3. 动态配置——DHCPv6

前面提到路由器通告消息 RA 具有 3 个选项：SLAAC、无状态 DHCPv6 服务器的 SLAAC、有状态 DHCPv6（无 SLAAC）。默认情况下，消息为选项 1，仅限 SLAAC。路由器接口可配置为使用 SLAAC 和无状态 DHCPv6 或仅使用 DHCPv6 发送路由器通告。

1）RA 选项 2：SLAAC 和无状态 DHCPv6

如图 5-39 所示，通过此选项，RA 消息给予设备以下提示。

（1）使用 SLAAC 创建其自己的 IPv6 全局单播地址。

（2）使用路由器的本地链路地址，即默认网关地址的 RA 源 IPv6 地址。

（3）使用无状态 DHCPv6 服务器获取其他信息，如 DNS 服务器地址和域名。

使用无状态 DHCPv6 服务器分配 DNS 服务器地址和域名，它不分配全局单播地址。

2）RA 选项 3：有状态 DHCPv6

启用选项 3（仅 DHCPv6）的 RA 将要求客户端从 DHCPv6 服务器获取除默认网关之外的所有信息。默认网关地址是路由器通告消息 RA 的源 IPv6 地址。有状态 DHCPv6 与 IPv4 的 DHCP 相似。使用有状态 DHCPv6 服务器的服务，设备可自动接收编址信息，包括全局单播地址、前缀长度和 DNS 服务器地址。

通过此选项，RA 消息给予设备以下提示。

（1）使用路由器的本地链路地址，即默认网关地址的 RA 的源 IPv6 地址。

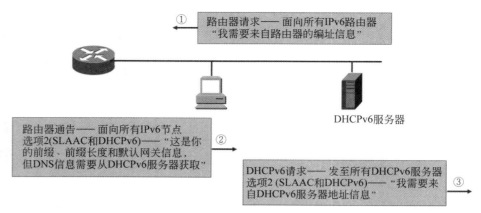

图 5-39　选项 2：SLAAC 和无状态 DHCP

（2）使用有状态 DHCPv6 服务器获取全局单播地址、DNS 地址、域名和其他所有信息。

注意：无论是选项 1、2 还是 3，默认网关地址仅可从 RA 消息中获取。无状态或有状态 DHCPv6 服务器都不提供默认网关地址。

5.4.4　IPv6 组播地址

组播是指一点对多点的通信，组播地址用于发送单个数据报到一个或多个目的地（组播组），组播地址仅可用作目的地址，不能用作源地址。IPv6 组播地址的前缀为 FF00::/8。

IPv6 的组播与 IPv4 相同，用来标识一组接口，一般这些接口属于不同的节点。一个节点可能属于 0 到多个组播组。发往组播地址的报文被组播地址标识的所有接口接收。例如，组播地址 FF02::1 表示链路本地范围的所有节点，组播地址 FF02::2 表示链路本地范围的所有路由器。

一个 IPv6 组播地址由前缀、标志（Flag）字段、范围（Scope）字段以及组播组 ID（Global ID）4 个部分组成。

前缀：IPv6 组播地址的前缀是 FF00::/8。

标志字段（Flag）：长度为 4b，目前只使用了最后 1b（前 3b 必须置 0），当该位值为 0 时，表示当前的组播地址是由 IANA 所分配的一个永久分配地址；当该值为 1 时，表示当前的组播地址是一个临时组播地址（非永久分配地址）。

范围字段（Scope）：长度为 4b，用来限制组播数据流在网络中发送的范围。

组播组 ID（Group ID）：长度为 112b，用以标识组播组。目前，RFC2373 并没有将所有的 112b 都定义成组标识，而是建议仅使用该 112b 的最低 32b 作为组播组 ID，将剩余的 80b 都置 0。这样每个组播组 ID 都映射到一个唯一的以太网组播 MAC 地址（RFC2464）。

IPv6 组播地址格式如图 5-40 所示。

IPv6 组播地址分为以下两种类型。

1. 分配的组播

分配的组播地址是为预先定义的设备组保留的组播地址。分配的组播地址是用于或服务的设备组的单个地址。分配的组播地址用于特定的协议环境，如 DHCPv6。

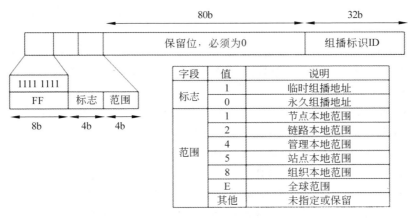

图 5-40　IPv6 组播地址格式

两种常见 IPv6 分配组播组如下。

（1）FF02::1 全节点组播组：指所有开启了 IPv6 组播的设备组。发送到该组的数据报由该链路或网络上的所有 IPv6 接口接收和处理。这与 IPv4 中的广播地址具有相同的效果。图 5-41 中给出使用全节点组播地址进行通信的示例。IPv6 路由器将因特网控制消息协议第 6 版（ICMPv6）路由器通告消息 RA 发送给全节点组播组。RA 消息通知网络中所有支持 IPv6 的设备有关编址的信息，如前缀、前缀长度和默认网关。

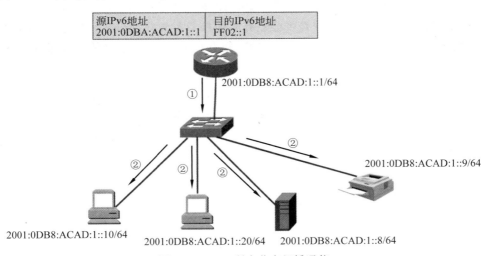

图 5-41　IPv6 所有节点组播通信

（2）FF02::2 全路由组播组：这是一个所有路由器均会加入的多播组。使用 ipv6 unicast routing 全局配置命令将路由器启用为 IPv6 路由器后，该路由器成为组播组的一个成员。发送到该组的数据包由该链路或网络上的所有 IPv6 路由器接收和处理。

支持 IPv6 的设备将 ICMPv6 路由器请求（RS）消息发送到全路由器组播地址。RS 消息向 IPv6 路由器发出 RA 消息请求来协助设备的地址配置。

2. 请求节点组播地址

请求节点组播地址是一个有特殊用途的组播地址，对于节点或路由器的接口上配置的每个单播和任意播地址,都会自动生成一个对应的被请求节点组播地址。注意 link-local address 也会生成一个被请求节点的组播地址。

这个组播地址的前 104b 是固定的,为 FF02::1:FF/104,后 24b 由接口的单播地址的最后 24b 构成。假设某个接口的单播地址为 2001:3234::1:253F,那么该接口就会自动归属于组播地址 FF02::1:FF01:253F。

由于 IPv6 地址每 16b 划为一段,共 8 段,因此前面 104b(FF02::1:FF/104)中最后的 8b(也即 FF)要和接口的单播地址中最后 24b 的前 8b 组合在一起形成一段。例子中单播地址的最后 24b 为 01:253F(示例单播地址中倒数第二段的 1 其实是 0001 的简写),因此请求节点组播地址为 FF02::1:FF01:253F。

请求节点组播地址主要用于获取邻居节点的链路层地址(相当于 IPv4 中的 ARP 解析)和重复地址检测。IPv6 相邻节点发现方法使用 IPv6 ICMP(ICMPv6)消息与被请求的节点组播地址判定同一网络上相邻节点的链路层地址,验证相邻节点的可到达性,并跟踪相邻的路由器。当一个节点要判定相同本地链路上另一个节点的链路层地址时,一个相邻节点的请求消息携带着发送自身的链路层地址,在本地链路上被发送出去。目的节点在收到相邻节点的请求消息后,将在本地链路上使用其自身的链路层地址发送一个相邻节点通告消息,以此来回复请求。在收到相邻节点的通告之后,源节点与目的节点便可进行通信。相邻节点的通告消息也可在本地链路上一个节点的链路层地址发生改变时发出。

同样,当某一个接口给自己配置 IP 地址的时候,也会使用这个组播地址来进行重复地址检测;对于图 5-42 示例中,如果这个新分配的 IP 地址的最后 24b 是 01:253F,那么它也会发送数据报到这个组播地址,看看是否已经有其他接口配置了相同的 IP 地址,如果没有收到应答,则表示没有重复地址;如果收到应答,则会比对应答数据报的源地址来判断是否重复。

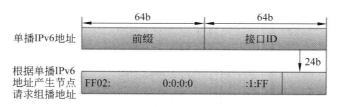

图 5-42　请求节点组播地址

习　题

一、选择题

1. 关于 IP 地址说法不正确的是(　　　)。

　　A. 每个 IP 地址由 32 位二进制组成

　　B. 因特网上每台主机必须有一个 IP 地址

　　C. 允许一台主机有多个 IP 地址

　　D. 允许一个 IP 地址由多台主机使用

2. 哪一种地址类型仅限于 254 个主机 ID?(　　　)

    A. A 类   B. B 类   C. C 类   D. D 类

3. IP 地址是一个 32 位的二进制数,它通常采用点分(　　　)。

    A. 二进制数表示   B. 八进制数表示

    C. 十进制数表示   D. 十六进制数表示

4. 下列属于 B 类 IP 地址的是(　　　)。

    A. 59.7.148.56   B. 189.123.5.89   C. 202.113.78.38   D. 223.0.32.23

5. 为了避免 IP 地址的浪费,需要对 IP 地址中的主机号部分进行再次划分,再次划分后的 IP 地址的网络号部分和主机号部分使用(　　　)进行区分。

    A. IP 地址   B. 网络号   C. 子网掩码   D. IP 协议

6. 对于子网掩码为 255.255.252.0 的 B 类网络地址,能够创建多少个子网?(　　　)

    A. 6   B. 32   C. 62   D. 64

7. 一台主机的 IP 地址为 203.93.12.68,子网掩码为 255.255.255.0,如果该主机需要向子网掩码为 255.255.255.0 的 202.93.12.0 网络进行直接广播,那么它应使用的目的 IP 地址为(　　　)。

    A. 203.93.12.255   B. 203.93.12.68   C. 202.93.12.255   D. 202.93.12.0

8. 如果 IP 地址为 202.130.191.33,子网掩码为 255.255.255.0,那么网络地址是(　　　)。

    A. 202.130.0.0   B. 202.0.0.0   C. 202.130.191.33   D. 202.130.191.0

9. 某公司申请到一个 C 类 IP 地址,但要连接 6 个的子公司,最大的一个子公司有 26 台计算机,每个子公司在一个网段中,则子网掩码应设为(　　　)。

    A. 255.255.255.0   B. 255.255.255.128

    C. 255.255.255.192   D. 255.255.255.224

10. 以下(　　　)地址属于 115.64.4.0/22 网段。(选择三项)

    A. 115.64.8.32   B. 115.64.7.64   C. 115.64.6.255   D. 115.64.3.255

    E. 115.64.5.128   F. 115.64.12.128

11. 网络 122.21.136.0/22 中最多可用的地址是(　　　)。

    A. 102   B. 1023   C. 1022   D. 1000

12. 以太网组播 IP 地址为 224.215.145.230 应该映射到组播 MAC 地址是(　　　)。

    A. 01-00-5E-57-91-E6   B. 01-00-5E-D7-91-E6

    C. 01-00-5E-5B-91-E6   D. 01-00-5E-55-91-E6

13. 下列哪个是组播地址?(　　　)

    A. 224.119.1.200   B. 59.67.33.10

    C. 202.113.72.230   D. 178.1.2.0

14. 以下网络是私网地址的是(　　　)。

    A. 192.178.32.0/24   B. 128.168.32.0/24

    C. 172.15.32.0/24   D. 192.168.32.0/24

15. NAT(网络地址转换)的功能是(　　　)。

    A. 将 IP 协议改为其他网络协议

    B. 实现 ISP 之间的通信

    C. 实现拨号用户的接入功能

D. 实现私有 IP 地址与公共 IP 地址的相互转换

16. IPv6 地址是如何表示的?(　　)

　　A. 表示为 4 个用句点分隔的字节

　　B. 表示为连续的 64 个二进制位

　　C. 表示为用冒号分隔的 8 个十六进制数

　　D. 表示为八进制数

17. 对于被限制在单个网段内的通信,应使用哪种 IPV6 地址?(　　)

　　A. 全局单播地址　　B. 链路本地地址　　C. 未指定地址　　　　D. 唯一本地地址

18. 哪两种方法自动提供全局单播地址?(选择两项)(　　)

　　A. SLACC　　　　　　　　　　　　B. 有状态 DHCPv6

　　C. ICMP　　　　　　　　　　　　D. DAD

二、简答题

1. 什么是 IP 地址? 它的作用是什么?

2. 判定下列 IP 地址的类型。

131.109.54.1

78.34.6.90

220.103.9.56

240.9.12.2

19.5.91.245

129.9.234.52

125.78.6.2

3. 传统 IP 地址分为几类? 各类的特点是什么?

4. 说明 IP 地址与硬件地址的区别。为什么要使用这两种不同的地址?

5. 图 5-43 给出了一个小型的局域网接入互联网的示意图,已知接入路由器在局域网内的接口 IP 地址为 172.16.1.1/24,在路由器中使用 NAT 技术来接入外网。写出局域网中 A 和 B 计算机的配置,使 A 能够接入互联网中,并说说 NAT 技术的工作原理。

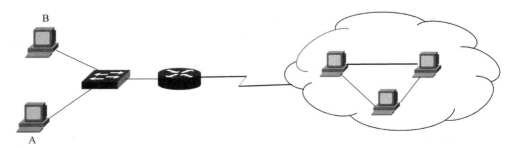

图 5-43　小型局域网接入互联网

6. 试把以下 IPv6 地址用零压缩方法写成简洁形式。

(1) 0000:0000:0F53:6382:AB00:67DB:BB27:7332

(2) 0000:0000:0000:0000:0000:0000:004D:ABCD

(3) 0000:0000:0000:AF36:7328:0000:87AA:0398

(4) 2819:00AF:0000:0000:0000:0035:0CB2:B271

7. 试把以下零压缩的 IPv6 地址写成原来的形式。

(1) 0::0

(2) 0:AA::0

(3) 0:1234::3

(4) 123::1:2

三、综合应用题

1. 一个机关得到了一个 C 类 IP 地址为 212.26.220.0,其二进制为 11010100 00011010 11011100 00000000。该机关需要 5 个子网,再加上全 0 和全 1 的 2 个特殊子网,一共是 7 个子网。请为它划分子网,确定子网掩码,子网地址和子网中的主机地址。

2. 一公司有 8 个部门,其中有 3 个部门有 100 台 PC,有 2 个部门有 50 台 PC,其他 3 个部门有 30 台 PC,请为该公司设计 IP 地址,使用 172.16.160.0/22。写出每个部门的子网掩码、可用主机数量、可用主机范围、广播地址、网络地址。

3. 将 192.168.10.0/24 网段划分成三个子网,每个网段的计算机数量如图 5-44 所示,写出各个网段的子网掩码和能够给计算机使用的第一个地址和最后一个地址。

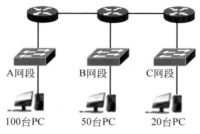

图 5-44　子网

4. 有如下 4 个 /24 地址块,写出最大可能的聚合。

212.56.132.0/24

212.56.133.0/24

212.56.134.0/24

212.56.135.0/24

5. 有两个 CIDR 地址块 208.128/11 和 208.130.28/22,这两个子网地址是否有叠加?如果有,请指出,并说明理由。

6. 以下地址中的哪一个和 86.32/12 匹配?请说明理由。

86.33.224.123

86.79.65.216

86.58.119.74

86.68.206.154

7. 已知地址块中的一个地址是 140.120.84.24/20。试求这个地址块中的最小可用地址和最大可用地址。子网掩码是什么?地址块中共有多少个可用地址?相当于多少个 C 类地址?

第6章 网 络 层

网络互联是指将不同网络通过路由器联接在一起。网络层关注的是如何将源主机数据报传送到目的主机。在发送数据时,网络层把运输层产生的报文段或用户数据报封装成分组或包(packet)进行传送。分组从发送方到接收方可能沿途经过许多网络,有多条路径可供选择,如何从多条路径中选出一条好的路径,这是网络层的一个主要功能。路由器根据网络层首部转发数据包,网络层首部各字段是为了实现网络层的功能。当源主机和目的主机位于不同网络时,还会出现新的问题,这些问题都需要网络层解决。

本章主要内容:

(1) 虚拟互联网络概念;

(2) 网络层首部;

(3) IP 地址与物理地址关系;

(4) ICMP;

(5) ARP;

(6) IGMP。

在本书中,网络层、网际层和 IP 层都是同义语。

6.1 网络层概述

网络层使用路由器将异构网络互联,形成一个统一的网络,并且将源主机发出的分组经由各种网络路径通过路由和转发,到达目的主机。利用数据链路层所提供的相邻节点之间的数据传输服务,向运输层提供从源到目标的数据传输服务。

6.1.1 网络层功能

网络层负责为分组交换网上的不同主机提供通信。在发送数据时,网络层将运输层产生的报文段或用户数据报封装成分组或包进行传送。在 TCP/IP 体系中,分组也叫作 IP 数据报,或简称为数据报。为了实现从源节点(发送主机)到目的节点(接收主机)之间的分组传送,网络层需要提供多方面的功能。

1. 虚拟互联网络

网络的互联是指将两个以上的计算机网络,通过一定的方法,用一种或者多种通信处理设备(中间设备)相互联接起来,以构成更大的网络系统。从一般概念来讲,将网络互联起来要使用一些中间设备,根据中间设备所在层次,可以有四种不同的中间设备。

(1) 物理层的中间设备:中继器,集线器。

(2) 数据链路层的中间设备:网桥或者交换机。

(3) 网络层的中间设备:路由器。

(4) 网络层以上使用的中间设备:网关。

当中间设备是转发器(中继器、集线器)或网桥(或交换机)时,这仅仅是把网络扩大了,而从网络层角度看,这仍然是一个网络,一般并不称为网络互联。网关由于比较复杂,目前使用较少。因此,现在讨论网络互联时,都是指用路由器进行网络互联和路由选择。路由器其实就是一台专用计算机,用来在互联网中进行路由选择。

当源主机和目标主机不属于同一个网络类型时,需要解决不同的网络寻址、分组大小、协议等方面的差异,要求在不同种类网络交界处的路由器能够对分组进行处理,使得分组能够在不同网络上传输。网络层必须协调好不同网络间的差异,即所谓解决异构网络互联的问题。

TCP/IP 体系在网络互联上采用的做法是在网络层采用标准化协议,但相互联接的网络则可以是异构的。图 6-1(a)表示有许多计算机通过一些路由器进行互联。由于参加互联的计算机网络的计算机都使用相同的网际协议(Internet Protocol,IP),因此可以把互联以后的计算机网络看成如图 6-1(b)所示的一个虚拟互联网络。所谓虚拟互联网络也就是逻辑互联网络,它的意思就是互联起来的各种物理网络的异构性本来是客观存在的,但是利用 IP 协议就可以使这些性能各异的网络在网络层上看起来好像是一个统一的网络。这种使用 IP 协议的虚拟互联网络可简称为 IP 网(IP 网是虚拟的,但平常不必每次都强调"虚拟"二字)。使用 IP 网络的好处是:当 IP 网上的主机进行通信时,就好像在一个单个网络上通信一样,它们看不见互联的各网络的具体异构细节,如具体的编址方案、路由选择协议等。

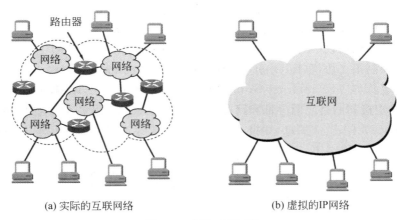

(a) 实际的互联网络　　　　　　　　(b) 虚拟的IP网络

图 6-1　虚拟互联网络

2. 路由与转发

路由器主要完成两个功能:一个是路由选择,另一个是转发分组。前者是根据所选定的路由选择协议构造出路由表,同时经常和定期地与相邻路由器交换路由信息而不断地更新和维护路由表;后者是处理通过路由器的数据流,关键操作是转发表查询以及相关队列管理和任务调度等。转发表是从路由表得出的,转发表必须包含完成转发功能所必需的信息,即要包含要到达的目的网络、输出端口和某些 MAC 地址信息(如下一跳的以太网地址)的映射。

"转发"(Forwarding)就是路由器根据转发表将用户的 IP 数据报从合适的端口转发出去。

"路由选择"(Routing)则是按照复杂的分布式算法,根据从各相邻路由器得到的关于整个网络拓扑的变化情况,动态地改变所选择的路由。路由表是根据路由选择算法得出的。而转发表是从路由表得出的。在讨论路由选择原理时,往往不去区分转发表和路由表,而是笼统地使用路由表这一名词。

3. 拥塞与流量控制

在某段时间,若对网络中某些资源的需求超过了该资源所能提供的可用部分,网络的性能就会变坏,就会产生拥塞(Congestion)。出现资源拥塞的条件如下。

对资源需求的总和＞可用资源

若对网络中有许多资源同时产生拥塞,网络的性能就要明显变坏,整个网络的吞吐量将随输入负荷的增大而下降。

网络拥塞往往是由许多因素引起的,如链路容量大小、交换节点中的缓存大小和处理机的速度等。拥塞控制是一个全局性的过程,涉及所有的主机、所有的路由器以及降低网络传输性能有关的所有因素。流量控制是对一条通信路径上的流量进行控制,其目的是保证发送者的发送速度不超过接收者的接收速度,以便使接收者来得及接收,它只涉及一个发送者和一个接收者,是局部问题。

6.1.2　网络层协议

网络层除了 IP 外,还有以下 4 个与 IP 配套使用的协议。

(1) 地址解析协议(Address Resolution Protocol,ARP)。

(2) 逆地址解析协议(Reverse Address Resolution Protocol,RARP)。

(3) 网际控制报文协议(Internet Control Message Protocol,ICMP)。

(4) 网际组管理协议(Internet Group Management Protocol,IGMP)。

IP 负责在主机和网络之间寻址和路由数据报。ARP 用于获得同一物理网络中的硬件主机地址。ICMP 用于发送消息,并报告有关数据包传送错误。ICMP 被 IP 主机用来向本地多路广播路由器报告主机组成员。

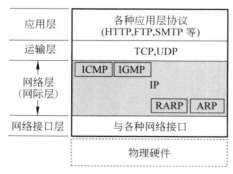

图 6-2　网际协议 IP 及其配套协议

IP 协议是 TCP/IP 体系结构中的最重要部分,由于 IP 协议是用来使互连起来的许多计算机能够进行通信,因此 TCP/IP 体系中的网络层常常被称为网际层或 IP 层。网际协议 IP 是一个无连接的协议,在数据交换之前,主机之间并未建立连接,数据传输过程中是没有保障的,是不可靠的。

　　当很多异构网络通过路由器互联起来时,如果所有网络都使用相同的网际协议,那么网络层所讨论的问题就显得很方便。

　　IP 协议基本任务是采用 IP 数据报方式,通过互联网传送数据,各个 IP 数据报之间是相互独立的。需要指明的是:主机的网络层向它的传输层提供服务时,IP 不保证服务的可靠性,在主机资源不足的情况下,它可能会丢失某些数据报。同时 IP 也不检查可能由于数据链路层出现错误而造成的数据报丢失。除此之外,IP 在网络层执行了一项重要的功能:路由选择,选择数据报从 A 主机到 B 主机要经过的路径以及利用合适的路由器完成不同网络之间的跨越。

　　如图 6-3 所示的互联网中,源主机 H_1 要把数据报发送给目的主机 H_2,主机 H_1 查找自己的路由表,查看与目的主机是否就在同一个网络上,如果是,则不需要经过任何路由器而是直接交付,任务就完成了。如不是,则必须把 IP 数据报发送给某个路由器(图中的 R_1)。R_1 在查找了自己的路由表后,知道应当把数据报转发给 R_2 进行间接交付。这样一直转发下去,最后路由器 R_5 知道自己是和 H_2 连接在同一个网络上,不需要再使用别的路由器转发了,于是就把数据报直接交付目的主机 H_2。图 6-3 中画出了源主机、目的主机以及各路由器的协议栈。我们注意到,主机的协议栈共有五层,但路由器的协议栈只有下三层,图中还画出了数据在各协议栈中流动的方向。我们还可注意到,在 R_4 和 R_5 之间使用了卫星链路,而 R_5 所连接的是一个无线局域网。在 R_1 到 R_4 之间的三个网络则可以是任意类型的网络。总之,这里强调的是:互联网可以由多种异构网络互联组成。

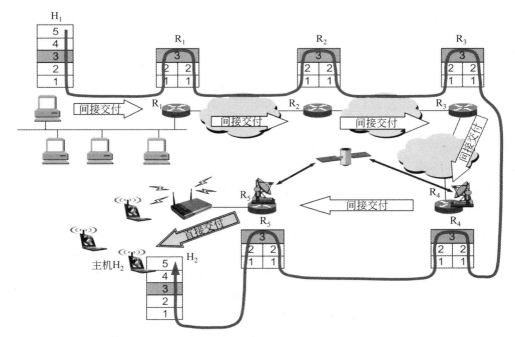

图 6-3　分组在互联网中的传送

　　如果只从网络层考虑问题,那么 IP 数据报就可以想象是在网络层中传送,其传送路径是:
$$H_1 \rightarrow R_1 \rightarrow R_2 \rightarrow R_3 \rightarrow R_4 \rightarrow R_5 \rightarrow H_2$$

6.2 IPv4 数据报

6.2.1 IPv4 数据报格式

在 IP 分组的传递过程中,不管传送多长的距离,或跨越多少个物理网络,IP 的寻址机制和路由选择功能都能保证将数据送到正确的目的地。所经过的各个物理网络可能采用不同的链路协议和帧格式。但是,无论是在源主机和目的主机还是在路过的每个路由器中,网络层都使用始终如一的协议(IP)和不变的分组格式(IP 分组)。

IP 使用的分组称为数据报。IP 数据报首部实现网络层功能,IP 数据报首部是由若干个字段组成,各个字段是为了实现数据报在不同网段的转发。网络中的路由器能够读懂数据报的网络层首部,并且根据网络层首部中的目标 IP 地址为数据报选择转发路径。要想了解网络层功能,就要理解网络层首部格式以及各个字段代表的意思,下面讲解网络层首部。图 6-4 给出 IP 数据报的完整格式。

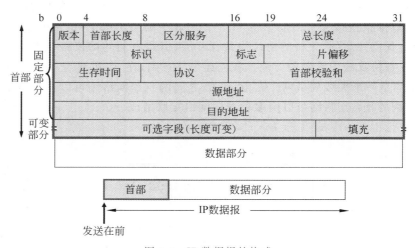

图 6-4　IP 数据报的格式

从图 6-4 可以看出,一个 IP 数据报由首部和数据两部分组成。首部的前一部分是固定长度,共 20B,是所有 IP 数据报必须具有的。在首部的固定部分的后面是一些可选字段,其长度是可变的。下面介绍首部各字段的意义。

1. IP 数据报首部的固定部分中的各字段

(1)版本。占 4b,指 IP 协议版本。IP 协议目前有两个版本 IPv4 和 IPv6。通信双方使用的 IP 协议版本必须一致。目前广泛使用的 IP 协议版本号为 4(即 IPv4)。

(2)首部长度。占 4b,可表示的最大十进制数值是 15。请注意,首部长度所表示数的单位是 32 位字(1 个 32 位字长是 4B)。因为 IP 首部的固定长度是 20B,因此首部字段最小值是 5(即二进制表示的首部长度是 0101)。而当首部长度是最大值 1111 时(即十进制 15),就表明首部长度达到最大值 15 个 32 位字长,即 60B。当 IP 分组的首部长度不是 4B 的整数倍时,必须利用最后的填充字段加以填充。因此数据部分永远从 4B 的整数倍开始,这样在实现 IP 协议时较为方便。首部长度限制为 60B 的缺点是有时可能不够用。但这样做是希望用户尽量减少开销,最常用的首部长度是 20B(即首部长度为 0101),这时不使用任何选项。

(3) 区分服务。占 8b,配置计算机给特定应用程序的数据报添加一个标志,然后在配置网络中的路由器优先转发这些带标志的数据报。在网络带宽比较紧张的情况下,也能确保这种应用的带宽保障,这就是区分服务。因为这种服务能确保服务质量(Quality of Service,QoS)。这个字段在旧标准中叫作服务类型,但实际上一直没有被使用过。1998年,IETF 把这个字段改名为区分服务(Differentiated Services,DS)。只有在使用区分服务时,这个字段才起作用。

(4) 总长度。总长度指首部和数据之和的长度,单位为 B。总长度为 16b,因此数据报的最大长度为 $2^{16}-1=65\,535$B。然而实际上传送这样长的数据报在现实中是极少遇到的。

IP 层下面的数据链路层协议都规定了一个数据帧中的数据字段的最大长度,称为最大传送单元(Maximum Transfer Unit,MTU)。当一个 IP 数据包封装成链路层的帧时,此数据报的总长度(即首部加数据部分)一定不能超过下面的数据链路层所规定的 MTU 值,如图 6-5 所示。

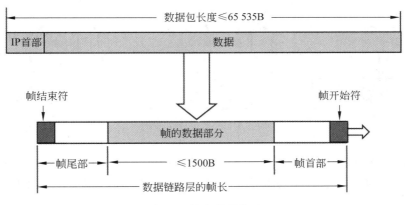

图 6-5　最大传送单元

数据报最大长度可以是 65 535B,这意味着一个数据包长度可能大于数据链路层的 MTU,这就需要将该数据包分片传输。网络层的首部标识、标志和片偏移都是和数据包分片相关的字段。

(5) 标识。占 16b。IP 软件在存储器中维持一个计数器,每产生一个数据报,计数器就加 1,并将此值赋给标识字段。但这个“标识”并不是序号,因为 IP 是无连接服务,数据报不存在按序接收问题。当数据报由于长度超过网络的 MTU 而必须分片时,同一个数据报被分成多个分片,这些分片的标识都一样,也就是数据报的标识字段的值被复制到所有的数据报片的标识字段中。相同的标识字段的值使分片后的各数据报片最后能正确地重装成为原来的数据报。

(6) 标志。占 3b,但目前只有两位有意义。

标志字段中的最低位记为 MF(More Fragment)。MF=1 即表示后面“还有分片”的数据报;MF=0 表示这已是若干数据报片中的最后一个。

标志字段中间的一位记为 DF(Don't Fragment),意思是“不能分片”。只有当 DF=0

时才允许分片。

（7）片偏移。占 13b。片偏移指出较长的分组在分片后,某片在原分组中的相对位置。也就是说,相对于用户数据字段的起点,该片从何处开始。片偏移以 8B 为偏移单位。这就是说,每个分片长度一定是 8B(64b)的整数倍。

下面举一个例子。

一个数据报的总长度为 3820B,其数据部分为 3800B(使用固定首部),需要分为长度不超过 1420B 的数据报片。因固定首部长度为 20B,因此每个数据报片的数据部分长度不能超过 1400B。于是分为 3 个数据报片,其数据部分长度分别为 1400B,1400B 和 1000B。原始数据报首部被复制为各数据报片的首部,但必须修改有关字段的值。图 6-6 给出了分片后得出的结果(请注意片偏移的数值)。

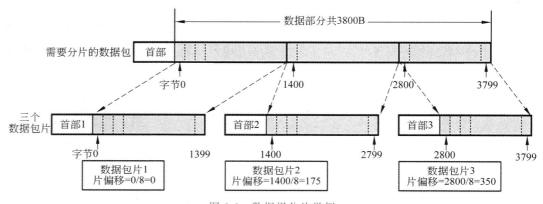

图 6-6　数据报分片举例

表 6-1 是本例中数据报首部与分片有关的字段中的数值,其中,标识字段的值是任意给定的(12345)。具有相同标识的数据报片在目的站就可无误地重装成原来的数据报。

表 6-1　IP 数据报首部中与分片有关的字段中的数值

	总长度/B	标　识	MF	DF	片　偏　移
原始数据包	3820	12345	0	0	0
数据包片 1	1420	12345	1	0	0
数据包片 2	1420	12345	1	0	175
数据包片 3	1020	12345	0	0	350

（8）生存时间。占 8b。生存时间常用的英文缩写是 TTL(Time To Live),表明数据报在网络中的寿命,由发出数据报的源点设置这个字段。其目的是防止无法交付的数据报无限制地在网络中兜圈子。例如,从路由器 R_1 转发到 R_2,再转发到 R_3,然后又转发到 R_1,白白地消耗网络资源。路由器每次转发数据报之前就把 TTL 值减 1。若 TTL 值减小到 0,就丢弃这个数据报,不再转发。因此,TTL 单位是跳数。TTL 的意义是指明数据报在互联网中至多可经过多少个数由器。显然,数据报能在互联网中经过的路由器的最大值是 255。若把 TTL 的初始值设置为 1,就表示这个数据报只能在本局域网中传送。因为这个数据报

一传送到局域网上的某个路由器,在转发之前 TTL 值就减小到零,因而会被这个路由器丢弃。

(9)协议。占 8b,协议字段指出此数据报携带的数据是使用何种协议,以便使目的主机的 IP 层知道应将数据部分上交给哪个协议进行处理。常用的一些协议名和相应的协议字段值如表 6-2 所示。

表 6-2　协议名与协议字段值对应表

协议名	ICMP	IGMP	IP	TCP	EGP	IGP	UDP	IPv6	ESP	OSPF
协议字段值	1	2	4	6	8	9	17	41	50	89

(10)首部校验和。占 16b。这个字段只检验数据报的首部,但不包含数据部分。这是因为数据报每经过一个路由器,路由器都要重新计算一下首部校验和(一些字段,如生存时间、标志、片偏移都可能发生变化)。不校验数据部分可减少计算工作量。

(11)源 IP 地址。占 32b。

(12)目的 IP 地址。占 32b。

图 6-7 给出了基于 Wireshark 捕获的一个数据报,图中 Internet Protocol Version 4 这一部分就是网络层的首部,可以看到网络层首部中包含的全部字段。

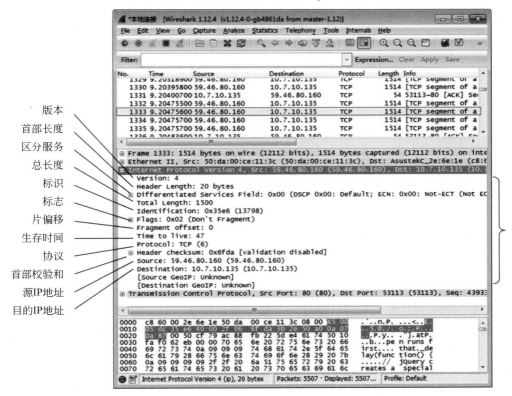

图 6-7　网络层首部

2. IP 数据报首部的可变部分

IP 数据报首部的可变部分就是一个选项字段。选项字段用来支持排错、测量以及安全等措施，内容很丰富。此字段长度可变，从 1B 到 40B 不等，取决于所选择的项目。某些选项项目只需要 1B，它只包括 1B 的选项代码。而有些选项需要多个字节，这些选项一个一个拼接起来，中间不需要分隔符，最后用全 0 填充字段补充成为 4B 的整数倍。

增加首部的可变部分是为了增加 IP 数据报的功能。但这也同时使得 IP 数据报的首部长度成为可变的。这就增加了每一个路由器处理数据报的开销。实际上这些选项很少被使用。很多路由器都不考虑 IP 首部的选项字段，因此新的 IP 版本 IPv6 就把 IP 数据报的首部长度做成固定的。这里不讨论这些选项的细节了，有兴趣的读者可参阅 RFC791。

6.2.2 IP 层转发分组流程

1. 路由表

我们知道路由器是根据路由表进行转发的，一个 IP 路由表到底包含哪些主要信息呢？图 6-8 是一个路由表的简单例子。

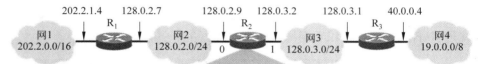

目的网络地址	掩码	下一跳地址	接口
128.0.2.0	255.255.255.0	直接交付	0
128.0.3.0	255.255.255.0	直接交付	1
202.2.0.0	255.255.0.0	128.0.2.7	0
19.0.0.0	255.0.0.0	128.0.3.1	1

(a) 路由器R₂的路由表

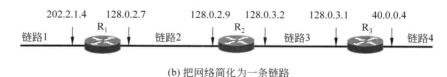

(b) 把网络简化为一条链路

图 6-8　路由表举例

在图 6-8 中，它是有 4 个网络通过 3 个路由器连接在一起。每个网络都可能有成千上万个主机。可以想象，若按主机来制作路由表，则所得出的路由表就会过于庞大（如果每一个网络有 1 万台主机，4 个网络就有 4 万台主机，因而每一个路由表就有 4 万个项目，也就是 4 万行。每一行对应于一个主机）。但若按目的主机所在网络的地址来制作路由表，那么每一个路由器中的路由表就只包含 4 个项目（即只有 4 行，每一行对应于一个网络）。以路由器 R₂ 的路由表为例，由于 R₂ 同时连接在网络 2 和网络 3 上，因此只要目的主机在这两个网络上，都可通过接口 0 或 1 由路由器 R₂ 直接交付（当然还要利用地址解析协议（ARP）才能找到这些主机相应的物理地址),因此不需要下一跳路由器地址。若目的主机在网络 1 中,则下一跳路由器应为 R_1,其 IP 地址为与 R_2 连接在同一网络接口的地址 128.0.2.7。路由器 R_2 和 R_1 由于同时连接在网络 2 上,因此从路由器 R_2 通过接口 0 把分组转发到路由器 R_1 是很容易的。同理,若目的主机在网络 4 中,则路由器 R_2 应把 IP 数据报转发给 IP 地址为 128.0.3.1 的路由器 R_3。注意用一个 IP 地址并不能准确地标识一个网络,因此在路由表中除了目的网络地址外还需要有一个地址掩码。

可以把整个的网络拓扑简化为如图 6-8(b)所示的那样。在简化图中,网络变成了一条链路,但每一个路由器旁边都注明其 IP 地址。使用这样的简化图,可以使我们不用关心某个网络内部的具体拓扑及连接在该网络上有多少台计算机。因为这些对于研究分组转发问题并没有什么关系。这样的简化图强调了在互联网上转发数据报时,从一个路由器转发到下一个路由器。

由于路由器是根据路由表中的目的网络地址来确定下一跳路由器的,因此,

(1)IP 数据报最终一定可以找到目的主机所在目的网络上的路由器(可能要通过多次间接交付)。

(2)只有到达最后一个路由器时,才试图向目的主机进行直接交付。

路由器还可采用默认路由来减少路由表所占用的空间和搜索路由表所用的时间。这种转发方式在一个网络只有很少的对外连接时是很有用的(例如,在因特网的 ISP 层次结构的边缘)。默认路由在主机发送 IP 数据报时往往更能显示出它的好处。前面已经讲过,主机在发送每一个 IP 数据报时都要查找自己的路由表。如果一个主机连接的网络只有一个路由器和因特网连接,那么在这种情况下使用默认路由是非常合适的。例如,在图 6-9 的例子中,连接在网络 N_1 上的主机 H 的路由表只需要 3 个项目即可。第一个项目就是到本网络主机的路由,其目的网络就是本网络 N_1,因而不需要路由器转发,而是直接交付。第二个项目是到网络 N_2 的路由,对应的下一跳路由器是 R_2。第三个项目是默认路由。只要目的网络不是 N_1 和 N_2,就一律选择默认路由,数据报先间接交付路由器 R_1,让 R_1 再转发给下一个路由器,一直转发到目的网络上的路由器,最后进行直接交付。

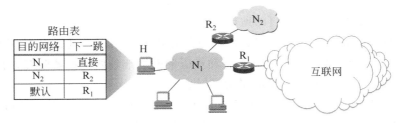

图 6-9　路由器 R_1 充当网络 N_1 的默认路由

2. IP 数据报的转发流程

下面的例题用来说明 IP 数据报是如何被转发到目的主机的。

例 1:已知如图 6-10 所示的互联网,以及路由器 R_1 的路由表。现在主机 H_1 发送一 IP 数据报,其目的地址是 128.30.33.138。试讨论路由器 R_1 收到此数据报后查找路由表的过程。

解:主机 H_1 发送数据报的目的地址是 H_2 的 IP 地址 128.30.33.138。主机 H_1 首先要进行的操作是把本网络的子网掩码 255.255.255.128 与该数据报的目的地址 128.30.33.138 逐

位相"与",得出 128.30.33.128,它不等于 H_1 的网络地址 128.30.33.0。这说明 H_2 与 H_1 不在同一网络上。因此 H_1 不能把数据报直接交付 H_2,而必须先传送给网络上的默认路由器 R_1,由 R_1 来转发。注意,在主机 H_1 的网络配置信息中有 IP 地址、子网掩码和默认路由等信息。

路由器 R_1 在收到此数据报后,先查找路由表中的第一行,检查这一行的网络地址和该分组的网络地址是否匹配。检查方法是用这一行(子网 1)的子网掩码 255.255.255.128 和收到分组的目的地址 128.30.33.138 逐位相"与",得出 128.30.33.128。然后和这一行给出的目的网络地址进行比较。但现在比较的结果是不一致(即不匹配)。

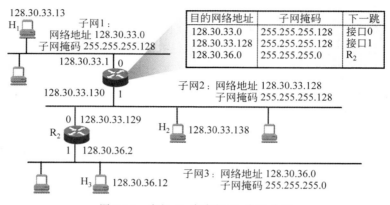

图 6-10 主机 H_1 向主机 H_2 发送分组

用同样的方法继续往下找第二行。用第二行的子网掩码 255.255.255.128 和该分组的目的地址 128.30.33.138 逐位相"与",结果也是 128.30.33.128。但这个结果和第二行的目的网络地址相匹配,说明这个网络(子网 2)就是收到数据报所要寻找的目的网络。于是不需要再找下一个路由器进行间接交付了。R_1 把分组从接口 1 直接交付主机 H_2(它们都在同一个网络上)。

总结一下路由器转发 IP 数据报的基本过程如下。

(1) 从收到的数据报中提取目的地址 D。

(2) 先判断是否是直接交付。对路由器直接相连的网络逐个进行检查,用网络的掩码和 D 逐位相"与"(AND 操作),看结果是否和相应的网络地址匹配。若匹配,则把分组进行直接交付,转发任务结束;否则就是间接交付,执行(3)。

(3) 对路由表中的每一行(目的网络地址,掩码,下一跳,接口),用其中的掩码和 D 逐位相"与",其结果为 N。若 N 与该行的网络地址匹配,则把数据报传送给该行指明的下一跳路由器;否则执行(4)。

(4) 若路由表中有一个默认路由,则把数据报传送给路由表中所指明的默认路由器;否则执行(5)。

(5) 报告转发数据报出错。

这里应当强调指出,在 IP 数据报的首部中没有地方可以用来指明下一跳路由器的 IP 地址。在 IP 数据报的首部写上的 IP 地址是源 IP 地址和目的 IP 地址,而没有中间经过的路由器的 IP 地址。既然 IP 数据报中没有下一跳路由器的 IP 地址,那么待转发的数据报又怎样能够找到下一跳路由器呢?

当路由器收到一个待转发的数据报,在从路由表中得出下一跳路由器的 IP 地址后,不是把这个地址填入 IP 数据报,而是送交下层网络接口软件。网络接口软件负责把下一跳路由器的 IP 地址转换成物理地址(使用 ARP),并将此物理地址放在链路层的 MAC 帧首部,然后根据这个物理地址找到下一跳路由器。由此可见,当发送一连串数据报时,上述这种查找路由表、计算物理地址、写入 MAC 帧的首部等过程,将不断地重复进行,造成了一定开销。

那么,能不能在路由表中不使用 IP 地址而直接使用物理地址呢? 答案是不行。一定要弄清楚,使用逻辑的 IP 地址,本来就是为了隐蔽各种底层网络的复杂性而便于分析和研究问题,这样就不可避免地要付出一些代价,例如,在选择路由时多了一些开销。但反过来,如果在路由表中直接使用物理地址,那就会带来更多的麻烦。

3. 路由聚合

虽然路由表中每一行对应一个网络,但随着互联网的迅速发展,越来越多的网络连接到互联网,路由表的表项将会越来越多,而路由器查找路由表的时间也会越来越长。采用路由聚合可以有效缓解这个问题。路由聚合又称地址聚合,可以将路由表中的某些路由相同的表项合并为一个。如图 6-11 所示,对于路由器 R_2 来说,到网络 1、网络 2,网络 3 和网络 4 的下一跳路由器都是 R_1,而这 4 个网络地址空间正好可以合并成一个 CIDR 地址块,因此在路由表中完全可以用一个网络前缀 140.23.7.0/24 来指示这 4 个网络路由。为简洁起见,这里的路由表省略了接口,并用 CIDR 记法来表示掩码。

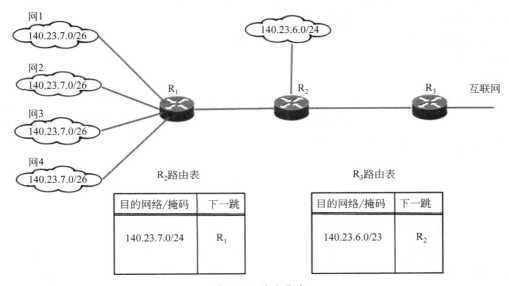

图 6-11 路由聚合

实际上这种地址聚合可以不断下去,多个路由相同的小的 CIDR 地址块可以聚合成大的地址块,大的地址块还可以聚合成更大的地址块,如图 6-11 中 R_3 的路由表。如果合理地按照互联网 ISP 的层次结构来分配 IP 地址,利用聚合可以大大减少路由表中的表项数目。靠近互联网边缘的路由器使用较长的网络前缀转发数据报,而靠近互联网核心的路由器使用较短的网络前缀转发数据报。

4. 最长前缀匹配

在使用 CIDR 时,由于采用了路由聚合功能,路由表中可能存在多个有包含关系的地址块前缀,这时查找路由表时可能会得到不止一个匹配结果。这样带来一个问题:应当从这些匹配结果中选择哪一条路由呢?

正确答案是:应当从匹配结果中选择具有最长网络前缀的路由。这叫作最长前缀匹配,这是因为网络前缀越长,其地址块越小,因而路由就越具体。最长前缀匹配又称为最长匹配或最佳匹配。为了说明最长前缀匹配的概念,仍以图 6-11 为例来说明这个问题。如果在网 4 和路由器 R_2 之间存在一条直接连接的链路,则为了获得一条更近的路由,在 R_2 的路由表里可以增加一条到网 4 的项目,其网络前缀为 140.23.7.0/26。这时,对于所有到网 4 的目的地址在路由表中就会有两个项目被匹配,路由器会选择最长匹配的项目,并将数据报直接转发到网 4。

通过最长网络前缀匹配可以很方便地实现特定主机路由和默认路由。

虽然我们绝大多数情况下希望根据大的目的地址块来转发 IP 数据报,但有时会需要对特定的目的主机指明一个路由,这种路由叫作特定主机路由。采用特定主机路由可以使管理人员能更方便地控制网络和测试网络,同时也需要考虑某种安全问题时采用这种特定主机路由。在对网络的连接或路由表进行排错时,指明到某一台主机的特定路由就十分有用。采用最长前缀匹配很容易实现特定主机路由,只需要在路由表中加入一条前缀为"特定主机 IP 地址/32"的表项即可,因为只有目的地址为该特定主机的数据报才能与该表项最长前缀匹配,因而不会影响任何其他数据报的转发。

由于采用了最长前缀匹配,默认路由可以用网络前缀 0.0.0.0/0 来表示,因为该网络前缀的长度为 0,任何 IP 地址都能和它匹配,但只有在路由表中没有任何其他项目可以匹配的情况下才能与它匹配。

但最长前缀匹配算法也存在一个缺点,就是查找路由表花费的时间变长了,因为要遍历整个路由表才能找到最长匹配的前缀。人们一直都在积极研究提高路由表查找速度的算法,并已提出了很多性能较好的算法。

6.3 ARP

6.3.1 IP 地址与物理地址映射

互联网是由路由器将一些物理网络互联而成的逻辑网络。从源主机发送的分组在到达目的主机之前可能要经过许多不同的物理网络,在逻辑的互联网层次上主机和路由器使用它们的逻辑地址进行标识,而在具体的物理网络层次上,主机和路由器必须使用它们的物理地址标识。图 6-12 说明了这两种地址的区别。从层次角度看,物理地址是数据链路层和物理层使用的地址,而 IP 地址是网络层和以上各层使用的地址,是一种逻辑地址(称 IP 地址是逻辑地址是因为 IP 是用软件实现的)。下面以局域网为例来说明 IP 地址与物理地址的关系。

在发送数据时,数据从高层传递到低层,然后才到通信链路上传输。使用 IP 地址的 IP

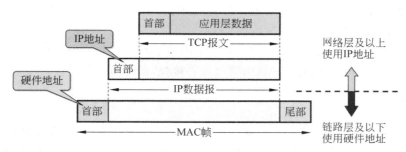

图 6-12　IP 地址与物理地址的区别

数据报一旦交给了数据链路层,就被封装成 MAC 帧。MAC 帧在传送时使用的源地址和目的地址都是物理地址,这两个物理地址都写在 MAC 帧的首部中。

连接在通信链路上的设备(主机或路由器)在接收 MAC 帧时,其根据是 MAC 帧首部中的物理地址。在数据链路层看不见隐藏在 MAC 帧的数据中的 IP 地址。只有在剥去 MAC 帧的首部和尾部后,把 MAC 层的数据上交给网络层后,网络层才能在 IP 数据报的首部中找到源 IP 地址和目的 IP 地址。

总之,IP 地址放在 IP 数据报的首部,而物理地址则放在 MAC 帧的首部。在网络层和网络层以上使用的是 IP 地址,而数据链路层及以下使用的是物理地址。在图 6-12 中,当 IP 数据报放入数据链路层的 MAC 帧中以后,整个的 IP 数据报就成为 MAC 帧的数据,因而在数据链路层看不见数据报的 IP 地址。

图 6-13 给出的网络中有三个网段,一个交换机一个网段,使用两个路由器连接这三个网段。图中 MA、MB、MC、MD、ME、MF 以及 M1、M2、M3 和 M4,分别代表计算机和路由器接口的 MAC 地址。

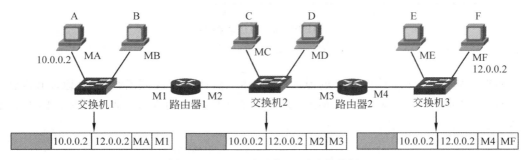

图 6-13　MAC 地址和 IP 地址的作用

计算机 A 给计算机 F 发送一个数据报,计算机 A 在网络层给数据报添加源 IP 地址(10.0.0.2)和目的 IP 地址(12.0.0.2)。

该数据报要想到达计算机 F,要经过路由器 1 转发,该数据报如何才能让交换机 1 转发到路由器 1 呢?那就需要在数据链路层添加 MAC 地址,源 MAC 地址为 MA,目的 MAC 地址为 M1。

路由器 1 收到该数据报,需要将数据报转发到路由器 2,这就要求将数据报重新封装成帧,帧的目标 MAC 地址是 M3,源 MAC 地址是 M2,这也要求重新计算帧校验序列。

数据报到达路由器 2,数据报需重新封装,目标 MAC 地址为 MF,源 MAC 地址为 M4。交换机 3 将该帧转发给计算机 F。

从图 6-13 可以看出,数据报的目标 IP 地址决定了数据报最终到达哪一个计算机,而目标 MAC 地址决定了该数据报下一跳由哪个设备接收,但不一定是终点。

6.3.2 地址解析协议

如图 6-14 所示,网络中有两个以太网和一个点到点的链路,计算机和路由器接口的地址如图 6-14 所示,图中 MA、MB、…、MH 代表对应接口的 MAC 地址。下面介绍计算机 A 和本网段计算机 C 的通信过程,以及计算机 A 和计算机 H 跨网段的通信过程。

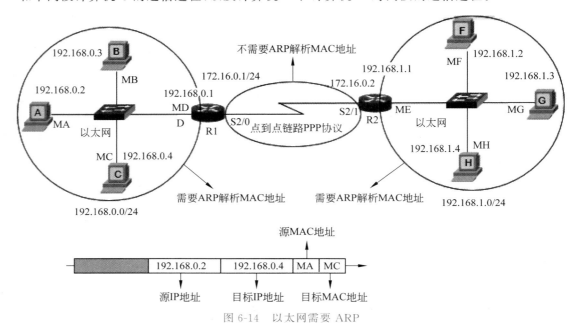

图 6-14 以太网需要 ARP

如果计算机 A ping 计算机 C 的地址 192.168.0.4,计算机 A 判断目标 IP 地址和自己在一个网段,数据链路层封装的目标 MAC 地址就是计算机 C 的 MAC 地址。图 6-15 是计算机 A 发送给计算机 C 的帧。

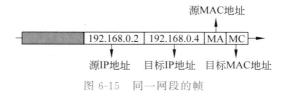

图 6-15 同一网段的帧

如果计算机 A ping 计算机 H 的地址 192.168.1.4,计算机 A 判断目标 IP 地址和自己不在一个网段,数据链路层封装的目标 MAC 地址是网关的 MAC 地址,也就是路由器 R1 的 D 接口的 MAC 地址,如图 6-16 所示。

计算机接入以太网,只需给计算机配置 IP 地址、子网掩码和默认网关,并没有告诉计算

图 6-16　跨网段的帧

机网络中其他计算机的 MAC 地址,计算机和其他计算机通信前必须知道目标 MAC 地址,问题来了,计算机 A 是如何知道计算机 C 的 MAC 地址或网关的 MAC 地址的?

　　ARP(Address Resolution Protocol)是用来解决这样的问题的,在计算机和目标计算机通信之前,需要使用该协议解析到目标计算机的 MAC 地址(同一网段通信)或网关的 MAC 地址(跨网段通信)。

　　下面介绍 ARP 的要点。

　　我们知道,网络层使用的是 IP 地址,但在实际网络的链路上传送数据帧时,最终还是必须使用该网络的硬件地址。但 IP 地址和下面网络的硬件地址之间由于格式不同而不存在简单的映射关系(例如,IP 地址有 32 位,而局域网的硬件是 48 位)。此外,在一个网络上可能经常会有新的主机加入,或撤走一些主机。更换网络适配器也会使主机的硬件地址改变。地址解析协议(ARP)解决这个问题的方法是在主机 ARP 高速缓存中存放一个从 IP 地址到硬件地址的映射表,并且这个映射表还经常动态更新(新增或超时删除)。

　　每一个主机都设有一个 ARP 高速缓存(ARP cache),高速缓存里面有本局域网上的各主机和路由器的 IP 地址到物理地址映射表,这些都是该主机目前知道的一些地址。那么主机如何知道这些地址呢? 下面通过图 6-14 例子来说明 ARP 的工作过程。

　　(1) 计算机 A 和计算机 C 通信之前,先要检查 ARP 缓存中是否有计算机 C 的 IP 地址对应的 MAC 地址。如果没有,就启用 ARP 发送一个 ARP 广播请求解析 192.168.0.4 的 MAC 地址,ARP 广播帧目标 MAC 地址是 FF-FF-FF-FF-FF-FF。

　　ARP 请求数据报文的主要内容表明:我的 IP 地址是 192.168.0.2,我的硬件地址是 MA,我想知道 IP 地址为 192.168.0.4 的主机 MAC 地址。

　　(2) 交换机将 ARP 广播帧转发到同一网络的全部接口,这意味着同一网段上的所有计算机都能收到 ARP 请求。

　　(3) 计算机 C 收到该 ARP 请求后,查询其 IP 地址与 ARP 请求分组中的 IP 地址一致,就收下这个报文,并向计算机 A 发送 ARP 响应报文,同时在这个响应报文中写入自己的硬件地址。由于其他计算机的所有主机的 IP 地址都与 ARP 请求报文中要查询的 IP 地址不一致,因此都不理睬这个 ARP 请求报文。ARP 响应报文的主要内容是"我的 IP 地址是 192.168.0.4,我的硬件地址是 MC"。请注意,虽然 ARP 请求报文是广播发送的,但 ARP 响应报文是普通的单播,即从一个源地址发送到一个目的地址。

　　(4) 计算机 A 将解析到的结果保存在 ARP 缓存中,并保留一段时间,后续通信就使用缓存的结果,就不再发送 ARP 请求解析 MAC 地址。

　　当计算机 A 向计算机 C 发送数据时,很可能以后不久计算机 C 还要向计算机 A 发送数据报,因而主机 C 有可能向 A 发送 ARP 请求数据报。为了减少网络上的通信量,主机 A 在发送其 ARP 请求报文时,就把自己的 IP 地址到硬件地址映射写入 ARP 请求报文中。当主机 C 收到 A 的 ARP 请求报文时,就把主机 A 的这一块地址写入主机 C 的 ARP 的高速缓存中。以后主机 C 向主机 A 发送数据报时就很方便了。

可见 ARP 高速缓存是非常有用的。如果不使用 ARP 高速缓存,那么任何一台主机只要进行一次通信,就必须在网络上用广播方式发送 ARP 请求分组,这就使网络上的通信量大大增加。ARP 把已经得到的地址映射保存在高速缓存中,这样使得该主机下次再和其他具有同样目的地址的主机通信时,可直接从高速缓存中找到所需的硬件地址而不必再用广播方式发送 ARP 请求报文。

由于 IP 协议使用了 ARP,因此通常把 ARP 划归网络层。但 ARP 的用途是为了从网络层使用 IP 的地址,解析出数据链路层使用的硬件地址。因此,有的书中按照协议的作用,把 ARP 归在数据链路层。这样做当然是可以的。

还有一个旧的协议叫作逆地址解析协议(RARP),它的作用是使只知道自己的硬件地址的主机能够通过 RARP 找出其 IP 地址。但现在 DHCP 已经包含 RARP 的功能,因此本书不再介绍。

这里读者还需要知道:ARP 只是在以太网中使用,点到点链路使用 PPP 协议通信,PPP 数据链路层根本不用 MAC 地址,所以也不用 ARP 解析 MAC 地址。

6.3.3 ARP 使用举例

1. ARP 命令

ARP 是一个重要的 TCP/IP,用于确定对应 IP 地址的网卡物理地址。使用 arp 命令,能够查看本地计算机或另一台计算机的 ARP 高速缓存中的当前 IP 地址与 MAC 地址对应内容。此外,使用 arp 命令,也可以用人工方式输入静态的网卡 MAC 地址/IP 地址对,我们可能会使用这种方式为默认网关和本地服务器等常用主机进行这项操作,有助于减少网络上的信息量。

在命令行中输入 arp /? 可以得到 ARP 命令的详细说明,这里就不照搬内容了。

ARP 常用命令选项如下。

(1) arp -a 或 arp -g。

用于查看高速缓存中的所有项目。-a 和-g 参数的结果是一样的,多年来-g 一直是UNIX 平台上用来显示 ARP 高速缓存中所有项目的选项,而 Windows 用的是 arp -a(-a 可被视为 all,即全部的意思),但它也可以接受比较传统的-g 选项,如图 6-17 所示。

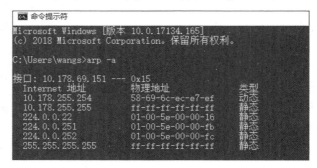

图 6-17 ARP 命令

在此例中,第一行缓存项指出位于 10.178.255.254 的远程主机解析成 58-69-6c-ec-e7-ef 的 MAC 地址;第二行指出将 IP 地址为 10.178.255.255 解析成一个 MAC 广播地址 ff-ff-ff-ff-ff-ff。(思考:为什么?)MAC 地址是计算机用于与网络上远程 TCP/IP 主机进行物理通信的地址。

(2)arp -a IP。

如果有多个网卡,那么使用 arp -a 加上接口的 IP 地址,就可以只显示与该接口相关的 ARP 缓存项目。

(3)arp -s IP 物理地址。

可以向 ARP 高速缓存中人工输入一个静态项目。该项目在计算机引导过程中将保持有效状态,或者在出现错误时,人工配置的物理地址将自动更新该项目。

(4)arp -d IP。

使用本命令能够人工删除一个静态项目。

2. ARP 请求与响应数据包

图 6-18 是使用抓包工具捕获的 ARP 请求数据包。第 4 帧是计算机 10.178.69.151 解析 10.178.255.254 的 MAC 地址发送的 ARP 请求数据包;第 5 帧是计算机 10.178.255.254 发出的 ARP 响应数据包。

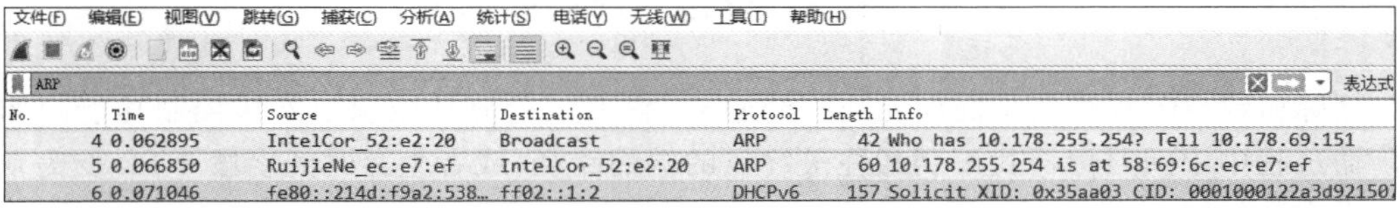

图 6-18　ARP 请求与响应帧

图 6-19 给出了 ARP 请求报文内容。

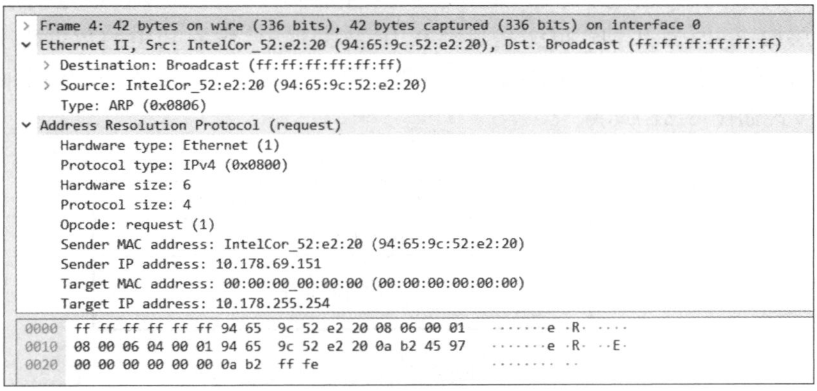

图 6-19　ARP 请求报文内容

从图 6-19 可以看出 MAC 帧的目的 MAC 为广播地址,源 MAC 为请求主机的 MAC 地址,协议的类型是 0x0806。在 ARP 请求报文中,请求类型(Opcode)为 0x0001,表明该报文为 ARP 请求报文。

图 6-20 是 ARP 的响应报文的格式。

ARP 响应报文中,目的 MAC 帧的地址变成了单播的地址,其值为请求报文中请求者

```
> Frame 5: 60 bytes on wire (480 bits), 60 bytes captured (480 bits) on interface 0
∨ Ethernet II, Src: RuijieNe_ec:e7:ef (58:69:6c:ec:e7:ef), Dst: IntelCor_52:e2:20 (94:65:9c:52:e2:2
    > Destination: IntelCor_52:e2:20 (94:65:9c:52:e2:20)
    > Source: RuijieNe_ec:e7:ef (58:69:6c:ec:e7:ef)
      Type: ARP (0x0806)
      Padding: 00000000000000000000000000004144ef51
∨ Address Resolution Protocol (reply)
      Hardware type: Ethernet (1)
      Protocol type: IPv4 (0x0800)
      Hardware size: 6
      Protocol size: 4
      Opcode: reply (2)
      Sender MAC address: RuijieNe_ec:e7:ef (58:69:6c:ec:e7:ef)
      Sender IP address: 10.178.255.254
      Target MAC address: IntelCor_52:e2:20 (94:65:9c:52:e2:20)
      Target IP address: 10.178.69.151
<
0000  94 65 9c 52 e2 20 58 69  6c ec e7 ef 08 06 00 01   ·e·R· Xi l······
0010  08 00 06 04 00 02 58 69  6c ec e7 ef 0a b2 ff fe   ······Xi l······
```

图 6-20　ARP 响应报文内容

的 MAC 地址;源 MAC 变成了请求报文中请求解析 IP 地址的 MAC 地址。请求类型(Opcode)变成了 0x0002,表明该报文为 ARP 响应报文。

6.4　互联网控制报文协议

网际协议(IP)提供的是面向无连接的服务,它不包括流量控制与差错控制功能。如果在传输过程中中间路由器找不到通往最终目的端的路径,或者生存时间字段 TTL 变为 0 就必须丢弃数据报。

为了更有效地转发 IP 数据报和提高交付成功的机会,在网络层使用了互联网控制报文协议(Internet Control Message Protocol,ICMP)。ICMP 允许主机或路由器报告差错情况和提供有关异常情况的报告。ICMP 是互联网的标准协议。但 ICMP 不是高层协议(看起来好像是高层协议,因为 ICMP 报文是封装在 IP 数据报中,作为其中的数据部分),而是 IP 层协议。ICMP 报文作为 IP 层数据报数据,加上数据报的首部,组成 IP 数据报发送出去。ICMP 报文格式如图 6-21 所示。

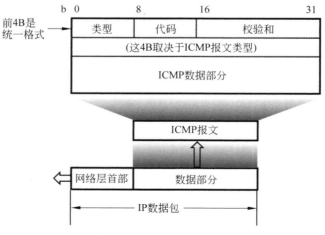

图 6-21　ICMP 报文格式

6.4.1　ICMPv4 协议格式及类型

ICMPv4 报文的种类有两种,即 ICMPv4 差错报告报文和 ICMPv4 询问报文。在本书中没有特别声明的情况下,ICMP 报文默认是指 ICMPv4 报文。

ICMPv4 报文的前 4B 是统一的格式,共有三个字段,即类型、代码和校验和。接着的 4B 的内容与 ICMPv4 类型有关。最后面是数据字段,其长度取决于 ICMPv4 类型。表 6-3 给出几种常用的 ICMPv4 报文。

表 6-3　几种常用的 ICMPv4 报文

ICMPv4 报文种类	类型的值	ICMPv4 报文的类型
差错报告报文	3	终点不可达
	11	超时
	12	参数问题
	5	改变路由(Redirect)
询问报文	8 或 0	回送(Echo)请求或回答
	13 或 14	时间戳(Timestamp)请求或回答

ICMPv4 标准在不断更新。已不再使用的 ICMP 报文有“信息请求与回答报文”“地址掩码请求与回答报文”“路由器请求与通告报文”以及“源点抑制报文”(RFC6633)。现在不再把这几种报文列入。

ICMPv4 报文的代码字段是为了进一步区分某种类型中的几种不同情况。校验和字段用来校验整个 ICMPv4 报文。IP 数据部首部校验和并不校验 IP 数据报的内容,因此不能保证经过传输的 ICMPv4 报文不产生差错。

表 6-3 给出的 ICMPv4 差错报告报文共有以下四种。

(1)终点不可达:当路由器或主机不能交付数据报时应向源点发送终点不可达报文。

(2)超时:当路由器收到生存时间为零的数据报时,除丢弃该数据报外,还要向源点发送时间超过报文。当终点在预先规定的时间内不能收到一个数据报的全部数据报片时,就把已收到的数据报片都丢弃,并向源点发送时间超时报文。

(3)参数问题:当路由器或目的主机收到的数据报的首部中有字段的值不正确时,就丢弃该数据报,并向源点发送参数问题报文。

(4)改变路由(Redirect):路由器把改变路由报文发送给主机,让主机知道下次应将数据报发送给另外的路由器(可通过更好的路由)。

下面对改变路由报文进行简短解释。我们知道,在互联网的主机中也要有一个路由表。当主机要发送数据报时,首先是查找主机自己的路由表,确定从哪一个接口把数据报发送出去。在互联网中主机的数量远大于路由器的数量,出于效率的考虑,这些主机不和连接在网络上的路由器定期交换路由信息。在主机刚开始工作时,一般都在路由表中设置一个默认路由器的 IP 地址。不管数据报要发送到哪个目的地址,都一律先把数据报传送给这个默认路由器,而这个默认路由器知道到每一个目的网络的最佳路由(通过和其他路由器交换路由信息)。如果这个默认路由器发现主机发往某个目的地址的数据报最佳路由应当经过网络上的另一个路由器 R 时,就用改变路由报文把这个情况告诉主机。于是,该主机就在其路由表中增加一个项目:到某某目的地址应经过路由器 R(而不是默认路由器)。

所有的 ICMPv4 差错报告报文中的数据字段都有同样的格式,如图 6-22 所示。把收到的需要进行差错报告的 IP 数据报首部和数据字段的前 8B 提取出来,作为 ICMP 报文的数据字段。再加上相应的 ICMP 差错报告报文的前 8B,就构成了 ICMP 差错报告报文。提取收到数据报的数据字段前 8B 是为了得到运输层的端口号(对于 TCP 和 UDP)以及运输层报文的发送序号(对于 TCP)。这些信息对源点通知高层协议是有用的。整个 ICMP 报文作为 IP 数据报的数据字段发送给源点。

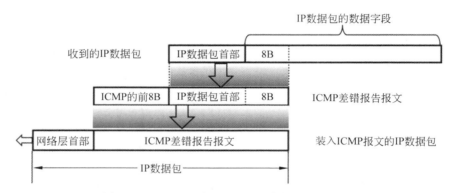

图 6-22　ICMP 差错报告报文的数据字段的内容

下面是不发送 ICMP 差错报告报文的几种情况。

(1) 对 ICMP 差错报告报文,不再发送 ICMP 差错报告报文。

(2) 对第一个分片的数据报片的所有后续数据报片,都不发送 ICMP 差错报告报文。

(3) 对具有多播地址的数据报,都不发送 ICMP 差错报告报文。

(4) 对具有特殊地址(如 127.0.0.1 或 0.0.0.0)的数据报,不发送 ICMP 的差错报告报文。

常用的 ICMP 询问报文有以下两种。

(1) 回送请求和回答。ICMP 回送请求报文是由主机或路由器向一个特定的目的主机发出的询问。收到此报文的主机必须给源主机或路由器发送 ICMP 回送回答报文。这种询问报文用来测试目的站是否可达以及了解其有关状态。

(2) 时间戳请求和回答。ICMP 时间戳请求报文是请求某台主机或路由器回答当前的日期和时间。在 ICMP 时间戳回答报文中有一个 32b 的字段,其中写入的整数代表从 1900年 1 月 1 日起到当前时刻一共有多少秒。时间戳请求与回答可用于时钟同步和时间测量。

6.4.2　ICMPv6

ICMP 可同时用于 IPv4 和 IPv6。ICMPv4 是 IPv4 控制报文协议,ICMPv6 为 IPv6 提供相同的服务,除此之外,ICMPv6 还包括一些其他功能,如邻接点发现、无状态地址配置(包括重复地址检测)、PMTU 发现等。

ICMPv4 和 ICMPv6 通用的 ICMP 报文包括以下几种。

（1）主机确认。

（2）目的地或服务不可达。

（3）超时。

（4）路由重定向。

在 IPv4 中，数据报的生存时间（TTL）字段递减为零时，路由器会丢弃该数据报并向源主机回送超时差错报告报文。IPv6 没有 TTL 字段，它使用跳数限制字段来确认数据报是否过期。

在 IPv6 中许多基础机制都是由 ICMPv6 定义及完成，例如，地址冲突检测、地址解析、无状态自动获取等。ICMPv6 定义了多种消息类型和机制来实现这些功能。ICMPv6 报文封装在 IPv6 中。

ICMPv6 引入了邻居发现协议（ND 或 NDP），它使用 ICMPv6 报文为了确定同一链路上的邻居的链路层地址、发现路由器、随时跟踪哪些地址是可连接的，以及检测更改的链路层地址。邻居发现协议中定义了 5 种类型的信息：路由器通告、路由器请求、路由重定向、邻居请求和邻居通告。

图 6-23 给出了 PC 和路由器交换请求和路由器通告报文的一个示例。

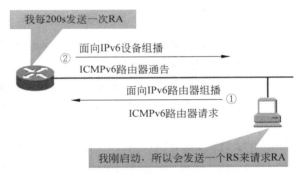

图 6-23　在 IPv6 路由器和 IPv6 设备之间传输信息

（1）当主机配置为使用无状态地址自动配置（SLAAC）自动获取编址信息时，主机会发送路由器请求报文消息 RS 到路由器。

（2）路由器发送路由器通告报文 RA，从而为使用 SLAAC 的主机提供编址信息。RA 报文中可以包含主机的编址信息，例如，前缀、前缀长度、DNS 地址和域名。路由器会定期发送 RA 报文或者响应 RS 请求报文。使用 SLAAC 的主机会将其默认网关设置为发送 RA 路由器的本地链路地址。

邻居请求和邻居通告报文用于地址解析和重复地址检测（DAD）。

1. 地址解析

在 IPv4 中，当主机需要和目标主机通信时，必须先通过 ARP 获得目的主机的链路层 MAC 地址。在 IPv6 中，同样需要从 IP 地址解析到链路层 MAC 地址的功能。邻居发现协议实现了这个功能。

地址解析过程中使用了两种 ICMPv6 报文：邻居请求报文（Neighbor Solicitation，NS）和邻居通告报文（Neighbor Advertisement，NA）。

主机会将邻居请求报文 NS 发送到请求节点地址。该请求报文包括已知目的主机的 IPv6 地址,具有目的 IPv6 地址的主机会使用包含其以太网 MAC 地址的邻居通告报文 NA 进行响应。地址解析过程如图 6-24 所示。

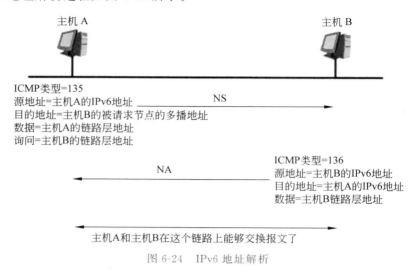

图 6-24 IPv6 地址解析

主机 A 在向主机 B 发送报文之前它必须要解析出主机 B 的链路层地址,所以首先主机 A 会发送一个 NS 报文,其中,源地址为主机 A 的 IPv6 地址,目的地址为主机 B 的被请求节点多播地址,需要解析的目标 IP 为主机 B 的 IPv6 地址,这就表示主机 A 想要知道主机 B 的链路层地址。同时需要指出的是,在 NS 报文的 Options 字段中还携带了主机 A 的链路层地址。

当主机 B 接收到了 NS 报文之后,就会回应 NA 报文,其中,源地址为主机 B 的 IPv6 地址,目的地址为主机 A 的 IPv6 地址(使用 NS 报文中的主机 A 的链路层地址进行单播),主机 B 的链路层地址被放在 Options 字段中。这样就完成了一个地址解析的过程。

2. 重复地址检测

重复地址检测(Duplicate Address Detect,DAD)是节点在接口使用某个 IPv6 单播地址之前进行的,主要是为了探测是否有其他的节点使用了该地址。尤其是在地址自动配置时,进行 DAD 检测是很必要的。一个 IPv6 单播地址在分配给一个接口之后且通过重复地址检测之前称为实验地址(Tentative Address)。此时该接口不能使用这个实验地址进行单播通信,但是仍然会加入两个多播组:分配节点的多播组和实验地址所对应的请求节点的多播组。

IPv6 重复地址检测技术和 IPv4 中的 ARP 类似:节点向实验地址所对应的请求节点的多播组发送 NS 报文。NS 报文中目的地址即为该实验地址。如果收到某个其他站点回应的 NA 报文,就证明该地址已被网络上使用,节点将不能使用该实验地址通信。重复地址检测原理如图 6-25 所示。

主机 A 的 IPv6 地址 FC00::1 为新配置地址,即 FC00::1 为主机 A 的实验地址。主机 A 向 FC00::1 的请求节点的多播组发送一个以 FC00::1 为请求的目的地址的 NS 报文进行重复地址检测,由于 FC00::1 并未正式指定,所以 NS 报文的源地址为未指定地址。当主

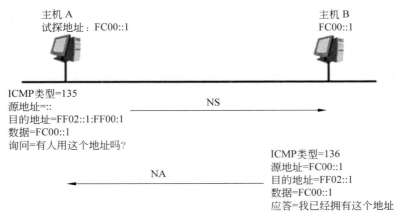

图 6-25　重复地址检测

机 B 收到该 NS 报文后，有以下两种处理方法。

（1）如果主机 B 发现 FC00::1 是自身的一个实验地址，则主机 B 放弃使用这个地址作为接口地址，并且不会发送 NA 报文。

（2）如果主机 B 发现 FC00::1 是一个已经正常使用的地址，主机 B 会向 FF02::1 发送一个 NA 报文，该消息中会包含 FC00::1。这样，主机 A 收到这个消息后就会发现自身的实验地址是重复的。主机 A 上该实验地址不生效，被标识为 duplicated 状态。

6.4.3　ICMP 应用举例

1. 使用 ping 命令排除网络故障

ICMP 的一个重要应用就是使用 ping 命令来测试主机之间的连通性。ping 使用了 ICMP 回送请求与回答报文。ping 是应用层直接作用网络层 ICMP 的一个例子。它没有通过运输层的 TCP 或 UDP。

计算机网络畅通的条件是数据报能去能回，道理很简单也很好理解，却是排除网络故障的理论依据。如图 6-26 所示，网络中的计算机 A 要想实现和计算机 B 通信，沿途的所有路由器必须有到目标网络 192.168.1.0/24 的路由。计算机 B 要给计算机 A 返回数据报，途径的所有路由器也必须有到达 192.168.0.0/24 网段的路由。

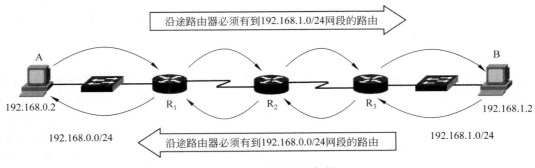

图 6-26　网络畅通的条件

在计算机 A 上 ping 192.168.1.2,如果沿途的路由器有任何一个缺少到达目标网络192.168.1.0/24 的路由,该路由器将返回计算机 A 的一个 ICMP 响应报文,提示目标主机不可达,如图 6-27 所示。

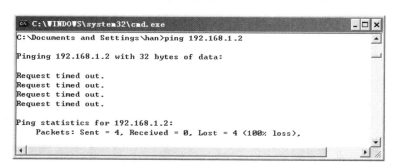

图 6-27　目标主机不可达

如果计算机 A 发送的数据报能够到达计算机 B,计算机 B 将返回计算机 A 响应数据报,沿途的路由器有任何一个缺少到达网络 192.168.0.0/24 的路由,计算机 B 返回的数据报就不能到达计算机 A,将在计算机 A 显示请求超时,如图 6-28 所示。

图 6-28　请求超时

基于以上原理,网络排错就变得简单了。先检查数据报是否能够到达目标网络,再检查响应数据报是否能够返回来。如果网络不通,就要检查计算机是否配置了正确的 IP 地址、子网掩码以及网关,再逐一检查沿途路由器上的路由表,查看是否有到达目标网络的路由。

2. 使用 tracert 命令跟踪数据包路径

ping 命令并不能跟踪从源地址到目的地址沿途经过了哪些路由器,而 Windows 操作系统中的 tracert 命令是路由跟踪实用程序,专门用于确定 IP 数据报访问目的地址路径,能够帮助我们发现到达目标网络到底是哪一条链路出现了故障。tracert 命令是 ping 命令的扩展,用 IP 报文生存时间(TTL)字段和 ICMP 差错报告报文来确定沿途经过的路由器。

如图 6-29 所示,tracert 从源主机向目标主机发送一连串的 IP 数据报,数据报中封装的是无法交付的 UDP 用户数据报。第一个数据报 P_1 的 TTL 设置为 1。当 P_1 到达路径上的第一个路由器 RA 时,路由器 RA 先收下它,接着 TTL 的值减 1。由于 TTL 等于零了,RA就把 P_1 丢弃了,并向源主机发送一个 ICMP 时间超时差错报告报文。

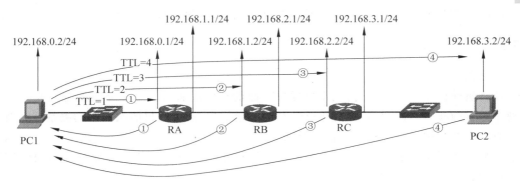

图 6-29　使用 tracert 跟踪数据报路径

源主机接着发送第二个数据报 P_2，并把 TTL 设置为 2。P_2 先到达路由器 RA 时，路由器 RA 收下后把 TTL 的值减 1 后再转发给路由器 RB。RB 收到 P_2 时 TTL 为 1，但减 1 后 TTL 变为零了，RB 就把 P_2 丢弃了，并向源主机发送一个 ICMP 时间超时差错报告报文。这样一直继续下去。当最后一个数据报刚刚到达目的主机时，数据报 TTL 是 1。主机不转发数据报，也不把 TTL 值减 1。但因 IP 数据报中封装的是无法交付的运输层的 UDP 数据报，因此目的主机要向源主机发送 ICMP 终点不可达差错报告报文。

这样源主机到达了自己的目的主机，因为这些路由器和最后目的主机发来的 ICMP 报文正好给出了源主机想知道的路由信息——到达目的主机所经过的路由器的 IP 地址，以及到达其中的每一个路由器的往返时间。图 6-30 是从某地的一个 PC 向 QQ 邮件服务器 mail.qq.com 发出 tracert 命令后所获得的结果。图中每一行有三个时间出现，是因为对应于每一个 TTL 值，源主机要发送三次同样的 IP 数据报。

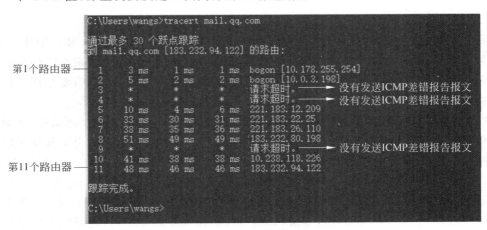

图 6-30　用 tracert 命令获得目的主机的路由信息

6.5　IGMP

IGMP 称为互联网组管理协议（Internet Group Management Protocol），是互联网协议中的一个多播协议。该协议运行在主机和多播路由器之间，IGMP 是网络层协议。要想明白 IGMP 的作用和用途,先要搞明白什么是多播通信,多播也称为组播。

6.5.1 多播及多播 IP 地址

1. 多播

计算机通信分为一对一通信、多播(组播)通信和广播通信。之前介绍的都只是一个源端到一个目的端网络的通信,称为单播。在单播通信中,源端和目的端网络的关系是一对一的。数据报路径中的每个路由器试图将分组转发到唯一的一个端口上。如图 6-31 所示为一个视频服务器用单播方式向 90 台主机发送同样节目的视频。为此需要 90 个单播,即同一个视频分组要发送 90 个副本。

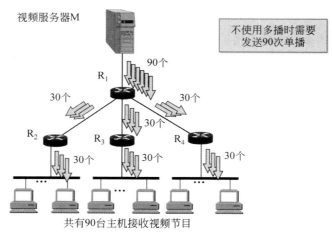

图 6-31　单播

在互联网上实现的视频点播(VOD)、可视电话、视频会议等视频业务和一般业务相比,有着数据量大、时延敏感性强、持续时间长等特点。因此采用最少时间、最小空间来传输和解决视音频业务所要求的网络利用率高、传输速度快、实时性强的问题,就要采用不同于传统单播、广播机制的转发技术,而 IP 多播技术是解决这些问题的关键技术。

在 IP 多播中,存在一个源端和一组目的端,其关系是一对多。在这类通信中,源地址是一个单播地址,而目的地址是一组地址,其中存在至少一个有兴趣接收组播数据报的组成员。如图 6-32 所示为视频服务器用多播方式向属于同一个多播组的 90 个成员传送节目。这时,视频服务器只需把数据当作多数据来发送,并且只需发送一次。路由器 R_1 在转发分组时,需要把收到的分组复制成 3 个副本,分别向 R_2、R_3 和 R_4 各转发一个副本。当分组到达局域网时,由于局域网具有硬件多播功能,因此不需要复制分组,在局域网上的多播成员都能收到该视频分组。

当今多播有很多应用,如访问分布式数据库、信息发布、电话会议和远程学习。

访问分布式数据库:当前数据库大多数是分布式的,即信息通常在生成时存储在多个地方。需要访问数据库的用户不知道信息的地址,用户的请求是向所有数据库多播,而有该信息的地方响应。

信息发布:商业机构时常需要向它们的客户发送信息。如果对每个客户来说信息都是相同的,那么可以多播。采用这种方式,一个商业机构可向多个客户发送一个报文。例如,

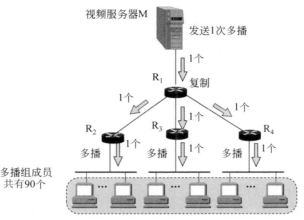

图 6-32　多播

可向购买某个特殊软件包的所有客户发送一个软件更新。类似地,可以容易地通过多播发布新闻。

电话会议:电话会议包含多播,所有出席会议的人都在同一时间收到相同的信息。为此,可构成临时组或永久组。

远程学习:多播中一个正在成长的领域是远程学习。某一教授讲的课可以被一个特定组的学生收到。这特别适用于那些不能到大学课堂听课的学生。

2. 多播 IP 地址

在多播通信中,发送端只有一个,但是接收方有多个,有时成千上万个接收方分布在世界各地。应该清楚的是,我们不能包含分组中所有接收者的地址。在互联网中每一个主机必须有一个全球唯一的 IP 地址。如果某个主机现在想接收某个特定多播数据报,就需要给网卡绑定这个多播地址。

IPv4 地址中 D 类地址是多播地址。D 类 IP 地址的前四位是 1110,因此 D 类范围是 224.0.0.0～239.255.255.255。我们就用每一个 D 类地址标志一个多播组,这样 D 类地址可标志 2^{28} 个多播组。多播数据报也是"尽最大努力交付",不保证一定能够交付给多播组内的所有成员。因此,多播数据报和一般 IP 数据报的区别就是它使用 D 类 IP 地址作为目的地址。显然,多播地址只能用于目的地址,而不能用于源地址。此外,对多播数据报不产生 ICMP 差错报文。因此若在 ping 命令后面输入多播地址,将永远收不到响应。但 D 类地址中有一些是不能随意使用的,因为有的地址已经被 IANA 指派为永久组地址了(RFC3330)。例如:

224.0.0.0　　　　基地址(保留)

224.0.0.1　　　　在本子网上的所有参加多播的主机和路由器

224.0.0.2　　　　在本子网上的所有参加多播的路由器

224.0.0.3　　　　未指派

224.0.0.4　　　　DVMRP 路由器

...

224.0.1.0～238.255.255.255　　　全球范围都可使用的多播地址

239.0.0.0～239.255.255.255　　　限制在一个组织的范围

IP 多播可以分为两种,一种是只在本局域网上进行的硬件多播,另一种则是在互联网范围进行的多播。前一种虽然比较简单,但很重要,因为现在大部分主机都是通过局域网接入互联网的。在互联网上进行多播的最后阶段,还要把多播数据报在局域网上用硬件多播,硬件多播也就是以太网中多播数据报在数据链路层要使用多播 MAC 地址封装,多播 MAC 地址由多播 IP 地址构造出来,下面详细讲解多播 MAC 地址。

6.5.2　多播 MAC 地址

目的地址是多播 IP 地址的数据报到达以太网,就要使用多播 MAC 地址封装,多播 MAC 地址使用多播 IP 地址构造。

为了支持 IP 多播,互联网号码指派管理局(IANA)已经为以太网 MAC 地址保留了一个多播地址区间:01-00-5E-00-00-00～01-00-5E-7F-FF-FF。如图 6-33 所示,多播 MAC 地址 48b 的 MAC 地址中的高 25b 是固定的,为了映射一个 IP 多播地址到 MAC 层的多播地址,IP 多播地址中的低 23b 可以直接映射为 MAC 层多播地址的低 23b。

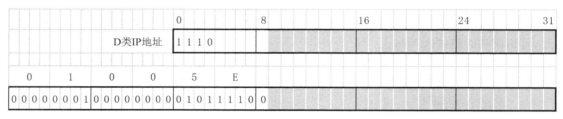

图 6-33　多播 MAC 地址

例如,多播 IP 地址 224.128.64.32,如图 6-34 所示,使用上面方法构造出的 MAC 地址为 01-00-5E-00-40-20。

多播 IP 地址 224.0.64.32,如图 6-35 所示,使用上面方法构造出的 MAC 地址为 01-00-5E-00-40-20。

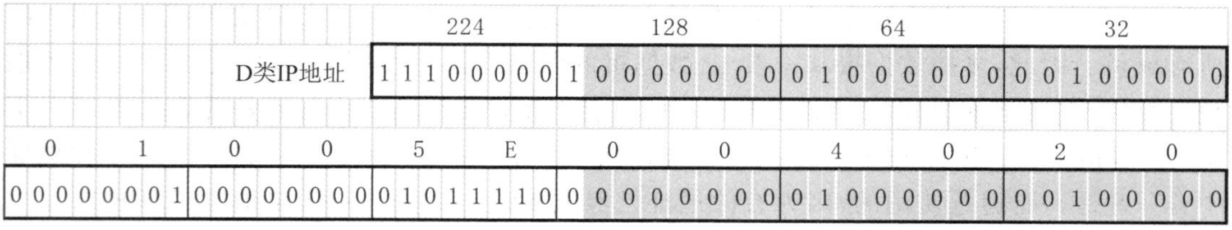

图 6-34　224.128.64.32 的多播 MAC 地址的构造

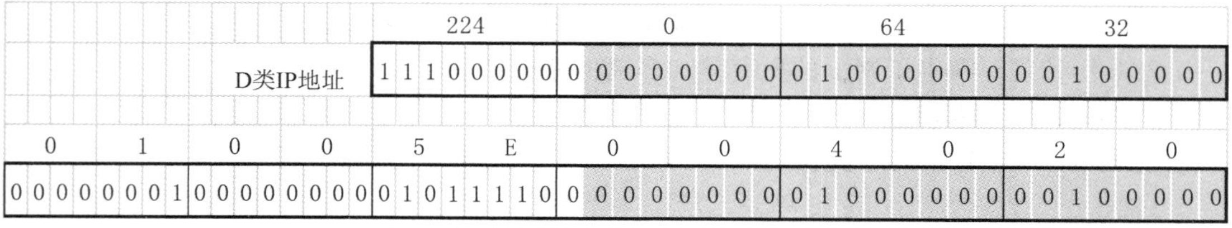

图 6-35　224.0.64.32 的多播 MAC 地址的构造

仔细观察,就会发现这两个多播地址构造出来的多播 MAC 地址一样,也就是多播 IP 地址与以太网硬件地址映射关系不是唯一的,因此收到多播数据报的主机,还要进一步根据 IP 地址判断是否应该接收该数据报,把不该本主机接收的数据报丢弃。

6.5.3　互联网多播管理协议

互联网多播管理协议(Internet Group Management Protocol,IGMP)是在网络层上定义的协议,它是一个辅助协议,用于收集组成员信息。和 ICMP 相似,IGMP 使用 IP 数据报传递其报文(即 IGMP 报文加上 IP 首部构成 IP 数据报)。但 IGMP 也向 IP 提供服务,它让一个物理网络上的所有系统知道主机当前所在的多播组。多播路由器需要这些信息以便知道多播数据报应该向哪些接口转发。

如图 6-36 所示,流媒体服务器在北京总公司的网络,上海分公司和济南分公司接收流媒体服务器的多播视频。这就要求网络中的路由器启用多播转发,多播数据流要从 R_1 送到 R_2,R_2 路由器将多播数据流同时转发到 R_3 和 R_4。

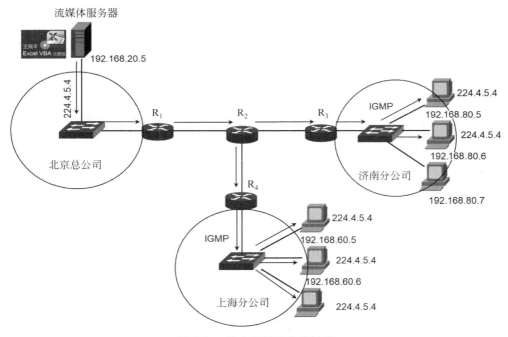

图 6-36　路由器转发分多播流

如果上海分公司的计算机都不再接收 224.4.5.4 多播视频,R_4 路由器就会告诉 R_2 路由器,R_2 路由器就不再向 R_4 路由器转发该多播数据报。上海网络中只要有一个计算机接收该多播视频,R_4 路由器就会向 R_2 路由器申请该多播数据报。

这就要求上海分公司路由器必须知道网络中计算机正在接收哪些多播,就要用到 IGMP,上海分公司的主机与本地路由器(R_4)之间使用 IGMP 来进行多播组成员的信息交互,用于管理组成员的加入和离开。

IGMP 用于管理多播组成员的加入和离开,其工作可分为以下两个阶段。

第一阶段：当某个主机加入新的多播组时,该主机向多播组的多播地址发送一个

IGMP 报文,声明自己要成为该组的成员。本地多播路由器收到 IGMP 报文后,还要利用多播路由选择协议把这种组成员关系发给互联网上的其他多播路由器。

第二阶段:多播组成员关系是动态的。本地多播路由器要周期性地探询本地局域网上的主机,以便知道这些主机是否还继续是组成员信息。只要有一个主机对某个组响应,多播路由器就认为这个组是活跃的。但如果一个组在经过几次探询后仍然没有一个主机响应,多播路由器就认为本网络上的主机已经都撤离了这个组,因此,就不再把这个组成员关系转发给其他的多播路由器。

6.6 IPv6 报文格式

IPv6 报文由 IPv6 基本报头、IPv6 扩展报头以及上层协议数据单元三部分组成。上层协议数据单元一般由上层协议报头和它的有效载荷构成,有效载荷可以是一个 ICMPv6 报文、一个 TCP 报文或一个 UDP 报文。

6.6.1 IPv6 基本首部

IPv6 数据包基本包头长度固定为 40B,其格式如图 6-37 所示。

图 6-37 IPv6 基本首部格式

IPv6 基本首部的字段内容解释如下。

(1) 版本号(Version)长度为 4b。它指明了协议的版本,对于 IPv6,该值为 6。

(2) 通信量类(Traffic Class)长度为 8b。这是为了区分不同的 IPv6 数据报的类别或者优先级。目前正在进行不同的通信量类性能的实验。

(3) 流标(Flow Label)号,长度为 20b。IPv6 的一个新的机制是支持资源预分配,并且允许路由器把每一个数据报与一个给定的资源相联系。IPv6 提出流的抽象概念。所谓"流"就是互联网上从特定的源点到特定终点(单播或多播)的一系列数据报(如实时音频或视频传输),而这个"流"所经过的路径上的路由器都保证指明的服务质量。所有属于同一个流的数据报都具有同样的流标号。因此,流标号对实时音频/视频数据的传送特别有用。对于传统的电子邮件或非实时数据,流标号则没有用处,把它置 0 即可。

(4) 有效载荷长度(Payload Length),长度为 16b。有效载荷是指紧跟 IPv6 报头的数据报的其他部分(即扩展报头和上层协议数据单元)。该字段只能表示最大长度为 65 535B 的有效载荷。

(5) 下一个首部(Next Header),长度为 8b。它相当于 IPv4 的协议字段或可选字段。当 IPv6 数据报没有扩展首部时,下一个首部字段的作用和 IPv4 的协议字段一样,它的值指出了基本首部后面的数据应交付 IP 层上面的哪一个高层协议（例如，6 或 7 分别表示应交付运输层 TCP 或 UDP）；当出现扩展首部时，下一个首部字段的值就标识后面第一个扩展首部的类型。

（6）跳数限制（Hop Limit），长度为 8b。该字段类似于 IPv4 中的 Time to Live 字段，它定义了 IP 数据报所能经过的最大跳数。每个路由器在转发数据报时，该数值减去 1，当该字段的值为 0 时，数据报将被丢弃。

（7）源地址（Source Address），长度为 128b。表示发送方的 IP 地址。

（8）目的地址（Destination Address），长度为 128b。表示接收方的 IP 地址。

与 IPv4 相比，IPv6 去除了首部长度（IHL）、标识（Identification）、标志（Flags）、片偏移（Fragment Offset）、首部校验和（Header Checksum）、选项（Options）、填充（Padding）等字段，只增加了流标号字段，因此 IPv6 报文头的处理较 IPv4 大大简化，提高了处理效率。另外，IPv6 为了更好地支持各种选项处理，提出了扩展首部的概念，新增选项时不必修改现有结构就能做到，理论上可以无限扩展，体现了优异的灵活性。

图 6-38 给出一个 IPv6 报文抓包示例图。

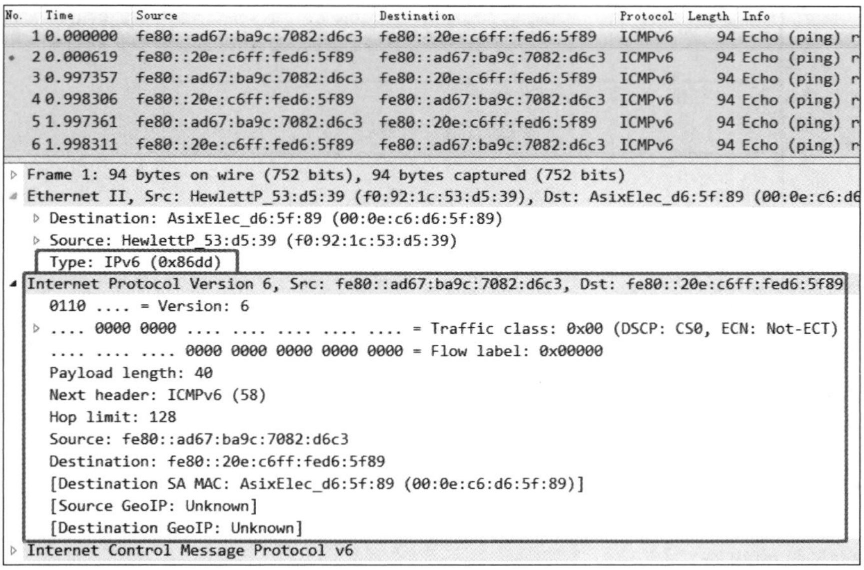

图 6-38　IPv6 报文抓包示例图

6.6.2　IPv6 扩展首部

在 IPv4 中，IPv4 报头包含选项字段（Options），选项字段用来支持排错、测量以及安全等措施，内容很丰富。这些选项字段可以将 IPv4 报头长度从 20B 扩充到 60B。在转发过程中，处理携带这些选项的 IPv4 报文会占用设备很大的资源，因此实际中也很少使用。

IPv6 将这些选项字段从 IPv6 基本报头中剥离，放到了扩展首部中，扩展首部被置于 IPv6 报头和上层协议数据单元之间。一个 IPv6 报文可以包含 0 个、1 个或多个扩展首部，仅当需要设备或目的节点做某些特殊处理时，才由发送方添加一个或多个扩展首部。与 IPv4 不同，IPv6 扩展首部的长度是任意的，它不受 40B 的限制，这样便于日后扩充新增的选项,这一特征加上选项的处理方式使得 IPv6 选项能得以真正的利用。但是为了提高处理选项头和传输层协议的性能,扩展首部总是 8B 长度的整数倍。

当使用多个扩展首部时,前面首部的 Next Header 字段指明下一个扩展首部的类型,这样就形成了链状的首部列表。如图 6-39 所示,IPv6 基本报头中的下一个首部(Next Header)字段指明了第一个扩展首部的类型,而第一个扩展首部中的下一个首部(Next Header)字段指明了下一个扩展首部的类型(如果不存在,则指明上层协议的类型)。

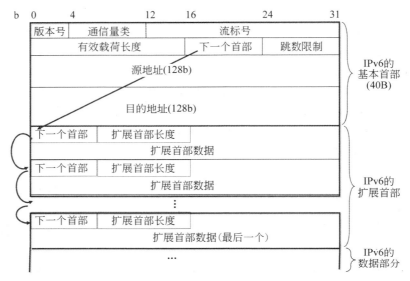

图 6-39　IPv6 扩展报头格式

IPv6 扩展报头中主要字段解释如下。

(1) 下一个首部(Next Header),长度为 8b。与基本报头的下一个首部的作用相同。指明下一个扩展首部(如果存在)或者上层协议的类型。

(2) 扩展首部长度(Extension Header Lenth),长度为 8b。表示扩展首部的长度(不包含下一个首部字段)。

(3) 扩展首部数据(Extension Head Data),长度可变。扩展首部的内容,为一系列选项字段和填充字段的组合。

目前,RFC2460 中定义了 6 个 IPv6 扩展头:逐跳选项报头、目的选项报头、路由报头、分段报头、认证报头、封装安全净载报头。

逐跳选项报头:该报头的下一个首部字段值为 0。该选项主要用于为在传送路径上的每跳转发指定发送参数,传送路径上的每个中间节点都要读取并处理该字段。逐跳选项报头目前的主要应用有以下三种:①用于巨型载荷(载荷长度超过 65 535B);②用于设备提示,使设备检查该选项的信息,而不是简单地转发出去;③用于资源预留(RSVP)。

目的选项报头:该报头的下一个首部字段值为 60。该选项报头携带了一些只有目的节点才会处理的信息。目前,目的选项报文头主要应用于移动 IPv6。

路由报头:该报头的下一个首部字段值为 43。该报头能够被 IPv6 源节点用来强制数据包经过特定的设备。

分段报头：该报头的下一个首部字段值为 44。同 IPv4 一样，IPv6 报文发送也受到 MTU 的限制。当报文长度超过 MTU 时就需要将报文分段发送，而在 IPv6 中，分段发送使用的是分段报头。

认证报头：该报头的一个首部字段值为 51。该报头由 IPsec 使用，提供认证、数据完整性以及重放保护。它还对 IPv6 基本报头中的一些字段进行保护。

封装安全净载报头：该报头的下一个首部字段值为 50。该报头由 IPsec 使用，提供认证、数据完整性以及重放保护和 IPv6 数据报的保密，类似于认证报头。

当超过一种扩展报头被用在同一个分组里时，报头必须按照下列顺序出现。

（1）IPv6 基本报头。

（2）逐跳选项扩展报头。

（3）目的选项扩展报头。

（4）路由扩展报头。

（5）分段扩展报头。

（6）认证扩展报头。

（7）封装安全有效载荷扩展报头。

（8）目的选项扩展报头。

（9）上层协议数据报文。

路由设备转发时根据基本报头中下一个首部字段值来决定是否要处理扩展头，并不是所有的扩展报头都需要被转发路由设备查看和处理。

除了目的选项扩展报头可能出现一次或两次（一次在路由扩展报头之前，另一次在上层协议数据报文之前），其余扩展报头只能出现一次。

习　　题

一、选择题

1. 关于互联层的描述中，错误的是（　　）。

    A. 屏蔽物理网络细节　　　　　　　　　B. 使用统一的地址描述方法

    C. 平等对待每个物理网络　　　　　　　D. 要求物理网络之间全互联

2. 在互联网中，屏蔽各个物理网络细节和差异的是（　　）。

    A. 主机-网络层　　　　B. 互联层　　　　　C. 传输层　　　　　D. 应用层

3. 下列不是网络层功能的是（　　）。

    A. 路由选择　　　　　B. 流量控制　　　　C. 建立连接　　　　D. 分组和重组

4. TCP/IP 的（　　）协议负责从 IP 地址到物理地址的映射。

    A. ICMP　　　　　　B. ARP　　　　　　C. RARP　　　　　D. IGMP

5. 下列情况需要启动 ARP 请求的是（　　）。

    A. 主机需要接收信息，但 ARP 表中没有源 IP 地址与 MAC 地址映射关系

    B. 主机需要接收信息，但 ARP 表中已有源 IP 地址与 MAC 地址映射关系

    C. 主机需要发送信息，但 ARP 表中没有目的 IP 地址与 MAC 地址映射关系

    D. 主机需要发送信息，但 ARP 表中已有目的 IP 地址与 MAC 地址映射关系

6. 关于 ARP 的描述中,错误的是(　　　)。

    A. 可以将 IP 地址映射为 MAC 地址   B. 请求报文采用广播方式

    C. 采用计时器保证 ARP 表的安全性   D. 应答报文采用单播方式

7. IP 分组在传输过程中可能被分片,在 IP 分组分片以后,下列设备负责 IP 分组的重组是(　　　)。

    A. 源主机   B. 目的主机

    C. 分片途经的路由器   D. 分片途经的路由器或目的主机

8. 在互联网中,IP 数据报从源节点到目的节点可能经过多个网络和路由器,在传输过程中,IP 数据报头部中的(　　　)。

    A. 源地址和目的地址都不会发生变化

    B. 源地址有可能发生变化而目的地址不会发生变化

    C. 源地址不会发生变化而目的地址有可能发生变化

    D. 源地址和目的地址都有可能发生变化

9. IP(网际协议)位于 OSI 模型的网络层,IP 数据报是可变长度分组,它由两部分组成:首部和数据。首部可以有(　　　)。

    A. 20～40B   B. 20～60B   C. 20～50B   D. 30～60B

10. 为了将几个已经分片的数据报重新组装,目的主机需要使用 IP 数据报头中的哪个字段?(　　　)

    A. 首部长度字段   B. 标志字段   C. 标识字段   D. 版本字段

11. 应用程序 ping 发出的是(　　　)。

    A. TCP 请求报文   B. TCP 应答报文

    C. ICMP 请求报文   D. ICMP 应答报文

12. 下面关于 ICMP 的描述中,正确的是(　　　)。

    A. ICMP 根据 MAC 地址查找对应的 IP 地址

    B. ICMP 把公网的 IP 地址转换为私网的 IP 地址

    C. ICM 用于控制数据报传送中的差错情况

    D. ICMP 集中管理网络中的 IP 地址分配

13. 在 RFC2460 中为 IPv6 定义了一些扩展首部,其中不包括(　　　)。

    A. 分片   B. 鉴别

    C. 封装安全有效载荷   D. 移动头选项

14. 下列关于 IPv6 基本报头中有效载荷长度字段的描述错误的是(　　　)。

    A. 字段长度为 16b

    B. 有效载荷长度不包含基本报头的长度

    C. 一个 IPv6 数据报可以容纳 64k 8b 组的数据

    D. 有效载荷长度包含基本报头的长度

二、简答题

1. 作为中间系统,转发器、网桥、路由器和网关有什么区别?

2. 网络互联有何实际意义?怎样理解 IP 网络是一个虚拟互联网络?

3. ARP 的功能是什么?假设主机 1 和主机 2 处于同一局域网(主机 1 的 IP 地址是

172.16.22.101,主机 2 的 IP 地址是 172.16.22.110),简述主机 1 使用 ARP 解析主机 2 的物理地址的工作过程。

4. 一个 IP 数据报长度为 4020B(使用固定首部)。现在经过一个网络传送,但此网络能够传送的 MTU 为 1500B。试问应当划分为几个短些的数据报片? 各数据报片的数据部分长度、片偏移字段值和 MF 标志应为何数值?

5. 简述 IGMP 工作机制。

6. 简述 Pv6 数据报的基本结构、扩展首部及其作用。

7. 当同一个分组中包含 IPv6 基本报头、IPv6 扩展报头和高层报头时,请按顺序列出各报头的出现顺序(要求列出全部可能的扩展报头)。

三、综合应用题

某主机的 MAC 地址为 00-15-C5-C1-5E-28,IP 地址为 10.2.128.100(私有地址)。图 6-40(a)是网络拓扑结构图,图 6-40(b)是该主机进行 Web 请求的 1 个以太网数据帧前 80B 的十六进制及 ASCII 码内容。

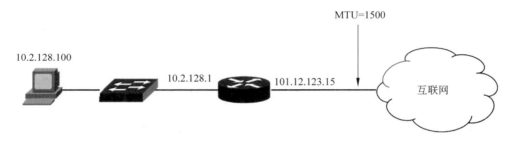

(a) 网络拓扑结构图

```
0000  00 21 27 21 51 ee 00 15  c5 c1 5e 28 08 00 45 00   .!|'Q... ..^(..E.
0010  01 ef 11 3b 40 00 80 06  ba 9d 0a 02 80 64 40 aa   ...;@... .....d@.
0020  62 20 04 ff 00 50 e0 e2  00 fa 7b f9 f8 05 50 18   b ...P.. ..{...P.
0030  fa f0 1a c4 00 00 47 45  54 20 2f 72 66 63 2e 68   ......GE T /rfc.h
0040  74 6d 6c 20 48 54 54 50  2f 31 2e 31 0d 0a 41 63   tml HTTP /1.1..Ac
```

(b) 以太网数据帧(前80B)

图 6-40　综合应用题

请参考图中的数据回答以下问题:

(1) Web 服务器的 IP 地址是什么? 该主机的默认网关的 MAC 地址是什么?

(2) 该主机在构造图 6-40(b)的数据帧时,使用什么协议确定目的 MAC 地址? 封装该协议请求报文的以太网帧的目的 MAC 地址是什么?

(3) 该帧所封装的 IP 分组经过路由器 R 转发时,需修改 IP 分组头中的哪些字段?

注:图 6-40(b)中每行前 4b 是数据帧的字节计数,不属于以太网数据帧的内容。

第7章　路由与路由选择协议

　　路由选择是网络层协议实现的一个主要功能。它在多个网络节点之间选择一条合适的传输路径,把数据报(分组)从源主机节点通过所选择的传输路径(穿过网络)传输到目的主机节点。在整个传输路径上至少存在一个中间节点。路由包含两个基本动作:路径选择和转发(交换)。路径选择是通过路由选择算法确定最佳的传输路径,路由选择算法则是基于某种度量计算出路由表。常用度量有:跳数(经过的网络数)、路由成本、可靠性、时延、带宽和负载等。路由选择协议则依据路由表内容进行路径选择。转发是逐跳过程,只考虑将要转发的数据报的下一跳。在逐跳转发过程中,报文的目的网络地址(协议地址、IP地址、网络层地址)一直保持不变,而报文的目的物理地址则需要依次选择下一跳的物理地址,并选择合适的端口将分组转发出去。

　　路径选择使用路由选择协议(Routing Protocol),转发使用路由转发协议,两者是互相配合又相互独立的概念,前者使用后者维护的路由表,后者要使用前者提供的功能来发布路由通告,通告网络中的路由信息。

　　本章主要内容:
　　(1) 路由器功能;
　　(2) 路由选择概念;
　　(3) 自治系统;
　　(4) 静态路由;
　　(5) 动态路由;
　　(6) 路由选择协议。

7.1　路　由　器

　　作为网络层的网络互联设备,路由器在网络互联中起到了不可或缺的作用。与物理层或数据链路层的网络互联设备相比,其具有一些物理层或数据链路层的网络互联设备所没有的重要功能。

7.1.1　路由器结构

　　路由器工作在网络层,它是一种具有多个输入端口和多个输出端口的专用计算机,其任务是转发分组。从路由器某个输入端口收到的分组,按照分组要去的目的地址(即目的网络),把该分组从路由器的某个合适端口转发给下一跳路由器。下一跳路由器也是按照这种方法处理分组,直到该分组到达终点为止。路由器转发分组正是网络层的主要工作。图 7-1 给出了一种典型的路由器构成框图。

　　从图 7-1 中可以看出,整个路由器结构可划分为两部分:路由选择部分和分组转发部分。

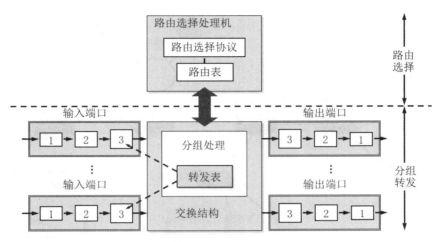

图 7-1 典型的路由器的结构(图中数字 1～3 表示相应层次的构件)

路由选择部分也称为控制部分,其核心部件是路由选择处理机。路由选择处理机根据所选定的路由协议构造出路由表,同时经常或定期地和相邻路由器交换路由信息而不断地更新和维护路由表。

分组转发部分由交换结构、一组输入端口和一组输出端口 3 部分组成。交换结构又称为交换组织,它的作用就是转发表对分组进行处理,将某个输入端口进入的分组从一个合适的输出端口转发出去。交换结构本身就是一种网络,但这种网络完全包含在路由器中,因此交换结构可看成是"路由器中的网络"。

路由器的输入和输出端口里面都各有三个框,用方框中 1、2 和 3 分别代表物理层、数据链路层和网络层的处理模块。物理层进行比特的接收。数据链路层则按照链路层的协议接收传送分组的帧。把帧的首部和尾部剥去后,分组就被送入网络层的处理模块。若接收到的分组是路由器之间交换路由信息的分组(如 RIP 或 OSPF 分组等),则把这种分组送交路由器的路由选择处理机。若接收到的是数据分组,则按照分组首部中的目的地址查找转发表,根据得出的结果,分组就经过交换结构到达合适的输出端口。一个路由器的输入端口和输出端口就做在路由器的线路接口卡上。

7.1.2 路由器在网络互联中的作用

1. 提供异构网络的互联

在物理上,路由器可以提供与多种网络的接口,如以太网口、令牌环网口、FDDI 口、ATM 口、串行接口、SDH 接口、ISDN 连接口等多种不同的接口。通过这些接口,路由器可以支持多种异构网络互联,其典型的联接方式包括 LAN-LAN-LAN、WAN-WAN-WAN 等。

事实上,正是路由器强大的支持异构网络互联的能力才使其成为互联网中的核心设备,如图 7-2 所示为一个采用路由器互联的网络实例。从网络互联设备的基本功能来看,路由器具备了非常强的在物理上扩展网络的能力。

路由器之所以能够支持异构网络的互联,关键还在于其在网络层能够实现基于 IP 的数

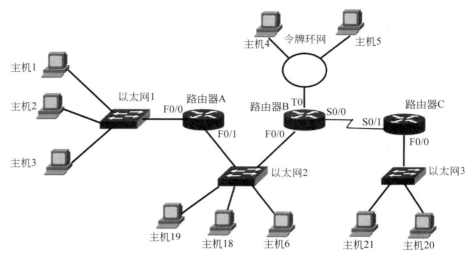

图 7-2　路由器连接不同的网络

据报的转发。只要所有的互联网络、主机及路由器能够支持 IP,则位于不同的 LAN 和 WAN 中的主机之间都能以统一的 IP 数据报形式实现相互通信。以图 7-2 中的主机 1 和主机 5 为例,一个位于以太网 1 中,一个位于令牌环网中,中间还隔着以太网 2。假定主机 1 要给主机 5 发送数据,则主机 1 将以主机 5 的 IP 地址为目标 IP 地址,以其自己的 IP 地址为源 IP 地址启动 IP 数据报的发送。由于目标主机和源主机不在同一网络中,为了发送该 IP 数据报,主机 1 需要将数据报封装成以太网的帧发送给默认网关即路由器 A 的 F0/0 端口。F0/0 端口收到该帧后进行帧的拆封并分离出 IP 数据报,通过将 IP 数据报中的目标网络号与自己的路由表进行匹配,决定将该数据报由 F0/1 端口送出。但在送出之前,它必须首先将该 IP 数据报重新按以太网帧格式进行封装,这次要以自己的 F0/1 口的 MAC 地址为源 MAC 地址,路由器 B 的 F0/0 口的 MAC 地址为目标 MAC 地址进行帧的封装,然后将该帧发送出去。路由器 B 收到该以太网帧之后,通过帧的拆封,再度得到原来的 IP 数据报,并通过查找自己的 IP 路由表,决定将该数据报从自己的端口 T0 送出去,即以主机 5 的 MAC 地址为目标 MAC 地址,以自己的 T0 口的 MAC 地址为源地址进行 802.5 令牌环网帧的封装,然后启动帧的发送,最后该帧到达主机 5,主机 5 进行帧的拆封,得到主机 1 给自己的 IP 数据报并送到自己的更高层即传输层。

2. 实现网络的逻辑划分

路由器在物理上扩展网络的同时,还提供了逻辑上划分网络的功能。如图 7-3 所示,当网络 1 中的主机 1 给主机 2 发送 IP 数据报 1 的同时,网络 2 中的主机 4 可以给主机 5 发送 IP 数据报 2,而网络 3 中主机 8 则可以向主机 9 发送 IP 数据报 3,它们互不矛盾。这是因为路由器是基于第三层 IP 地址来决定是否进行数据报转发的,所以这 3 个数据报由于源和目标 IP 地址在同一网络中而都不会被路由器转发。换言之,路由器所连的网络必定属于不同的冲突域,即从划分冲突域的能力来看,路由器具有和交换机相同的性能。

不仅如此,路由器还可以隔离广播流量。假定主机 1 以目的地址"255.255.255.255"向本网中的所有主机发送一个广播数据报,则路由器通过判断该目标 IP 地址就知道自己不必

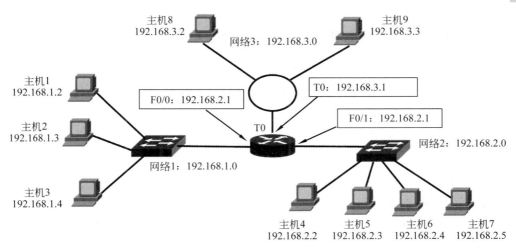

图 7-3　一个由路由器互联的网络

转发该 IP 数据报,从而广播被局限于网段 1 中,而不会传播到网络 2 或网络 3 中。同样道理,若主机 1 以广播地址 192.168.2.255 向网络 2 中的所有主机进行广播,则广播也不会被路由器转发到网络 3 中,因为通过查找路由表,该广播 IP 数据报是要从路由器的 F0/1 接口转发,而不是 T0 接口。也就是说,由路由器相连的不同网段之间除了可以隔离网络冲突外,还可以相互隔离广播流量,即路由器不同接口所连的网段属于不同的广播域。

3. 实现 VLAN 之间通信

　　VLAN 限制了网络之间的不必要通信,但在任何一个网络中,还必须为不同 VLAN 之间提供必要的通信手段,同时也要为 VLAN 访问网络中其他共享资源提供途径,这些都要借助于网络层功能。三层网络设备可以基于三层协议或网络地址进行数据报路由与转发,从而可提供在不同 VLAN 之间的通信功能,同时也为 VLAN 中的共享资源提供途径。VLAN 之间的通信可以由外部路由器来完成。在交换机设备之外,提供只具备第三层功能的独立路由器用以实现不同 VLAN 之间的通信。图 7-4 为一个由外部路由器实现不同VLAN 之间通信的示例。

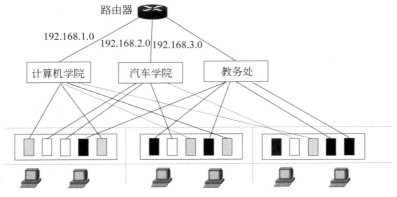

图 7-4　路由器实现不同 VLAN 之间通信

事实上,路由器在计算机网络中除了上面所介绍的作用之外,还可以实现其他一些重要的网络功能,如提供访问控制功能、优先级服务和负载平衡等。总之,路由器是一种功能非常强大的计算机网络互联设备。

7.2 路由选择协议概念

7.2.1 路由及路由表

1. 路由选择

网络中的每一个节点与另一个并不直接连接的节点通信时,可能会存在多条路由供选择,网络协议必须能够从多条路由中找出一条连接这两个节点的路由。路由选择用于通信子网传输分组时,给出从源节点到目的节点比较合适的通路。它通常根据通过每条路由传输信息所需要的费用和时延来比较和确定,这就需要用到路由选择协议。

网络中的路由选择类似于 400m 接力赛跑,接力棒从一个位置传递到另一个位置,在传递时仅考虑前往目的地需要到达的下一个位置,不必考虑更后面的位置。在因特网中进行路由选择要使用路由器,路由器只是根据所收到的数据报上的目的地址选择一个合适的路径(通过某一个网络),将数据报传送到下一个路由器,路径上最后的路由器负责将数据报送交给目的主机。

路由器将分组报文在某一个网络中所经的通路(从进入网络算起到离开网络为止包含的路由),在逻辑上看成是一个路由单位,并将此路由单位称为一跳(Hop)。

例如,在图 7-5 中,主机 A 到主机 C 共经过了 3 个网络和 2 个路由器,跳数为 2。由此可见,若一个节点通过一个网络与另一节点相连接,则这两节点相隔一个路由段,因而在因特网中是相邻的。同理,相邻的路由器是指这两个路由器都连接在同一个网络上。一个路由器到本网络中的某个主机的路由段数算作零。在图中用粗的箭头表示这些路由段。至于每一个路由段又由哪几条物理链路构成,路由器并不关心。

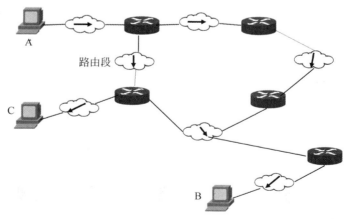

图 7-5　路由和路由段

由于网络大小可能相差很大,而每个路由段的实际长度并不相同。因此对不同的网络,可以将其路由段乘以一个加权系数,用加权后的路由段数来衡量通路的长。

2. 路由表

路由器转发分组的关键是路由表。每个路由器中都保存着一张路由表,表中每条路由项都指明分组到某子网或某主机应通过路由器的哪个物理端口发送,通过该物理端口,分组就可到达该路径的下一个路由器,或者不再经过别的路由器而传送到直接相连的网络中的目的主机。

根据来源不同,路由表中的路由通常可以分为以下三类。

(1) 链路层协议发现的路由(也称为接口路由或直连路由)。

(2) 由网络管理员手工配置的路由。

(3) 动态路由协议发现的路由。

路由表中包含下列关键项。

(1) 目的地址:用来标识 IP 包的目的地址或目的网络。

(2) 网络掩码:与目的地址一起来标识目的主机或路由器所在的网段的地址。将目的地址和网络掩码"逻辑与"后可得到目的主机或路由器所在网段的地址。例如,目的地址为 129.102.8.10,掩码为 255.255.0.0 的主机或路由器所在网段的地址为 129.102.0.0。

(3) 下一跳 IP 地址:说明 IP 包所经由的下一个路由器。

(4) 输出接口:说明 IP 包将从该路由器哪个接口转发。

根据路由的目的地不同,可以划分为:

(1) 子网路由:目的地为子网。

(2) 主机路由:目的地为主机。

另外,根据目的地与该路由器是否直接相连,又可分为:

(1) 直接路由:目的地所在网络与路由器直接相连。

(2) 间接路由:目的地所在网络与路由器不是直接相连。

为了不使路由表过于庞大,可以设置一条默认路由。凡遇到查找路由表失败后的分组(数据报),就选择默认路由。

如图 7-6 所示的网络中,R_2 与两个网络相连,因此有两个 IP 地址和两个接口,其路由表如图 7-6 所示。

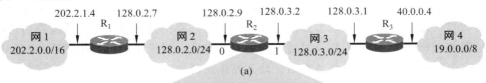

(a)

路由器 R_2 的路由表

目的网络地址	掩码	下一跳地址	接口
128.0.2.0	255.255.255.0	直接交付	0
128.0.3.0	255.255.255.0	直接交付	1
202.2.0.0	255.255.0.0	128.0.2.7	0
19.0.0.0	255.0.0.0	128.0.3.1	1

(b)

图 7-6　路由器的路由表

7.2.2 路由选择协议的几个基本概念

1. 理想的路由算法

路由选择协议的核心是设计路由选择算法,人们是由理想路由选择算法开始分析和设计路由选择算法的。一个理想的路由选择算法的设计原则如下。

(1)正确性和完整性。这里"正确"的含义是:沿着各路由表所指引的路由,分组一定能够最终到达目的网络和目的主机。

(2)算法在计算上应简单。路由选择的计算不应使网络通信量增加太多的额外开销。

(3)能适应通信量和网络状态变化。当网络中的通信量发生变化时,算法能自适应地改变路由以均衡各链路的负载。当某个或某些节点、链路发生故障不能工作,或者修理好了再投入运行时,算法也能及时地改变路由。

(4)算法应具有稳定性。在网络的通信量和网络拓扑相对稳定的情况下,路由算法应收敛于一个可以接受的解,而不应使得出的路由不停地变化。

(5)算法应是公平的。路由选择算法应对所有用户(除对少数优先级高的用户)都是平等的。例如,若仅使某一对用户的端对端时延为最小,但却不考虑其他的广大用户,这就明显不符合公平性的要求。

(6)算法应是最佳的。路由选择算法应当能够找出最好的路由,使得分组平均时延最小而网络吞吐量最大。虽然我们希望得到"最佳"的算法,但这并不是最重要的。对于某些网络,网络的可靠性有时要比最小的分组平均时延或最大吞吐量更重要。因此,所谓"最佳"只能是相对于某一特定要求下得出的较为合理的选择而已。

一个实际的路由选择算法,应可能接近于理想的算法。在不同的应用条件下,对以上提出的六个方面也可有不同的侧重。

但应当指出,路由选择是一个非常复杂的问题,因为它是网络中所有节点共同协调工作的结果。其次,路由选择的环境是不断变化的,而这种变化有时无法事先知道,例如,网络中出现了某些故障。此外,当网络发生拥塞时,就特别需要有能缓解这种拥塞的路由选择策略,但恰好在这种条件下,很难从网络中的各节点获得所需的路由选择信息。

倘若从路由选择算法能否随网络通信量或拓扑自适应地进行调整变化来划分,则只有两大类,即静态路由选策略和动态路由选择策略。静态路由选择也叫非自适应路由选择,其特点是简单和开销较小,但不能及时适应网络状态变化。对于很简单的小网络,完全可以采用静态路由选择,由人工配置每条路由。动态路由选择也叫自适应路由选择,其特点是能较好地适应网络状态的变化,但实现起来较为复杂,开销也较大。因此,动态路由选择适应于较复杂的大网络。

2. 分层次的路由选择协议

因特网采用的路由选择协议主要是自适应的(即动态的)、分布式路由选择协议。由于以下两个原因,互联网采用分层次的路由选择协议。

(1)互联网规模非常大。如果让所有路由器知道所有网络怎样到达,则这种路由表将非常大,处理起来也太花时间。而所有这些路由器之间交换路由信息所需要的带宽就会使互联网的通信链路饱和。

(2)许多单位不愿意外界了解自己单位网络的布局细节和本部门所采用的路由选择协

议(这属于本部门内部的事情),但同时还希望连接到互联网上。

为此,可以把整个互联网划分为许多较小的**自治系统**(Autonomous System,AS)。AS是在单一技术管理下的一组路由器,而这些路由器使用一种自治系统内部的路由选择协议和共同度量。一个 AS 对其他 AS 表现出的是一个单一的和一致的路由选择策略。

在目前的互联网中,一个大的 ISP 就是一个自治系统。这样,互联网就把路由选择协议划分为两大类,即内部网关协议和外部网关协议。

(1) **内部网关协议**(Interior Gateway Protocol,IGP),即一个自治系统内部使用的路由选择协议,而这与在互联网中的其他自治系统选用什么路由选择协议无关。目前这类路由选择协议使用得最多,如 RIP 和 OSPF 协议。

(2) **外部网关协议**(External Gateway Protocol,EGP)。若源主机和目的主机处在不同的自治系统中(这两个自治系统可能使用不同的内部网关协议),当数据报传到一个自治系统的边界时,就需要使用一种协议将路由选择信息传递到另一个自治系统中。这样的协议就是外部网关协议。目前使用最多的外部网关协议是 BGP 版本 4(BGP-4)。

自治系统之间的路由选择也叫域间路由选择,而自治系统内部的路由选择叫作域内路由选择。

图 7-7 是两个自治系统互连在一起的示意图(例如,可以是 RIP,也可以是 OSPF)。但每个自治系统都有一个或多个路由器(图中路由器 R_1 和 R_2),除运行本系统内部路由选择协议外,还要运行自治系统间的路由选择协议(BGP-4)。

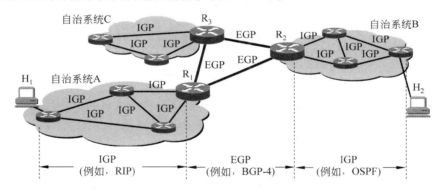

图 7-7　自治系统和内部网关协议、外部网关协议

对于比较大的自治系统,还可以将所有的网络再进一次划分。例如,可以构筑一个链路速率较高的主干网和许多速率较低的区域网。每个区域网通过路由器连接到主干网。当在一个区域内找不到目的站时,就通过路由器经过主干网到达另一个区域网,或者通过外部路由器到别的自治系统中去查找。

7.3　静态路由

7.3.1　静态路由概念

根据网络拓扑和通信量变化的自适应能力,路由选择算法可划分为静态路由选择和动态路由选择。静态路由的改变和设置是由人工完成的,一旦确定了分组路由,在一段时间内一般不会再重新设置路由,静态路由也称为非自适应性路由选择。

当路由器使用静态路由选择时,需要网络管理员手工配置远程网络的信息。静态路由一般适用于比较简单的网络环境,在这样的环境中,网络管理员易于清楚地了解网络的拓扑结构,便于设置正确的路由信息。

如图 7-8 所示,网络中有 A、B、C、D 四个网段,计算机和路由器接口 IP 地址在图中标出,下面讨论一下网络中的三个路由器 R_1、R_2 和 R_3 如何添加路由,才能使得全网畅通?

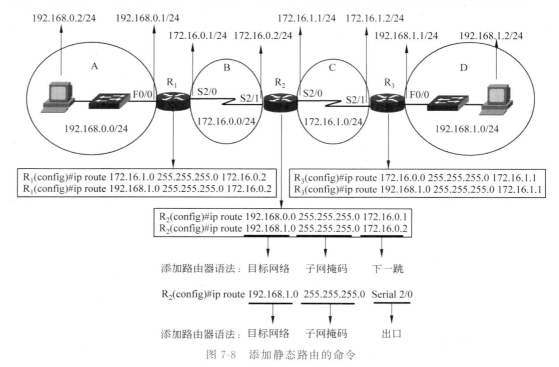

图 7-8　添加静态路由的命令

R_1 路由器直连 A、B 两个网段,C、D 网段没有直连,需要添加到 C、D 网段路由。

R_2 路由器直连 B、C 两个网段,A、D 网段没有直连,需要添加到 A、D 网段路由。

R_3 路由器直连 C、D 两个网段,A、B 网段没有直连,需要添加到 A、B 网段路由。

图 7-8 添加路由是以思科路由为例,需要先进入全局配置模式 R_1(config)♯,输入"ip route"命令添加静态路由,后面是目标网段、子网掩码、下一跳的 IP 地址。

这里一定要正确理解"下一跳",在 R_1 路由器上添加到 192.168.1.0,255.255.255.0 网段的路由,下一跳写的是 R_2 路由器的 S2/1 接口的地址,而不是 R_3 路由器的 S2/1 接口的地址。

如果转发到目标网络经过一个点到点的链路,添加路由还有另外一种格式,下一跳地址可以写成到目标网络的出口。例如,在 R_2 路由器上添加到 192.168.1.0,255.255.255.0 网段的路由可以按图 7-9 格式写。后面 Serial 2/0 是路由器 R_2 的接口,这就是告诉路由器 R_2,到 192.168.1.0 255.255.255.0 网段由 Serial 2/0 接口发送出去。

如图 7-10 所示,如果路由器之间是一个以太网连接,这种情况下添加路由,只能写下一跳地址,而不写路由器出口了,请想想为什么?

图 7-9　点到点链路的路由下一跳可以写成出口

以太网中可以连接多个计算机或路由器,如果添加路由下一跳时不写地址,就无法判断下一跳应该由哪个设备接收。点到点链路就不存在这个问题,因为使用 PPP 协议,数据帧从一端发送出去,接收端只有一个。请再进一步想想 PPP 协议帧格式,地址字段为 0XFF,根本没有目的地址和源地址。

路由器只关心到某个网段如何转发分组,因此我们在路由器上添加路由,必须是到某个网段(子网)的路由,而不能是某个特定地址的路由。你添加到某个网段的路由时,一定要确保 IP 地址的主机位全是 0。

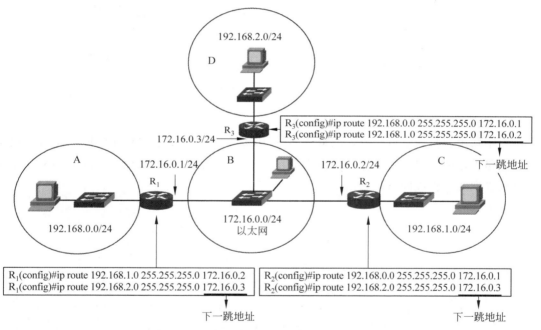

图 7-10　以太网接口只能填写下一跳 IP 地址

例如,下面添加路由时报错了,这是因为 192.168.1.3 255.255.255.0 不是网络,而是 192.168.1.0 255.255.255.0 网络中的一个 IP 地址。

```
R₁(config)#ip 192.168.1.3  255.255.255.0 172.16.0.2
%inconsistent address and mask                          错误的地址和子网掩码
```

如果想让路由器转发到一个 IP 地址的路由,子网掩码要写成 4 个 255,这就意味着 IP 地址的 32 位二进制是全部的网络位,该网段中就这一个地址。

```
R₁(config)#ip 192.168.1.3  255.255.255.255 172.16.0.2
```

7.3.2　配置静态路由

下面通过一个案例来学习静态路由配置,网络拓扑结构如图 7-11 所示,设置网络中的计算机和路由器接口的 IP 地址,PC1 和 PC2 都设置了网关。可以看到,该网络中有 4 个网段。现在需要在路由器上添加路由,实现这 4 个网段的互连互通。

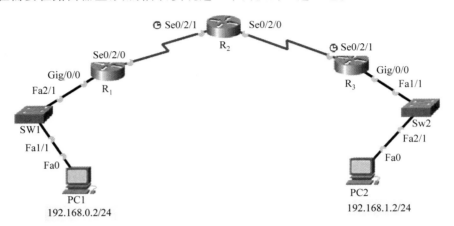

图 7-11　静态路由网络拓扑结构

1. 查看路由表

由于路由器只知道自己直连的哪些网段,因此不需要再添加到直连网段的路由。在添加静态路由之前先看看路由器的路由表。在 R₁ 上,进入特权模式,输入“show ip route”命令可以看到两个直连网络的路由。

```
R₁#show IP route
Codes: L -local, C -connected, S -static, R -RIP, M -mobile, B -BGP
       D -EIGRP, EX -EIGRP external, O -OSPF, IA -OSPF inter area
       N1 -OSPF NSSA external type 1, N2 -OSPF NSSA external type 2
       E1 -OSPF external type 1, E2 -OSPF external type 2, E -EGP
       i -IS-IS, L1 -IS-IS level-1, L2 -IS-IS level-2, ia -IS-IS inter area
       * -candidate default, U -per-user static route, o -ODR
       P -periodic downloaded static route

Gateway of last resort is not set

     172.16.0.0/16 is variably subnetted, 2 subnets, 2 masks
C       172.16.0.0/24 is directly connected, Serial0/2/0     -------直连的网络
L       172.16.0.1/32 is directly connected, Serial0/2/0
     192.168.0.0/24 is variably subnetted, 2 subnets, 2 masks
C       192.168.0.0/24 is directly connected, GigabitEthernet0/0  -------直连的网络
L       192.168.0.1/32 is directly connected, GigabitEthernet0/0
```

路由前面的 C 是 Connected 的首字母,代表直连的网络。

2. 添加静态路由

（1）在 R_1 上添加静态路由。

```
R₁#conf t
Enter configuration commands, one per line.  End with CNTL/Z.
R₁(config)#ip route 172.16.1.0 255.255.255.0 172.16.0.2
R₁(config)#ip route 192.168.1.0 255.255.255.0 172.16.0.2
R₁(config)#exit
R₁#show ip route
Codes: L - local, C - connected, S - static, R - RIP, M - mobile, B - BGP
       D - EIGRP, EX - EIGRP external, O - OSPF, IA - OSPF inter area
       N1 - OSPF NSSA external type 1, N2 - OSPF NSSA external type 2
       E1 - OSPF external type 1, E2 - OSPF external type 2, E - EGP
       i - IS-IS, L1 - IS-IS level-1, L2 - IS-IS level-2, ia - IS-IS inter area
       * - candidate default, U - per-user static route, o - ODR
       P - periodic downloaded static route


Gateway of last resort is not set

    172.16.0.0/16 is variably subnetted, 3 subnets, 2 masks
C      172.16.0.0/24 is directly connected, Serial0/2/0
L      172.16.0.1/32 is directly connected, Serial0/2/0
S      172.16.1.0/24 [1/0] via 172.16.0.2              -----添加静态路由
    192.168.0.0/24 is variably subnetted, 2 subnets, 2 masks
192.168.0.0/24 is directly connected, GigabitEthernet0/0
L      192.168.0.1/32 is directly connected, GigabitEthernet0/0
S   192.168.1.0/24 [1/0] via 172.16.0.2               -----添加静态路由

R₁#copy running-config startup-config
Destination filename [startup-config]?
Building configuration...
[OK]
R1#
```

路由前面的 S 是 Static 的首字母，代表静态路由。

注意观察，静态路由 172.16.1.0[1/0] via 172.16.0.2 表示到达 172.16.1.0 网段经由 172.16.0.2 转发。

（2）在 R_2 上添加到 192.168.0.0/24 和 192.168.1.0/24 网段的路由。

```
R₂#conf t
Enter configuration commands, one per line.  End with CNTL/Z.
R₂(config)#ip route 192.168.0.0 255.255.255.0 172.16.0.1
R₂(config)#ip route 192.168.1.0 255.255.255.0 172.16.1.2
R₂(config)#
```

```
R₂(config)#exit
R₂#show ip route
Codes: L -local, C -connected, S -static, R -RIP, M -mobile, B -BGP
       D -EIGRP, EX -EIGRP external, O -OSPF, IA -OSPF inter area
       N1 -OSPF NSSA external type 1, N2 -OSPF NSSA external type 2
       E1 -OSPF external type 1, E2 -OSPF external type 2, E -EGP
       i -IS-IS, L1 -IS-IS level-1, L2 -IS-IS level-2, ia -IS-IS inter area
       * -candidate default, U -per-user static route, o -ODR
       P -periodic downloaded static route

Gateway of last resort is not set

     172.16.0.0/16 is variably subnetted, 4 subnets, 2 masks
C        172.16.0.0/24 is directly connected, Serial0/2/1
L        172.16.0.2/32 is directly connected, Serial0/2/1
C        172.16.1.0/24 is directly connected, Serial0/2/0
L        172.16.1.1/32 is directly connected, Serial0/2/0
S     192.168.0.0/24 [1/0] via 172.16.0.1        -------------添加静态路由
S     192.168.1.0/24 [1/0] via 172.16.1.2        -------------添加静态路由

R₂#copy running-config startup-config
Destination filename [startup-config]?
Building configuration...
[OK]
```

（3）在 R₃ 上添加到 192.168.0.0/24 和 172.16.0.0/24 网段的路由。

```
R₃#show ip route
Codes: L -local, C -connected, S -static, R -RIP, M -mobile, B -BGP
       D -EIGRP, EX -EIGRP external, O -OSPF, IA -OSPF inter area
       N1 -OSPF NSSA external type 1, N2 -OSPF NSSA external type 2
       E1 -OSPF external type 1, E2 -OSPF external type 2, E -EGP
       i -IS-IS, L1 -IS-IS level-1, L2 -IS-IS level-2, ia -IS-IS inter area
       * -candidate default, U -per-user static route, o -ODR
       P -periodic downloaded static route

Gateway of last resort is not set

     172.16.0.0/16 is variably subnetted, 3 subnets, 2 masks
S        172.16.0.0/24 is directly connected, Serial0/2/1 ---和写下一跳地址的路由
                                                              不一样
C        172.16.1.0/24 is directly connected, Serial0/2/1
L        172.16.1.2/32 is directly connected, Serial0/2/1
S     192.168.0.0/24 is directly connected, Serial0/2/1
     192.168.1.0/24 is variably subnetted, 2 subnets, 2 masks
```

```
C        192.168.1.0/24 is directly connected, GigabitEthernet0/0
L        192.168.1.1/32 is directly connected, GigabitEthernet0/0

R₃#copy running-config startup-config
Destination filename [startup-config]?
Building configuration...
[OK]
```

注意比较和添加下一跳 IP 地址路由的区别,如果下一跳写的是出口,查看路由表时,路由器将认为目标网段和该网段直连。

3. 测试网络是否直通

在 PC1 上测试到 PC2 网络是否畅通,除了第一个分组请求有可能超时外,后面分组都是从 PC2 返回的 ICMP 响应包,说明网络畅通。

```
C:\>ping 192.168.1.2
Pinging 192.168.1.2 with 32 bytes of data:
Request timed out.
Reply from 192.168.1.2: bytes=32 time=12ms TTL=125
Reply from 192.168.1.2: bytes=32 time=14ms TTL=125
Reply from 192.168.1.2: bytes=32 time=22ms TTL=125
```

在 Windows 中用 tracert 跟踪分组路径。

```
C:\>tracert 192.168.1.2

Tracing route to 192.168.1.2 over a maximum of 30 hops:

  1    0 ms      0 ms      0 ms      192.168.0.1
  2   10 ms      0 ms      0 ms      172.16.0.2
  3    1 ms      0 ms     13 ms      172.16.1.2
  4   16 ms     10 ms     14 ms      192.168.1.2

Trace complete.
```

从跟踪结果来看,沿途经过了 R₁、R₂ 和 R₃ 路由器,最后到达目的网络。

4. 删除静态路由

前面已经提到网络畅通的条件:数据报有去有回。从本案例来说,PC1 发送给 PC2 的数据报能够到达 PC2,PC2 发送给 PC1 的数据报能够到达 PC1,PC1 和 PC2 的网络就是畅通的。

如果沿途的路由器缺少能够到达 192.168.1.0/24 网络的路由,PC1 ping PC2 的数据报就不能到达 PC2,这就是目标主机不可达,PC1 和 PC2 就不能通信。

下面演示删除 R₂ 路由器上到达 192.168.1.0/24 网络的路由。

```
R₂#config t
R₂(config)#no ip route 192.168.1.0 255.255.255.0 172.16.1.2
```

PC1 ping PC2,从路由器 R₂ 返回 ICMP 数据报：Destination host unreachable(目标主机不可达)。

```
C:\>ping 192.168.1.2

Pinging 192.168.1.2 with 32 bytes of data:

Reply from 172.16.0.2: Destination host unreachable.
Reply from 172.16.0.2: Destination host unreachable.
Reply from 172.16.0.2: Destination host unreachable.
Reply from 172.16.0.2: Destination host unreachable.

Ping statistics for 192.168.1.2:
Packets: Sent =4, Received =0, Lost =4 (100%loss),

C:\>
```

从 PC2 ping PC1,会显示请求超时。数据报能够到达 PC1,从 PC1 发送给 PC2 的 ICMP 响应数据报回不去。R₂ 路由器没有到达 192.168.1.0/24 网络的路由。

```
C:\>ping 192.168.0.2

Pinging 192.168.0.2 with 32 bytes of data:

Request timed out.
Request timed out.
Request timed out.
Request timed out.

Ping statistics for 192.168.0.2:
    Packets: Sent =4, Received =0, Lost =4 (100%loss),

C:\>
```

需要说明的是,并不是所有的"请求超时"都是由路由器的路由表造成的,其他原因也可能导致请求超时,如对方的计算机启用防火墙,或对方的计算机关机,这些都可能引起"请求超时"。

7.4　动态路由选择协议

动态路由就是配置网络中路由器运行动态路由协议,路由表是通过相互连接的路由器之间交换彼此的信息,然后按照一定的算法优化出来的,并且这些路由信息是周期性更新的,以适应不断变化的网络,随时获得最优的寻径效果。

动态路由协议具有以下功能。

- 能够知道有哪些相邻的路由器。
- 学习到网络中有哪些网段。
- 能够学习到某个网段的所有路径。
- 能够从众多路径中选择最佳路径。
- 能够维护和更新路由信息。

7.4.1　RIP

1. 工作原理

路由选择协议(Routing Information Protocol,RIP)是内部网关协议(IGP)中最先得到广泛使用的协议之一。RIP 是一种分布式的基于距离向量的路由选择协议,是因特网的标准协议,其最大优点就是简单。

RIP 要求网络中的每一个路由器都要维护从它自己到其他每一个目的网络的距离记录(因此,这是一组距离,即"距离向量")。RIP 将"距离"定义如下。

从一路由器到直接连接的网络的距离定义为 1。从一路由器到非直接连接的网络的距离定义为所经过的路由器数加 1。"加 1"是因为到达目的网络后就进行直接交付,而直接连接的网络的距离已经定义为 1。

RIP 的"距离"也称为"跳数",因为每经过一个路由器,跳数就加 1。RIP 认为好的路由就是它通过的路由器数目少,即"距离短"。RIP 允许一条路径最多只能包含 15 个路由器,因此,"距离"等于 16 时即相当于不可达。可见 RIP 只适于小型互联网。

RIP 不支持在两个网络之间同时使用多条路由。RIP 选择一条具有最少路由器的路由(即最短路由),哪怕还存在另一条高速(低时延)但路由器较多的路由。

本节讨论的 RIP 和 7.5 节讨论的 OSPF 协议,都是分布式路由选择协议。它们的共同点就是每一个路由器都要不断地和其他一些路由器交换路由信息。一定要弄清以下 3 个要点,即和哪些路由器交换路由信息？交换什么信息？在什么时候交换信息？

RIP 采用的是距离向量路由选择算法,其要点如下。

(1) 仅和相邻路由器交换信息。如果两个路由器之间的通信不需要经过另一个路由器,那么这两个路由器就是相邻的。RIP 规定,不相邻路由器不直接交换信息。

(2) 路由器交换信息是当前本路由器所知道的全部信息,即自己的路由表。也就是说,交换的信息是"我到本自治系统中所有网络的(最短)距离,以及到每个网络应经过的下一跳路由器"。

(3) 按固定的时间间隔交换信息,例如,每隔 30s。然后路由器根据收到的路由信息更新路由表。当网络拓扑发生变化时,路由器也及时向相邻路由器通告拓扑变化后的路由信息。

这里需要强调一点：路由器刚开始工作时,它的路由表是空的。然后路由器就得出到直接相连的几个网络距离(这些距离定义为 1)。接着,每一个路由器也只和数目非常有限的相邻路由器交换并更新路由信息。但经过若干次更新后,所有路由器最终都会知道到达本自治系统中任何一个网络的最短距离和下一跳路由器的地址。

看起来 RIP 有些奇怪,因为"我的路由表中的信息要依赖于你的,而你的信息又依赖于我的"。然而事实证明,在一般情况下,RIP 可以收敛,并且过程也较快。这里"收敛"就是在自治系统中所有节点都能得到正确的路由选择信息的过程。

路由表中最主要的信息就是：到某个网络的距离（最短距离），以及应经过的下一跳地址。路由表更新的原则是找出到每个目的网络的最短距离。这种更新算法又称为距离向量算法。

2. 距离向量算法

路由器收到相邻路由器（其地址为 X）的一个 RIP 报文：

（1）先修改此 RIP 报文中的所有项目：把"下一跳"字段中的地址都改为 X，并把所有的"距离"字段的值加 1（见后面解释 1）。每一个项目都有三个关键数据，即：到目的网络 N，距离是 d，下一跳路由器是 X。

（2）对修改后的 RIP 报文中的每一个项目，重复以下步骤。

若原来路由表中没有目的网络 N，则把该项目添加到路由表中（见解释 2）。

否则（即在路由表中有目的网络 N，这时应再查看下一跳路由器地址）

若下一跳路由器地址是 X，则把收到的项目替换原路由表中的项目（见解释 3）。

否则（即这个项目是：到目的网络 N，但下一跳路由器不是 X）

若收到项目中的距离 d 小于路由表中的距离，则进行更新（见解释 4），

否则，什么也不做（见解释 5）。

（3）若 3min 还没有收到相邻路由器的更新路由表，则把此相邻路由器记为不可达路由器，即将距离置为 16（距离为 16 表示不可达）。

（4）返回。

上面给出的距离向量算法的基础是 Bellman-Ford 算法（或 Ford-Fulkerson 算法）。这种算法的要点是这样的：设 X 是节点 A 到 B 的最短路径上的一个节点。若把路径 A→B 拆分成两段路径 A→X 和 X→B，则每一段路径 A→X 和 X→B 也都分别是节点 A 到 X 和节点 X 到 B 的最短路径。

下面是对上面距离向量算法的五点解释。

解释 1：这样做是为了便于进行本路由表的更新。假设从位于地址 X 的相邻路由器发来的 RIP 报文的某一项目是"NET2,3,Y"，意思是"我经过路由器 Y 到网络 NET2 的距离是 3"，那么本路由器就可推断出"我经过 X 到网络 NET2 的距离应为 3+1＝4"。于是本路由器就把收到的 RIP 报文的这一个项目修改为"NET2,4,X"，作为下一步和路由表中原有项目进行比较时使用（只有比较后才知道是否需要更新）。读者可注意到，收到的项目中的 Y 对本路由器是没有用的，因为 Y 不是本路由器的下一跳路由器地址。

解释 2：表明这是新的目的网络，应当加入路由表中。例如，本路由表中没有到目的网络 NET2 的路由，那么在路由表中就要加入新的项目"NET2,4,X"。

解释 3：为什么要替换呢？因为这是最新消息，要以最新消息为准。到目的网络的距离有可能增大或减小，但也可能没有改变。例如，不管原来路由表中的项目是"NET2,3,X"还是"NET2,5,X"，都要更新为现在的"NET2,4,X"。

解释 4：例如，若路由表中已有项目"NET2,5,P"就要更新为"NET2,4,X"。因为到网络 NET2 的距离原来是 5，现在减到 4，更短了。

解释 5：若距离更大了，显然不应更新。若距离不变，更新后得不到好处，因此也不更新。

例 1：已知路由器 R_5 有如表 7-1(a)所示的路由表。现在收到相邻路由器 R_4 发来的路由更新信息，如表 7-1(b)所示。试更新路由器 R_5 的路由表。

表 7-1　更新 R_5 的路由表

（a）路由器 R_5 的路由

网络	距离	下一跳
Net2	2	R_4
Net3	2	R_2
Net5	1	直接交付

（b）R_4 发来的路由更新信息

网络	距离	下一跳
Net2	2	R_1
Net3	2	R_3
Net4	1	—

解：如同路由器一样，不需要知道该网络的拓扑。

先把表 7-1(b)中的距离都加 1，并把下一跳路由器都改为 R_4。得出表 7-2。

表 7-2　修改后的路由表

网络	距离	下一跳	网络	距离	下一跳
Net2	3	R_4	Net4	2	R_4
Net3	3	R_4			

把这个表的每一行和表 7-1(a)进行比较。

第一行 Net2 在表 7-1(a)中有，且下一跳路由器也是 R_4，因此需要更新（距离增大了）。

第二行 Net3 在表 7-1(a)中有，但下一跳路由器不同，于是就比较距离，新的路由信息距离是 3，大于原来表中的 2，因此不更新。

第三行 Net4 在表 7-1(a)中没有，因此要把这一行添加到表 7-1(a)中。

这样，得出更新后的 R_5 路由表如表 7-3 所示。

表 7-3　路由器 R_5 更新后的路由表

网络	距离	下一跳	网络	距离	下一跳
Net2	2	R_4	Net4	2	R_4
Net3	2	R_2	Net5	1	直接交付

RIP 让每一个自治系统中的所有路由器都和自己相邻的路由器定期交换路由信息，并不断更新其路由表，使得从每一个路由器到每一个目的网络的路由都是最短的（即跳数最少）。这里还应注意：虽然所有的路由器最终都拥有了整个自治系统的全局路由信息，但由于每个路由器的位置不同，它们的路由表当然是不同的。

3. RIP 报文格式

RIP 使用传输层的 UDP 进行传送（使用 UDP 的端口 520），因此 RIP 的位置在应用层。现在较新的 RIP 版本是 1988 年 11 月公布的 RIP2，RIP2 可以支持变长的子网掩码 CIDR，还提供简单的鉴别过程支持多播。RIP2 报文格式如图 7-12 所示。

RIP 报文由首部和路由部分组成。

RIP 的首部占 4B，其中的命令字段指出报文的意义。例如，1 表示请求路由信息，2 表

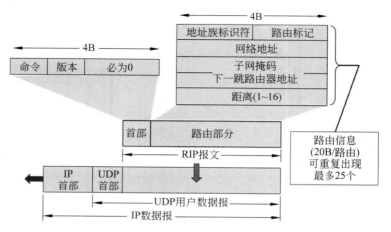

图 7-12　RIP 报文首部和路由部分

示对请求路由信息的响应或未被请求而发出的路由更新报文。首部后面的"必为 0"是为了 4B 的对齐。

RIP2 报文中的路由部分由若干路由信息组成。每个路由信息需要 20B。地址族标识符(又称为地址类别)字段用来标志所使用的地址协议。如采用 IP 地址就令这个字段值为 2(原来考虑 RIP 也可用于其他非 TCP/IP 的情况)。路由标记填入自治系统号(Autonomous System Number,ASN),这是考虑 RIP 有可能收到本自治系统以外的路由选择信息。再后面指出某个网络地址、该网络的子网掩码、下一跳路由器地址以及到此网络的距离。一个 RIP 报文最多可包括 25 个路由,因而 RIP 报文的最大长度是 $4+20\times25=504=504B$。如超过,必须再用一个 RIP 报文来传送。

RIP2 还具有简单的鉴别功能。若使用鉴别功能,则将原来写入第一个路由信息(20字)的位置用作鉴别,这时应将地址簇标识位置为全 1(即 0xFFFF),而路由标记写入鉴别类型,剩下的 16B 为鉴别数据。在鉴别数据之后才写入路由信息,但这时最多只能再放入 24 个路由信息。

图 7-13 是抓包工具捕获的一个 RIPv2 分组,从图中可以看到 RIP 报文首部和路由信息部分,每一条路由占 20B,一个 RIP 报文最多可包括 25 条路由。

7.4.2　在路由器上配置 RIP

下面结合一个例子说明如何在路由器上配置 RIPv2 协议。网络拓扑结构如图 7-14 所示。

1. RIP 路由基本配置

在路由器上启用并配置 RIP 的命令是:

```
Router(config)#router rip
Router(config-router)#network x.x.x.x
```

上述命令中 router rip 命令用于启用 RIP,并进入 RIP 配置模式。network 命令用于指定参与 RIP 路由的网络,它的参数是网络号 x.x.x.x。如果设备连接了多个网络,可以用多

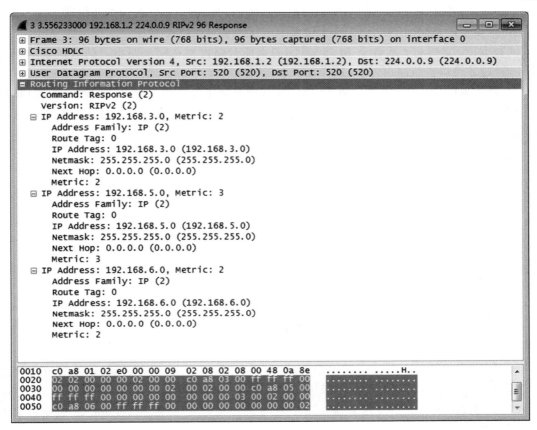

图 7-13　RIP 分组格式

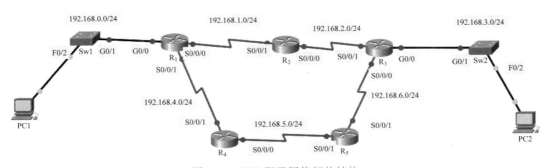

图 7-14　RIP 配置网络拓扑结构

条命令指定它们；如果要指定设备连接的所有网络，可以用 network 0.0.0.0 来表示所有
网络。

RIP 有两个版本号 v1 与 v2，它们的区别如下。

（1）RIP1 是一个有类路由协议，即所有的更新中不包含子网掩码，不支持 VLSM，所以
就要求网络中所有设备必须使用相同的子网掩码，否则就会出错，而 RIP2 是一个无类的路
由协议，它使用子网掩码。

（2）RIP1 是发送更新包的时候使用的是广播包，而 RIP2 默认使用的是组播 224.0.0.9，也支持广播发送，这样相对于 RIP1 来说就节省了一部分网络带宽。

（3）RIP2 支持明文或者是 MD5 验证，要求两台路由器在同步路由表的时候必须进行验证，通过才可以进行路由同步，这样可以加强安全性。

在配置 RIP 时，如果不指定版本，接口默认情况下是能接收 v1 和 v2 的报文的，但是却只能发送 v1 的报文；在指定版本的情况下，RIPv1 只能接收和发送 v1 的报文，RIPv2 只能接收和发送 v2 的报文。

指定版本号的命令：

```
Router(config-router)#version 2(或 1)
```

删除 RIP 关联网络的命令：

```
Router(config)#router rip
Router(config-router)#no network x.x.x.x
```

关闭 RIP 的命令：

```
Router(config)#no router rip
```

关闭后，本路由器的 RIP 将不再工作。

2. 配置路由器

在 R₁ 上启用并配置 RIP。路由器 R₁ 连接三个网段，network 后面跟这三个网段，就是告诉路由器这三个网段都参与 RIP，即路由器 R₁ 通过 RIP 将这三个网段通告出去，同时连接这三个网段的接口能够发送和接收 RIP 产生的路由通告分组。"version 2"命令将 RIP 更改为 RIPv2 版本。

```
R1#config t
Enter configuration commands per line.  End with CNTL/Z.
R₁(config)#router rip
R₁(config-router)#network 192.168.0.0
R₁(config-router)#network 192.168.1.0
R₁(config-router)#network 192.168.4.0
R₁(config-router)#version 2
```

network 命令后面的网段，是不写子网掩码的，如果是 A 类网络，子网掩码默认是 255.0.0.0；如果是 B 类网络，子网掩码默认是 255.255.0.0；如果是 C 类网络，子网掩码默认是 255.255.255.0。如图 7-15 所示，路由器 A 连接三个网段，其中：172.16.10.0/24 和 172.16.20.0/24 是同一个 B 类网络的子网，因此 network 172.16.0.0 就包括这两个子网。

如图 7-15 所示，路由器 A 配置 RIP，network 需要写以下两个网段，这三个网段就能参与到 RIP 中。

```
RA(config-router)#network 172.16.0.0
RA(config-router)#network 192.168.10.0
```

如图 7-16 所示，路由器 A 连接的三个网段都是 B 类网络，但不是同一个 B 类网络，因

图 7-15　RIP 的 network 写法 1

此 netwotk 需要针对这两个不同的 B 类网络分类。

```
RA(config-router)#network 172.16.0.0
RA(config-router)#network 172.17.0.0
```

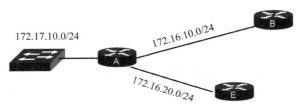

图 7-16　RIP 的 network 写法 2

在 R_2 上启用并配置 RIP：

```
R₂#config t
Enter configuration commands per line.  End with CNTL/Z.
R₂(config)#router rip
R₂(config-router)#version 2
R₂(config-router)#network 192.168.1.0
R₂(config-router)#network 192.168.2.0
```

在 R_3 上启用并配置 RIP：

```
R₃#config t
Enter configuration commands per line.  End with CNTL/Z.
R₃(config)#router rip
R₃(config-router)#network 192.168.2.0
R₃(config-router)#network 192.168.3.0
R₃(config-router)#network 192.168.6.0
R₃(config-router)#version 2
```

在 R_4 上启用并配置 RIP：

```
R₄#config t
Enter configuration commands per line.  End with CNTL/Z.
R₄(config)#router rip
```

```
R₄(config-router)#network 192.168.4.0
R₄(config-router)#network 192.168.5.0
R₄(config-router)#version 2
```

在 R₅ 上启用并配置 RIP：

```
R₅#config t
Enter configuration commands per line.  End with CNTL/Z.
R₅(config)#router rip
R₅(config-router)#network 192.168.5.0
R₅(config-router)#network 192.168.6.0
R₅(config-router)#version 2
```

3. 查看路由表

在网络中的路由器上配置了 RIP，现在可以查看网络中的路由器是否通过 RIP 学到了各个网段的路由。

下面的操作在 R₃ 上执行，在特权模式下输入"show ip route"可以查看路由表，可以看到一共有 7 个网段，都出现在路由表中，到 192.168.4.0/24 网段有两条等价路由。

```
R₃#show ip route
Codes: L - local, C - connected, S - static, R - RIP, M - mobile, B - BGP
       D - EIGRP, EX - EIGRP external, O - OSPF, IA - OSPF inter area
       N1 - OSPF NSSA external type 1, N2 - OSPF NSSA external type 2
       E1 - OSPF external type 1, E2 - OSPF external type 2, E - EGP
       i - IS-IS, L1 - IS-IS level-1, L2 - IS-IS level-2, ia - IS-IS inter area
       * - candidate default, U - per-user static route, o - ODR
       P - periodic downloaded static route

Gateway of last resort is not set

R     192.168.0.0/24 [120/2] via 192.168.2.1, 00:00:01, Serial0/0/1
R     192.168.1.0/24 [120/1] via 192.168.2.1, 00:00:01, Serial0/0/1
      192.168.2.0/24 is variably subnetted, 2 subnets, 2 masks
C        192.168.2.0/24 is directly connected, Serial0/0/1
L        192.168.2.2/32 is directly connected, Serial0/0/1
      192.168.3.0/24 is variably subnetted, 2 subnets, 2 masks
C        192.168.3.0/24 is directly connected, GigabitEthernet0/0
L        192.168.3.1/32 is directly connected, GigabitEthernet0/0
R     192.168.4.0/24 [120/2] via 192.168.2.1, 00:00:01, Serial0/0/1
                     [120/2] via 192.168.6.2, 00:00:26, Serial0/0/0
R     192.168.5.0/24 [120/1] via 192.168.6.2, 00:00:26, Serial0/0/0
      192.168.6.0/24 is variably subnetted, 2 subnets, 2 masks
C        192.168.6.0/24 is directly connected, Serial0/0/0
L        192.168.6.1/32 is directly connected, Serial0/0/0
```

图 7-17 是路由条目的详细说明。

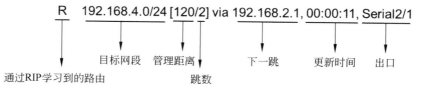

图 7-17　RIP 学习到的路由

管理距离是指一种路由协议的路由可信度。每一种路由协议按可靠性从高到低,依次分配一个信任等级,这个信任等级就叫管理距离(Administrative Distance,AD)。

AD 值越低,则它的优先级越高。管理距离是一个 0~255 的整数值,0 是最可信赖的,而 255 则意味着不会有业务量通过这个路由。

默认情况下的管理距离值:

直接接口　　　0

静态路由　　　1

OSPF　　　　110

RIP　　　　　120

路由器首先根据管理距离决定相信哪一个协议,比如网络中的路由器通过 RIP 学习到192.168.4.0/24 网段的路由,同时管理员在这个路由器上添加一条到 192.168.4.0/24 网段的静态路由,那么到该网段到底按哪条路由呢? 这就要比较静态路由和 RIP 的 AD 值,哪个更小就以哪个为准。

如果只显示通过 RIP 学习到的路由,输入 show ip router rip。

```
R₃#show ip route rip
R    192.168.0.0/24 [120/2] via 192.168.2.1, 00:00:16, Serial0/0/1
R    192.168.1.0/24 [120/1] via 192.168.2.1, 00:00:16, Serial0/0/1
     192.168.3.0/24 is variably subnetted, 2 subnets, 2 masks
R    192.168.4.0/24 [120/2] via 192.168.6.2, 00:00:06, Serial0/0/0
                    [120/2] via 192.168.2.1, 00:00:16, Serial0/0/1
R    192.168.5.0/24 [120/1] via 192.168.6.2, 00:00:06, Serial0/0/0
```

7.5　OSPF 协议

OSPF(Open Shortest Path First,开放式最短路径优先)协议是链路状态协议。OSPF协议通过路由器之间通告链路状态来建立链路状态数据库,网络中所有路由器具有相同的链路状态数据库,通过链路状态数据库就能构建出网络拓扑(即哪个路由器连接哪个路由器,以及连接的开销,带宽越高开销越低),运行 OSPF 协议的路由器通过网络拓扑计算到各个网络的最短路径(即开销最小的路径),路由器使用这些最短路径来构造路由表。

7.5.1　OSPF 协议工作原理

开放最短路径优先(OSPF)协议也是内部网关协议(IGP)的一种,其核心是使用链路状态协议和 Dijkstra 的最短路径优先算法。

1. 最短路径优先

为了让读者更好地理解最短路径优先,下面举一个生活中容易理解的例子,来类比说明OSPF 协议工作过程。图 7-18 给出了某市公交线路,图中画出了该市某个地区的小区、超市、中学、小学、酒店、车辆厂和博物馆的公交线路,并标注了每条线路的乘车费用(这就相当于 OSPF 协议的链路状态数据库构建的网络拓扑)。

好比是每一个车站都有一个人负责计算到其他目的地的最短(费用最低)乘车路线。在

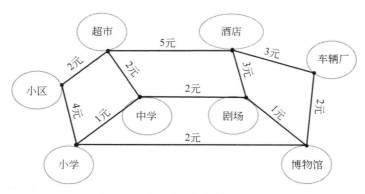

图 7-18　最短路径优先算法示意图

网络中,运行 OSPF 协议的路由器负责计算到各个网段开销最小的路径即最短路径。

以小区为例,该站负责人要计算以小区为出发点到其他地方的最短路径,这就要找到把每一段线路乘车费用累加费用最低的路径(这种算法就叫作最短路径优先算法)。合计费用就相当于 OSPF 协议计算的到目标网络开销。

为计算从任一站到其他各站的最优路径,采用 Dijkstra 算法。该算法是由荷兰计算机科学家 Dijkstra 于 1959 年提出的,用来计算从一个顶点到其余各顶点的最短路径算法,算法主要特点是以起始点为中心向外层层扩展,直到扩展到终点为止。

图 7-19 给出了从小区到其他各站的最低开销以及到目的站的下一站,小区负责人可在小区公交站放置一个指示牌来提示用户。这就相当于运行 OSPF 协议由最短路径得到的路由表。

目的地	总费用(元)	下一站
小区	0	本站
超市	2	超市
酒店	7	超市
车辆厂	9	超市
博物馆	6	小学
剧场	6	超市
中学	4	超市
小学	4	小学

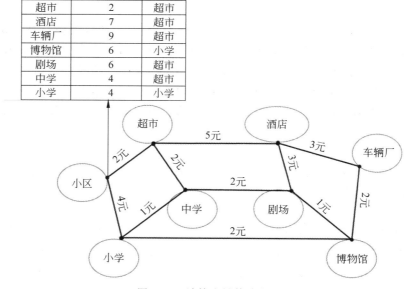

图 7-19　计算出最佳路径

以上是以小区为例来说明如何由公交线路计算出到各个地方的最短路径，进而得到到各个目的地的指示牌。在超市、酒店等车站的负责人也要进行相同的算法和过程得到到各个地方的指示牌。

2. OSPF 协议的基本特点

OSPF 协议选择最佳路径的标准是带宽，带宽越高计算出来的开销越低。到达目标网络的各个链路累计开销最低的，就是最佳路径。

OSPF 协议使用接口的带宽来计算 Metric（度量值）。OSPF 协议会根据该接口的带宽自动计算其开销（Cost）值。计算公式为：接口开销＝带宽参考值/接口带宽。其中，带宽参考值是可以配置的。默认值为 100Mb。需要注意的是，计算中带宽单位取"b/s"，而不是"kb/s"。根据该计算公式，如果带宽选用默认值 100Mb，可计算各种接口开销的默认值，如下。

56kb/s 串口——开销的默认值是 1785。

64kb/s 串口——开销的默认值是 1562。

E1(2.048Mb/s)——开销的默认值是 48。

Ethernet(100Mb/s)——开销的默认值是 1。

如果路由器要经过两个接口才能到达目标网络，那么很显然，两个接口的 Cost 值要累加起来，才算是到达目标网络的 Metric 值，所以 OSPF 路由器计算到达目标网络的 Metric 值，必须将沿途中所有接口的 Cost 值累加起来，在累加时，只计算出接口，不计算进接口。

OSPF 协议会自动计算接口上的 Cost 值，但也可以通过手工指定该接口的 Cost 值，手工指定的值优先于自动计算的值。到达目标 Cost 值相同的路径，可以执行负载均衡，最多有 6 条链路同时执行负载均衡。

OSPF 协议最主要的特征就是使用分布式链路状态协议。链路状态就是 OSPF 接口上的描述信息，例如，接口上的 IP 地址、子网掩码、网络类型、Cost 值等。和 RIP 相比，OSPF 的三个要点和 RIP 都不一样。

（1）向本自治系统中所有路由器发送信息。这里使用的方法是洪泛法，就是路由器通过所有输出端口向所有相邻的路由器发送信息。而每一个相邻路由器又再将此信息发往其所有的相邻路由器（但不再发送给刚刚发来信息的那个路由器）。这样，最终整个区域中所有的路由器都得了这个信息的一个副本。更具体的做法后面还要讨论。应注意，RIP 是仅向相邻的几个路由器发送信息。

（2）发送的信息就是与本路由器相邻的所有路由器的链路状态，但这只是路由器所知道的部分信息。链路状态就是说明本路由器都和哪些路由器相邻，以及该链路的度量（Metric）。对于 RIP，发送的信息是"到所有网络距离和下一跳路由器"。

（3）只有当链路状态发生变化时，路由器才向所有路由器用洪泛法发送此信息。而不像 RIP 那样，不管网络状态有无发生变化，路由器之间都要定期交换路由表信息。

从以上三方面可以看出，OSPF 协议和 RIP 的工作原理相差较大。

由于各路由器之间频繁地交换链路状态信息，因此所有路由器最终都能建立一个链路状态数据库，这个数据库实际上就是全网的拓扑结构图。这个拓扑结构图在全网范围内是一致的（这称为链路状态数据库的同步）。因此，每一个路由器都知道全网共有多少个路由器，以及哪些路由器是相连的，其代价是多少，等等。每一个路由器使用链路状态数据库中的数据,构造出自己的路由表(例如,使用 Dijkstra 最短路径算法)。

OSPF 的链路状态数据库能较快地进行更新,使各个路由器能及时更新路由表。OSPF 的更新过程收敛得快是其重要优点。

3. OSPF 协议工作过程

运行 OSPF 协议的路由器有三张表:邻居表、链路状态表和路由表。下面以这三张表的产生过程为线索,来分析在这个过程中路由器发生了哪些变化,从而说明 OSPF 协议的工作过程。

1)邻居表的建立

OSPF 只有邻接状态发生变化才会交换链路状态,路由器会将链路状态数据库中所有内容毫无保留地发给所有邻居,要想在 OSPF 路由器之间交换链路状态,必须先形成 OSPF 邻居,OSPF 邻居靠发送 Hello 包来建立和维护,Hello 包会在启动了 OSPF 的接口上周期性发送,在不同网络中,发送 Hello 包的间隔也会不同,当超过 4 倍的 Hello 时间后还没有收到邻居的 Hello 包时,邻居关系将被断开。

OSPF 区域的路由器首先跟相邻的路由器建立邻接关系,过程如下:当一个相邻的路由器刚开始工作时,每隔 10s 就发送一个 Hello 分组,它通过发送 Hello 分组得知有哪些相邻路由器在工作,以及将数据发往相邻路由器所需的"代价",生成"邻居表"。

若有 40s 没有收到某个相邻路由器发来问候的分组,则认为该相邻路由器是不可达的,应立即修改链路状态数据库,并重新计算路由表。

图 7-20 展示了 R_1 和 R_2 路由器通过 Hello 分组建立邻接表的过程。一开始 R_1 路由器

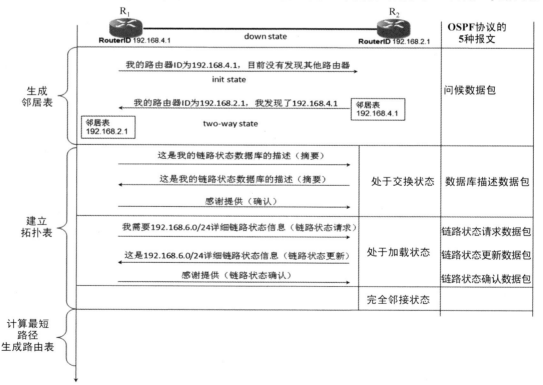

图 7-20   OSPF 协议生成邻居表的过程

接口 OSPF 状态为 down state，R_1 发送了一个 Hello 分组之后，状态变为 init state，等收到 R_2 路由器发过来的 Hello 分组，看到自己的 ID 出现在其他路由器应答的邻接表中，就建立了邻接关系，将其状态更改为双向。

2）拓扑表的建立

如图 7-20 所示，建立了邻接表之后，相邻路由器就要交换链路状态，在建立拓扑表时，路由器要经历交换状态、加载状态、完全邻接状态。

交换状态：OSPF 协议让每一个路由器用数据库描述分组和相邻路由器交换本数据库中已有的链路状态摘要信息。

加载状态：经过与相邻路由器交换数据库描述分组后，路由器就使用链路状态请求分组，向对方请求发送自己所缺少的某些链路状态项目的详细信息。通过一系列的这种分组交换，全网同步的链路数据库就建立了。

完全邻接状态：邻居间的链路状态数据库同步完成，通过邻居链接状态请求列表为空且邻居状态为 loading 判断。

3）生成路由表

每个路由器先产生全区域数据的拓扑图，再运行最短路径优先算法 SPF，产生到达目标网络的路由条目。

4. OSPF 协议报文

如图 7-20 所示，OSPF 协议共有以下 5 种报文类型。

类型 1：问候（Hello）分组，用来发现、建立和维持邻接关系。

类型 2：数据库描述（Database Description）分组，向邻居给出自己的链路状态数据库中的所有链路状态项目摘要信息。

类型 3：链路状态请求（Link State Request，LSR）分组，向对方请求某些链路状态项目的完整信息。

类型 4：链路状态更新（Link State Update，LSU）分组，用洪泛法对全网更新链路状态，这种分组是最复杂的，也是 OSPF 协议最核心的部分。路由器使用这种分组将其链路状态通知给相邻路由器。在 OSPF 协议中，只有 LSU 需要显示确认。

在网络运行过程中，只要有一个链路状态发生变化，该路由器就使用链路状态更新分组，用洪泛法向全网更新链路状态。OSPF 协议使用的是可靠的洪泛法，其要点如图 7-21 所示。路由器 R 用洪泛法发链路状态更新，图中用小箭头表示更新分组。第一次发给三个相邻路由器。这三个路由器收到的分组现进行转发时，要将其上游路由器除外。可靠的洪泛法是在收到更新分组后要发送确认（收到重复的更新分组只需要发送一次确认）。图中空心箭头表示确认分组。

类型 5：链路状态确认（Link State Acknowledgement，LSA），即对链路状态更新的确认。

OSPF 分组使用 24B 的固定首部长度（见图 7-22），分组数据部分可以是五种类型分组中的一种。下面简单介绍 OSPF 协议首部各字段的意义。

（1）版本：当前版本号是 2。

（2）类型：可以是五种类型分组中的一种。

（3）分组长度：包括 OSPF 协议首部在内的分组长度，以 B 为单位。

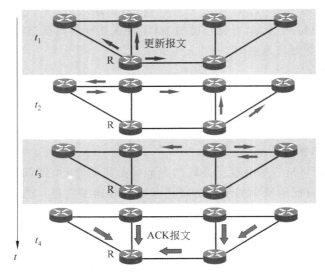

图 7-21　用可靠洪泛法发送更新分组

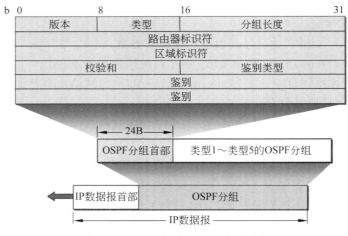

图 7-22　OSPF 分组用 IP 数据报传送

（4）路由器标识符：标志发送该分组的路由器的接口的 IP 地址。

（5）区域标识符：分组属于区域的标识符。

（6）校验和：用来校验分组中的差错。

（7）鉴别类型：目前只有两种，0(不用)和 1(口令)。

（8）鉴别：鉴别类型为 0 时就填入 0，鉴别类型为 1 则填入 8 个字符的口令。

5. OSPF 协议支持多区域

为了使 OSPF 协议能够用于规模很大的网络，OSPF 协议将自治系统再划分为若干个更小的范围，叫作区域，如图 7-23 所示，图中画出了一个有三个区域的自治系统。每个区域都有一个 32 位的区域标识符(用点分十进制表示)。当然，一个区域也不能太大，在一个区域内的路由器最好不超过 200 个。

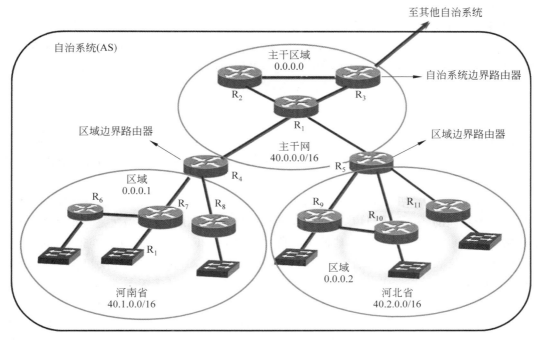

图 7-23　自治系统和 OSPF 区域

　　划分区域的好处就是把利用洪泛法交换链路状态信息的范围局限于每一个区域而不是整个自治系统,这就减少了整个网络上的通信量。在一个区域内部的路由器只知道本区域的完整网络拓扑,而不需要知道其他区域的网络拓扑的情况。

7.5.2　在路由器上配置 OSPF 协议

　　前面讲解了 OSPF 协议的特点和工作过程,下面来学习如何使用 OSPF 协议配置网络中的路由,构建路由表。

　　网络中的拓扑结构如图 7-24 所示。网络中的路由器和计算机按照图中拓扑连接并配置接口 IP 地址。一定要确保直连的路由器能够相互 ping 通。下面配置这些路由器使用 OSPF 协议构造路由表,将这些路由器都配置在一个区域,如果只有一个区域,只能是主干区域,区域编号是 0.0.0.0,也可以写成 0。

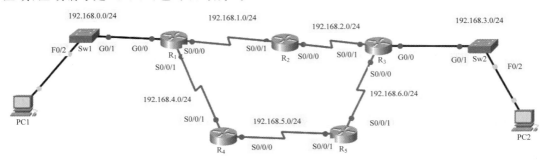

图 7-24　OSPF 协议配置网络拓扑

1. 配置 OSPF 协议

在路由器上启用 OSPF 协议的命令是：Router(config)♯router ospf process-id。process-id 的值代表一个 1～65 535 的数字，由网络管理员选定。process-id 的值具有本地意义，也就是说，它不需要与其他 OSPF 路由器采用相同值，也能与邻居建立邻接关系。

在路由器接口上启用 OSPF 协议的基本命令语法是：

```
network network-address wildcard-mask area area-id。
```

network 命令决定了哪些接口参与 OSPF 区域的路由过程。路由器上任何匹配 network 命令中的网络地址的接口都将启用，可发送和接收 OSPF 数据包。因此，OSPF 路由更新中包含接口的网络(或子网)地址。

area area-id 语法指 OSPF 区域。当配置单区域 OSPF 时，network 命令必须在所有路由器上配置相同的 area-id 值。尽管可使用任何区域 ID，但比较好的做法是在单区域 OSPF 中使用区域 ID 0。如果网络以后修改为支持多区域 OSPF，此约定会使其变得更加容易。

OSPF 协议使用参数组合 network-address wildcard-mask 启用接口上的 OSPF。OSPF 协议设计为无类方式；因此，总是需要通配符掩码。当确定参与路由过程的接口时，通配符掩码通常是该接口配置的子网掩码的反码。

通配符掩码是由 32 个二进制数字组成的字符串，路由器使用它来确定检查地址的哪些位匹配。在子网掩码中，二进制 1 等于匹配，而二进制 0 等于不匹配。在通配符掩码中，反码为真。

(1) 通配符掩码位为 0：匹配地址中对应位的值。

(2) 通配符掩码位为 1：忽略地址中对应位的值。

计算通配符掩码最简单的方法是从 255.255.255.255 减去网络子网掩码。

图 7-25 中给出示例计算网络地址 192.168.10.0/24 的通配符掩码。所以，255.255.255.255 减去子网掩码 255.255.255.0，得出结果 0.0.0.255。因此，192.168.10.0/24 即通配符掩码为 0.0.0.255 的 192.168.10.0。

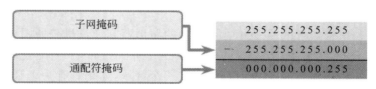

图 7-25　利用减法计算通配符掩码

2. 在路由器上配置 OSPF

1) R$_1$ 上的配置

```
R₁>en
R₁#conf t
Enter configuration commands, one per line.  End with CNTL/Z.
R₁(config)#router ospf ?
  <1-65535>  Process ID
R₁(config)#router ospf 1
```

```
R₁(config-router)#network 192.168.0.0 0.0.0.255 area 0
R₁(config-router)#network 192.168.1.0 0.0.0.255 area 0
R₁(config-router)#network 192.168.4.0 0.0.0.255 area 0
R₁(config-router)#
```

提示：R₁(config)♯router ospf 1 命令就是在路由器上启用 OSPF 进程,后面的数字 1 是给进程一个小编号,编号范围是 1～65 535,进程号可以是这个范围中的任意一个数值。

R₁(config-router)♯ network 192.168.0.0 0.0.0.255 area 0 用来指明在本路由器的 OSPF 进程中的网络范围,后面的 0.0.0.255 是反转掩码,也就是子网掩码写成二进制形式, 将其中的 0 变成 1,1 变成 0,这就是反转掩码。例如,子网掩码 255.0.0.0 的反转掩码就是 0.255.255.255。

2）R₂ 上的配置

```
R₂#conf t
Enter configuration commands, one per line. End with CNTL/Z.
R₂(config)#router ospf 1
R₂(config-router)#network 192.168.1.0 0.0.0.255 area 0
00:37:12: % OSPF-5-ADJCHG: Process 1, Nbr 192.168.4.1 on Serial0/0/1 from
LOADING to FULL, Loading Done          --发现邻居
R₂(config-router)#network 192.168.2.0 0.0.0.255 area 0
R₂(config-router)#
```

3）R₃ 上的配置

```
R₃#conf t
Enter configuration commands, one per line.  End with CNTL/Z.
R₃(config)#router ospf 1
R₃(config-router)#network 192.168.2.0 0.0.0.255 area 0
R₃(config-router)#network 192.168.3.0 0.0.0.255 area 0
R₃(config-router)#network 192.168.6.0 0.0.0.255 area 0
R₃(config-router)#
```

4）R₄ 上的配置

```
R₄#conf t
Enter configuration commands, one per line.  End with CNTL/Z.
R₄(config)#router ospf 1
R₄(config-router)#network 192.168.4.0 0.0.0.255 area 0
R₄(config-router)#network 192.168.5.0 0.0.0.255 area 0
R₄(config-router)#
```

5）R₅ 上的配置

```
R₅#conf t
```

```
R₅(config)#router ospf 1
R₅(config-router)#network 192.168.5.0 0.0.0.255 area 0
R₅(config-router)#network 192.168.6.0 0.0.0.255 area 0
R₅(config-router)#
```

上述关于 R₁ 的 OSPF 协议中 network 后面是指定进程的网络范围,路由器 R₁ 的三个接口都属于 192.168.0.0 255.255.0.0 这个网段,network 也可以写成一条,别忘了后面跟的是反转掩码。同理,R₂、R₃、R₄、R₅ 也可以合并。

```
R₁(config-router)#network 192.168.0.0 0.0.255.255 area 0
R₂(config-router)#network 192.168.0.0 0.0.255.255 area 0
R₃(config-router)#network 192.168.0.0 0.0.255.255 area 0
R₄(config-router)#network 192.168.0.0 0.0.255.255 area 0
R₅(config-router)#network 192.168.0.0 0.0.255.255 area 0
```

3. 查看 OSPF 协议三张表

前面讲了运行 OSPF 协议的路由三张表: 邻居表、链路状态表和路由表,下面来看看这三张表。

(1) 查看 R₁ 路由器的邻居表。在特权模式下输入"show ip ospf neighbor",可以显示该路由器的邻居信息。

```
R₁#show ip ospf neighbor
Neighbor ID     Pri   State         Dead Time   Address        Interface
192.168.5.1       0   FULL/   -     00:00:39    192.168.4.2    Serial0/0/1
192.168.2.1       0   FULL/   -     00:00:38    192.168.1.2    Serial0/0/0
```

Neighbor ID 就是邻居路由器的 ID,默认使用指定路由器上活动 loopback 接口中 IP 地址最大的作为路由器的 ID,如果没有指定 loopback 接口地址,则选择活动物理接口 IP 地址最大的作为路由器 ID。

在 FULL 状态下,路由器和其邻居会达到完全邻接状态。所有路由器和网络 LSA 都会交换并且路由器数据库达到同步。

显示邻居详细信息:

```
R₁#show ip ospf neighbor detail
 Neighbor 192.168.5.1, interface address 192.168.4.2
    In the area 0 via interface Serial0/0/1
    Neighbor priority is 0, State is FULL, 6 state changes
    DR is 0.0.0.0 BDR is 0.0.0.0
    Options is 0x00
    Dead timer due in 00:00:34
    Neighbor is up for 00:17:55
    Index 1/1, retransmission queue length 0, number of retransmission 0
    First 0x0(0)/0x0(0) Next 0x0(0)/0x0(0)
```

```
    Last retransmission scan length is 0, maximum is 1
    Last retransmission scan time is 0 msec, maximum is 0 msec
Neighbor 192.168.2.1, interface address 192.168.1.2
    In the area 0 via interface Serial0/0/0
    Neighbor priority is 0, State is FULL, 6 state changes
    DR is 0.0.0.0 BDR is 0.0.0.0
    Options is 0x00
    Dead timer due in 00:00:33
    Neighbor is up for 00:17:57
    Index 2/2, retransmission queue length 0, number of retransmission 0
    First 0x0(0)/0x0(0) Next 0x0(0)/0x0(0)
    Last retransmission scan length is 0, maximum is 1
    Last retransmission scan time is 0 msec, maximum is 0 msec
```

（2）显示链路状态数据库。以下命令显示链路状态数据库中有几个路由器通告了链路状态，通告链路状态的路由器就是 ADV Router。

```
R₁#show ip ospf database
          OSPF Router with ID (192.168.4.1) (Process ID 1)
          Router Link States (Area 0)
Link ID         ADV Router      Age      Seq#       Checksum Link count
192.168.4.1     192.168.4.1     1545     0x80000006 0x00ee4f 5
192.168.6.1     192.168.6.1     1545     0x80000006 0x00220c 5
192.168.2.1     192.168.2.1     1540     0x80000005 0x004b72 4
192.168.5.1     192.168.5.1     1540     0x80000005 0x007c2e 4
192.168.6.2     192.168.6.2     1540     0x80000005 0x003c65 4
Router#
```

（3）查看路由表。可以看到以 O 标记的路由，就是通过 OSPF 计算得到的路由表。

```
Router#show ip route
Codes: L -local, C -connected, S -static, R -RIP, M -mobile, B -BGP
    D -EIGRP, EX -EIGRP external, O -OSPF, IA -OSPF inter area
    N1 -OSPF NSSA external type 1, N2 -OSPF NSSA external type 2
    E1 -OSPF external type 1, E2 -OSPF external type 2, E -EGP
    i -IS-IS, L1 -IS-IS level-1, L2 -IS-IS level-2, ia -IS-IS inter area
    * -candidate default, U -per-user static route, o -ODR
    P -periodic downloaded static route

Gateway of last resort is not set

    192.168.0.0/24 is variably subnetted, 2 subnets, 2 masks
C       192.168.0.0/24 is directly connected, GigabitEthernet0/0
L       192.168.0.1/32 is directly connected, GigabitEthernet0/0
    192.168.1.0/24 is variably subnetted, 2 subnets, 2 masks
```

```
C       192.168.1.0/24 is directly connected, Serial0/0/0
L       192.168.1.1/32 is directly connected, Serial0/0/0
O    192.168.2.0/24 [110/128] via 192.168.1.2, 00:30:15, Serial0/0/0
O    192.168.3.0/24 [110/129] via 192.168.1.2, 00:30:15, Serial0/0/0
     192.168.4.0/24 is variably subnetted, 2 subnets, 2 masks
C       192.168.4.0/24 is directly connected, Serial0/0/1
L       192.168.4.1/32 is directly connected, Serial0/0/1
O    192.168.5.0/24 [110/128] via 192.168.4.2, 00:30:15, Serial0/0/1
O    192.168.6.0/24 [110/192] via 192.168.4.2, 00:30:15, Serial0/0/1
                    [110/192] via 192.168.1.2, 00:30:15, Serial0/0/0
R₂ #
```

如图 7-26 所示，显示了通过 OSPF 协议学习到的路由。

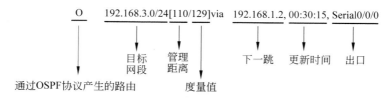

图 7-26　通过 OSPF 协议学习到的路由

输入以下命令，只显示 OSPF 协议生成的路由表。

```
Router#show ip route OSPF
O    192.168.2.0 [110/128] via 192.168.1.2, 00:40:14, Serial0/0/0
O    192.168.3.0 [110/129] via 192.168.1.2, 00:40:14, Serial0/0/0
O    192.168.5.0 [110/128] via 192.168.4.2, 00:40:14, Serial0/0/1
O    192.168.6.0 [110/192] via 192.168.4.2, 00:40:14, Serial0/0/1
                 [110/192] via 192.168.1.2, 00:40:14, Serial0/0/0
```

7.6　外部网关协议

内部网关协议(如 RIP 或 OSPF 协议)主要是设法使数据报在一个 AS 中尽可能有效地从源站传送到目的站。BGP(Border Gateway Protocol,边界网关协议)是一种在自治系统之间动态交换路由信息的路由协议。

BGP 是一种外部网关协议,与 OSPF、RIP 等内部网关协议不同,其重点关心的不在于发现和计算路由,而在于 AS 之间传递路由信息以及控制优化路由信息。这是由于 BGP 使用的环境不同。主要有以下两个原因。

第一,互联网规模太大,使得 AS 之间路由选择非常困难。连接在互联网主干网上的路由器,必须对任何有效的 IP 地址都能在路由表中找到匹配的目的网络。目前在互联网的主干网路由器中,一个路由表的项目数早已超过了 5 万个网络前缀。如果使用链路状态协议,则每个路由器必须维持一个很大的链路状态数据库。对于这样大的主干网用 Dijkstra 算法计算最短路径时花费时间也太长。另外,由于 AS 各自运行自己选定的内部路由选择协议,并使用本 AS 指明的路径度量,因此,当一条路径通过几个不同的 AS 时,要想对这样的路径计算出有意义的代价是不可能的。例如,对某 AS 来说,代价为 1000 可能表示一条比较长的路由,但对另一个 AS 代价为 1000 却可能表示不被接受的坏路由。因此,对于 AS 之间的路由选择,要用“代价”作为度量来寻找最佳路由也是很不现实的。比较合理的做法是在 AS 之间交换“可达性”信息(“可到达”或“不可到达”)。例如,告诉相邻路由器“到达目的网络 N 可经过自治系统 AS_x ”。

　　第二,AS 之间的路由选择必须考虑有关策略。由于相互联接的网络的性能相差很大,根据最短距离(最少跳数)找出来的路径可能并不合适。也有的路径的使用代价很高或不安全。还有一种情况,如 AS_1 要发送数据给 AS_2 ,本来是最好经过自治系统 AS_3 ,但 AS_3 不愿意让这些数据报通过本 AS 的网络,因为“这是它们的事情,和我们没关系”。但另一方面,AS_3 愿意让某些相邻 AS 的数据报通过自己的网络,特别是对那些付了服务费的某些自治系统更是如此。因此,AS 之间的路由选择协议应当允许使用多种路由选择策略。这些策略包括政治、安全或经济的考虑。例如,我国国内站点在相互传送数据报时不应经过国外兜圈子,特别是不要经过对我国的安全有威胁的国家。这些策略都是由网络管理人员对每一个路由器进行设置的,但这些策略并不是自治系统之间的路由选择协议本身。还可举出一些策略的例子:“仅有到达下列这些地址时才经过 AS_x ”“AS_x 和 AS_y 相比时应优先通过 AS_x ”,等等。当然,使用这些策略是为了找出较好的路径而不是最佳路径。

　　基于上述情况,BGP 只能是力求寻找一条能够到达目的网络且比较好的路由(不能兜圈子),而并非寻找一条最佳路由。BGP 采用了路径向量路由选择协议,它与距离向量协议(如 RIP)和链路状态协议(如 OSPF)都有很大的区别。

　　在配置 BGP 时,每一个自治系统的管理员要选择至少一个路由器作为本 AS 的“BGP 发言人”。一般来说,两个 BGP 发言人都是通过一个共享网络连接在一起的,而 BGP 发言人往往就是 BGP 边界路由器,但也可以不是 BGP 边界路由器。

　　一个 BGP 发言人要与其他自治系统中的 BGP 发言人交换路由信息,就要先建立 TCP 连接(端口号为 179),然后在此连接上交换 BGP 报文以建立 BGP 会话(session),利用 BGP 会话交换路由信息,如增加了新的路由,或撤销过时的路由,以及报告同差错的情况等。使用 TCP 连接能提供可靠的服务,也简化了路由选择协议。使用 TCP 连接交换路由信息的两个 BGP 发言人,彼此成为对方的邻站(neighbor)或对等站(peer)。

　　图 7-27 表示 BGP 发言人和 AS 关系的示意图。在图中画出了三个 AS 中的 5 个 BGP 发言人。每个 BGP 发言人除了必须运行 BGP 外,还必须运行该 AS 所使用的内部网关协议,如 OSPF 或 RIP。

　　BGP 所交换的网络可达性的信息就是要到达某个网络(用网络前缀表示)所要经过的一系列 AS。当 BGP 发言人互相交换了网络可达性的信息后,各 BGP 发言人就根据所采用的策略从收到的路由信息中找出到达各 AS 的较好的路由。图 7-28 表示从图 7-27 的 AS_1 的一个 BGP 发言人构造出的 AS 连通图,它是树形结构,不存在回路。

　　图 7-29 给出了一个 BGP 发言人交换路径向量的例子。AS_2 的 BGP 发言人通知主干网的 BGP 发言人“要到达网络 N_1 ,N_2 ,N_3 和 N_4 可经过 AS_2 ”。主干网在收到这个通知后,就发出通知“要到达网络 N_1 ,N_2 ,N_3 和 N_4 可沿路径(AS_1 ,AS_2)”。同理,主干网还可发出通知

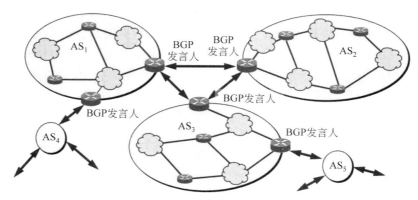

图 7-27   BGP 发言人和 AS 之间关系

"要到达网络 N_5,N_6 和 N_7 可沿路径(AS_1,AS_3)"。

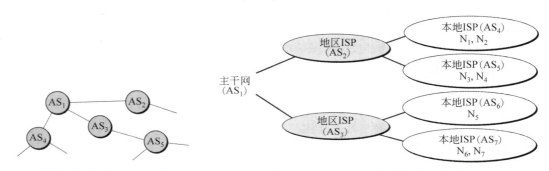

图 7-28   AS 连通图举例   图 7-29   BGP 发言人交换路径向量例子

从上面的讨论可以看出,BGP 交换路由信息的节点数量是 AS 个数的量级,这要比这些 AS 中的网络数少很多。要在许多 AS 之间寻找一条较好的路径,就是要寻找正确的 BGP 发言人(或边界路由器),而在每个 AS 中,BGP 发言人(或边界路由器)的数目是很少的,这样就使得 AS 之间的路由选择不至于过分复杂。

BGP 支持无分类域间路由选择(CIDR),因此,BGP 路由表也就应当包括目的网络前缀、下一跳路由器,以及到达该目的网络的自治系统序列。由于使用了路径向量的信息,就可以很容易地避免产生兜圈子的路由。如果一个 BGP 发言人收到了其他 BGP 发言人发来的路径通知,它就要检查一下本 AS 是否在此通知的路径中。如果在这条路径中,就不能采用这条路径(因为会兜圈子)。

BGP 刚运行时,BGP 邻站是交换整个 BGP 路由表,但以后只需要在发生变化时更新有变化的部分,这样做对节省网络带宽和减少路由器的处理开销方面都有好处。

在 RFC4271 中规定了 BGP-4 的四种报文:

(1) OPEN(打开)报文,用来与相邻的另一个 BGP 发言人建立关系,使通信初始化。

(2) UPDATE(更新)报文,用来通告某一路由信息,以及列出要撤销的多条路由。

(3) KEEPALIVE(保活)报文,用来周期性地证实邻站的连通性。

(4) NOTIFICATION(通知)报文,用来发送检测到的差错。

若两个邻站属于两个不同 AS,而其中一个邻站打算和另一个邻站定期地交换路由信息，就应当有一个商谈过程(因为很可能对方路由器的负荷已很重因而不愿意再加重负担)。因此，一开始向邻站进行商谈时就必须发送 OPEN 报文。如果邻站接受这种邻站关系，就用 KEEPALIVE 报文响应。这样，两个 BGP 发言人的邻站关系就建立了。

　　一旦邻站关系建立了，就要继续维持这种关系，双方中的每一方都要确信对方是存在的，且一直在保持这种邻站关系。为此，这两个 BGP 发言人彼此要周期地交换 KEEPALIVE 报文(一般每隔 30s)。KEEPALIVE 报文只有 19B 长(只用 BGP 报文的通用首部)，因此不会造成网络上太大的开销。

　　UPDATE 报文是 BGP 核心内容。BGP 发言人可以用 UPDATE 报文撤销它以前曾通知过的路由，也可以宣布增加新的路由。撤销路由可以一次撤销许多条，但增加新路由时，每个更新报文只能增加一条。

　　BGP 可以很容易地解决距离向量路由选择算法中"坏消息传播得慢"这一问题，当某个路由器或链路出故障时，由于 BGP 发言人可以从不止一个邻站获得路由信息，因此很容易选择出新的路由。距离向量算法往往不能给出正确选择，是因为这些算法不能指出哪些邻站到目的站的路由是独立的。

　　图 7-30 给出了 BGP 报文格式。四种类型的 BGP 报文具有同样的通用首部，其长度为 19B。通用首部分为三个字段。标记(marker)字段为 16B 长，用来鉴别收到的 BGP 报文 (这是假定将来有人会发明出合理的鉴别方案)。当不使用鉴别时，标记字段要置为全 1。长度字段指出包括首部在内的整个 BGP 报文以 B 为单位的长度，最小值是 19，最大值是 4096。类型字段值为 1～4，分别对应上述四种 BGP 报文中的一种。

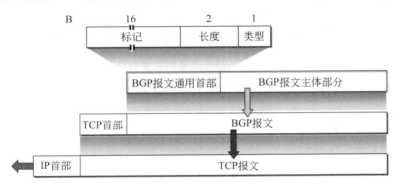

图 7-30　BGP 报文具有通用的首部

　　OPEN 报文共有 6 个字段，即版本(1B，现在的值是 4)、本 AS 号(2B，使用全球唯一的 16 位自治号，由 ICANN 地区登记机构分配)、保持时间(2B，以 s 计算的保持为邻站关系的时间)、BGP 标识符(4B，通常就是该路由器的 IP 地址)、可选参数长度(1B)和可选参数。

　　UPDATE 报文共有 5 个字段，即不可行路由长度(2B，指明下一个字段的长度)、撤销的路由(列出所有要撤销的路由)、路径属性总长度(2B，指明下一个字段的长度)、路径属性 (定义在这个报文中增加的路径的属性)和网络层可达性信息(Network Layer Reachability Information，NLRI)。最后这个字段定义发出此报文的网络，包括网络前缀的位数、IP 地址前缀。

　　KEEPALIVE 报文只有 BGP 的 19B 长的通用首部。

NOTIFICATON 报文有 3 个字段,即差错代码(1B)、差错子代码(1B)和差错数据(给出有关差错的诊断信息)。

习　　题

一、选择题

1. 路由器最主要的功能是通过路径选择进行(　　)。
　　A. 封装和解封数据包　　　　　　　　B. 丢弃数据包
　　C. 转发数据包　　　　　　　　　　　D. 过滤数据包

2. 路由器中时刻维持着一张路由表,这张路由表可以是静态配置,也可以是(　　)产生的。
　　A. 生成树协议　　　　　　　　　　　B. 链路控制协议
　　C. 动态路由协议　　　　　　　　　　D. 被承载网络层协议

3. 路由器收到一个 IP 数据报,其目的地址为 202.31.17.4,与该地址匹配的子网是(　　)。
　　A. 202.31.0.0/21　　　　　　　　　B. 202.31.16.0/20
　　C. 202.31.8.0/22　　　　　　　　　D. 202.31.20.0/22

4. 网络 122.21.136.0/24 和 122.21.143.0/24 经过路由汇聚,得到的网络地址是(　　)。
　　A. 122.21.136.0/22　　　　　　　　B. 122.21.136.0/21
　　C. 122.21.143.0/22　　　　　　　　D. 122.21.128.0/24

5. 表 7-4 为互联网中路由器 R 的路由表,路由器 R 对应的目的地址 40.0.0.0 的下一步 IP 地址应为(　　)。

表 7-4　路由器 R 的路由表

目 的 网 络	下 一 跳	目 的 网 络	下 一 跳
20.0.0.0	直接	10.0.0.0	20.0.0.5
30.0.0.0	直接	40.0.0.0	30.0.0.7

　　A. 30.0.0.8　　　　B. 20.0.0.6　　　　C. 30.0.0.7　　　　D. 50.0.0.4

6. 关于静态路由,以下哪种说法是错误的?(　　)
　　A. 静态路由通常由手工管理员建立
　　B. 静态路由可以在子网编址的互联网中使用
　　C. 静态路由不能随着互联网的变化而自动变化
　　D. 静态路由已经过时,目前很少有人使用

7. RIP 适用于基于 IP 的(　　)。
　　A. 大型网络　　　　　　　　　　　　B. 中小型网络
　　C. 更大规模的网络　　　　　　　　　D. ISP 与 ISP 之间

8. 在 RIP 中 metric 等于(　　)为不可达。
　　A. 8　　　　　　　B. 10　　　　　　C. 15　　　　　　D. 16

9. RIP 是在(　　)之上的一种路由协议。

  A. Ethernet   B. IP   C. TCP   D. UDP

10. IGP 的作用范围是(　　)。

  A. 区域内   B. 局域网内   C. 自治系统内   D. 自然子网范围内

11. BGP 的作用是(　　)。

  A. 用于 AS 之间的路由器间交换路由信息

  B. 用于 AS 内部的路由器间交换路由信息

  C. 用于主干网中路由器之间交换路由信息

  D. 用于园区网中路由器之间交换路由信息

12. 开放最短路径优先协议采用(　　)算法计算最佳路径。

  A. Dynamic-Search   B. Bellman-Ford

  C. Dijkstra   D. Spanning-Tree

13. 以下关于 OSPF 协议的描述中,正确的是(　　)。

  A. OSPF 协议根据链路状态计算最佳路优

  B. OSPF 协议是用于 AS 之间的外部网关协议

  C. OSPF 协议不能根据网络通信情况动态地改变路由

  D. OSPF 协议只能适用小型网络

二、简答题

1. 简述路由协议分类。

2. 简述 RIP 的工作原理。

3. 假定网络中的路由器 B 的路由表有如下项目(这三列分别表示"目的网络""距离"和"下一跳路由")。

N_1	7	A
N_2	2	C
N_6	8	F
N_8	4	E
N_9	4	F

现在 B 收到从 C 发来的路由信息(这两列分别表示"目的网络"和"距离")。

N_2	4
N_3	8
N_6	4
N_8	3
N_9	5

试求出路由器 B 更新后的路由表(详细说明每一个步骤)。

4. 试简述链路状态协议的工作原理。

5. 试简述 RIP、OSPF 协议和 BGP 的主要特点。

三、综合应用题

1. 网络拓扑如图 7-31 所示,需要你在 RA 和 RB 路由器上添加路由表,实现 Office1 和 Office2 能够相互访问,也能够使用本地路由器直接访问互联网。

  RA(config)♯ip route ＿＿＿＿＿＿＿＿＿　＿＿＿＿＿＿＿＿＿　＿＿＿＿＿＿＿＿＿

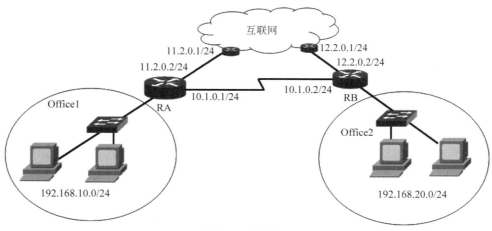

图 7-31 静态路由

RA(config)♯ip route _____ _____ _____
RB(config)♯ip route _____ _____ _____
RB(config)♯ip route _____ _____ _____

2. 如图 7-32 所示路由器配置使用 RIP,写出配置 network 后面需要填写的网络,需要你判断写几个网络。

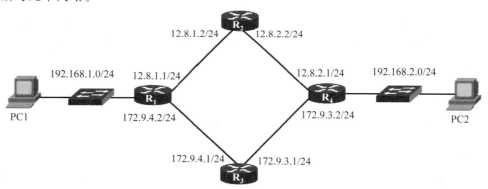

图 7-32 配置动态路由协议

R_1(config)♯router rip

R_1(config-router)♯network _____

R_1(config-router)♯network _____

R_1(config-router)♯network _____

R_2(config)♯router rip

R_2(config-router)♯network _____

R_2(config-router)network

R_3(config)♯router rip

R_3(config-router)♯network _____

R_3(config-router)network

R_4(config)♯router rip

R_4(config-router)♯network _____

R_4(config-router)♯network _____

R_4(config-router)♯network _____

3. 在如图 7-32 所示的网络结构中,给出路由器配置 OSPF 协议,写出配置 network 后面需要填写的网络和反转掩码(注:答案不唯一)。

R_1(config)♯router ospf 1

R_1(config-router)♯network _____ _____ area 0

R_1(config-router)♯network _____ _____ area 0

R_1(config-router)♯network _____ _____ area 0

R_2(config)♯router ospf 1

R_2(config-router)♯network _____ _____ area 0

R_2(config-router)♯network _____ _____ area 0

R_3(config)♯router ospf 1

R_3(config-router)♯network _____ _____ area 0

R_3(config-router)♯network _____ _____ area 0

R_4(config)♯router ospf 1

R_4(config-router)♯network _____ _____ area 0

R_4(config-router)♯network _____ _____ area 0

R_4(config-router)♯network _____ _____ area 0

4. 如图 7-33 所示,Windows 不能访问 PC2。在 Windows 上使用 tracert 命令跟踪数据包的路径。跟踪结果如图 7-34 所示,根据跟踪结果,判断问题出现在什么地方。

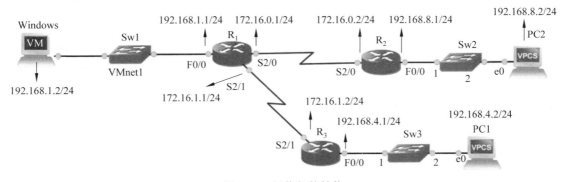

图 7-33　网络拓扑结构

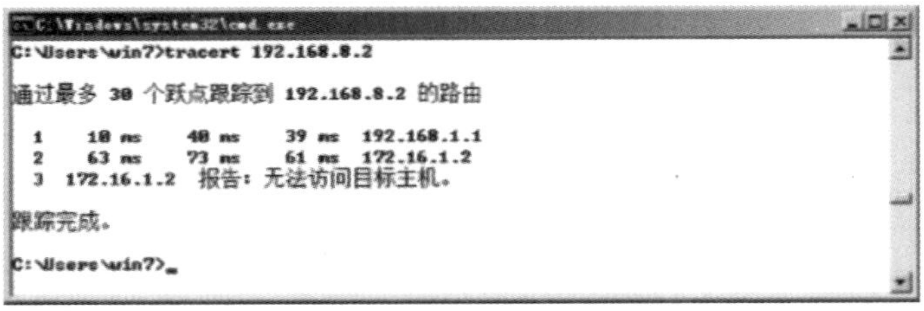

图 7-34　跟踪结果

5. 根据图 7-35 的网络拓扑结构,对等每个路由器配置 OSPF 协议,使得 PC1 和 PC2 能互通。

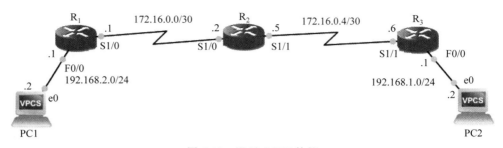

图 7-35　配置 OSPF 协议

第8章 运 输 层

运输层位于应用层和网络层之间,它为应用层提供服务,并接收来自网络层的服务,它是分层体系结构中的重要部分。运输层协议又称为端到端的协议,该层为运行在不同主机上的应用进程提供直接通信服务起着至关重要的作用。本章首先概括介绍运输层协议的功能、进程之间的通信和端口等重要概念,然后介绍比较简单的 UDP。本章其余的篇幅都是讨论较为复杂但非常重要的 TCP 和可靠传输的工作原理,包括停止等待协议和 ARQ 协议。在详细讲述 TCP 报文段和首部格式之后,紧接着讨论 TCP 的三个重要问题:滑动窗口、流量控制和拥塞控制机制。最后,介绍 TCP 连接管理。

本章主要内容:

(1) 运输层功能及特点;

(2) 端口及服务关系;

(3) 端口及网络安全关系;

(4) UDP 特点及首部格式;

(5) TCP 特点及首部格式;

(6) TCP 可靠传输;

(7) TCP 流量控制;

(8) TCP 拥塞控制;

(9) TCP 连接管理。

8.1 运输层概述

8.1.1 运输层功能

运输层在应用层和网络层之间提供不同主机之间进程服务,为不同主机应用进程之间提供逻辑通信。所谓进程是指正在运行的程序。一个进程运行在本地主机,另一个进程则运行在远程主机。使用逻辑连接提供通信,意味着两个应用层可以位于地球上的不同位置,两个应用层之间好像存在一条想象连接,通过这条连接可以发送和接收数据。

运输层的基本功能为用户提供端到端之间的通信。如图 8-1 所示,从 IP 层来说,通信两端是两个主机。IP 数据报首部明确地标志了这两个主机的 IP 地址。然而严格地讲,两个主机进行通信实际上就是两个主机中应用进程互相通信。IP 虽然能把分组送到目的主机,但是这个分组还停留在主机的网络层而没交付给主机中的应用进程。从运输层角度看,通信的真正的端点并不是主机而是主机中的进程。因此从运输层角度看,端到端通信是应用进程之间的通信。

运输层另一个很重要的功能是复用和分用功能。复用是指在发送方不同的应用进程都可以使用同一个运输层协议传送数据(当然需要加上适当的首部),而分用是指接收方的运

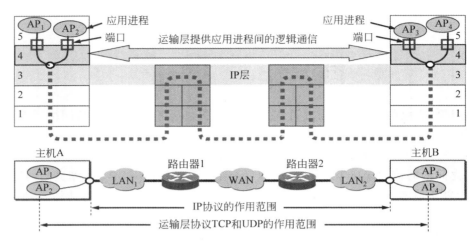

图 8-1 运输层为相互通信的应用进程提供逻辑通信

输层在剥去首部后能够把这些数据正确交付目的主机。例如,当你通过 HTTP 上网浏览网页时,实质上是你所访问的主机的服务器进程与你本机的浏览器进程在进行通信。试想一下,当你在上网的同时,还开着 QQ,还使用 FTP 下载大文件,这时就有三个网络上的进程与你的主机上的三个进程进行通信,那么系统是怎么样正确地把接收到的数据定位到指定的进程中的呢? 也就是说,系统是怎么把从 FTP 服务器发送过来的数据交付到 FTP 客户端,而不把这些数据交付到 QQ 上的呢? 反过来考虑,系统又是如何精确地把来自各个应用进程的数据发到网络上指定的主机(服务器)上的对应进程的呢? 这就是多路分解与多路复用的作用了。应用层不同进程的报文通过不同端口(下面要详细讨论端口概念),向下交到运输层,再往下就共用网络层提供的服务,这就是运输层的复用功能。当这些报文到达目的主机后,目的主机运输层使用其分用功能,通过不同的端口将报文分别交付到相应的应用进程。

运输层还要对收到的报文进行差错检测。网络层只对其数据报首部进行检验,而不检查数据部分。而运输层则对数据部首部和数据部分进行检验。

8.1.2 运输层的两个协议

网络中的计算机通信无外乎有以下两种情况。

图 8-2 TCP/IP 体系中的运输层协议

(1) 要发送的内容多,需要发送的内容分成多个数据报文发送。

(2) 要发送的内容少,一个数据报文就能发送全部。

根据应用的不同,在运输层有两种不同的运输协议,即面向连接的 TCP 和无连接的 UDP。图 8-2 给出两种协议在协议栈中的位置。

按照 OSI 的术语,两个对等运输实体在通信时传送的数据单元叫作运输层协议数据单元(Transport Protocol Data Unit,TPDU)。但在 TCP/IP 体系中,则根据所使用的协议是 TCP 或

UDP,分别称为 TCP 报文段(segment)或 UDP 用户数据报。

如果一个报文就能发送完应用层全部内容,在运输层就使用 UDP。使用 UDP 不需要分段、不需要编号,在发送之前不需要建立连接,不判断数据报文是否到达目的地,发送过程也不需要流量控制和拥塞避免。远地主机收到 UDP 报文之后,不需要给出任何确认。

虽然 UDP 不提供可靠交付,但在某些情况下 UDP 却是一种最有效的工作方式。例如,在计算机上打开浏览器输入某个域名,计算机就需要将该域名解析成 IP 地址,就会向 DNS 服务器发送一个域名解析数据报,查询该域名对应的 IP 地址。由于报文内容比较短,一个报文就能发送全部内容,不需要持续发送。域名的查询和响应报文在运输层使用 UDP。

如果要传输的内容比较多,就需要将发送的内容分成多个报文段发送,这就要求使用 TCP。TCP 则提供面向连接的服务,在传送数据之前必须先建立连接,数据传送结束后要释放连接,数据传输过程中实现可靠传输、流量控制和拥塞避免。例如,从网络中下载一个 500MB 的电影,这么大的文件需要拆分成多个报文段进行数据传送,传送过程需要持续几分钟或几十分钟。在此期间,发送方将要发送的内容一边发送一边放到缓存,将缓存中的内容分成多个报文段,并进行编号,按顺序发送。这就需要在接收方建立连接,协商通信过程中的一些参数(如一个报文段最大多少字节),如果网络不稳定造成某个报文段丢失,发送方必须重新发送丢失的数据报,否则就会造成接收的文件不完整,这就需要 TCP 能够实现可靠传输。如果发送方发送速度太快,接收方来不及处理,接收方通知发送方降低发送速度甚至停止发送。TCP 还能实现流量控制,因为互联网中的流量不固定,流量过高时会造成网络拥塞(这一点很好理解。就像城市上下班高峰时的交通堵塞一样),在整个传输过程中发送方要一直探测网络是否拥塞,来调整发送速度,TCP 有拥塞避免机制。

表 8-1 给出了一些应用和应用层协议主要使用的运输层协议(UDP 或 TCP)。

表 8-1　使用 UDP 的各种应用和应用层协议

应　　用	应用层协议	运输层协议
名字转换	DNS(域名系统)	UDP
文件传送	TFTP(简单文件传送协议)	UDP
路由选择协议	RIP(路由信息协议)	UDP
IP 地址配置	DHCP(动态主机配置协议)	UDP
网络管理	SNMP(简单网络管理协议)	UDP
远程文件服务	NFS(网络文件系统)	UDP
IP 电话	专用协议	UDP
流式多媒体通信	专用协议	UDP
组播	IGMP(网际组管理协议)	UDP
电子邮件	SMTP(简单邮件传送协议)	TCP
远程终端接入	TELNET(远程终端协议)	TCP
万维网	HTTP(超文本传送协议)	TCP
文件传送	FTP(文件传送协议)	TCP

8.1.3 运输层端口

目前的操作系统支持多用户和多程序的运行环境。一个远程计算机在同一个时间可以运行多个服务器程序，就像许多本地计算机可在同一时间运行一个或多个客户应用程序一样。对通信来说，我们必须定义本地主机、本地进程、远地主机以及远程进程。我们使用 IP 地址来定义本地主机和远程主机。为了定义进程，需要第二个标识符，称为端口号（port number）。

准确地说，端口号是操作系统为不同的网络应用提供了一个用于区分不同网络通信进程的标识。端口号是 16 位的二进制，即 0~65 535 的整数。每个通信进程产生时都同时被设定一个端口号用来标识该进程，且端口号在同一操作系统上是唯一的。客户进程向某个服务器请求一种服务时，请求信息中指明服务器某个特定端口号，服务器便可以将接收的服务请求提交对应该端口号的服务进程。客户进程在发送服务请求时，随即也产生一个客户进程端口号，客户端与服务器就这样相互识别进行通信。

应用层协议很多，运输层就有两个协议，通常运输层协议加一个端口号来标识一个应用层协议，因此，端口就是运输层服务访问点（TSAP）。如图 8-3 所示，展示了运输层协议和应用层协议之间的关系。

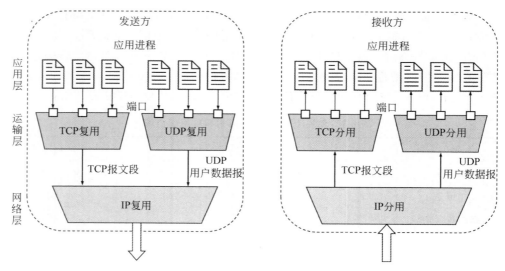

图 8-3　运输层与应用层协议之间关系

端口的作用就是让应用层的各种应用进程都能将其数据通过端口向下交付给运输层，以及让运输层知道应当将其报文段中的数据向上通过端口交付给应用层相应的进程。从这个意义上讲，端口是用来标志应用层的进程。

端口可以分为两大类：服务器端使用的端口号和客户端使用的端口号。服务器端使用的端口号又可以分为熟知端口号和登记端口号。

（1）熟知端口（well-known port），其数值为 0~1023。这些数值可在网址 www.iana.org 查到。IANA 把这些端口号指派给了 TCP/IP 最重要的一些应用程序。让所有用户都知道。表 8-2 给出了一些常用的熟知端口。

表 8-2　熟知端口

应用程序或服务	FTP	TELNET	SMTP	DNS	TFTP	HTTP	SNMP
端口号	21	23	25	53	69	80	161

（2）登记端口，其数值为 1024～41 951。这类端口号是供没有熟知端口号的应用程序使用的。使用这类端口号必须在 IANA 按照规定的手续登记，以防止重复。例如微软的远程桌面 RDP 使用 TCP 的 3389 端口，就属于登记端口号的范围。

（3）客户端使用的端口号，其数值为 49 152～65 535。这类端口号仅在客户进程运行时才动态分配，是留给客户进程暂时使用时选择。通信结束后被收回，供其他客户进程以后使用。例如，当打开浏览器访问网站或登录 QQ 等客户端软件和服务器建立连接时，计算机会为客户端软件分配临时端口，这就是客户端端口。当服务器进程收到客户进程报文时，就知道了客户进程所使用的端口号，因而可以把数据发送给客户进程。通信结束后，刚才已使用过的端口号就不复存在，这个端口号就可以供其他客户进程以后使用。

8.1.4　端口和服务的关系

有些程序是以服务形式运行的，在 Linux 和 Windows 系统上都有很多服务，这些服务在开机时就运行，而不用像程序一样需要用户登录后单击运行，因此我们说服务是在后台运行的。

有些服务为本地计算机提供服务，有些服务是为网络中的其他计算机提供服务的，这类服务一开始运行就要使用 TCP 或 UDP 的某个端口侦听客户端请求，等待客户端连接，每个服务使用的端口号必须唯一。

如图 8-4 所示，服务器运行了 Web 服务、SMTP 服务和 POP3 服务，这三个服务分别使用 HTTP、SMTP 和 POP3 协议与客户端通信。现在网络中的 A 计算机、B 计算机和 C 计算机分别打算访问服务器的 Web 服务、SMTP 服务和 POP3 服务。发送了三个数据报①②③，这三个数据报提交给不同的服务。

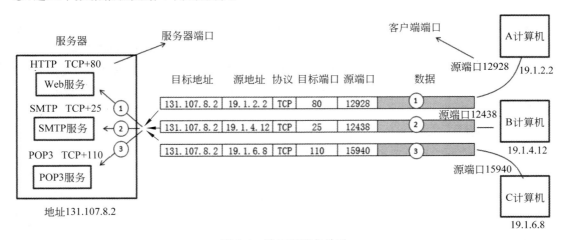

图 8-4　端口和服务关系

A、B、C 计算机访问服务器的数据报文有目标端口和源端口,源端口是计算机临时为客户端程序分配的,服务器向 A、B、C 发送响应报文时,源端口就变成了目标端口。

8.1.5　端口和网络安全的关系

客户端和服务器之间的通信使用应用层协议,应用层协议使用运输层协议＋端口标识,如果在网络设备封掉 TCP 或 UDP 的某个端口,就不能访问其对应的服务,就可以实现网络安全。

如果在一个网络上安装多个服务,其中一个服务有漏洞,被黑客入侵了,黑客就能获得操作系统控制权,进一步破坏掉其他服务。如图 8-5 所示,服务器对外除提供 Web 服务外,还提供 MS SQL 数据库服务,网站数据就存储在本地数据库中。如果服务器的防火墙没有对进入的流量做任何限制,而数据库内置管理员密码为空或弱密码,网络中的黑客就可以通过 TCP 的 1433 端口连接到数据库服务,很容易猜出数据库账户 sa 的密码,进一步在该服务器中对数据库为所欲为,这就意味着服务器被入侵。

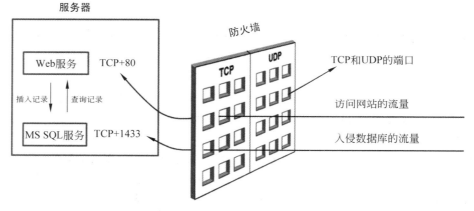

图 8-5　服务器上的防火墙示意图

如果想让服务器更加安全,就需要把能够通往应用层的 TCP 和 UDP 的大部分端口关闭,只开放必要的端口。如果服务器对外只提供 Web 服务,可以设置 Web 服务器防火墙只对外开放 TCP 的 80 端口,其他端口都关闭,这样即便服务器运行了数据库服务,使用 TCP 的 1433 端口侦听客户端的请求,互联网上的入侵者也没有办法通过数据库入侵服务器,如图 8-6 所示。

为加强网络安全,除以上讲的在服务器防火墙只开放必要的端口外,还可以在路由器上设置访问控制列表(ACL)来实现网络防火墙功能,控制内网访问互联网的流量。如图 8-7 所示,在企业路由器只开放了 UDP 的 53 端口和 TCP 的 80 端口,允许内网计算机将域名解析的数据包发送到互联网的 DNS 服务器,允许内网计算机使用 HTTP 访问互联网的 Web 服务器。但内网计算机不能访问互联网上的其他服务,比如向互联网发送邮件(使用 SMTP)、从互联网接收邮件(使用 POP3 协议)。

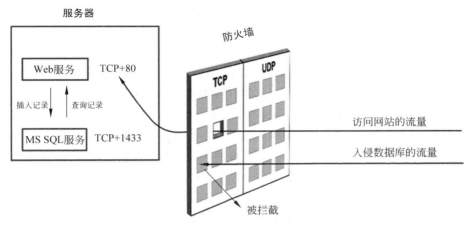

图 8-6　防火墙只打开特定端口

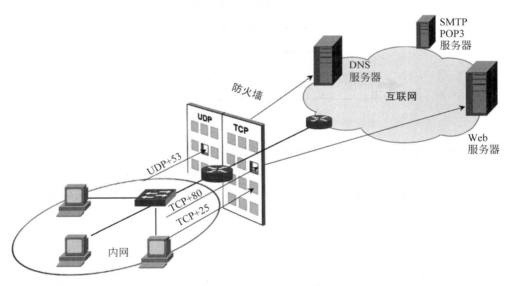

图 8-7　路由器上的防火墙

8.2　用户数据报协议

UDP 和 TCP 是运输层中最主要的两个传输协议,但它们实现的功能不同,首部格式也不同。下面讲解 UDP 的特点和 UDP 报文首部。

8.2.1　UDP 的特点

用户数据报协议(UDP)只在 IP 数据报服务之上增加了很少的功能,即端口的功能(有了端口,运输层就能进行复用和分用)和差错检测功能。虽然 UDP 用户数据报只提供不可靠的交付,但 UDP 在某些方面有其特殊的优点。

（1）UDP 是无连接的，即发送数据之前不需要建立连接（当然发送数据时也没有连接可释放），因此减少了开销和发送数据之前的时延。

（2）UDP 使用尽最大努力交付，即不保证可靠交付，同时也不使用拥塞控制，因此主机不需要维持具有许多参数的、复杂的连接状态表。

（3）UDP 是面向报文的，发送方的 UDP 对应用程序交下来的报文，在添加首部后就向下交付 IP 层。UDP 对应用层交下来的报文，既不合并也不拆分，而是保留这些报文的边界。这就是说应用层交给 UDP 多长的报文，UDP 就照样发送，即一次发送一个报文，如图 8-8 所示。在接收方的 UDP，对 IP 层交上来的 UDP 用户数据报，在去除首部后就原封不动地交付上层应用进程。也就是说，UDP 一次交付一个完整的报文。因此，应用程序必须选择合适大小的报文。若报文太长，会降低 IP 层的效率；反之，若报文太短，UDP 把它交给 IP 层后，会使 IP 层数据报的首部相对长度太大，这也降低了 IP 层的效率。

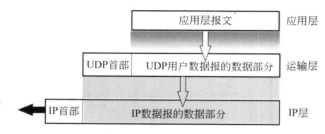

图 8-8　UDP 是面向报文的

（4）UDP 没有拥塞控制，因此网络出现的拥塞不会使源主机的发送速率降低。这对某些实时应用是很重要的。很多的实时应用（如 IP 电话、实时视频会议等）要求源主机以恒定的速率发送数据，并且允许在网络发生拥塞时丢失一些数据，但不允许数据有太大的时延。UDP 正好适合这种要求。

（5）UDP 支持一对一、一对多、多对一和多对多的交互通信。

（6）UDP 的首部开销，只有 8B，比 TCP 的 20B 的首部要短。

虽然某些实时应用需要使用没有拥塞控制的 UDP，但当很多的源主机同时都向网络发送高频率的实时视频流时，网络就可能发生拥塞，结果大家都无法正常接收。因此，不使用拥塞控制功能的 UDP 有可能会引起网络产生严重的拥塞问题。

还有一些使用 UDP 的实时应用，需要对 UDP 的不可靠传输进行适当的改进，以减少数据的丢失。在这种情况下，应用进程本身可以在不影响应用的实时性的前提下，增加一些提高可靠性的措施，如采用前向纠错或重传已丢失的报文。

8.2.2　UDP 的首部格式

UDP 数据报有两个字段：数据字段和首部字段。首部字段很简单，只有 8B。首部由 4 个字段组成，每个字段长度为 2B(16b)。各字段意义如下。

（1）源端口。源端口号，在需要对方回信时选用，不需要时可用全 0。

（2）目的端口。目的端口号，在终点交付报文时必须使用。

（3）长度。UDP 用户数据报的长度，其最小值是 8（仅有首部）。

（4）校验和。检测 UDP 用户数据报在传输中是否有错，有错就丢失。

UDP 首部校验和的计算方法有些特殊。在计算校验和时，要在 UDP 用户数据报之前增加 12B 的伪首部。UDP 伪首部内容如图 8-9 所示。称为伪首部是因为它并不是 UDP 用户数据报的真正首部，只是在计算校验和时，临时添加在 UDP 用户数据报前面，得到一个临时的 UDP 用户数据报。检验和就是按照这个临时的 UDP 用户数据报来计算的。伪首部既不向下传送也不向上递交，而仅仅是为了计算校验和。

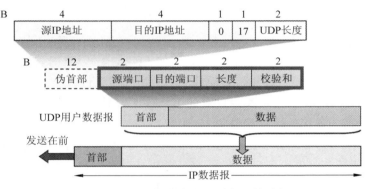

图 8-9　UDP 用户数据报的首部和伪首部

UDP 计算校验和的方法和计算 IP 数据报首部校验和的方法相似。但不同的是，IP 数据报的校验和只检验 IP 数据报的首部，但 UDP 检验和是把首部和数据部分一起都检验。如图 8-10 所示，在发送端，首先把全 0 放入校验和字段，再把伪首部以及 UDP 用户数据报看成是由许多 16 位的字串接起来的。若 UDP 用户数据报的数据部分不是偶数个字节，则要填入一个全零的字节（但此字节不发送）。然后按二进制反码计算出这些 16 位字的和（二进制反码运算规则是：从低位到高位逐位进行计算。0 和 0 相加是 0，0 和 1 相加是 1，1 和 0 相加是 1，1 和 1 相加是 0 但要产生一个进位 1 加到下一列。若最高位相加后产生进位，则最后得到结果要加 1）。将此和的二进制的反码写入校验和字段后，发送此 UDP 用户数据报。

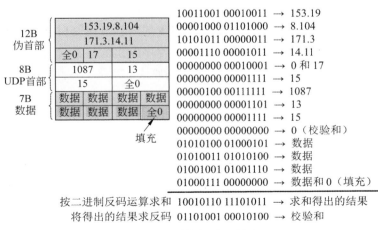

图 8-10　计算校验和例子

在接收方,把收到的 UDP 用户数据报连同伪首部(以及可能填充的零字节)一起按二进制反码求这些 16 位字的和。当无差错时其结果应为全 1,否则就表明有差错出现,接收方就应该丢弃这个 UDP 用户数据报。

不难看出,这种简单的差错校验方法的检错能力并不强,但它的好处是简单,处理起来较快。

8.3 TCP 概述

8.3.1 TCP 的特点

TCP 通常被称为面向连接协议,它提供全双工和可靠交付服务。这一协议保证可靠有序地将数据从发送者传送到接收者。TCP 的主要特点如下。

(1) TCP 是面向连接的。这就是说,应用程序在使用 TCP 之前,必须先建立 TCP 连接,在数据传送完毕后,必须释放已经建立的 TCP 连接。也就是说,应用进程之间的通信好像在"打电话",通话前要先拨号建立连接,通话结束后要挂机释放连接。

(2) 每一条 TCP 连接只能有两个端点,每一条 TCP 连接只有点对点的(一对一)。

(3) TCP 提供可靠交付的服务。通过 TCP 连接传送的数据无差错、不丢失、不重复,并且按序到达。

(4) TCP 提供全双工通信。TCP 允许通信双方的应用进程在任何时候都能发送数据。TCP 连接的两端都设有发送缓存和接收缓存,用来临时存放双向通信数据。在发送时,应用程序把数据传送给 TCP 的缓存后,就可以做自己的事,而 TCP 在合适时把数据发送出去。在接收时,TCP 把收到的数据放入缓存,上层的应用进程在合适时读取缓存中的数据。

(5) TCP 是面向字节流的。TCP 中的"流"指的是流入到进程或从进程流出的字节序列。"面向字节流"的含义是:虽然应用程序和 TCP 的交互是一次一个数据块(大小不等),但 TCP 把应用程序交下来的数据仅仅看成是一连串的无结构的字节流。TCP 并不知道所传送的字节流含义。TCP 不保证接收方应用程序所收到的数据块和发送方应用程序所发出的数据块具有对应大小的关系(例如,发送方应用程序交给发送方的 TCP 共 10 个数据块,但接收方的 TCP 可能只用了 4 个数据块就把收到的字节流交付上层的应用程序)。但接收方应用程序收到的字节流必须和发送方应用程序发出的字节流完全一样。当然,接收方应用程序必须有能力识别收到的字节流,把它还原成有意义的应用层数据。图 8-11 是上述概念的示意图。

为了突出示意图的要点,图中只画出了一个方向的数据流。但请注意,在实际的网络中,一个 TCP 报文段包含上千字节是很常见的,而图中各部分只画出了几个字节,这仅仅是为了更方便地说明"面向字节流"的概念。另一点很重要的是:图中的 TCP 连接是一条虚连接(也就是逻辑连接),而不是一条真正的物理连接。TCP 报文段先要传送到 IP 层,加上 IP 层首部后,再传送到数据链路层。再加上数据链路层的首部和尾部后,才离开主机发送到物理链路。

TCP 和 UDP 在发送报文时所采用的方式完全不同。TCP 并不关心应用进程一次把

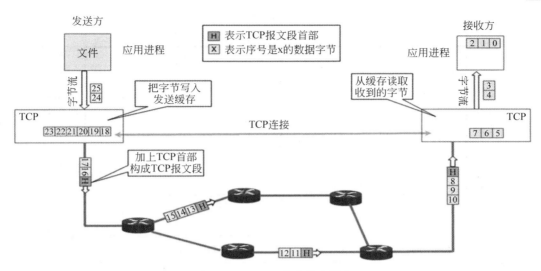

图 8-11　TCP 面向字节流概念

多长的报文发送到 TCP 的缓存中,而是根据对方给出的窗口值和当前网络拥塞的程度来决定一个报文段应包含多少字节(UDP 发送的报文长度是应用进程给出的)。如果应用进程传送到 TCP 缓存的数据块太长,TCP 就可以把它划分短一些再传送。如果应用进程一次只发来一个字节,TCP 也可以等待积累有足够多的字节后再构成报文段发送出去。关于 TCP 报文段长度问题,将在后面进行讨论。

8.3.2　TCP 的报文段格式

TCP 报文段是被封装在 IP 数据报中,和 UDP 类似,在 IP 数据报的数据部分。TCP 报文段包括 TCP 首部和数据两部分,协议首部的固定部分有 20B,首部中各字段的设计体现了 TCP 的全部功能,协议首部的固定部分后面为选项部分,可以是 4NB,在默认情况下选项部分可以没有。TCP 报文段协议格式如图 8-12 所示。

TCP 首部固定和选项两部分,固定部分各字段含义如下。

(1) 源端口和目的端口。源端口和目的端口各占 2B,分别写入源端口号和目的端口号,是应用层和运输层之间的服务访问点 TSAP。与 UDP 中端口类似,用于寻找发送端和接收端的应用进程。这两个值加上 IP 首部中的源端 IP 地址和目的端 IP 地址唯一确定一个 TCP 连接,在网络编程中,一般一个 IP 地址和一个端口号组合称为一个套接字(socket)。

(2) 序号。占 4B,序号范围是$[0,2^{32}-1]$,共 2^{32}(4 294 967 296)个序号。序号增加到 $2^{32}-1$ 后,下一个序号就又回到了 0。也就是说,序号使用 mod 2^{32} 运算。TCP 是面向字节流的,在一个 TCP 连接中传送的字节流中的每一个字节都是按顺序编号的,整个要传送的字节流的起始序号必须在建立连接时设置。首部中的序号字段值则指的是本报文段所发送的数据的第一个字节的序号。例如,一个报文段的序号字段值是 301,最后一个字节的序号是 400。显然,下一个报文段(如果还有)的数据序号应当从 401 开始,即下一个报文段的序

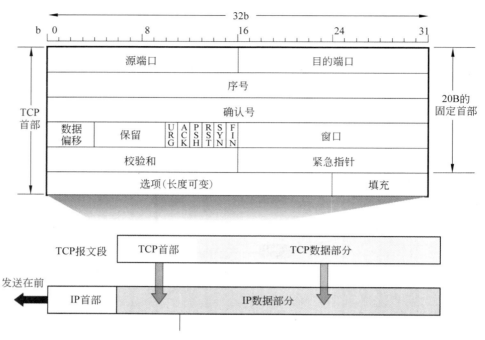

图 8-12　TCP 报文段的协议格式

号字段值应为 401,这个字段的名称也叫作"报文段序号"。

(3) 确认序号。占 4B,是期望收到下一个报文段的第一个数据字节的序号。例如,B 正确地收到了 A 发送过来的一个报文段,其序号字段值是 501,而数据长度是 200B(序号是 501~700),这表明 B 正确收到了 A 发送的序号 700 为止的数据。因此,B 期望收到 A 的下一个数据序号是 701,于是 B 在发送给 A 的确认报文段中把确认号置为 701。因此,确认序号应当是上次已成功收到数据字节序号加 1(不是单纯的序号加 1,还包括数据字节数)。若确认号为 N,则表明:从初始序号到序号为 $N-1$ 为止的所有数据都已经正确地收到。

(4) 数据偏移。占 4 位,用于记录 TCP 数据报首部的长度,一般为 20B,实际值为首部长度除以 4。

(5) 保留。占 6 位,保留为今后使用,但目前应置为 0。

(6) 紧急 URG。占 1 位,当 URG=1 时,表明紧急指针字段有效,本报文段包含紧急数据,应该尽快地传送(相当于高优先级数据),而不是按原来的排队顺序来传送。

当该位置为 1 时,发送方的应用进程就告诉发送方的 TCP 有紧急数据传送。于是发送方的 TCP 就把紧急数据插入本报文段数据的最前面,而在紧急数据后面的数据仍是普通数据。这时要与首部中紧急指针字段配合使用。

(7) 确认 ACK。占 1 位,仅当 ACK=1 时确认号字段才有效。当 ACK=0 时,确认号无效。TCP 规定,连接建立后所有传送的报文段都必须把 ACK 置为 1。

(8) 推送 PSH。占 1 位,当两个应用进程进行交互通信时,当发送端 PSH=1 时,便立即建立一个报文段发送出去。接收端 TCP 收到 PSH=1 的报文段,应该立即上交给应用程序,即使其缓冲区尚未填满。

（9）复位 RST。占 1 位,也称重置位,RST＝1 表示 TCP 连接中出现严重差错,必须立即释放,然后重新建立连接。

（10）同步 SYN。占 1 位,在连接建立时用来同步序列序号。当 SYN＝1 而 ACK＝0 时表明这是一个连接请求报文段。对方若同意建立连接,则应当在响应报文段中使 SYN＝1 和 ACK＝1。因此,SYN 置为 1 表示这是一个连接请求或连接接受报文。

（11）终止 FIN。占 1 位,当 FIN＝1 时,表明此报文段中发送端数据已经发送完毕,请求释放连接。

（12）窗口。占 2B,窗口值是 $[0,2^{16}-1]$ 中的一个整数。窗口值指的是发送本报文段的一方的接收窗口（而不是自己的发送窗口）。窗口值告诉对方:从本报文段首部中的确认号算起,接收方目前允许对方发送的数据量（以 B 为单位）。之所以有这个限制,是因为接收方的数据缓存空间是有限的。总之,窗口值作为接收方让发送方设置其发送窗口的依据。

（13）校验和。占 2B。检验和字段的范围包括首部和数据这两部分。校验和计算过程与前面描述的 UDP 计算检验和的过程相同。

（14）紧急指针。占 2B。紧急指针仅在 URG＝1 时才有意义,它指出本报文段中的紧急数据的字节数（紧急数据结束后就是普通数据）。因此,紧急指针指出了紧急数据的末尾在报文段中的位置。当所有紧急数据处理完毕时,TCP 就告诉应用程序恢复到正常操作。值得注意的是,即使窗口为零时也可发送紧急数据。

（15）TCP 选项部分长度可变,最长可达 40B。当没有使用选项时,TCP 首部长度是 20B。TCP 最初只规定了一种选项,即最大报文长度（Maximum Segment Size,MSS）。如图 8-13 所示,MSS 是每一个 TCP 报文段中的数据字段的最大长度。数据字段加上 TCP 首部才等于整个 TCP 报文段,所以 MSS 并不是整个 TCP 报文段的最大长度,而是“TCP 报文段长度减去 TCP 首部长度”。

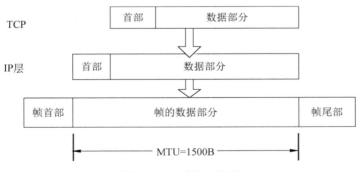

图 8-13　最大报文长度

随着互联网的发展,又陆续增加了几个选项如窗口扩大选项、时间戳选项等,之后又增加了选择确认（SACK）选项。

如图 8-13 所示数据链路层都有最大传输单元（MTU）的限制,以太网的 MTU 是

1500B,要想数据包在传输过程中在数据链路层不分片,TCP 的数据部分最大长度 MSS 应为 1460B。这是因为 TCP 报文段的数据部分,至少要加上 40B 的首部(TCP 首部 20B 和 IP 首部 20B)才能组装成一个 IP 数据报。若选择较小的 MSS 长度,网络的利用率就降低。设想在极端的情况下,当 TCP 报文段数据部分只含有 1B 时,在 IP 层传输的数据报的开销至少有 40B(包括 TCP 报文段的首部和 IP 数据报的首部)。这样,网络的利用率就不会超过 1/41。但反过来,若 TCP 报文段非常长,那么在 IP 层传输时就有可能分解成多个短数据报片,在终点还要把收到的各个短数据报片装配成原来的 TCP 报文段。当传输出错时还要进行重传,这些也都会使开销增大。

因此,MSS 应尽可能设置大些,只要在 IP 层传输时不需要再分片就行。由于 IP 数据报经历的路径是动态变化的,因此在这条路径上确定的不需要分片的 MSS,如果改走另一条路径就可能需要进行分片。因此确定最佳的 MSS 是很难的。在连接建立的过程中,双方都把自己能够支持的 MSS 写入这一字段,以后就按照这个数值传送数据,两个传送方向可以有不同的 MSS 值。若主机未填写这一项,则 MSS 的默认值是 536B 长。因此,所有在互联网上的主机都应能接受的报文段长度是 536+20(固定首部长度)=556B。

窗口扩大选项是为了扩大窗口。TCP 首部中窗口字段长度是 16 位,因此最大窗口大小是 64B。虽然这对早期的网络是足够用的,但对于包含卫星信道的网络,传播时延和带宽都很大,要获得高吞吐率需要更大的窗口。

窗口扩大选项占 3B,其中有一个字节表示位移值 S。新的窗口值等于 TCP 首部中的窗口位数从 16 增大到(16+S),这相当于把窗口值向左移动 S 位后获得实际的窗口大小。移位值允许使用的最大值是 14,相当于窗口最大值增大到 $2^{(16+14)}-1=2^{30}-1$。

窗口扩大选项可以在双方初始建立 TCP 连接时进行协商。如果连接的某一端实现了窗口扩大,当它不再需要扩大其窗口时,可发送 S=0 的选项,使窗口大小回到 16。

时间戳选项占 10B,其中最主要字段是时间戳字段(4B)和时间戳回送回答字段(4B)。时间戳选项有以下两个功能。

第一,用来计算往返时间 RTT(见 8.4.5 节)。发送方在发送报文段时把当前时钟的时间值放入时间戳字段,接收方在确认报文段时把时间戳字段值复制到时间戳回送回答字段。因此,在发送方收到确认报文后,可以准确地计算出 RTT 来。

第二,用于处理 TCP 序号超过 2^{32} 的情况,这又称为防止序号绕回(Protect Against Wrapped Sequence numbers,PAWS)。TCP 报文段序号只有 32 位,而每增加 2^{32} 个序号就会重复使用原来用过的序号。当使用高速网络时,在一次 TCP 连接的数据传送中序号可能会被重复使用。例如,当使用 1.5Mb/s 速率发送报文段时,序号重复要 6h 以上。但若用 2.5Gb/s 的速率发送报文段,则不到 14s 序号就会重复。为了使接收方能够把新的报文段和迟到很久的报文段分开,可以在报文段中加上这种时间戳。

后面将介绍选择确认选项。

图 8-14 给出利用 Wireshark 抓取一个 TCP 报文段的例子,图中标注了 TCP 运输层首部的各个字段,该报文段首部没有选项部分。

图 8-14　TCP 首部

8.4　可靠传输

TCP 发送的报文段是交给 IP 层传送的,但 IP 层只能提供尽最大努力服务,也就是说,TCP 下面的网络所提供的是不可靠的传输。因此,TCP 必须采用适当的措施才能使得两个运输层之间的通信变得可靠。

8.4.1　停止等待协议

TCP 建立连接后,双向可以建立连接相互发送数据。下面为讨论问题方便,仅考虑 A 发送数据而 B 接收数据并发送确认。因此 A 叫作发送方,而 B 叫作接收方。因这里讨论可靠传输的原理,我们把传送数据的单元都称为分组,并不考虑数据是在哪个层次上传送的。"停止等待"就是每发送完一个分组就停止发送,等待对方确认。在收到确认后再发送下一个分组。

1. 无差错情况

停止等待协议可用图 8-15 来说明。图 8-15(a)是最简单的无差错情况。A 发送分组 M_1,发完就暂停发送,等待 B 的确认。A 在收到了对 M_1 的确认后,就再发送一个分组 M_2。同样,在 B 收到对 M_2 的确认后,再发送 M_3。

2. 出现差错或丢失

图 8-15(b)是分组在传输过程中出现差错情况或丢失情况。A 发送的 M_1 在传输过程中被路由器丢弃,或 B 接收 M_1 时检测出了差错,就丢失 M_1,其他什么也不做(不通知 A 收到有差错的分组)。在以上两种情况下,B 都不会发送任何消息。可靠传输协议是这样设计

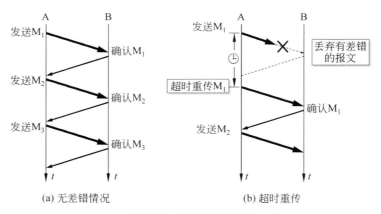

(a) 无差错情况   (b) 超时重传

图 8-15 停止等待协议

的:A 只要超过了一段时间仍然没有收到确认,就认为刚才发送的分组丢失了,因而重传前面的分组。这就叫作超时重传。要实现超时重传,就要在发送完一个分组时设置一个超时计时器。如果在超时计时器到期之前收到了对方的确认,就撤销已设置的超时计时器。其实在图 8-15(a)中,A 为每一个已发送的分组都设置了一个超时计时器。但 A 只要在超时计时器到期之前收到了相应的确认,就撤销该超时计时器。为简单起见,这些细节在图 8-15(a)中都省略了。

这里应注意以下三点。

第一,A 在发送完一个分组后,必须暂时保留已发送的分组副本(在发生超时重传时使用)。只有在收到相应的确认后才能清除暂时保留的分组副本。

第二,分组和确认分组都必须进行编号。这样才能明确是哪一个发送出去的分组收到了确认,而哪一个分组还没有收到确认。

第三,超时计时器设置的重传时间应当比数据在分组传输的平均往返时间更长一些。图 8-15(b)中的一段虚线表示如果 M_1 正确到达 B 同时 A 也正确收到确认的过程。可见重传时间的设定为比平均往返时间更长一些。显然,如果重传时间设定的很长,那么通信效率就会很低。但如果重传时间设定的太短,以致产生不必要的重传,就浪费了网络资源。然而,在运输层重传时间的准确确定是非常复杂的,这是因为已经发送出去的分组到底会经过哪些网络,以及这些网络会产生多大的时延(取决于网络当时的拥塞情况),这些都是不确定的因素。关于重传时间如何选择,在后面还要进一步讨论。

3. 确认丢失和确认迟到

图 8-16(a)说明的是另一种情况。B 所发送的对 M_1 的确认丢失了。A 在设定的超时重传时间内没有收到确认,并无法知道是自己发送的分组出错、丢失,或者是 B 发送的确认丢失了。因此 A 在超时计时器到期后就要重传 M_1。现在应注意 B 的动作。假定 B 又收到了重传的分组 M_1,这时应采取两个行动:

第一,丢弃这个重传的分组 M_1,不向上层交付。

第二,向 A 发送确认。不能认为已经发送过的确认就不再发送,因为 A 之所以重传 M_1就表示没有收到对 M_1 的确认。

图 8-16(b)也是一种可能出现的情况。传输过程中没有出现差错,但 B 对分组 M_1 的确

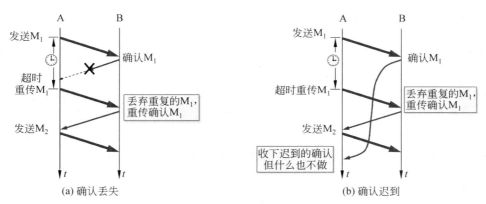

图 8-16 确认丢失和确认迟到

认迟到了,A会收到重复的确认。对重复的确认的处理很简单:收下后应丢弃。B仍然会收到重复的 M_1,并且同样丢弃重复的 M_1,并重传确认分组。

通常A最终总是可以收到对所有发出的分组的确认。如果A不断重传分组但总是收不到确认,应说明线路太差,不能进行通信。

使用上述的确认和重传机制,我们应可以在不可靠的传输网络上实现可靠的通信。像这种可靠传输协议常称为自动重传请求(Automatic Repeat reQuest,ARQ)。意思是重传的请求是自动进行的。接收方不需要请求发送方重传某个出错的分组。

8.4.2 连续 ARQ 协议

连续ARQ协议指发送方维持着一个一定大小的发送窗口,位于发送窗口内的所有分组都可连续发送出去,而中途不需要等待对方的确认。这样信道的利用率就提高了。而发送方每收到一个确认分组就把发送窗口向前滑动一个分组的位置。

图 8-17(a)表示发送方维持的一个发送窗口,它的意义是:位于发送窗口内的5个分组都可以连续发送出去,而不需要等待对方的确认。在发送过程中,若接收到对分组1的确认,则把窗口向前滑动一个分组,如图 8-17(b)所示。如果原来已经发送了前5个分组,那么现在就可以发送窗口内的第6个分组了。

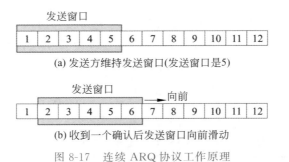

(a) 发送方维持发送窗口(发送窗口是5)

(b) 收到一个确认后发送窗口向前滑动

图 8-17 连续 ARQ 协议工作原理

接收方一般都是采用累积确认的方式。这就是说,接收方不必对收到的分组逐个发送确认,而是在收到几个分组后,对按序到达的最后一个分组发送确认,这就表示:到这个分组为止的所有分组都已正确收到了。

累积确认有优点也有缺点。优点是:容易实现,即使确认丢失也不必重传。但缺点是不能向发送方反映出接收方已经正确收到的所有分组的信息。

例如,如果发送方发送了前 5 个分组,而中间的第 3 个分组丢失了。这时接收方只是对前两个分组发出确认。发送方无法知道后面 3 个分组的下落,而只好把后面的 3 个分组都再重传一次。这就叫作 Go-back-N(回退 N),表示需要再退回来重传已发送过的 N 个分组。可见当通信线路质量不好时,连续 ARQ 协议会带来负面的影响。

8.4.3 以字节为单位的滑动窗口

滑动窗口协议在发送方和接收方之间各自维持一个滑动窗口,发送方是发送窗口,接收方是接收窗口,而且这个窗口是随着时间变化可以向前滑动的。它允许发送方发送多个分组而不需要等待确认。

TCP 的滑动窗口是以字节(B)为单位的,为了便于读者记住每个分组的序号,下面就假设每一个分组是 100B。为了便于表示,将分组进行简化表示,如图 8-18 所示。

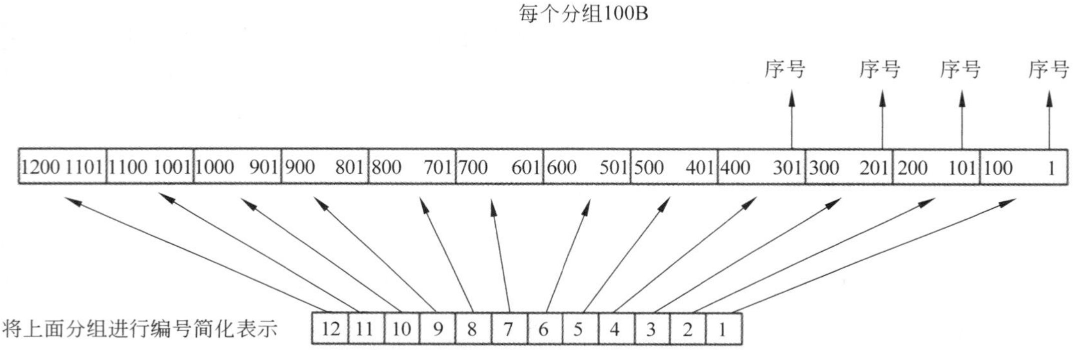

每个分组100B

| 1200 1101 | 1100 1001 | 1000 901 | 900 801 | 800 701 | 700 601 | 600 501 | 500 401 | 400 301 | 300 201 | 200 101 | 100 1 |

序号　序号　序号　序号

将上面分组进行编号简化表示　| 12 | 11 | 10 | 9 | 8 | 7 | 6 | 5 | 4 | 3 | 2 | 1 |

图 8-18　简化分组表示

先讨论发送方 A 的发送窗口。发送窗口表示:在没有收到 B 的确认的情况下,A 可以连续把窗口内的数据都发送出去。凡是已经发送过的数据,在未收到确认之前都必须暂时保留,以便在超时重传时使用。

如图 8-19 所示,发送窗口中有四个概念:已发送并收到确认的数据(不在发送窗口和发送缓冲区之内)、已发送但未收到确认的数据(位于发送窗口之内)、允许发送但尚未发送的数据(位于发送窗口之内)、发送窗口之外的缓冲区内暂时不允许发送的数据。

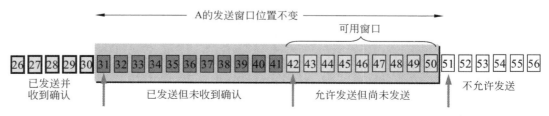

图 8-19　发送方窗口

如图 8-20 所示,在接收端有一个接收窗口。接收窗口中也有四个概念:已发送确认并交付主机的数据(不在接收窗口和接收缓冲区之内)、未按序收到的数据(位于接收窗口之内)、允许接收的数据(位于接收窗口之内)、不允许接收的数据(位于发送窗口之内)。

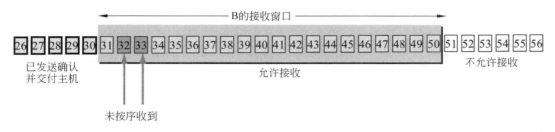

图 8-20 接收方窗口

下面以 A 计算机向 B 计算机发送一个文件为例,来说明 TCP 面向字节流的可靠传输实现过程。

(1) 双方在通信之前,计算机 A 和计算机 B 先建立 TCP 连接,设 B 计算机的接收窗口为 500B,在建立 TCP 连接时,B 计算机告诉 A 计算机自己的接收窗口为 500B,A 计算机为了匹配 B 计算机的接收速度,将发送窗口设置为 500B(见图 8-21(a))。

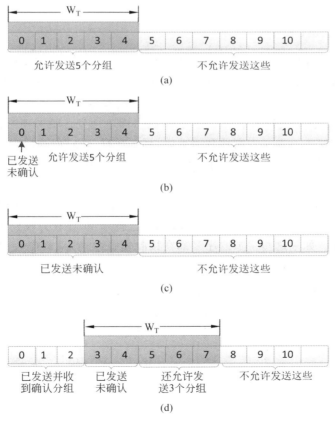

图 8-21 发送窗口的规则

（2）在 t_1 时刻，A 计算机发送应用程序将要传输的数据以字节流形式写入发送缓存，可以连续发送 5 个分组，每发送完一个分组，发送窗口大小减 1，但发送窗口的位置、大小不变（见图 8-21（b））。

（3）若所允许发送的分组都发送完了，但没有收到任何确认，发送方就不能再发送，进入等待状态（见图 8-21（c））。

（4）发送方收到对方对一个分组的确认信息后，将窗口向前滑动一个分组位置（见图 8-21（d），依次收到 3 个确认分组）。

（5）发送方设置一个超时计时器，当超时器满且未收到应答时，则重新发送分组。

接收窗口是为了控制可以接收的数据分组的范围。接收窗口是接收方用来保存已正确接收但尚未交给上层的分组。接收窗口的规则如下。

（1）只有当收到的分组序号落入接收窗口内才允许收下，否则丢弃它。

（2）当接收方接收到一个序号正确的分组，接收窗口向前滑动，并向发送端发送对该分组的确认。

只有在接收窗口向前滑动时（与此同时也发送了确认），发送窗口才有可能向前滑动。收发两端的窗口按照以上规律不断地向前滑动，因此这种协议又称为滑动窗口协议。使用滑动窗口机制，由接收方控制发送方的数据流，实现了流量控制。同时采用有效的确认重传机制，向高层提供可靠传输。

8.4.4 选择确认 SACK

连续 ARQ 协议和滑动窗口协议都采用累积确认方式。TCP 通信时，如果发送的序列中间的某个数据包丢失，TCP 会重传最后确认分组的后续分组，这样原先已经正确传输的分组也可能重复发送，降低了 TCP 的性能。为了改善这种情况，提出 SACK（Selective ACK）技术，该技术使得 TCP 只重新发送丢失的包，而不用发送后续所有的分组，并提供相应的机制使接收方能告诉发送方哪些数据丢失，哪些数据已经提前收到。

下面用一个例子说明 SACK 的工作原理。TCP 接收方如果收到对方发送过来的数据字节流的序号不连续，结果形成了一些不连续的字节块（见图 8-22）。从图中可以看出，序号 1～1000 收到了，但序号 1001～1500 没有收到。接下来的字节流又收到了，可是缺少了 3001～3500。再后面从序号 4501 起又没有收到。也就是说，接收方收到了和前面的字节流不连续的两字节块。如果这些字节的序号都在接收窗口之内，那么接收方就先收下这些数据，但要把这些信息准确地告诉发送方使发送方不再重复发送这些已收到的数据。

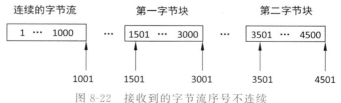

图 8-22　接收到的字节流序号不连续

从图 8-22 可以看出，和前后字节不连续的每一个字节块都有两个边界：左边界和右边界。因此在图中用四个指针标记这些边界。请注意，第一个字节块的左边界 $L_1 = 1501$，但

右边界 $R_1 = 3001$ 而不是 3000。也就是说,左边界指出字节块第一个字节的序号,但右边界减 1 才是字节块中的最后一个序号。同理,第二个字节块的左边界 $L_2 = 3501$,而右边界 $R_2 = 4501$。

TCP 首部没有哪个字段能够提供上述这些字节块的边界信息。SACK 是一个 TCP 的选项,用来允许 TCP 单独确认非连续的片段,用于告知真正丢失的包,只重传丢失的片段。要使用 SACK,发送方和接收方的两个设备必须同时支持 SACK 才可以,建立连接时需要在 TCP 首部的选项中加上"允许 SACK"的选项,而双方必须事先商定好。如果允许,后续的传输过程中 TCP 报文段中可以携带 SACK 选项,这个选项内容包含一系列的非连续的没有确认的字节块边界。

由于 TCP 首部选项长度最长为 40B,而指明一个边界就要用掉 4B(因为序号是 32b,需要使用 4B 表示),因此在选项中最多只能指明 4B 块的边界信息。这是因为 4B 块共有 8 个边界,因而需要用 32B 来描述。另外,还需要 2B,1B 用来指明是 SACK 选项,另外 1B 是选项占用多少字节,如图 8-23 所示。

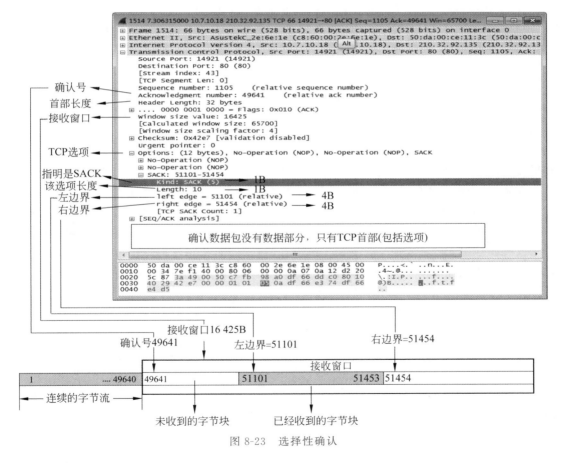

图 8-23   选择性确认

通过 SACK 选项可以使 TCP 发送方只发送丢失的数据而不用发送后续全部数据,提高了数据的传输效率。

8.4.5　超时重传时间选择

若在传输过程中出现错误,发送方就要重传已发送的 TCP 报文段。这种重传概念是很简单的,但重传时间选择却是 TCP 最复杂的问题之一。

超时计时器设置是比较重要和复杂的问题,这是因为 TCP 下面的网络环境是不可靠和不可知的。例如,传输的 TCP 报文段可能只经过一个高速率的局域网,也可能经过了多个低速的广域网,在网络中经过的路由也可能发生变化。超时时间不能设置得过短,否则会发生不必要的重传,超时时间也不能设置得过长,否则会引起网络传输效率降低。

TCP 重传机制采用自适应算法,记录下每一个报文段发出时间和收到相应确认报文段时间,两个时间的差就是该报文段的往返时间(RTT)。TCP 保留了 RTT 的一个加权平均往返时间 RTTs。当第一次测量到 RTT 样本时,RTTs 值就取为所测量到的 RTT 样本值,但以后每测量到一个新的 RTT 样本,就按式(8-1)重新计算一次 RTTs。

$$新的 RTTs = (1-\alpha) \times (旧的 RTTs) + \alpha \times (新的 RTT 样本) \tag{8-1}$$

式(8-1)中,$0 \leq \alpha < 1$,已经成为标准的 RFC628 推荐的 α 值为 0.125。

显然,超时计时器设置的超时重传时间(RTO)应略大于上面得出的加权平均往返时间(RTTs)。RFC2988 建议使用式(8-2)计算 RTO:

$$RTO = RTTs + 4 \times RTT_D \tag{8-2}$$

RTT_D 是 RTT 的偏差的平均加权平均值,它与 RTTs 和新的 RTT 样本之差有关。RFC2988 建议这样计算 RTT_D:当第一次测量时,RTT_D 值取为测量到的 RTT 样本值一半,在以后的测量中,则使用式(8-3)计算加权平均的 RTT_D:

$$新的 RTT_D = (1-\beta) \times RTT_D + \beta \times | RTTs - 新的 RTT 样本 | \tag{8-3}$$

这里 β 是小于 1 的系数,它的推荐值是 1/4,即 0.25。

实际上,上面所说的往返时间的测量,实现起来相当复杂。试看下面的例子:如图 8-24 所示,假设源站发送出一个 TCP 报文段 1,设定的重传时间到了,但还没有收到确认。于是重传此报文段,即图中报文段 2,后来收到了确认报文段 ACK。现在的问题是:源站如何判断出这些确认报文段是对原来报文段 1 的确认,还是对重传报文段 2 的确认?由于重传的报文段 2 和原来报文段 1 完全一样,因此源站在收到确认后,就无法做出正确的判断了。

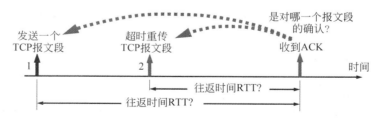

图 8-24　收到的确认报文段是对哪一个报文的确认

若收到的确认是对重传报文段 2 的确认,但被当成是对原来的报文段 1 的确认,那么这样计算出来的往返时延样本和重传时间就会偏大。如果后面再发送的报文段以是经过重传后才收到的确认报文段,那么按此方法得出的重传时间就越来越长。

同样,若收到的确认是对原来报文段 1 的确认,但被当成是对原来报文段 2 的确认,则由此计算出的往返时间样本和重传时间都会偏小,这就必然更加频繁地导致报文段的重传,这样就有可能使重传时间越来越短。

根据以上所述,Karn 提出一个算法,在计算平均往返时延时,只要报文段重传了,就不再采用其往返时延样本。这样得出的加权平均往返时延(RTTs)和重传时间(RTO)当然就比较准确。

但是,这又引起新的问题,设想出现这种情况:报文段的时延突然增大了很多,因此在原来得出的重传时间内,不会收到确认的报文段,于是就重传报文段。但根据 Karn 算法,不考虑重传往返时延样本,这样,重传时间就无法更新。

因此,对 Karn 算法进行修正的方法是:报文段重传一次,就将重传时间增大一些,即

$$新的重传时间 = \gamma \times (旧的重传时间)$$

系数 γ 的典型值是 2,当不再发生报文段重传时,才根据报文段的往返时延更新平均往返时延和重传时间的数值。实践证明,这种策略较为合理。

8.5 流 量 控 制

一般来说,人们总是希望传输数据更快一些。但假设发送方把数据发送得非常快,而接收方来不及接收,这就可能造成数据的丢失。

流量控制就是让发送方的发送速率不要太快,让接收方来得及接收。TCP 流量控制是通过报文段中的接收窗口字段,在该字段中给出接收方的接收缓冲区当前可用字数,告诉发送方可以发送报文段的字节数。

当客户端向服务器发送 TCP 连接请求时,TCP 首部包含客户端的接收窗口大小,服务器就会根据这个客户端接收窗口的大小来调整自己发送窗口的大小。在传输过程中,客户端发送的确认报文段,除了确认号外还包含窗口信息,服务器收到确认报文段后,会根据窗口信息调整发送窗口。通过这种方式就能进行流量控制。

1. TCP 接收窗口流量控制

TCP 利用滑动窗口机制来实现流量的控制,图 8-25 给出了利用滑动窗口实现流量控制

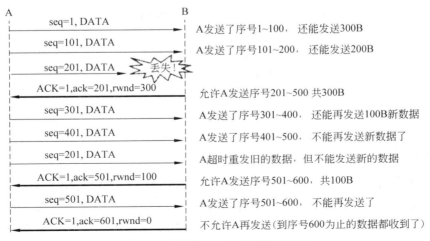

图 8-25 利用滑动窗口进行流量控制

机制的例子。

假设 A 向 B 发送数据。在连接建立时，B 告诉了 A"我的接收窗口 rwnd = 400"(这里的 rwnd 表示 receiver window)。因此，发送方的发送窗口大小不能超过接收方给出的接收窗口的数值。请注意，TCP 的窗口单位是 B，不是报文段。TCP 连接建立时的窗口协商过程在图中没有显示出来。再设每个报文段为 100B 长，而数据报文段序号的初始值设为 1。大写 ACK 表示首部中的确认位 ACK，小写 ack 表示确认字段的值。

应注意到，接收方的主机 B 进行了三次流量控制。第一次把窗口降低到 rwnd＝300。第二次又减到了 rwnd＝100，最后减到 rwnd＝0，即不允许发送方再发送数据了。这种使发送方暂停发送的状态将持续到主机 B 重新发出一个新的窗口值为止。还应注意到，B 向 A 发送的三个报文段都设置了 ACK＝1，只有 ACK＝1 时确认号字段才有意义。

2. 零窗口问题

考虑一种特殊情况。在图 8-25 中假设 B 在向 A 发送了零窗口报文段后不久，B 的接收缓存又有了一些存储空间，于是 B 向 A 发送了一个 rwnd＝400 的报文段，然而这个报文段在传送过程中丢失了，A 就一直等待 B 发送非零窗口的报文通知，而 B 一直等待 A 发送数据，假设没有其他措施，这种互相等待的死锁局面会一直延续下去。

为了解决这个问题，TCP 为每个连接设有一个持续计时器(persistence timer)。仅仅要 TCP 连接的一方收到对方的零窗口的通知，就启动持续计时器。若持续计时器设置的时间到期，就发送一个零窗口探测报文段(携 1B 的数据)，对方在收到探测报文时给出如今的窗口值，假设窗口值仍为零，则收到这个报文段的一方就又一次设置持续计时器，假设窗口值不为零。那么死锁的僵局就被打破了。

3. 糊涂窗口综合征

设想一种情况：TCP 接收方的缓存已满，而应用进程一次仅从接收缓存中读取 1B(这样就使接收缓存空间仅腾出 1B)，然后向发送方发送确认，并把窗口值设置为 1B(但发送的数据报为 40B 长)接收。发送方又发来 1B 的数据(发送方的 IP 数据报是 41B)，接收方发回确认，仍然将窗口值设置为 1B。这样，网络的效率非常低。

要解决这个问题，可让接收方等待一段时间，或者等到接收方缓存已有一半空闲的空间。只要出现这两种情况之中的一个，接收方就发回确认报文，并向发送方通知当前的窗口大小。

此外，发送方也不要发送太小的报文段，而是把数据报积累成足够大的报文段，或达到接收方缓存空间的一半大小时再发送给接收端。

8.6 拥塞控制

8.6.1 拥塞控制的原理

城市中上下班时间某些道路往往会出现交通拥堵，这是由于在该段时间内，过多的车辆集中驶入道路从而造成拥堵。如果出现交通拥堵而不进行控制，继续有更多车辆驶入道路，最终会造成交通堵塞。如果发现交通拥塞，减少车辆驶入道路，交通拥堵会逐渐变成交通畅通。

计算机网络也是一样,如果发往网络中的数据过多,超过链路传输能力或路由器的处理能力,那些来不及转发或从路由器接口发送队列溢出的数据报将会被丢弃,这就出现网络堵塞。如果网络中计算机不能感知网络状态,依然全速向网络中发送数据报,路由器最终停止工作,一个数据报也不能通过网络,从而出现死锁。

8.5 节讨论的流量控制只关注发送端和接收端自身的状况,而没有考虑整个网络的通信情况。计算机网络中链路容量(即带宽)、交换节点中的缓存和处理机等都是网络的资源。在某段时间,若对网络中某一资源的需求超过了该资源所能提供的可用部分,网络的性能就要变坏。这种情况叫作拥塞。

如图 8-26 所示,路由器 R_3 和 R_4 之间的链路带宽为 1000M,理想情况下,路由器 R_1 和 R_2 向 R_3 提供负载不超过 1000Mb/s,都能从 R_3 发送到 R_4。链路吞吐量和提供负载同步提高,当提供的负载达到 1000Mb/s 后再提供更多的负载,链路吐吞量最多为 1000Mb/s,不能再提高了,多余的数据报文将被丢弃。

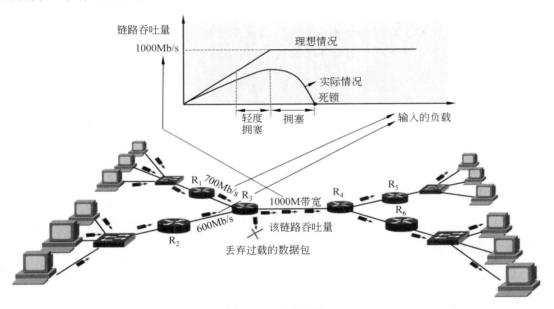

图 8-26　拥塞控制

以上是一种理想情况,实际上,网络系统吞吐量与输入负载之间的关系永远不会是线性关系。因为网络中不可能完全是理想情况。从图 8-26 可看出,随着提供的负载的增大,网络吞吐量的增长速率逐渐减小。也就是说,在网络吞吐量还未达到饱和时,就已经有一部分的输入分组被丢弃了。当网络的吞吐量明显地小于理想的吐吞量时,网络就进了轻度拥塞的状态。更值得注意的是,当提供的负载达到某一数值时,网络的吞吐量反而随着提供的负载的增大而下降,这时网络就进入拥塞状态。

拥塞本质上是一个动态问题,我们没有办法用一个静态的方案去解决,从这个意义上来说,拥塞是不可避免的。为了更好地进行拥塞控制,因特网建议标准 RFC2581 定义了进行拥塞控制的四种算法,即慢开始、拥塞避免、快重传、快恢复。为讨论方便,假定:

数据单方向传送,另外一个方向只传送确认。

接收方向总是有足够大的缓存空间,因而发送窗口的大小由网络的拥塞程度来决定。

8.6.2 慢开始与拥塞避免

发送方维持一个称为拥塞窗口 cwnd(Congestion Window)的状态变量。拥塞窗口的大小取决于网络的拥塞程度,并且在动态地变化。发送方让自己的发送窗口等于拥塞窗口,如再考虑到接收方的接收能力,则发送窗口还能小于拥塞窗口。发送方控制窗口的原则是:只要网络没有出现拥塞,拥塞窗口就再增大一些,以便把更多的分组发送出去。但只要网络出现拥塞,拥塞窗口就减小一些,以减少注入网络中的分组数。

1. 慢开始

主机刚刚开始发送报文段时可先设置拥塞窗口 cwnd=1,即设置一个最大报文段 MSS 的数值。发送第一个报文段 M1,接收方收到后确认 M1。发送方收到对 M1 的确认后,把 cwnd 从 1 增大到 2,于是发送方接着发送 M2 和 M3 两个报文段。接收方收到后发出对 M2 和 M3 的确认。发送方每收到一个对新报文段的确认(重传的不算在内)就使发送方拥塞窗口加 1,因此发送方在收到两个确认后,cwnd 就从 2 增大到 4,并可发送 M4~M7 共 4 个报文段(见图 8-27)。因此使用慢开始算法后,每经过一个传输轮次,拥塞窗口 cwnd 就加倍。

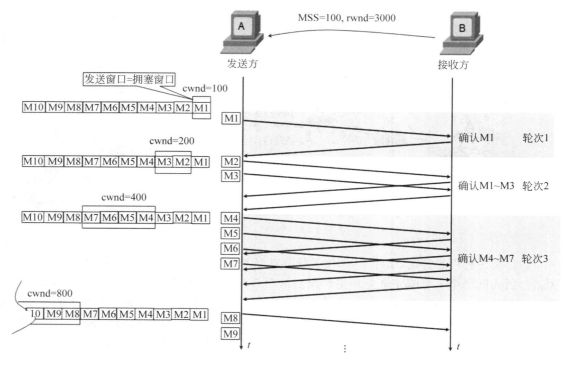

图 8-27　每经过一个传输轮次拥塞窗口 cwnd 加倍

在这里使用一个新名词——传输轮次。从图 8-27 可以看出,一个传输轮次所经历的时间其实就是 RTT(请注意,RTT 并非是恒定的数值)。使用了"传输轮次"则是更加强调:把拥塞窗口 cwnd 所允许发送的报文段都连续发送出去,并收到了对已发送的最后一个字节的确认。例如,拥塞窗口 cwnd 的大小是 4 个报文段,那么这时的 RTT 就是发送方连续发送 4 个报文段,并收到对这 4 个报文段的确认,总共经历的时间。

还要指出,慢开始的"慢"并不是指 cwnd 增长得慢,而是指 TCP 刚开始发送报文段时先设置 cwnd＝1,使得发送方在开始时只发送一个报文段(目的是试探一下网络的拥塞情况),然后再逐渐增大 cwnd。这当然比设置大的 cwnd 值一下子把许多报文段注入网络中要"慢得多"。这对于防止网络出现拥塞是一个非常好的方法。

2. 拥塞避免

为了防止拥塞窗口 cwnd 增长过大引起网络拥塞,还需要设置一个慢开始门限 ssthresh 状态变量。慢开始门限 ssthresh 的用法如下。

当 cwnd＜ssthresh 时,使用慢开始算法。

当 cwnd＞ssthresh 时,停止使用慢开始算法而改用拥塞避免算法。

当 cwnd＝ssthresh 时,既可以使用慢开始算法,也可以使用拥塞避免算法。

拥塞避免算法的思路是让拥塞窗口 cwnd 缓慢地增大,即每经过一个 RTT 就把发送方的拥塞窗口 cwnd 加 1,而不是像慢开始阶段那样加倍地增长,使拥塞窗口 cwnd 按线性规律缓慢地增长。

当网络出现拥塞时,无论在慢开始阶段还是在拥塞避免阶段,只要发送方判断网络出现拥塞(其根据就是没有按时收到确认,重传计时器超时),就要把慢开始门限 ssthresh 设置为出现拥塞时的发送方窗口值的一半(但不能小于 2)。然后把拥塞窗口 cwnd 重新设置为 1,执行慢开始算法。这样做的目的就是要迅速减少主机发送到网络中的分组数,使得发生拥塞的路由器有足够时间把队列中积压的分组迅速处理完毕。

慢开始和拥塞避免算法的实现举例如图 8-28 所示。当 TCP 连接进行初始化时,将拥塞窗口置为 1。图中的窗口单位没有使用字节而是使用报文段。慢开始门限的初始值设置为 16 个报文段,即 ssthresh＝16。

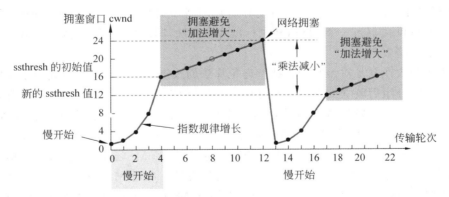

图 8-28　慢开始与拥塞避免算法实现举例

对上述实例说明如下:发送方的发送窗口不能超过拥塞窗口 cwnd 和接收方窗口 rwnd 中的最小值。假定接收方窗口足够大,因此现在发送窗口的数值等于拥塞窗口的数值。为了便于理解,图中的窗口单位不使用字节而使用报文段的个数。

图中用具体数值说明了拥塞控制过程,具体实现步骤如下。

(1)执行慢开始算法时,拥塞窗口 cwnd 的初始值为 1,发送第一个报文段 M0。发送方每收到一个确认,就把 cwnd 加 1。于是发送方可以接着发送 M1 和 M2 两个报文段,接收方共发回两个确认。发送方每收到一个对新报文段的确认,就把发送方的 cwnd 加 1,现在 cwnd 从 2 增大到 4,并可接着发送后面的 4 个报文段。因此拥塞窗口 cwnd 随着传输轮次按指数规律增长。

(2) 当拥塞窗口 cwnd 增长到慢开始门限值 ssthresh 时(即当 cwnd=16 时),就改为拥塞避免算法,拥塞窗口按线性规律增长。

(3) 假定拥塞窗口增长到 24 时出现了网络超时,表明网络出现拥塞,于是将 24 的一半作为新的门限值,即 ssthresh=12。然后把拥塞窗口 cwnd 重新设置为 1,执行慢开始算法。

TCP 拥塞控制文献中经常可看到"乘法减小"(Multiplicative Decrease)和"加法增大"(Additive Increase)这样的提法。"乘法减小"是指无论在慢开始阶段还是拥塞避免阶段,只要出现超时(即很可能出现了网络拥塞),就把慢开始门限值 ssthresh 减半,即设置为当前的拥塞窗口的一半(与此同时,执行慢开始算法)。当网络频繁出现拥塞时,ssthresh 值就下降得很快,以大大减少注入网络中的分组数。而"加法增大"是指执行拥塞避免算法后,使拥塞窗口缓慢增大,以防止网络过早出现拥塞。上面两种算法常合起来称为 AIMD(加法增大乘法减小)算法。对这种算法进行适当修改后,又出现了其他一些改进的算法,但使用最广泛的还是 AIMD 算法。

这里再强调一下,"拥塞避免"并非指完全能够避免拥塞。利用以上措施要完全避免网络拥塞还是不可能的。"拥塞避免"是说在拥塞避免阶段将拥塞窗口控制为按线性规律增长,使网络比较不容易出现拥塞。

8.6.3 快重传和快恢复

在慢开始和拥塞避免算法中,如果发送方设置的超时计时器时限已到但还没有收到确认,那么很可能是网络出现了拥塞,致使分组在网络中的某处被丢弃。在这种情况下,TCP 马上把拥塞窗口减小到一个 MSS,并执行慢开始算法,同时把慢开始门限值 ssthresh 减半。因而降低了传输效率。

快重传和快恢复是对慢开始和拥塞避免算法的改进。快重传算法首先要求接收方每收到一个失序的分组后就立即发出重复确认(为的是使发送方及早知道有报文段没有到达对方),而不要等待自己发送数据时才进行捎带确认。如图 8-29 所示的例子中,接收方收到 M₁ 和 M₂ 后都分别发出了确认。现假定接收方没有收到 M₃ 但接收到了 M₄,显然接收方不能确认 M₄,这是因为 M₄ 收到的失序分组(按照顺序的 M₃ 还没有收到)。根据可靠传输原理,接收方可以什么都不做,也可以在适当时机发送一次对 M₂ 的确认。

但按照快重传算法的规定,接收方应及时发送 M₂ 的重复确认,这样做可以让发送方及早知道分组 M₃ 没有到达接收方。发送方接着发送 M₅ 和 M₆。接收方收到后,也还要再次发出对 M₂ 的重复确认。这样,发送方共收到了接收方的四个对 M₂ 的确认,其中后三个都是重复确认。快重传算法规定,发送方只要连续收到三个重复确认就应当立即重传对方尚未收到的报文段 M₃,而不必继续等待为 M₃ 设置的重传计时器到期。由于发送方尽早重传未被确认的报文段,因此采用快重传后可以使整个网络的吞吐量提高约 20%。

与快重传配合使用的还有快恢复算法,其过程有以下两个要点。

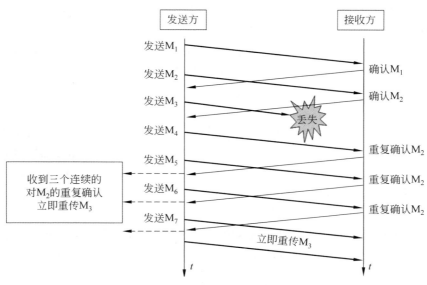

图 8-29 快重传示意图

（1）当发送方连续收到三个重复确认时，就执行"乘法减小"算法，把慢开始门限 ssthresh 减半，这是为了预防网络发生拥塞。请注意，接下去不执行慢开始算法。

（2）由于发送方现在认为网络很可能没有发生拥塞（如果发生了严重的拥塞，就不会一连有好几个报文段连续到达接收方，也就不会导致接收方连续发送重复确认），因此与慢开始不同之处是现在不执行慢开始算法（cwnd 现在不设置为 1），而是把 cwnd 值设置为慢开始门限 ssthresh 减半后的数值，然后开始执行拥塞避免算法（"加法增大"），使拥塞窗口缓慢地线性增大。

图 8-30 给出了快重传与快恢复的示意图，并标明了"TCP Reno 版本"，这是目前使用很广泛的版本。图中还画出了已经废弃不用的虚线部分（TCP Tahoe 版本）。请注意它们的区别：新的 TCP Reno 版本在快重之后采用快恢复算法而不是慢开始算法。

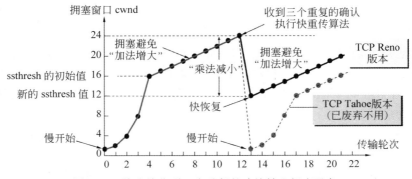

图 8-30 从连续收到三个重复的确认转入拥塞避免

请注意，也有的快重传实现的是把开始时的拥塞窗口 cwnd 值再增大一些（增大三个分组的长度），即增大到 ssthresh＋3×MSS。这样做的理由是：既然发送方收到三个重复的确认，就表明有三个分组已经离开了网络。这三个分组不再消耗网络资源而是停留在接收方的缓存中(接收方发送出三个重复的确认就证明了这个事实)。可见现在网络中并不是堆积了分组而是减少了三个分组,因此可以适当把拥塞窗口扩大些。

在采用快恢复算法时,慢开始算法只是在 TCP 连接建立时和网络出现超时才使用。采用这样的拥塞控制方法使得 TCP 性能有明显的改进。

8.6.4　发送窗口的上限

在本节开始讨论时,假定接收方有足够大的缓存空间,因而发送窗口的大小由网络的拥塞程度来决定。但实际上,接收方的缓存空间总是有限的,接收方根据自己的接收能力设定接收窗口 rwnd,并把这个窗口值写入 TCP 首部中窗口字段传送给发送方。因此,接收窗口又称为通知窗口(Advertised Window)。从接收方对发送方的流量控制角度考虑,发送方的发送窗口一定不能超过对方给出的接收窗口值 rwnd。

如果把本节所讨论的拥塞窗口和接收方对发送方的流量控制一起考虑,那么很显然,发送方的窗口上限值应当取为接收方的窗口 rwnd 和拥塞窗口 cwnd 这两个变量中较小的一个,也就是说:

$$发送方窗口的上限值＝\min[\text{rwnd},\text{cwnd}]$$

当 rwnd＜cwnd 时,是接收方的接收能力限制发送方窗口的最大值。

反之,当 cwnd＞rwnd 时,则是网络的拥塞限制发送方窗口的最大值。

也就是说,rwnd 和 cwnd 中较小的一个控制发送方发送数据的速率。

8.7　TCP 连接管理

TCP 是面向连接的协议,连接的建立和释放是每一次面向连接的通信中必不可少的过程。TCP 连接的管理就是连接的建立和释放都能正常地进行。

TCP 连接的建立采用客户端/服务器方式。主动发起连接建立的应用进程叫作客户端(Client),而被动等待连接的应用进程叫作服务器(Server)。

8.7.1　TCP 连接的建立

TCP 通过三次握手信号建立一个 TCP 连接。连接可以由任何一方发起,也可以由双方同时发起。图 8-31 画出了 TCP 建立连接的三次握手过程。假定主机 A 运行 TCP 客户程序,而主机 B 运行 TCP 服务器程序。最初的两端的 TCP 运行进程都处于 CLOSED(关闭)状态。图中在主机下面的方框分别是 TCP 进程所处状态。请注意,A 主动打开连接,而 B 被动打开连接。

这里以 SYN、ACK 表示 TCP 报文段中的控制位,以 seq、ack 分别表示 TCP 的发送序号和确认序号。连接过程分为以下三步。

(1) 若主机 A 需要主机 B 服务时,就发起 TCP 连接请求,这时首部中的同步位 SYN=1,同时选择一个初始序号 seq=x。TCP 规定 SYN 报文段(即 SYN=1)不能携带数据,但要消耗一个序号。这时,TCP 客户进程进入 SYN-SENT(同步已发送状态)。

(2) B 收到连接请求报文段后,如同意建立连接,则向 A 发送确认。在确认报文段中应把 SYN 位和 ACK 位都置 1,确认号是 ack=x+1,同时也为自己选择一个初始序号 seq=y。

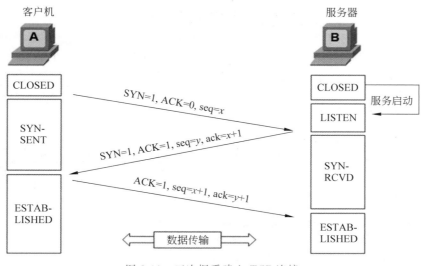

图 8-31　三次握手建立 TCP 连接

请注意,这个报文段也不能携带数据,但同样要消耗掉一个序号。这时,TCP 客户进入
SYN-RCVD(同步收到状态)。

(3) TCP 客户进程收到 B 的确认后,还要向 B 给出确认。确认报文段的 ACK 置 1,确
认号 ack=$y+1$,而自己的序号 seq=$x+1$。TCP 的标准规定,ACK 报文段可以携带数据。
但如果不携带数据则不消耗序号,在这种情况下,下一个数据报文段的序号仍是 seq=$x+1$。
这时,TCP 连接已经建立,A 进入 ESTABLISHED(已建立连接)状态。

当 B 收到 A 的确认后,也进入 ESTABLISHED(已建立连接)状态。

图 8-32 给出了利用 Wireshark 捕获的一个 TCP 三次握手协议数据报文段。如图 8-32
所示,第 3 个数据包是客户端向服务器发出的请求建立 TCP 连接的数据报,第 4 个数据包
是服务器返回的确认数据包,第 5 个数据包是客户端给服务器返回的确认数据报。

图 8-32 中数据报是由客户端向服务器发送的第一个数据报,请求连接特征是：SYN=1,
ACK=0。这是客户端向服务器发送的第一个数据报,所以序号为 0(seq=0)。该数据报
TCP 首部的选项部分,指明客户端支持的最大报文段长度(MSS)和允许选择确认,请求连
接数据报没有数据部分。

第二次握手数据报,服务器发回确认包。确认连接数据报特征：SYN=1,ACK=1。
这是服务器向客户端发送的第一个数据报,所以序号为 0(seq=0),服务器收到了客户端的
请求(seq=0),确认已经收到,发送确认号为 1,选项部分指明服务器支持的最大报文段长
度(MSS)为 1460,如图 8-33 所示。

第三次握手数据报。客户端收到服务器的确认后,还需向服务器发送一个确认,称为确
认的确认。如图 8-34 所示。这个确认数据报和以后通信的数据报,ACK 标记为 1,SYN 标
记为 0。

这三个数据报就是 TCP 建立连接的数据包,整个过程称为三次握手。

現代计算机网络原理与技术

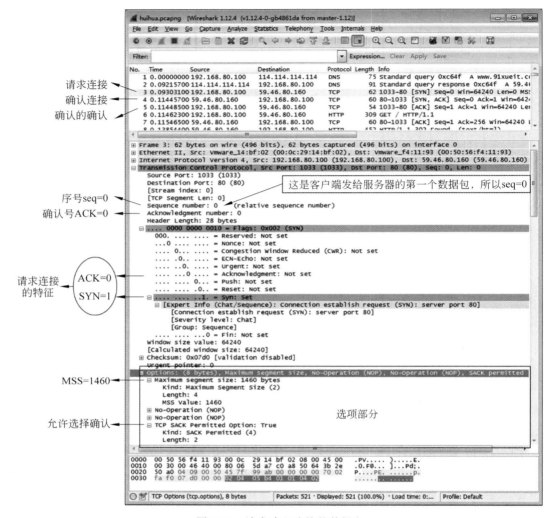

图 8-32　请求建立连接的数据包

8.7.2　TCP 连接的释放

当通信双方完成数据传输,需要进行 TCP 连接的释放。由于 TCP 连接是全双工的,因此每个方向都必须单独进行关闭。关闭的原则是:当一方完成它的数据发送任务后就发送一个报文段,该报文段 FIN 位置为 1,用来终止这个方向的连接。接收方收到一个 FIN 报文段只意味着这一方向上没有数据流动,一个 TCP 连接在收到一个 FIN 后仍能发送数据。首先进行关闭的一方将执行主动关闭,而另一方执行被动关闭。因为正常关闭过程需要发送 4 个 TCP 帧,因此这个过程也叫作 4 次握手。具体过程如图 8-35 所示。

初始 A 和 B 都处于 ESTABLISHED 状态,A 的应用进程先向其 TCP 发出连接释放报文段,并停止再发送数据,主动关闭 TCP 连接。A 把连接释放报文段首部的 FIN 置 1,其序号 seq＝u,它等于前面已传送过的数据的最后一个字节的序号加 1。这时 A 进入 FIN-WAIT-1(终止等待 1)状态,等待 B 的确认。

244

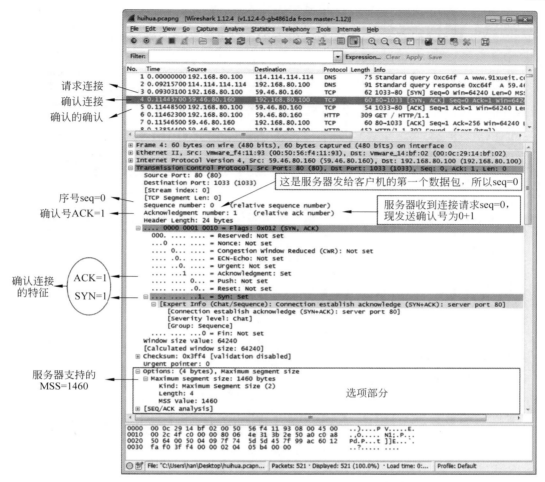

请求连接
确认连接
确认的确认

序号seq=0
确认号ACK=1

确认连接
的特征

服务器支持的
MSS=1460

这是服务器发给客户机的第一个数据包，所以seq=0

服务器收到连接请求seq=0，
现发送确认号为0+1

选项部分

图 8-33　TCP 连接确认数据报

　　B 收到连接释放报文段后即发出确认，确认号是 ack＝u＋1，而这个报文段自己的序号是 v，等于 B 前面已传送过的数据的最后一个字节的序号加 1，然后 B 就进入 CLOSED-WAIT（关闭等待）状态。TCP 服务器进程这时应通知高层应用进程，因而从 A 到 B 这个方向的连接就释放了，这时的 TCP 连接处于半关闭（HALF-CLOSED）状态，即 A 已没有数据要发送了，但若 B 发送数据，A 仍要接收。也就是说，从 B 到 A 这个方向的连接并未关闭，这个状态可能会持续一些时间。

　　A 收到来自 B 的确认后，就进入 FIN-WAIT2（终止等待 2）状态，等待 B 发出连接释放报文段。若 B 已经没有要向 A 发送的数据，其应用进程就通知 TCP 释放连接。这时 B 发出的连接释放报文段必须使 FIN＝1。现假定 B 的序号为 w（在半关闭状态 B 可能又发送了一些数据）。B 还必须重复上次已发送过的确认号 ack＝u＋1。这时 B 就进入 LAST-ACK（最后确认）状态，等待 A 的确认。

　　A 在收到 B 的连接释放报文段后，必须对此发出确认。在确认报文段中把 ACK 置 1，确认号 ACK＝w＋1，而自己的序号是 seq＝u＋1（根据 TCP 标准，前面发送过的 FIN 报文

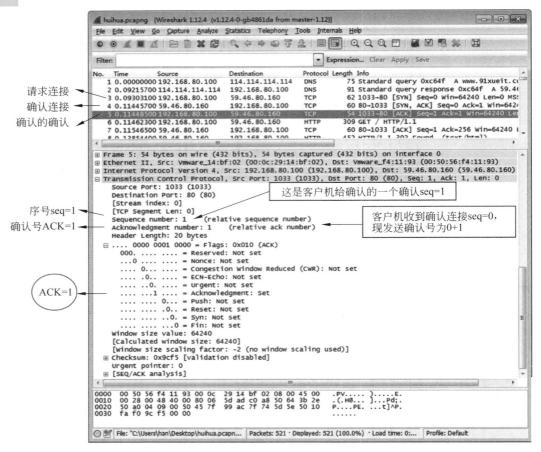

请求连接
确认连接
确认的确认

这是客户机给确认的一个确认seq=1

序号seq=1
确认号ACK=1

客户机收到确认连接seq=0，
现发送确认号为0+1

ACK=1

图 8-34　确认的确认

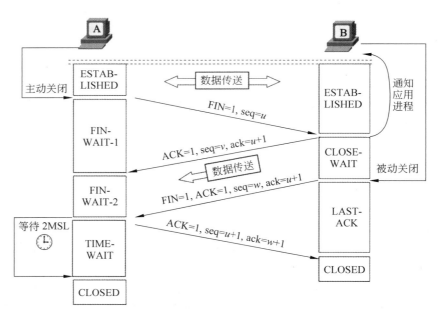

图 8-35　TCP 连接释放过程

段要消耗一个序号)。然后进入 TIME-WAIT(时间等待)状态。请注意,现在 TCP 连接还没有释放掉。必须经过时间等待计时器(TIME-WAIT timer)设置的时间 2MSL 后,A 才进入 CLOSED 状态。时间 MSL 叫作最长报文段寿命(Maximum Segment Lifetime),RFC793 建议设为 2min。但这完全是从工程上来考虑的,对于现有的网络,MSL=2min 可能太长了,因此 TCP 允许不同的实现可根据具体情况使用更小的 MSL 值。因此,从 A 进入 TIME-WAIT 状态后,要经过 4min 才能进入 CLOSED 状态,才能开始建立下一个新的连接。

为什么 A 在 TIME-WAIT 状态必须等待 2MSL 的时间呢? 有以下两个理由。

第一,为了保证 A 发送的最后一个 ACK 报文段能够到达 B,这个 ACK 报文段有可能丢失,因而使处在 LAST-ACK 状态的 B 收不到对已发送的 FIN+ACK 报文段的确认。B 会超时重传这个 FIN+ACK 报文段,而 A 就能在 2MSL 时间内收到这个重传的 FIN+ACK 报文段。接着 A 重传一次确认,重新启动 2MSL 计时器。最后 A 和 B 都正常进入到 CLOSED 状态。如果 A 在 TIME-WAIT 状态不等待一段时间,而是在发送完 ACK 报文段后立即释放连接,那么就无法收到 B 重传的 FIN+ACK 报文段,因而也不会再发送一次确认报文段。这样,B 就无法按照正常步骤进入 CLOSED 状态。

第二,防止前面提到的"已失效的连接请求报文段"出现在本连接中。A 在发送完最后一个 ACK 报文段后,再经过时间 2MSL,就可以使本连接持续的时间内所产生的所有报文段都从网络中消失,这样就可以使下一个新的连接中不会出现这种旧的连接请求报文段。

上述 TCP 连接释放过程是四次握手,但也可以看成是两次握手。除时间等待计时器外,TCP 还设有一个保活时器。设想有这样的情况:客户已主动与服务器建立了 TCP 连接,但后来客户端的主机突然出现故障,显然,服务器以后就不能再收到客户发来的数据。因此,应当有措施使服务器不要再白白等待下去,这就要使用保活计时器。服务器每收到一次客户的数据,就重新设置保活计时器,时间设置通常是 2h。若 2h 没有收到客户数据,服务器就发送一次探测报文,以后则每隔 75min 发送一次。若一连发送 10 个探测报文段后仍无客户的响应,服务器就认为客户端出了故障,接着关闭这个连接。

习　　题

一、填空题

1. 停止等待协议中,发送端发出一个帧后,如果超时计时器到时间了,还没有收到确认,则应该_____。

2. TCP 报文的首部最小长度是_____B。

3. TCP 有效荷载的最大长度是_____B。

4. UDP 首部字段有_____B。

5. UDP 数据报校验时要在前面增加一个_____字段。

6. 连续 ARQ 协议中用 3b 进行数据帧编号,则其发送窗口 W_T 的大小最大为_____。

7. TCP 流量控制中是取通知窗口和拥塞窗口中_____的一个。

8. TCP 中接收方一旦有空的缓冲区则通告发送方,这一策略可能会带来_____问题。

9. Nagle 算法规定,当发送方数据达到窗口的_____或达到报文段最大长度,就立即发送一个报文段。

10. TCP 发起连接时,同步比特应为_____。

11. TCP 已经建立起来的一个连接,当其中一方提出释放连接后,此时进入_____状态。

二、选择题

1. TCP 处于 TCP/IP 协议族中的(　　)层和(　　)层之间。
    A. 应用、UDP　　　　B. 应用、运输　　　　C. 应用、网络　　　　D. 网络、数据链路

2. UDP 提供了(　　)数据报服务。
    A. 面向字节流的　　B. 无连接的　　　　C. 安全的　　　　D. 可靠的

3. 为保证数据传输的可靠性,TCP 采用了对(　　)确认的机制。
    A. 报文段　　　　B. 分组　　　　C. 字节　　　　D. 比特

4. 在 TCP/IP 网络中,为各种公共服务保留的端口号范围是(　　)。
    A. 1～255　　　　B. 1～1023　　　　C. 1～1024　　　　D. 1～65 535

5. 用户可以通过 http://www.a.com 和 http://www.b.com 访问在同一台服务器上(　　)不同的两个 Web 站点。
    A. IP 地址　　　　B. 端口号　　　　C. 协议　　　　D. 虚拟目录

6. 欲传输一个短报文,TCP 和 UDP 哪个更快?(　　)
    A. TCP　　　　B. UDP　　　　C. 两个都快　　　　D. 不能比较

7. 主机可以由(　　)来标示,而在主机上正在运行的程序可以用(　　)来标示。
    A. IP 地址、端口号　　　　　　　　B. 端口号、IP 地址
    C. IP 地址、主机地址　　　　　　　D. IP 地址、熟知地址

8. TCP 报文中确认序号指的是(　　)。
    A. 已经收到的最后一个数据序号　　B. 期望收到的第一个字节序号
    C. 出现错误的数据序号　　　　　　D. 请求重传的数据序号

9. 下列中的哪一个不是有效的确认序号?(　　)
    A. 0　　　　B. 1　　　　C. $2^{32}-1$　　　　D. 2^{32}

10. 在连续 ARQ 协议中,如果 1,2,3 号帧被正确接收,那么接收方可以发送一个编号为(　　)的确认帧给发送方。
    A. 1　　　　B. 2　　　　C. 3　　　　D. 4

11. 在滑动窗口流量控制(窗口大小为 8)中,对第 5 个的确认(ACK5)意味着接收方已经收到了第(　　)号帧。
    A. 2　　　　B. 3　　　　C. 4　　　　D. 8

12. TCP 的滑动窗口协议中规定重传分组的数量最多可以(　　)。
    A. 任意的　　　　　　　　　　　B. 1 个
    C. 大于滑动窗口大小　　　　　　 D. 等于滑动窗口大小

13. A 和 B 之间建立了 TCP 连接,A 向 B 发送了一个报文段,其中,序号字 seq=200,确认号字段 ACK=201,数据部分有 2B,那么 B 对该报文的确认报文段中(　　)。
    A. seq=202,ACK=200　　　　　　B. seq=201,ACK=201

C. seq＝201，ACK＝202　　　　　　D. seq＝202，ACK＝201

14. TCP 重传计时器设置的重传时间（　　）。

A. 等于往返时延　　　　　　　　　B. 等于平均往返时延

C. 大于平均往返时延　　　　　　　D. 小于平均往返时延

15. TCP 流量控制中通知窗口的功能是（　　）。

A. 指明接收端的接收能力　　　　　B. 指明接收端已经接收的数据

C. 指明发送方的发送能力　　　　　D. 指明发送方已经发送的数据

16. TCP 流量控制中拥塞窗口大小是（　　）。

A. 接收方根据网络状况得到的数值　B. 发送方根据网络状况得到的数值

C. 接收方根据接收能力得到的数值　D. 发送方根据发送能力得到的数值

17. TCP 拥塞避免时，拥塞窗口增加的方式是（　　）。

A. 随机增加　　　B. 线性增加　　　C. 指数增加　　　D. 不增加

18. 关于 TCP 窗口与拥塞控制概念的描述中，错误的是（　　）。

A. 接收窗口（rwnd）通过 TCP 首部中的窗口字段通知数据发送方

B. 发送窗口确定的依据是：发送窗口＝min(接收窗口，拥塞窗口)

C. 拥塞窗口是接收端根据网络拥塞情况确定的窗口值

D. 拥塞窗口大小在开始时可以按指数规律增长。

19. TCP 连接建立时，发起连接一方的序号为 x，则接收方确认的序号为（　　）。

A. y　　　　　　B. x　　　　　　C. $x+1$　　　　　D. $x-1$

20. TCP 连接释放时，需要下面哪个比特置位？（　　）

A. SYN　　　　　B. END　　　　　C. FIN　　　　　D. STOP

三、简答题

1. 试说明运输层的主要作用。

2. 一个 UDP 用户数据报的数据字段为 8192B，要使用以太网来传送。假定 IP 数据报无选项。试问应当分为几个 IP 数据报片？说明每一个 IP 数据报片的数据字段长度和片偏移字段的值。

3. 简要说明 TCP 与 UDP 之间的相同与不同点。

4. 停止等待协议中，当接收端收到一个正确的数据帧时应该做些什么？如果发送端发出一个数据帧后等不到任何回复消息，它应该怎样办？

5. 主机 A 向主机 B 连续发送两个 TCP 报文段，其序号分别是 70 和 100。试问：

(1) 第一个报文段携带了多少字节的数据？

(2) 主机 B 收到第一个报文段后发回的确认中的确认号是多少？

(3) 如果 B 收到的第二个报文段后发回的确认中的确认号是 180，试问 A 发送的第二个报文段中的数据有多少字节？

(4) 如果 A 发送的第一个报文段丢失了，但第二个报文到达了 B。B 在第二个报文段到达后向 A 发送确认，试问这个确认号是多少？

6. 简述 TCP 中为了计算超时区间，其平均往返时延的计算公式。

7. 采用滑动窗口机制对两个相邻节点 A(发送)和 B(接收)的通信过程进行流量控制，并假定发送窗口与接收窗口的大小均为 7。当 A 发送了 0、1、2、3 四个帧后，而 B 仅应答了

0、1 两个帧,确认段中通告的接收窗口大小调整为 5,此时发送窗口最多还能连续发送多少帧? 为什么?

8. 简述糊涂窗口综合征所指的网络现象。

9. A 用 TCP 传送 512B 的数据给 B,B 用 TCP 传送 640B 的数据给 A。设 A、B 的窗口都为 200B,而 TCP 报文段每次也是传送 200B 的数据,再设发送端和接收端的起始序号分别为 100 和 200,由 A 发起建立连接,画出从建立连接、数据传输到释放连接的示意图。

四、综合应用题

1. 下面是 Wireshark 抓包工具捕获的 TCP 报文内容,以十六进制表示:

05320017 00000001 00000000 500207FF 00000000

试回答:

(1) 源端口号是多少?

(2) 目的端口号是多少?

(3) 序号是多少?

(4) 确认号是多少?

(5) 头部长度是多少?

(6) 报文段是什么类型?(提示:查看标志位)

(7) 窗口值是多少? 它的作用是什么?

2. 利用 Wireshark 抓包工具捕获 TCP 释放连接报文,基于捕获报文分析四次握手过程。

第 9 章 应 用 层

应用层协议是网络体系结构中的最高层,每个应用层协议都是为了解决某一类应用问题,而问题解决又必须通过位于不同主机中的多个应用进程之间的通信和协同工作来完成。应用进程之间的这种通信必须遵守严格的规则,应用层的具体内容就是精确定义这些通信规则。具体来说,应用层协议应当定义:

- 应用进程交换的报文类型,如请求报文和响应报文。
- 各种报文的语法,如报文中的各个字段及其详细描述。
- 字段的语义,即包含在字段中的信息的含义。
- 进程何时、如何发送报文,以及对报文进行响应的规则。

因特网公共领域标准应用的应用层协议是由 RFC 文档定义的,大家都可以使用。例如,万维网的应用层协议 HTTP(超文本传输协议)就是由 RFC2616 定义的。如果浏览器开发者遵循 RFC2616 标准,所开发出来的浏览器就能够访问任何遵循该标准的万维网服务器并获取相应的万维网页面。在因特网中,还有很多其他应用层协议不是公开的,而是专用的。例如,很多现有的 P2P 文件共享系统使用的就是专用应用层协议。

区分应用层协议与网络应用是很重要的。应用层协议只是网络应用的一部分(虽然是较大的一部分)。例如,万维网应用是一种允许客户端按照需求从万维网服务器获得"文档"的网络应用。它有很多组成部分,包括文档格式的标准(即 HTML)、万维网浏览器程序(如 Microsoft 的 Internet Explore、Google 的 Chrome)、万维网服务器程序(如 Apache、Microsoft 的 IIS)以及一个应用层协议。万维网应用的应用层协议是 HTTP(超文本传输协议),它定义了在浏览器程序和万维网服务器程序之间传输的报文格式和序列等规则。而万维网浏览器如何显示一个万维网页面,万维网服务器是用多线程还是用多进程来实现,则都不是 HTTP 所定义的内容。

本章主要内容:

(1) 域名系统(DNS)——从域名解析出 IP 地址;

(2) 动态主机配置协议(DHCP);

(3) 万维网超文本传输协议(HTTP);

(4) 电子邮件协议;

(5) 文件传送协议(FTP);

(6) 远程登录协议(Telnet)。

9.1 域 名 系 统

计算机网络中通信的两个主机(端系统)需要使用 IP 地址定位彼此,但是人们记忆起来不很方便,也不直观,容易出错,于是人们创建了可以将数字地址转换为简单易记的域名系统。域名系统(Domain Name System,DNS)是互联网使用的命名系统,它采用域名地址来对应 IP 地址。域名采用类自然语言的字符串,各字符串之间用点间隔起来,标识一个网络连接,如淘宝网站的域名为 www.taobao.com、百度网站的域名为 www.baidu.com。之所以称为"域名",是因为在互联网命名系统中使用了许多的"域"(Domain)。域名系统很明确地指明这种系统是应用在互联网中。

9.1.1 域名系统结构

互联网采用了层次树状结构的命名方法。任何一台连接在互联网上的主机或路由器,都有一个唯一的层次结构的名字,即域名。从语法上讲,域名的结构由标号序列组成,各标号之间用点隔开,例如下面的域名:

各标号分别代表不同级别的域名。一个域名下可以有多台主机,因为域名全球唯一,那么主机名+域名肯定也是全球唯一的。主机名+域名为完全限定域名(Fully Qualified Domain Name,FQDN)。例如,一台机器的主机名是 www,域名后缀是 cto.com,那么该主机的完全限定域名应该是 www.cto.com。

DNS 规定,域名中的标号都是由英文字母和数字组成,每一个标号不超过 63 个字符(但为了记忆方便,最好不要超过 12 个字符),也不区分大小写字母。标号中除连字符(-)外不能使用其他的标点符号。级别最低的域名写在最左边,而级别最高的域名则写在最右边。由多个标号组成的完整域名总共不超过 255 个字符。DNS 既不规定一个域名需要包含多少个下级域名,也不规定一个域名代表什么意思。各级域名由上一级的域名管理机构管理,而最高的顶级域名则由 ICANN 进行管理。用这种方法可使每个域名在整个互联网内是唯一的,并且容易设计出一种查找域名的机制。

注意:域名只是一个逻辑概念,并不代表计算机所在的物理地点。变长的域名和使用有助记忆的字符串,是为了便于人们使用。而 IP 地址是定长的 32 位二进制数字,则非常便于机器进行处理。域名中的"点"和点分十进制 IP 地址中的"点"并无一一对应的关系。点分十进制 IP 地址中一定是包含三个"点",但每一个域名中"点"的数目则不一定正好是三个。

例如,某公司申请了一个域名 cto.com,该公司有网站、博客、论坛,以及邮件服务器。为了便于记忆,分别使用约定俗成的主机名进行表示,网站主机名为 www、博客主机名为 blog、论坛主机名为 bbs、发邮件主机名为 smtp、收邮件主机名为 pop。当然也可以不使用约定俗成的名字,如网站主机名称可以用 web、论坛的主机名为 bbs。这些主机名+域名就构成完全限定域名。图 9-1 所示为人们通常所说的网站的域名,严格地说是完全限定域名。

从图 9-1 可以看出,主机名和物理服务器没有一一对应关系,网站、博客、论坛三个网站在同一个服务器上,SMTP 服务和 POP 服务在同一个服务器上,edu 在一个独立的服务器上。现在读者可以明白,这里的一个主机名更多的是代表一个服务器或一个应用。

域名是分层次的,如图 9-2 所示,所有域名都是以英文"."开始,它是域名的根,根下面是顶级域名。顶级域名有两种形式:国家顶级域名和通用顶级域名。

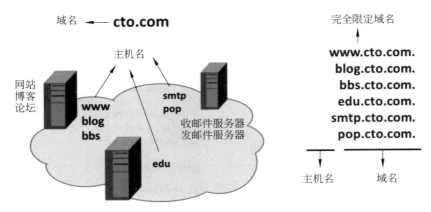

图 9-1　域名和主机名

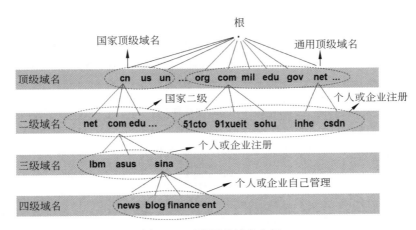

图 9-2　互联网的域名空间

　　国家顶级域名,又称国家代码顶级域名,指示国家或区域,如 .cn 代表中国,.us 代表美国,.ca 代表加拿大,.uk 代表英国。

　　通用顶级域名,指示注册者的域名使用领域,它不带有国家特性。截至 2006 年 12 月为止,通用顶级域名的总数已经达到 18 个。最常见的通用顶级域名有 7 个,即 com(公司或企业)、net(网络服务机构)、org(非营利性组织)、int(国际组织)、edu(美国专用的教育机构)、gov(美国的政府部门)、mil(美国的军事部门)。

　　在国家顶级域名结构下可注册二级域名,二级域名由国家自行确定。例如,我国把二级域名划分为"类别域名"和"行政区域"两大类。类别域名共 7 个,分别为 ac(科研机构)、com(工、商、金融等企业)、edu(中国教育机构)、gov(中国政府机构)、mil(中国国防机构)、net(提供互联网络服务机构)、org(非营利性组织机构)。行政机构共 34 个,适用于我国的各省、自治区、直辖市,如 bj(北京市)、sd(山东省)、js(江苏省)等。

　　企业或个人申请域名后,可以在该域名下添加多个主机,也可以根据需要创建子域名,子域名下面也可以有多个主机名。例如,新浪网注册了自己的企业域名 sina.com.cn,如图 9-3 所示,该域下有三个主机名 www、smtp、pop,其相应的完整域名为 www.sina.com.cn、smtp.sina.com.cn、pop.sina.com.cn。另外,在该域名下还设置单独的子域名,例如,

news.sina.com.cn 表示新浪网下新闻子域名,新闻下又分为军事新闻、航空新闻、新浪天气等模块,分别使用 mil、sky 和 weather 作为栏目的主机名。

图 9-3　域名下的主机名和子域名

现在读者知道了域名结构,所有域名以"."结束,不过在使用时域名最后的"."经常被省去。如图 9-4 所示,在命令提示符下 ping www.sina.com. 和 ping www.sina.com 是一样的。

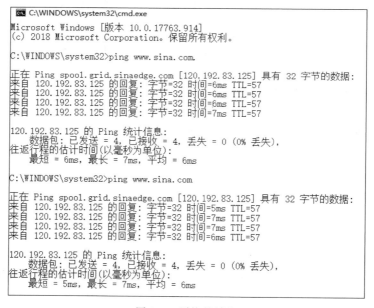

图 9-4　严格的域名

9.1.2　域名服务器

域名服务器是指保存有该网络中所有主机的域名和对应的 IP 地址,并具有将域名转换为 IP 地址功能的服务器。其中,域名必须对应一个 IP 地址,而 IP 地址不一定有域名。将域名映射为 IP 地址的过程称为域名解析。

从理论上讲,整个互联网可以只使用一个域名服务器,它装入互联网上所有的主机名并回答对 IP 地址的查询。但由于互联网规模巨大,域名服务器肯定因负荷过重而无法正常工作,而且该服务器一旦出现故障,全球域名解析都要失败。另一方面,可以让每一级的域名都有一个相对应的域名服务器,使所有的域名服务器构成和图 9-2 相对应的"域名服务器树"的结构。但这样做会使域名服务器的数量太多,使域名系统的运行效率降低。

因此,域名系统是通过分布在各处的域名服务器实现的。DNS 采用划分区域的方法设置域名服务器,一个服务器所负责管辖的(或有权限的)范围叫作区。各单位根据具体情况来划分自己管辖范围的区,但在每个区中所有节点必须是连通的。每个区设置相应的权限域名服务器,用来保存该区中的所有主机的域名到 IP 地址的映射。总之,DNS 服务器的管辖范围不是以"域"为单位,而是以区为单位。区是 DNS 服务器实际管辖的范围,区可能等于或小于域,但一定不能大于域。

互联网上 DNS 域名服务器也是按照层次安排的,如图 9-5 所示。每一个域名服务器都只对域名体系中的一部分进行管辖。根据域名服务器所起的作用,可以把域名服务器划分为四种类型:根域名服务器、顶级域名服务器、权限域名服务器和本地域名服务器。

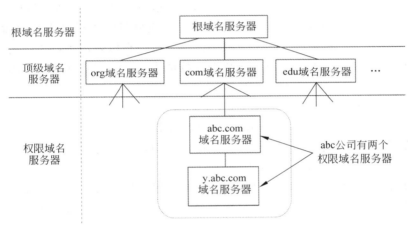

图 9-5　DNS 域名服务器的等级结构

(1)根域名服务器:根域名服务器是最重要的域名服务器。所有的根域名服务器都知道所有的顶级域名服务器的域名和 IP 地址。不管是哪一个本地域名服务器,若要对互联网上任何一个域名进行解析,只要自己无法解析,就首先求助于根域名服务器。在互联网上共有 13 个不同 IP 地址的根域名服务器,它们的名字用一个英文字母命名,从 a 一直到 m(前 13 个字母)。

这些根域名服务器的相应域名分别是:

a.rootservers.net

b.rootservers.net

…

m.rootservers.net

截至 2016 年 2 月全世界已经在 588 个地点安装了根域名服务器。这样做是为了方便用户,使世界上大部分 DNS 域名服务器都能就近找到一个根域名服务器。

(2)顶级域名服务器:这些域名服务器负责管理在该顶级域名服务器注册的所有二级域名。当收到 DNS 查询请求时,就给出相应的回答(可能是最后的结果,也可能是下一步应当找的域名服务器的 IP 地址）。

（3）权限域名服务器：这就是前面已经讲过的负责一个区的域名服务器。当一个权限域名服务器还不能给出最后的查询回答时，就会告诉发出查询请求的 DNS 客户，下一步应当找哪一个权限域名服务器。

（4）本地域名服务器：也称作默认域名服务器，是客户端主机所在网络内部的域名服务器。例如，一个系、学院、学校以及提供互联网接入的 ISP，都可以拥有本地域名服务器。很多运营商都会在当地架设自己的域名服务器存储着常用的域名映射，用来为用户提供更快的域名解析服务。网络中的计算机在配置 TCP/IP 属性时均要对 DNS 服务器（主、副）的 IP 地址进行配置，这个 DNS 服务器指的是本地域名服务器。客户端的域名解析请求首先送往本地的域名服务器。

9.1.3　域名解析过程

域名解析对网络用户来说是透明的，一开始在本地域名服务器上进行解析，若本地域名服务器上没有对应记录，则由本地域名服务器向上一级域名服务器申请解析，此时该 DNS 服务器对上一层来讲也相当于有一台 DNS 客户端。每一台域名服务器不仅能够进行一些域名地址解析，还要具有连接到其他域名服务器的能力。DNS 连接使用 UDP，它的默认端口号为 53。

域名解析过程如下。

（1）客户端（主机）提出域名解析请求，并将该请求发送给本地服务器。

（2）本地域名服务器收到请求后，就先查询本地的域名高速缓存，如果有该记录项，则本地域名服务器就直接把查询的结果返回。

（3）如果本地缓存中没有该记录项，则本地域名服务器就直接把请求发给根域名服务器，然后根域名服务器再返回给本地域名服务器一个所查域（根的子域）的主域名服务器的地址。

（4）本地服务器再向上一步返回的域名服务器发送请求，然后接收请求的服务器查询自己的域名缓存，如果没有该记录项，则返回相关的下一级域名服务器的地址。

（5）重复步骤（4），直到找到正确的记录。

为了提高 DNS 查询效率，并减轻根域名服务器的负荷和减少互联网上的 DNS 查询报文数量，在域名服务器中广泛地使用了高速缓存。高速缓存用来存放最近查询过的域名以及从何处获得域名映射信息记录。

在域名解析过程中主要有两种查询模式：递归查询和迭代查询。

递归查询就是：如果主机所询问的本地域名服务器不知道被查询域名的 IP 地址，那么本地域名服务器就以 DNS 客户的身份，向根域名服务器发出查询请求报文。递归查询结果（查到或未查到）直接返回给客户端。解析过程如图 9-6 所示。

迭代查询的含义是，根域名服务器收到本地域名服务器的查询请求时，通常把顶级域名服务器的地址告诉本地域名服务器，让本地域名服务器再向顶级域名服务器查询，而不是替本地域名服务器进行后续的查询，顶级域名服务器再告诉本地域名服务器下一次应查询的域名服务器的地址，以此类推。本地域名服务器就这样进行迭代查询，最终得到请求解析的域名查询结果。

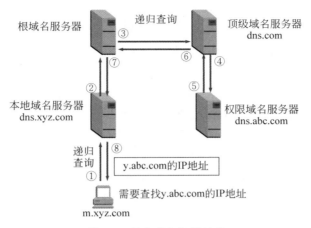

图 9-6　域名递归解析过程

下面用一个例子来说明迭代查询的过程。

假定因特网内的一台 DNS 客户端,向所在区域的本地域名服务器发出递归查询请求,要求对 www.sohu.com. 域名进行解析,求解该域名对应的 IP 地址。其过程如图 9-7 所示。

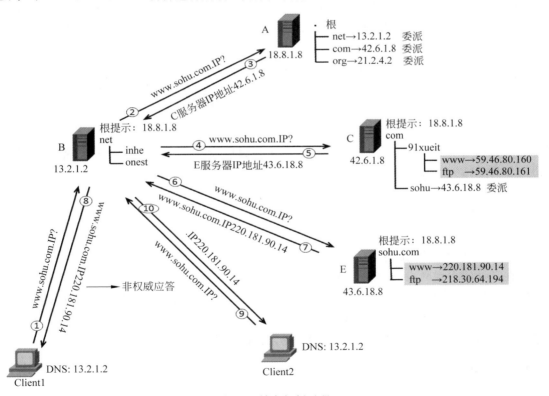

图 9-7　域名解析过程

(1) Client1 向 DNS 服务器 13.2.1.2 发送域名解析请求。

(2) 服务器 B 只负责 net 域名解析,并不知道哪个 DNS 服务器负责 com 域名解析,但它知道 DNS 根服务器,于是将域名解析请求转发给根 DNS 服务器。

(3) 根 DNS 服务器返回查询结果,告诉服务器 B 去查询服务器 C。

(4) B 服务器将域名解析转发到服务器 C。

(5) C 服务器虽然负责 com 名称解析,但 sohu.com 名称解析委派给了服务器 E,C 服务器返回查询结果,告诉服务器 B 去查询 E 服务器。

(6) 服务器 B 将域名解析请求转发到 E 服务器。

(7) 服务器 E 上有 sohu.com 域名下的主机记录,将 www.sohu.com 的 IP 地址 220.181.90.14 返回给服务器 B。

(8) B 服务器将查找到的结果缓存一份到本地,将解析到的 www.sohu.com 的 IP 地址 220.181.90.14 返回给 Client1。这个查询结果是服务器 B 查询得到的,因此是非授权应答,Client 缓存解析的结果。

为了提高 DNS 查询效率,并减轻根域名服务器的负荷和减少互联网上的 DNS 查询报文数量,在域名服务器中广泛地使用了高速缓存(有时也称为高速缓存域名服务器)。高速缓存用来存放最近查询过的域名以及从何处获得域名映射信息的记录。

假设有另外一台客户端 Client2 的 DNS 也指向了 13.2.1.2,现在 Client2 也需要解析 www.sohu.com 的地址,将域名解析请求发送给服务器 B。由于 B 服务器刚刚缓存了 www.sohu.com 的查询结果,服务器 B 查询缓存,即将 www.sohu.com 的 IP 地址返回给 Client2。

图 9-6 中的数字标识指出域名解析过程中的步骤及顺序。

9.2 动态主机配置协议

互联网络中每台终端设备要与其他设备进行通信,需要配置一些必要的协议参数,这些协议参数包括:

- IP 地址。
- 子网掩码。
- 默认路由器的 IP 地址。
- 域名服务器的 IP 地址。

在常见的小型网络中(例如家庭网络和学生宿舍网),网络管理员都是采用手工分配的方法,而到了中、大型网络,这种方法就不太适用了。在中、大型网络,特别是大型网络中,往往有超过 100 台的客户端,手动分配的方法就不太适用了,因为用人工进行协议参数配置很不方便,而且容易出错。因此,应当采用自动协议配置的方法。

9.2.1 DHCP

互联网现在广泛使用的是动态主机配置协议(Dynamic Host Configuration Protocol,DHCP),它提供了一种机制,称为即插即用联网(plug-and-play networking)。这种机制允许一台计算机加入新的网络和获取 IP 地址而不用手工参与。DHCP 对运行客户软件和服务器软件的计算机都适用。当运行客户软件的计算机移至一个新的网络时,就可使用

DHCP 获取其配置信息而不需要手工干预。DHCP 给运行服务器软件且位置固定的计算机指派一个永久 IP 地址,而当这台计算机重新启动时其 IP 地址保持不变。

如图 9-8 所示,配置计算机 IP 地址有两种方式:自动获得 IP 地址(动态地址)和使用下面的 IP 地址(静态地址)。当选择"自动获得 IP 地址"时 DNS 可以手工指定,也可以自动获得。

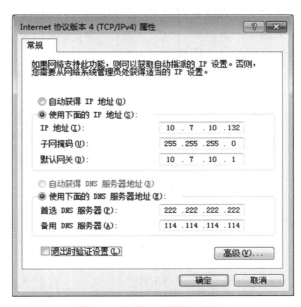

图 9-8　静态地址和动态地址

自动获得 IP 地址就需要网络中 DHCP 服务器为网络中的计算机分配 IP 地址、子网掩码、默认网关和 DNS 服务器。那些设置成自动获得 IP 地址的计算机就是 DHCP 客户端。DHCP 服务器为 DHCP 客户端分配 IP 地址使用的协议就是 DHCP。

9.2.2　DHCP 地址租约

DHCP 服务器以租约形式向 DHCP 客户端分配地址。如图 9-9 所示,租约有时间限制,如果到期不续约,DHCP 服务器就认为该计算机已不在网络中,租约会被 DHCP 服务器单方面废除,分配的地址就被收回,这就要求 DHCP 客户端在租约未到期前更新租约。

图 9-9　地址以租约的形式提供给客户端

如果计算机要离开网络,就应该正常关机,计算机就会向 DHCP 服务器发送释放租约的请求,DHCP 服务器就会收回分配的地址。如果不关机离开网络,最好使用命令

ipconfig/release 释放租约。

DHCP 客户端会在以下列举的几种情况,从 DHCP 服务器获取一个新的 IP 地址。

(1) 该客户端计算机是第一次从 DHCP 服务器获取 IP 地址。

(2) 该客户端计算机原先所租用的 IP 地址已经被 DHCP 服务器收回,而且已经又租给其他计算机了,因此该客户端需要重新从 DHCP 服务器租用一个新的 IP 地址。

(3) 该客户端自己释放了原先所租用的 IP 地址,并要求租用一个新的 IP 地址。

(4) 客户端计算机更换了网卡。

(5) 客户端计算机转移到另一个网段。

在以上几种情况下,DHCP 客户端与 DHCP 服务器之间会通过以下 4 个数据包来相互通信,其过程如图 9-10 所示。

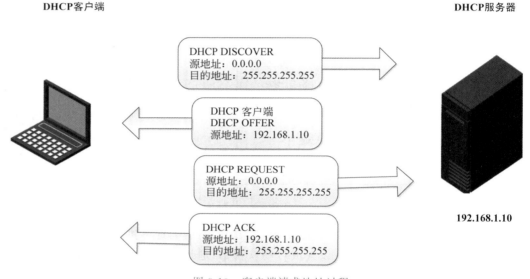

图 9-10　客户端请求地址过程

(1) DHCP DISCOVER。配置了 DHCP 的设备在启动或连接到网络时,客户端将广播一条 DHCP 发现(DHCP DISCOVER)报文,以确定网络上是否有可用的 DHCP 服务器。由于主机此时还没有 IP 地址,因此将源地址设置为 0.0.0.0。

(2) DHCP OFFER。当网络中的 DHCP 服务器收到 DHCP 客户端的 DHCP DISCOVER 报文后,DHCP 服务器先在数据库中查找该计算机的配置信息。若找到,则返回找到的信息;若找不到,则从服务器的 IP 地址池中取一个还未出租的 IP 地址和子网掩码、DNS 服务器的 IP 地址和默认网关的 IP 地址,另外还要包括租赁期限。然后利用广播方式传送给 DHCP 客户端。图 9-10 中,DHCP 服务器分配的地址是 192.168.1.222,这个地址被用作包含 DHCP OFFER 的 IP 数据报的目的地址。

如果网络中有多台 DHCP 服务器收到 DHCP 客户端的 DHCP DISCOVER 信息,并且也都响应给 DHCP 客户端(表示它们都可以提供 IP 地址给此客户端),则 DHCP 客户端会从中挑选第一个收到的 DHCP OFFER 信息。

(3) DHCP REQUEST。当 DHCP 客户端挑选好第一个收到的 DHCP OFFER 信息

后,就利用广播的方式,响应一个 DHCP REQUEST 报文给 DHCP 服务器。其目的地址为
255.255.255.255,源地址为 0.0.0.0。之所以利用广播方式,是因为它不但要通知所挑选的
DHCP 服务器,还必须通知没有被选上的其他 DHCP 服务器,以便这些 DHCP 服务器能够
将其原本欲分配给此 DHCP 客户端的 IP 地址收回,供其他 DHCP 客户端使用。

(4) DHCP ACK。DHCP 服务器收到 DHCP 客户端要求 IP 地址的 DHCP REQUEST
信息后,就会以广播方式送出 DHCP ACK 报文给 DHCP 客户端。之所以利用广播的方式,
是因为此时 DHCP 客户端还没有 IP 地址,此信息包含着 DHCP 客户端所需的 TCP/IP 配
置信息,例如子网掩码、默认网关、DNS 服务器等。

DHCP 客户端收到 DHCP ACK 信息后,就完成获取 IP 地址步骤,也就可以开始利用
这个 IP 地址与网络中的其他计算机进行通信。

9.2.3　DHCP 地址租约更新

在租约过期之前,DHCP 客户端需要向服务器续租指派给它的地址租约。DHCP 客户
端按照设定好的时间,周期性地续租其租约以保证其所使用的是最新的配置信息。当租约
期满而客户端依然没有更新其地址租约,则 DHCP 客户端将失去这个地址租约并开始一个
DHCP 租约的产生过程。DHCP 租约更新过程如下。

(1) 当租约时间过去一半时,客户端向 DHCP 服务器发送一个请求报文 DHCP
REQUEST,请求更新和延长当前租约。

(2) DHCP 服务器若同意,则发回确认报文 DHCP ACK。DHCP 客户得到了新的租用
期,重新设置计时器。

(3) DHCP 服务器若不同意,则发回否认报文 DHCP NACK。这时 DHCP 客户必须立
即停止原来的 IP 地址,重新申请 IP 地址。

(4) 若 DHCP 服务器对租约请求报文(步骤 1)DHCP REQUEST 不响应,则在租约期
过了 87.5% 时,DHCP 客户必须重新发送请求报文 DHCP REQUEST,回到步骤(1)。

DHCP 客户可以随时提前终止服务器所提供的租用期,这时只需向服务器发送释放报
文 DHCP RELEASE 即可。

如果需要立即更新 DHCP 配置信息,可以手工对 IP 地址租约进行续租操作,例如,如
果希望 DHCP 客户端立即从 DHCP 服务器上得到一台新安装的路由器地址,只需简单地
在客户端做续租操作就可以了,即直接在客户端的命令提示符下执行命令 ipconfig/renew。

9.2.4　DHCP 中继代理

如果在每一个网络上都设置一个 DHCP 服务器,会使 DHCP 服务器的数量太多。因
此现在是使每一个网络至少有一个 DHCP 中继代理(Relay Agent),通常是一台路由器,见
图 9-11,它配置了 DHCP 服务器的 IP 地址信息。当 DHCP 中继代理收到主机 A 以广播形
式发送的发现报文后,就以单播形式向 DHCP 服务器转发此报文,并等待其回答。收到
DHCP 服务器回答的提供报文后,DHCP 中继代理再把此提供报文转给主机 A。需要注意
的是,图 9-11 是一个示意图。实际上,DHCP 报文只是 UDP 用户数据报的数据,它还要加
上 UDP 首部、IP 数据报首部,以及以太网的 MAC 帧首部和尾部后,才能在链路上传送。

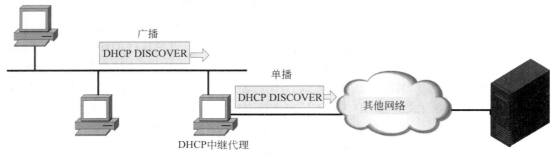

图 9-11   DHCP 中继代理以单播方式转发发现报文

9.3   万维网与 HTTP

9.3.1   万维网概述

万维网(World Wide Web,WWW)并非某种特殊计算机网络,它是一个大规模的、联机式的信息储藏所,是运行在互联网上的一个分布式应用。现在经常只用一个英文单词 Web来表示万维网。万维网利用网页之间的链接(或称为超链接,即隐藏在页面中指向另一个网页的位置信息)将不同网站的网页链接成一张逻辑上的信息网。图 9-12 说明了万维网网页之间的链接。

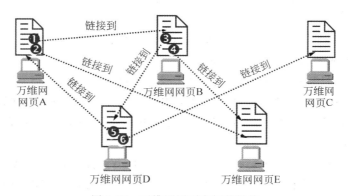

图 9-12   万维网网页之间的链接

图 9-12 画出了 5 个万维网上的站点,它们可以相隔数千千米,但都必须连接在互联网上。每一个万维网站点都存放了许多网页。在这些网页中有一些地方的文字用特殊方式显示(如用不同的颜色,或添加了下画线),将鼠标移动到这些地方时,鼠标的箭头就变成了一只手的形状,这就表明这些地方有一个超链接。如果在这些地方单击,就可以从这个文档链接到其他网页,并将该网页传送过来且在我们的屏幕上显示出来。

万维网是分布式超媒体(hypermedia)系统,它是超文本(hypertext)系统的扩充。超文本是包含指向其他文档的链接文本。一个超文本由多个信息源链接而成。利用一个链接可使用户找到另一个文档。这些文档可以位于世界上任何一个接在互联网上的超文本系统中。超文本是万维网的基础。

人们希望在计算机网络上浏览的信息是多媒体,而不仅仅是超文本。超媒体与超文本的区别是文档内容不同。超文本文档仅包含文本信息,而超媒体文档还包含其他表示方式的信息,如图形、图像、声音、动画,甚至活动视频图像。

万维网以客户端/服务器方式工作,分为 Web 客户端和 Web 服务器程序。万维网可以让 Web 客户端(常用浏览器)访问浏览 Web 服务器上的页面。客户程序向服务器程序发出请求,服务器程序向客户程序送回客户所要文档。在一个客户程序主窗口上显示出的万维网文档称为页面。

万维网需要解决四个问题:①怎样标志分布在整个互联网上的万维网文档;②用何种协议传输 Web 信息;③如何编写和组织万维网文档,该文档能够在互联网上的各种主机显示出来,同时使用户清楚知道在什么地方存在着链接;④如何使用户能够很方便地找到所需信息。

为了解决第一个问题,万维网使用统一资源定位符(Uniform Resource Locator,URL)来标志万维网上的各种文档,并使每个文档在整个互联网范围内具有唯一的标识符 URL;为了解决第二个问题,万维网使用超文本传送协议(Hyper Text Transfer Protocol,HTTP)传输万维网文档信息。HTTP 是一个应用层协议,它使用 TCP 进行可靠的传送;为了解决第三个问题,万维网使用超文本标记语言(Hyper Text Markup Language,HTML),使得万维网页面的设计者可以很方便地应用链接从本页某处链接到因特网上的任何一个万维网页面,并且能够在自己的主机屏幕上将这些页面显示出来;最后,用户可使用搜索工具在万维网上方便地查找所需信息。

万维网的出现是计算机网络发展历程中的里程碑事件,使得互联网从仅由少数计算机专家使用演变为普通大众也能使用的信息资源。

9.3.2　统一资源定位符

统一资源定位符(URL)是用来表示从互联网上得到资源的位置和访问这些资源的方法。URL 给资源的位置提供了一种抽象的识别方法,并用这种方法给资源定位。只要能够对资源定位,系统就可以对资源进行各种操作,如存取、更新、替换和查找其属性。

URL 相当于一个文件名在网络范围的扩展,因此 URL 是与互联网相连的机器上的任何可访问对象的一个指针。用户不仅可以通过 URL 访问 Web 网页,还可以通过 URL 使用其他的互联网应用协议,例如 FTP、Telnet 等。若采用 IE 浏览器,URL 位置对应在 IE 浏览器窗口中的地址栏。

URL 的格式由以冒号隔开的两大部分组成,并且在 URL 中的字符对大写或小写没有要求。URL 格式由四部分组成,它的一般形式是:

＜协议＞://＜主机＞:＜端口＞/＜路径＞

其中:

(1) 协议用来指明访问不同对象所使用的应用层协议,现在常用的有 HTTP 和 FTP,后面的一个冒号和两条斜线是规定的间隔符号。

(2) 主机是信息资源所在的节点,在计算机网络中使用域名地址或 IP 地址标识该资源网络连接,通常用域名或主机名给出,后面用冒号与端口间隔。

(3) 端口用来区分不同的网络应用进程,端口有时采用默认值,可以省略。例如,

HTTP 的默认端口号 80。端口对应运输层 PDU 中的端口号字段。

（4）路径指出信息资源所在文件目录或文件名，有时可以省略。例如，使用 HTTP 浏览一个网站时，可以省略一个路径，这里默认路径是网站的主页。

下面简单介绍使用最多的两种 URL。

（1）HTTP 的 URL 的一般格式是：

$$\text{http：//＜主机＞：＜端口＞/＜路径＞}$$

如果 HTTP 使用的是默认端口号 80，通常可以省略。若再省略文件的＜路径＞项，则 URL 就指到该网站的根目录下的主页（homepage）。

例如，访问 51CTO 网站只要输入 http://www.51cto.com，就能打开该网站主页，不用输入端口和路径。通过主页可以访问到网站的全部内容。

更复杂一点的 URL 是指向网站第二级或第三级目录的网页，例如：http://edu.51cto.com/member/id-2_1.html。

（2）FTP 的 URL 的一般格式：

$$\text{ftp：// ＜主机＞：＜端口＞/＜路径＞}$$

例如，北京邮电大学 FTP 服务器的 URL 为 ftp://ftp.bupt.edu.cn。FTP 的 URL 中还可以包括登录 FTP 服务器的账户和密码，如 ftp://stargate:sg1@61.155.39.141:9921，其中登录名为 stargate，密码为 sg1，FTP 服务器的 IP 地址为 61.155.39.141，端口为 9921。

9.3.3 超文本传输协议

超文本传输协议（HTTP）是一个面向事物的应用层协议，是 Web 的核心，是万维网上能够可靠地交换多媒体文件的基础。HTTP 使用的运输层协议是 TCP，默认端口号 80。HTTP 本身是无连接的，虽然 HTTP 使用了 TCP 连接，但是通信双方在交换 HTTP 报文之前不需要事先建立 HTTP 连接。

1. HTTP 操作过程

HTTP 定义 Web 客户端如何从 Web 服务器请求 Web 页面，以及服务器如何把 Web 页面传送给客户端。HTTP 采用了客户端/服务器模式。客户端向服务器发送一个请求报文，请求报文包含请求的方法、URL、协议版本、请求头部和请求数据。服务器以一个状态行作为响应，响应的内容包括协议的版本、成功或者错误代码、服务器信息、响应头部和响应数据。

万维网大致工作过程如图 9-13 所示。

以下是 HTTP 请求/响应的步骤。

（1）客户端连接到 Web 服务器。

（2）发送 HTTP 请求。通过 TCP 套接字，客户端向 Web 服务器发送一个文本的请求报文，该请求报文由请求行、请求头部、空行和请求数据四部分组成。

（3）服务器接受请求并返回 HTTP 响应。Web 服务器解析请求，定位请求资源。服务器将资源副本写到 TCP 套接字，由客户端读取。一个响应由状态行、响应头部、空行和响应数据 4 部分组成。

（4）释放 TCP 连接。Web 服务器主动关闭 TCP 套接字，释放 TCP 连接；客户端被动关闭 TCP 套接字，释放 TCP 连接。

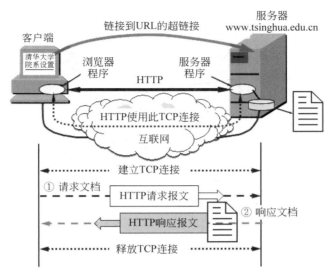

图 9-13　万维网工作过程

（5）客户端浏览器解析 HTML 内容。客户端浏览器首先解析状态行，查看表明请求是否成功的状态代码。然后解析每一个响应头，响应头告知以下为若干字节的 HTML 文档和文档的字符集。客户端浏览器读取响应数据 HTML，根据 HTML 的语法对其进行格式化，并在浏览器窗口中显示。

2. HTTP 版本

HTTP 是无状态的（stateless）。也就是说，同一个客户端第二次访问同一个服务器上的页面时，服务器无法知道这个客户端曾经访问过，服务器也无法分辨不同的客户端。HTTP 的无状态特性简化了服务器的设计，使服务器更容易支持大量并发的 HTTP 请求。

HTTP 有三个版本：HTTP 0.9，HTTP 1.0，HTTP 1.1。目前，HTTP 1.0 和 HTTP 1.1 被广泛使用。

下面估计一下从一个浏览器请求一个万维网文档到收到整个文档所需时间。浏览器与服务器的每次请求与响应，需经过三次握手建立起 TCP 运输连接。当建立三次握手的前两部分完成后（即经过一个 RTT 后），万维网客户就把 HTTP 请求报文，作为建立 TCP 连接的三次报文握手中的第三个报文数据，发送给万维网服务器。万维网服务器收到 HTTP 请求报文后，就把所请求的文档作为响应报文返回给客户。工作过程如图 9-14 所示。

根据图 9-14，可以计算出请求一个 Web 文档所需时延为：2 倍的 RTT 加上该 Web 文档的传输时延。一个 RTT 用于建立 TCP 连接，另一个 RTT 用于 HTTP 请求和响应，在 TCP 连接三次握手中的第三个报文段中捎带 HTTP 请求报文数据。

HTTP 1.0 采用非持续连接的工作方式。若一个 Web 文档上有多个连接对象需要依次进行连接，每次浏览器和服务器交互都需要有 2 倍的 RTT。如图 9-15 所示，一个包含许多图像的网页文件中并没有包含真正的图像数据内容，而是指明了这些图像的 URL 地址。当 Web 浏览器访问这个网页文件时，浏览器首先发出针对该网页文件的请求，当浏览器解析 Web 服务器返回该文档的 HTML 内容时，发现其中的＜img＞图像标签后，将根据＜img＞标签中的 src 属性所指定的 URL 地址再次向服务器发现下载图像数据的请求。

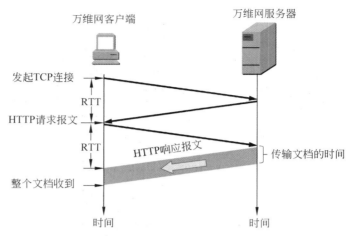

图 9-14 请求一个万维网文档所需时间

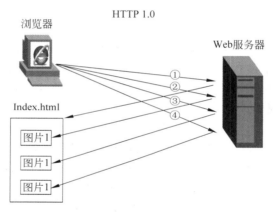

图 9-15 每个文件建立一个 TCP 连接

　　显然,访问一个包含许多图像的网页文件的整个过程包含多次请求和响应,每次请求和响应都需要建立一个单独的 TCP 连接,每次连接只传输一个文档和图像,相邻两次请求和响应完全分离,即使图像文件都很小。但是客户端和服务器端每次建立和关闭连接却是一个相对比较费时的过程。另外,每建立一次 TCP 连接都需要重新分配缓存和建立变量,加重了服务器的负担,并且会严重影响客户端和服务器的性能。当一个网页文件中包含 JavaScript 文件、CSS 文件等内容时,也会出现上述类似的情况。

　　HTTP 1.1 较好地解决了这个过程,它使用了持续连接的工作方式。持续连接就是万维网服务器在发送响应后仍然在一段时间内保持这条由 TCP 建立起来的连接,使同一个客户(浏览器)和该服务器可以持续在这条连接上传送后续的 HTTP 请求和响应报文。这并不局限于传送同一页面上的链接的文档,而是只要这些文档都在同一个服务器上就行,减少了建立和关闭连接的消耗和延迟。目前一些浏览器默认设置是 1.1。

　　HTTP 1.1 的持续连接有两种工作方式,即非流水线方式和流水线方式。

　　非流水线方式的特点是客户在收到前一个响应后才能发出下一个请求,如图 9-16 所示。因此,在 TCP 连接已建立后,客户每访问一次对象都要用去一个 RTT。这比非持续连接用去两倍 RTT 的开销,节省了建立 TCP 连接所需的一个 RTT 时间。但非流水线方式的缺点是服务器发送完一个对象后,其 TCP 连接就处于空闲状态,浪费了服务器资源。

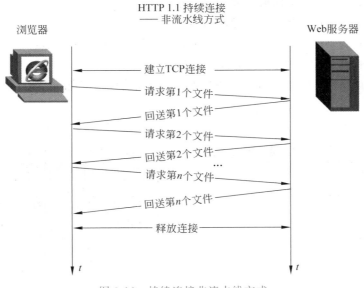

图 9-16　持续连接非流水线方式

　　流水线方式的特点,是客户在收到 HTTP 响应报文之前就能够接着发送新的请求报文,如图 9-17 所示。于是一个接一个的请求报文到达服务器后,服务器应可以连续发送响应报文。因此,使用流水线方式时,客户访问所有的对象只需花费一个 RTT 时间。流水线工作方式使 TCP 连接中的空闲时间减少,提高了下载文档的效率。

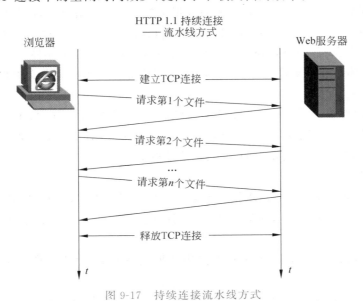

图 9-17　持续连接流水线方式

9.3.4　HTTP 请求与响应报文

HTTP 有以下两类报文。
- 请求报文：从客户端向服务器发送请求报文。
- 响应报文：从服务器到客户端的应答。

由于 HTTP 是面向正文的（text-oriented），因此在报文中的每一个字段都是一些 ASCII 码串，因而每个字段的长度都是不确定的。

HTTP 请求与响应报文结构如图 9-18 所示，报文由以下三部分组成。

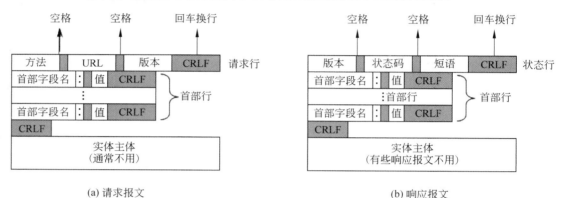

图 9-18　HTTP 请求报文和响应报文

（1）开始行。用于区分是请求报文还是响应报文。在请求报文中的开始行叫作请求行（request-line），而响应报文中的开始行叫作状态行（status-line）。开始行三个字段之间都以空格分隔开，最后的"CR"和"LF"分别代表"回车"和"换行"。

（2）首部行。用来说明浏览器、服务器或报文主体的一些信息。首部可以有多行，也可以不使用。在每一个首部行中都有首部字段名和它的值，每一行结束的地方都要有"回车"和"换行"。整个首部行结束时，还要有一些空行将首部行和后面的实体主体分开。

（3）实体主体。在请求报文中一般都不用这个字段，而在响应报文中也可能没有这个字段。

图 9-19 给出在客户端上捕获的访问某网站的请求数据报。其中，第 1、2 个数据报是 ARP 解析对方的 MAC 地址，第 3、4 个数据报是域名解析，第 5、6、7 个数据报是建立 TCP 连接，第 8 个数据报是客户端发出的 HTTP 请求报文。

1. HTTP 请求报文

如图 9-18(a)所示，HTTP 请求报文中第一行只有三项内容，即方法、请求资源 URL 以及 HTTP 版本。方法即动作，实际上是一些命令。请求报文类是由它所采用的方法决定的。

HTTP 1.1 协议定义了以下几种方法来表明对 Request-URL 指定资源的不同操作方式。

GET：请求获取 Request-URL 所标识的资源。在浏览器地址栏中输入网址的方式访问网页时，浏览器采用 GET 方法向服务器请求网页。

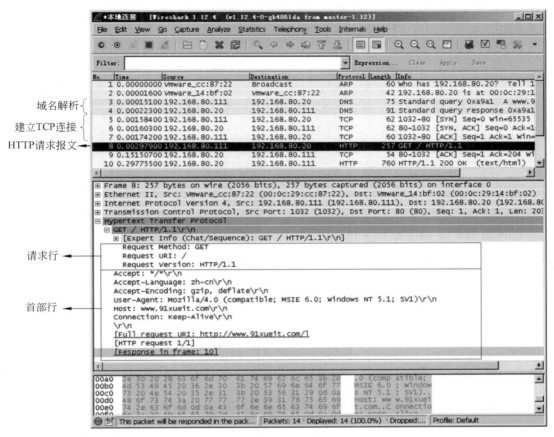

图 9-19　HTTP 请求报文

POST：Request-URL 所标识的资源后附加新的数据。要求被请求服务器接受附在请求后面的数据，常用于提交表单。例如，向服务器提交信息、发帖、登录。

HEAD：请求 Request-URL 所标识的资源的响应消息报头。

DELETE：请求服务器删除 Request-URL 所标识的资源。

TRACE：请求服务器回送收到的请求信息，主要用于测试或诊断。

CONNECT：用于代理服务器。

OPTIONS：请求查询服务器的性能，或者查询与资源相关的选项和需求。

下面是一个 HTTP 请求报文的例子。

```
Get /somedir/page.html HTTP/1.1        请求行使用了相对 URL
Host: www.someschool.edu               此行是首部行的开始,给出了主机的域名
Connection: close                      告诉服务器发送完请求的文档后就可释放连接
User-agent: Mozilla/5.0                表明用户代理是使用火狐浏览器 Firefox
Accept-language:cn                     表示用户希望优先得到中文版的文档
                                       请求报文最后还有一个空行
```

2. HTTP 响应报文

每一个请求报文发出后，都能收到一个响应报文。响应报文的第一行是状态行。如

图 9-18(b)所示,状态行包括三项内容,即 HTTP 的版本、状态码以及状态码的简单短语。状态码由三位数字组成,分为 5 大类 33 种,HTTP 响应报文的状态码见表 9-1。

表 9-1 HTTP 响应报文的状态码

状态码	含　义	例　子
1XX	通知信息	请求收到了或正在处理
2XX	成功	接受或知道了
3XX	重定向	表示要完成的请求或采取进一步动作
4XX	客户端差错	请求中有语法错误或不能完成
5XX	服务器差错	服务器失效,无法响应或完成请求

下面是 HTTP 响应报文例子。

HTTP/1.1 200 OK	此行是首部开始,表示服务器已成功处理了请求
Connection: close	表示释放连接
Date: Wed, 29 May 2013 19:31:21	GMT 当前的 GMT 时间
Server Apache/1.3.0(Unix)	服务器的名称
Last-Modified: Mon, 20 May 2013 15:26:08 GMT	所请求的对象的最后修改日期
Coneection-Length: 5875	响应消息体的长度,用八进制字节表示
Content-Type: text/html	当前内容的 MIME 类型
	空行
(data, data, data,…)	响应的实体内容

如图 9-20 所示,捕获的 HTTP 响应报文的状态码是 200,即服务器已成功处理了请求,表示服务器提供了请求的网页。

9.3.5 状态信息和 Cookie

由于 HTTP 是无状态的,浏览器向服务器发送一个文件请求,服务器将文件返回给浏览器,此后服务器上不保留有关客户信息。例如,访问某一网站,需要输入注册的账户和密码,登录成功。重启系统后再次输入账户和密码进行身份验证,服务器仅从网络连接上无从知道曾经登录的身份。

在两次调用之间的程序保存的信息称为状态信息,保存状态信息的方法依赖于这些信息需要被保存的时间和信息的大小。服务器可以将少量的信息传递给浏览器,浏览器将这些信息存储在磁盘上,然后在后续请求中将这些信息返回给服务器。

传给浏览器的状态信息称为 Cookie,它被保存在浏览器的 Cookie 目录下。Cookie 是一个小文件,最多包括 5 个字段,包括产生 Cookie 的 Web 站点名称、适用的路径(在服务器的哪部分文件树上要使用这个 Cookie)、内容、有效期和安全性要求。当浏览器要向某个 Web 服务器发送请求时,先检查 Cookie 目录,看看是否有从哪个服务器发来的 Cookie,如果有就把发来的所有 Cookie 都包含在请求消息中,发送给服务器。由于 Cookie 很小,大多数服务器软件不会在 Cookie 中存储实际数据,两次调用之间需要保存的信息实际上是存放在服务器本地磁盘文件中,而 Cookie 被用作这些信息的索引。

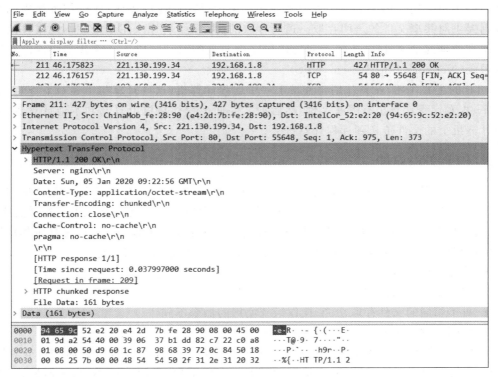

图 9-20 HTTP 响应报文

Cookie 是文本文档，同时用户可以拒绝 Cookie。

9.4 文件传输协议

9.4.1 FTP 概述

文件传送协议（File Transportation Protocol，FTP）是在互联网上应用最广泛的文件传送协议。它允许用户将本地计算机中的文件上传到远端的计算机中，或将远端计算机中的文件下载到本地计算机中。与 FTP 有关的技术标准有 RFC959（FTP 协议）和 RFC1635（匿名 FTP 服务）。

在互联网发展的早期阶段，用于 FTP 传送文件约占整个互联网通信量的三分之一，而由电子邮件和域名系统所产生的通信量还要小于 FTP 所产生的通信量，只是到了 1995 年，WWW 的通信量才首次超过了 FTP。

本节介绍基于 TCP 的 FTP，它们都是文件共享协议中的一大类，即复制整个文件，其特点是：若要存取一个文件，就必须先获得本地的文件副本，若要修改文件，只能对文件副本进行修改，然后将修改后的文件副本上传回到原节点。

文件共享协议中的另一大类是联机访问（online-access）。联机访问意味着允许多个程序同时对一个文进行存取。和数据库系统不同之处是用户不需要调用一个特殊的客户进程，而是由操作系统提供对远地共享文件进行访问的服务，就如同对本地文件的访问一样。

这就使得用户可使用远地文件作为输入和输出来运行任何应用程序,而操作系统中的文件系统则提供对共享文件的透明存取。透明存取的优点是:将原来用于处理本地文件的应用程序用来处理远地文件时,不需要对应用程序做明显的改动。属于文件共享协议的有网络文件系统(Network File System,NFS)。

FTP 的主要作用,就是让用户连接上一个远程计算机(这些计算机上运行着 FTP 服务器程序)查看远程计算机有哪些文件,然后把文件从远程计算机上复制到本地计算机,或把本地计算机上的文件传送到远程计算机去。

9.4.2　FTP 工作原理

FTP 提供交互式访问,FTP 屏蔽了各计算机系统差异的细节,特别适合在异构网络中的计算机系统之间将文件从一台计算机复制到网络中另一台远地计算机上。初看起来,在两台主机之间传送文件是很简单的事情。其实这往往是非常困难的。原因是众多的计算机厂商研制出的文件系统多达数百种,且差别很大。而经常遇到的问题是:

- 计算机存储数据的格式不同。
- 文件的目录结构和文件命名的规定不同。
- 对于相同的文件存取功能,操作系统使用的命令不同。
- 访问控制方法不同。

FTP 的目标是尽量减少或消除上述存在的文件系统差别,提供文件传输的基本服务。

FTP 是面向连接的,使用的运输层协议是 TCP。FTP 采用客户端/服务器模式,提供交互式的工作方式。一个 FTP 服务进程可以同时为多个客户进程提供服务,服务进程包括一个主进程,用于接受新的请求,以及若干个从属进程,用于处理不同的单个请求。

若用 FTP 对远地节点的文件进行存取,例如,修改文件,需要先获得一个下载到本地的文件副本,只能对文件的副本进行修改,然后将修改后的文件副本传回到远地节点。

FTP 的工作过程如下。

(1) 服务器主进程打开默认端口号 21。

(2) 等待客户端进程发出的连接请求。

(3) 启动从属进程处理客户进程发来的请求。从属进程对客户进程的请求处理完毕后即终止,但从属进程在运行期间根据需要还可能创建其他一些子进程。

(4) 回到等待状态,继续接受其他客户进程发来的请求。主进程与从属进程的处理是并发进行的。

如图 9-21 所示,FTP 的客户端和服务器之间需要建立并行的"控制连接"和"数据连接"。控制连接用来传输 FTP 命令,"数据连接"用来传输数据。在 FTP 服务器上需要开放两个端口,一个命令端口(或称为控制端口)和一个数据端口。通常 21 端口是命令端口,20端口是数据端口。但当混入主动/被动模式的概念时,数据端口可能就不是 20 了。

FTP 有两种使用模式:主动和被动。主动模式要求客户端和服务器端同时打开并且监听一个端口以建立连接。在这种情况下,客户端由于安装了防火墙会产生一些问题。所以,创立了被动模式。被动模式只要求服务器端产生一个监听相应端口的进程,这样就可以绕过客户端安装了防火墙的问题。

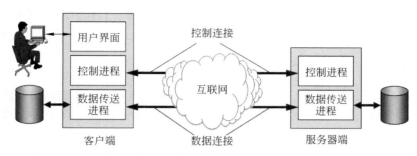

图 9-21 FTP 使用的两个 TCP 连接

1. 主动模式 FTP

主动模式下,FTP 客户端从任意的非特殊的端口 $N(N > 1023)$ 连入到 FTP 服务器的命令端口——21 端口。然后客户端在 $N+1(N+1 \geqslant 1024)$ 端口监听。

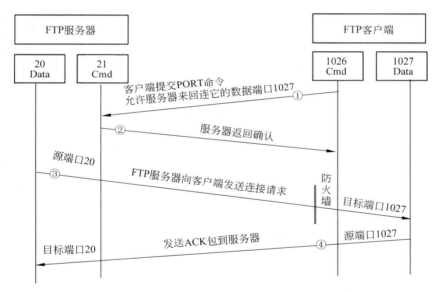

图 9-22 FTP 主动模式

在第(1)步中,FTP 客户端提交 PORT 命令并允许服务器来回连它的数据端口(1027端口)。

在第(2)步中,服务器返回一个确认 ACK。

在第(3)步中,FTP 服务器向客户端发送 TCP 连接请求,目标端口为 1027,源端口为20。为传输数据发起建立连接的请求。

在第(4)步中,FTP 客户端发送确认数据报文,目标端口为 20,源端口为 1027,建立起传输数据的连接。

主动模式下 FTP 服务器防火墙只需打开 TCP 的 21 端口和 20 端口,FTP 客户端的防火墙要将 TCP 端口号大于 1023 的端口全部打开。

主动模式下,FTP 的主要问题实际上在于客户端。因为客户端并没有建立一个到服务器数据端口的连接,它只是简单地告诉服务器自己监听的端口号,服务器再回连客户端这个指定的端口。对于客户端的防火墙来说,这是从外部系统建立的到内部客户端的连接,通常会被阻塞,除非关闭客户端的防火墙。

2. 被动模式 FTP

为了解决服务器发起到客户的连接的问题,人们开发了一种不同的 FTP 连接方式。这就是所谓的被动方式,或者叫作 PASV。当客户端通知服务器它处于被动模式时才启用。

如图 9-23 所示,在被动方式 FTP 中,命令连接和数据连接都来自于客户端,这样就可以解决从服务器到客户端的数据端口的接入方向连接被客户端的防火墙过滤掉的问题。当开启一个 FTP 连接时,客户端打开两个任意的非特权本地端口($N>1024$ 和 $N+1$)。第一个端口连接服务器的 21 端口,但与主动方式的 FTP 不同,客户端不会提交 PORT 命令并允许服务器来回连它的数据端口,而是提交 PASV 命令。这样做的结果是服务器会开启一个任意的非特权端口($P>1024$),并发送 PORT P 命令给客户端。然后客户端发起从本地端口 $N+1$ 到服务器的端口 P 的连接用来传送数据。

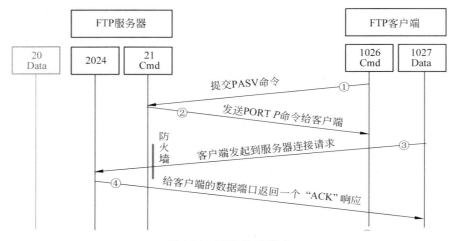

图 9-23　FTP 被动模式

对于服务器防火墙来说,需要打开 TCP 的 21 端口和大于 1023 端口。

在第(1)步中,客户端的命令端口与服务器的命令端口建立连接,并发送命令"PASV"。

在第(2)步中,服务器返回命令"PORT 2024"告诉客户端:服务器用哪个端口侦听数据连接。

在第(3)步中,客户端初始化一个从自己的数据端口到服务器指定的数据端口的数据连接。

在第(4)步中,服务器给客户端的数据端口返回一个"ACK"响应。

3. 主动 FTP 与被动 FTP 比较

1)主动 FTP

命令连接:客户端≥1023 端口→服务器 21 端口,即客户端选择一个大于或等于 1023 的端口主动连接到服务器的 21 端口。

数据连接:客户端>1023 端口←服务器 20 端口,即服务器端 20 端口主动连接到客户端选择一个大于 1023 的端口。

2）被动 FTP

命令连接：客户端≥1023 端口→服务器 21 端口，即客户端选择一个大于或等于 1023 的端口主动连接到服务器的 21 端口。

数据连接：客户端＞1023 端口→服务器＞1023 端口，即客户端选择一个大于 1023 的端口主动连接到服务器的一个大于 1023 的端口。

主动模式 FTP 对 FTP 服务器的管理有利，但对客户端的管理不利。因为 FTP 服务器企图与客户端的高位随机端口建立连接，而这个端口很有可能被客户端的防火墙阻塞掉。

被动 FTP 对 FTP 客户端的管理有利，但对服务器端的管理不利。因为客户端要与服务器端建立两个连接，其中一个连到一个高位随机端口，而这个端口很有可能被服务器端的防火墙阻塞掉。幸运的是，许多 FTP 守护程序允许管理员指定 FTP 服务器使用的端口范围。

9.4.3　客户端应用程序

互联网用户使用的 FTP 客户端应用程序通常有 3 种：传统的 FTP 命令行、浏览器和 FTP 下载工具。

1. FTP 命令行

传统 FTP 命令行形式是最早的 FTP 客户端程序。FTP 命令行常用的命令约有 50 条，包括：接入命令，用于客户端接入到远程服务器；文件管理命令，允许对文件进行操作；数据格式化命令，用于定义数据结构、文件类型和传输模式；端口定义命令，用于定义在客户端的数据连接的端口号；文件传输命令，用于用户存取文件；杂项命令，用于客户端用户使用帮助和查询。常用的 FTP 命令见表 9-2。

表 9-2　常用的 FTP 命令

FTP 命令	命 令 参 数	用　　途
ftp	远程主机（FTP 服务器）域名	
user	用户名、密码	
get	远程文件名、本地文件名	
put	本地文件名、远程文件名	
dir		显示当前目录
ls		显示当前目录中的子目录和文件
delete	文件名/目录名	删除文件
rename	文件名	更换文件名
quit	无	拆除与远程主机连接、退出会话

FTP 的交互命令是按照 7 位 ASCII 格式在控制连接上传输，FTP 命令是可读的，每个命令由 2～4 个大写的 ASCII 字符组成，有些命令具有可选参数。在用户（客户端）和服务器之间的 FTP 命令有一一对应关系，对每个命令都有一个 3 位数的应答状态码，后面有一个可选短语信息。常用的 FTP 响应状态码见表 9-3。

表 9-3 常用的 FTP 状态码

状 态 码	含 义
125	数据连接已经建立,数据传输开始
150	文件状态正常,准备建立数据连接
200	命令正确
220	控制连接已经建立,服务器准备好
221	控制连接已经拆除
226	请求的操作成功,关闭数据连接
230	用户已经登录
250	文件数据传输操作成功
331	用户名正确,要求提供密码
425	数据连接失败,状态码以 4 开头的表示临时故障,重试后可能成功
450	请求的操作失败,文件不可用
500	命令不能识别,状态码以 5 开头的表示永久故障,重试也不能解决问题
550	请求操作失败

2. 浏览器

不仅用浏览器可以访问 WWW 服务,也可以用它访问 FTP 服务器。访问 WWW 服务时,URL 中的协议部分使用的是 HTTP,如果将协议部分换成 FTP,FTP 后面指定服务器的主机名,便可以通过浏览器访问 FTP 服务器,例如:

ftp://ftp.sjtu.edu.cn/sample.txt

协议　　主机名　路径及文件名

其中,ftp://指明所采用的协议为 FTP(文件传输协议);ftp.sjtu.edu.cn 指明要访问的 FTP 服务器主机名,FTP 服务器主机名的最左边一个域段通常为 ftp;sample.txt 指明要下载的路径及文件名。

3. FTP 下载工具

在用户利用 FTP 命令行或浏览器从 FTP 服务器下载文件时,经常会遇到在下载已经完成了 95% 的时候,网络突然中断,文件下载前功尽弃,一切必须从头开始。这时用户非常希望能在线路恢复连接之后继续将余下的 5% 传输完,需要使用 FTP 下载工具。FTP 下载工具一方面可以提高文件下载的速度,另一方面可以实现断点续传,即接着前面的断接点,完成余下部分的传输。常用的 FTP 下载工具有 GetRigh、CuteFTP 等。

9.5 电 子 邮 件

9.5.1 电子邮件概述

电子邮件是一种最常见的网络服务。电子邮件具有使用方便、传递迅速和费用低廉等特点。电子邮件不仅可以传送文本信息,而且可以通过附件传送音频、视频文件等多媒体数据。

尽管现在互联网上的即时通信软件有很多,如 QQ,但有些场合还是使用电子邮件的方式显得正式一些,也便于查阅和归档。例如,公司通过电子邮件给员工发通知,员工发电子邮件写假条,公司之间使用电子邮件发送合同、协议等。

1. 电子邮件组成

一个电子邮件系统组成包括电子邮件协议、用户代理和电子邮件服务器。一个完整的电子邮件传输过程及其用到的协议和构件位置如图 9-24 所示。

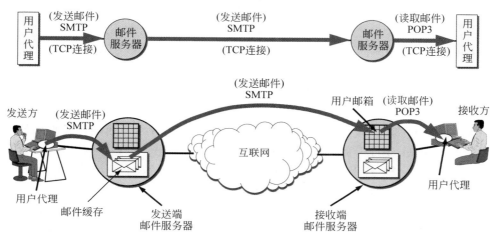

图 9-24　电子邮件的最主要组件构成

电子邮件地址协议规定了如何在两个相互通信的邮件进程之间交换信息,电子邮件协议包括简单邮件传送协议(Simple Mail Transfer Protocol,SMTP)、邮局接收协议(Post Office Protocol,POP)或 Internet 报文存取协议(Internet Mail Access Protocol,IMAP)。

电子邮件系统由三个主要组件构成:用户代理、邮件服务器以及邮件发送协议(如 SMTP)和邮件接收协议。

用户代理(User Agent)就是用户与电子邮件系统的接口,在大多数情况下它就是运行在用户 PC 中的一个程序,因此用户代理又称为电子邮件客户端软件。用户代理向用户提供一个很友好的接口(目前主要是用窗口界面)来发送和接收邮件。现在可供选择的用户代理有很多种,例如,微软公司的 Outlook Express 和我国的 Foxmail,都是非常受欢迎的电子邮件用户代理。

用户代理至少应当具有以下四项功能。

(1) 撰写。给用户提供编辑信件的环境。例如,让用户能创建便于使用的通讯录(有常用的人名和地址)。回信时不仅能很方便地从来信中提取出对方地址,并自动地将此地址写入邮件中合适的位置,而且能方便地对来信提出的问题进行答复(系统自动将来信复制一份在用户撰写回信的窗口中,因而用户不需要再输入来信中的问题)。

(2) 显示。能方便地在计算机屏幕上显示出来信(包括来信附上的声音和图像)。

(3) 处理。处理包括发送邮件和接收邮件。收件人应能根据情况按不同方式对来信进行处理。例如,阅读后删除、存盘、打印、转发等,以及自建目录对来信进行分类保存。有时还可在读取信件之前先查看一下邮件的发件人和长度等,对于不愿收的信件可直接在邮箱中删除。

(4)通信。发信人在撰写完邮件后,要利用邮件发送协议到用户所使用的邮件服务器。收件人在接收邮件时,要使用邮件读取协议从本地邮件服务器接收邮件。

如图 9-24 所示为 PC 之间发送和接收电子邮件的几个重要步骤。SMTP 和 POP3 协议(或 IMAP)都是在 TCP 连接的上面传送邮件,使得邮件的传送成为可靠的方式。

(1)用户通过用户代理程序撰写、编辑邮件。

(2)撰写完邮件后,单击"发送"按钮,准备将邮件通过 SMTP 传送到发送邮件服务器。

(3)发送邮件服务器将邮件放入邮件发送缓存队列,等待发送。

(4)接收邮件服务器将收到的邮件保存到用户邮箱中,等待收件人提取邮件。

(5)收件人在方便的时候,使用 POP3 协议从接收邮件服务器中提取电子邮件,通过用户代理程序进行阅览、保存及其他处理。

电子邮件由信封(envelope)和内容(content)两部分组成。在电子邮件的信封上,最重要的就是收件人的地址。E-mail 地址的格式是固定的,并且在全球范围内是唯一的。用户的电子邮件格式为:收件人邮箱名@邮件所在的主机域名,其中,符号"@"读作"at",表示"在"的意思。RFC822 只规定了电子邮件内容中的首部(header)格式,而对邮件主体(body)部分则让用户自由撰写。用户写好首部后,邮件系统将自动地将信封所需的信息提取出来并写在信封上。邮件内容首部包括一些关键字,后面加上冒号。最重要的关键字是 To 和 Subject。"To"后面填入一个或多个收件人的电子邮件地址。用户只需打开地址簿,单击收件人名字,收件人的电子邮件地址就会自动地填入到合适的位置上。"Subject"是邮件的主题,它反映了邮件的主要内容,便于用户查找邮件。

2. 电子邮件信息格式

电子邮件报文格式由两部分组成:邮件首部(Mail Header)和邮件主体(Mail Body)。RFC822 规定了电子邮件的首部格式,邮件主体由用户自由撰写。用户写好首部后,邮件系统自动地将信封所需信息提取出来并写在信封上,所以用户不需要填写电子邮件信封上的信息。图 9-25 给出电子邮件格式例子。

1)电子邮件首部

邮件首部包括一些用关键字描述的字段(后面加上冒号),邮件首部包括的一些字段见表 9-4。

表 9-4 邮件首部包括的一些字段

首部字段	含义及后面内容	首部字段	含义及后面内容
From	发信人的邮件地址	Cc	抄送
Date	发信日期	Bcc	暗送
To	一个或多个收信人的邮件地址	Reply-To	对方回信用的地址
Subject	邮件标题	Received	传输途中每个传输代理加上的信息

邮件首部由多项内容构成,其中,发件人邮件地址、邮件发送日期和时间等是由电子邮

发件人　→　Mail from:< ess2005@yeah.net>

收件人　→　Rcpt to:<dongqing91@sohu.com>

收件人　→　Rcpt to: <dongqing081@sohu.com>

〉信封

从内容首部提取
信封所需内容

Data

发件人　→　From:<ess2005@yeah.net>

收件人　→　To:<dongqing91@sohu.com>

抄送给　→　Cc:<dongqing081@sohu.com>

答复邮箱　→　Reply-to:<458717185@qq.com>

发信日期　→　Date:1999-04-12 15:23:12

主题　→　Subject:主题

主题和正文必须
有空行，需要按
两次Enter键

Body正文

正文结束标记　→　.

内容首部

内容

图 9-25　电子邮件格式

件应用程序根据系统设置自动产生的，而收件人的地址、抄送人地址、邮件主题等是根据用户在创建邮件时输入信息产生的。

邮件首部包括一些关键字，后面加上冒号。最重要的关键字是 From、To 和 Subject。

"From"后是发件人的电子邮件地址。

"To"后可填入一个或多个收件人的电子邮件地址。多个收件人可以写成多行，也可以写成一行。

在电子邮件软件中，用户把经常通信的对象名字和电子邮件地址写到地址簿（address book）中。当撰写邮件时，只需打开地址簿，单击收件人名字，收件人的电子邮件地址会自动填入合适位置中。

"Subject"是邮件主题，它反映了邮件的主要内容。主题类似于文件系统的文件名，便于用户查找邮件。

2）邮件主体

邮件报文首部后接着一个空白行，下面是以 ASCII 格式给出的邮件主体。

邮件主体是实际要传送的内容，传统电子邮件系统只能传递文本信息。目前，使用 Internet 电子邮件扩展（MIME）协议不但可以发送各种文字和各种结构文本信息，而且可以发送语音、图像和视频等多媒体信息。

9.5.2　SMTP

SMTP 规定了两个相互通信的 SMTP 进程之间应如何交换信息。由于 SMTP 使用了客户端/服务器方式，因此负责发送邮件的 SMTP 进程就是 SMTP 客户，而负责接收邮件的 SMTP 进程应是 SMTP 服务器。至于邮件内部的格式，邮件如何存储，以及邮件系统应以多快的速度来发送邮件,SMTP 都未做出规定。

SMTP 规定了 14 条命令和 21 种应答信息。每条命令由几个字母组成,而每种应答信息一般只有一行信息,由一个 3 位数字代码开始,后面附上(也可不附上)很简单的文字说明。表 9-5 和表 9-6 分别列出 SMTP 基本命令集和应答信息代码。

表 9-5　SMTP 基本命令集

状　态　码	含　　义
HELO	客户端为标识自己的身份而发送的命令(通常带域名)
MAIL FROM	标识邮件的发件人,以 MAIL FROM 的形式使用
RCPT TO	标识邮件的收件人,以 RCPT TO 的形式使用
DATA	客户端发送的、用于启动邮件内容传输的命令
RSET	使整个邮件的处理无效,并重置缓冲区
VRFY	用于验证指定的用户/邮箱是否存在。由于安全方面的原因,服务器常禁止此命令
EXPN	验证给定的邮箱列表是否存在,扩充邮箱列表,也常被禁用
HELP	返回 SMTP 服务所支持的命令列表
NOOP	无操作,服务器应响应 OK
QUIT	终止会话

表 9-6　SMTP 应答信息代码

状　态　码	命　令　功　能
220	服务就绪
250	请求邮件动作正确中,完成(HELO,MAIL FROM,RCPT TO,QUIT 指令执行成功会返回此信息)
235	认证通过
221	正在处理
354	开始发送数据,以.结束(DATA 指令执行成功会返回此信息)
500	语法错误,命令不能识别
550	命令不能执行,邮箱无效
552	中断处理:用户超出文件空间使整个邮件的处理无效,并重置缓冲区。验证给定的邮箱列表是否存在,扩充邮箱列表,也常被禁用

发送方和接收方邮件服务器之间通信包括 3 个阶段:建立连接、邮件传输和释放连接。交互过程中采用 TCP 连接。

1. 建立连接

建立连接包括用户代理与本地邮件服务器(发送方邮件服务器)的连接,以及本地邮件服务器与远地邮件服务器(接收方邮件服务器)的连接。建立连接使用电子邮件发送协议(SMTP)。

发送人通过用户代理程序撰写和编辑要发送的电子邮件。用户代理使用默认端口号25 与本地邮件服务器建立连接,把邮件先发送给本地邮件服务器缓存下来。

本地邮件服务器作为 SMTP 客户端,每隔一定时间对邮件缓存扫描一次,若有邮件发送,建立与远地邮件服务器的连接,连接过程如下。

（1）使用默认端口号 25 与接收方电子邮件服务器建立 TCP 连接。

（2）SMTP 服务器回答"220 Service ready",表示服务就绪,连接建立。

（3）SMTP 客户端发送 HELO 命令给 SMTP 服务器,附上发送方主机名字。

（4）SMTP 服务器回答"250 OK",表示已经准备好接收,否则回答"420 Service not available",表示服务不可用。

发送方邮件服务器与接收方邮件服务器之间是直接通过 TCP 连接的,中间不经过其他电子邮件服务器,尽管这两个邮件服务器连接途经上可能经过若干个路由器。可以看出:一个电子邮件服务器在作为发送方时,用作 SMTP 客户端;在作为接收方时,用作 SMTP 服务器。SMTP 服务器和客户端是在后台工作的。

电子邮件中客户端和服务器,如图 9-26 所示。客户端（发送方）发送电子邮件,采用SMTP。发送方邮件服务器向接收方邮件服务器传输电子邮件也采用 SMTP。客户端（接收方）接收邮件,采用的是 POP3 协议。

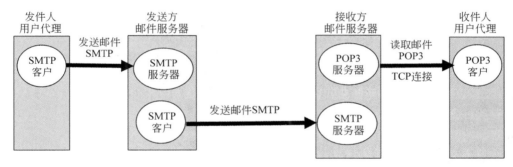

图 9-26　电子邮件发送与接收

2. 邮件传输

邮件传输涉及的命令有 MAIL FROM、RCPT TO、DATA 等,从 MAIL 命令开始,后面有发件人地址。例如,发件人邮件地址为 wangyuan@163.com,收件人邮件地址为 mastudent@qq.com,邮件传输过程如下。

（1）MAIL FROM：wangyuan@163.com,给出邮件发送者。

（2）SMTP 服务器回答"250 OK"表示准备好接收邮件,否则返回错误代码,指出原因,如 451（处理时出错）,452（存储空间不够）,500（命令无法识别）等。

（3）RCPT TO：mastudent@qq.com,指出邮件收件人。

（4）SMTP 服务器回答"250 OK",表示指出的邮箱（信箱）在接收邮件服务器系统中,或"550 no such user",即不存在此用户。

（5）DATA 命令表示开始发送邮件内容了。若可以接收邮件内容,SMTP 服务器回答"354 Start mail input：end with <CRLF>.<CRLF>",<CRLF>表示回车换行。若不能接收邮件,SMTP 服务器回答 421（服务器不可用）、500（无法识别命令）等。

（6）SMTP 客户端发送邮件内容，内容发送完毕后，发送＜CRLF＞.＜CRLF＞表示邮件内容结束，两个＜CRLF＞之间用.间隔。

（7）SMTP 服务器正确收到邮件后回答"250 OK"，否则返回出错代码。

3. 释放连接

释放连接过程如下。

（1）邮件发送完毕后，SMTP 客户端发送 QUIT 命令。

（2）SMTP 服务器回答"221 SERVER CLOSED"，表示同意释放 TCP 连接。邮件传输全过程结束。

4. 一个完整例子

为了说明邮件传输过程中客户端与服务器之间交互过程中的各方，在每个 ASCII 文本前面用 C 表示 SMTP 客户端，用 S 表示 SMTP 服务器，客户端的行输入省略了回车。邮件报文内容是"Hello，Good Morning！"。

```
C:\> telnet smtp.qq.com 25
C: HELO hiboy              ---HELO 表示向服务器打招呼,后面内容不限
S: 250 smtp.qq.com         ---表示认可了你的身份
C:auth login               ---告诉服务器你要登录
S:334 VXN1cm5hbWU6         ---这一串字符串表示"Username:",这是 base64 码
                           --需输入某账户(如 11111111@ qq.com)对应的 base64 码
                           --需输入该账户密码对应的 base64 码
S:235 Authentication successful   ---表明身份认证成功可以发邮件了
C:mail from:<111111111@ qq.com>   ---表明发信人地址
S:250 mail ok
C:rcpt to:<hello@ 163.com>        ---表明收件人地址
S:250 mail ok
C:data                     ---开始输入邮件内容
C:from:xxx                 ---表示发件人
C: to:xxxx                 ---表示收件人,可以有多个
C:subject:xxxxxxx          ---输入邮件主题,需要空格一行才开始输入正文
C: you are a good boy
C:.                        ---回车以"."结束
S: 250 mail ok queued as   #表示放入队列中等待发送,这时候收件人就能收到了
C:quit                     #断开连接
```

在上例中，客户端程序从主机名为 qq.com 的邮件服务器向邮件服务器 163.com 发送了一个报文（you are a good boy）。作为对话一部分，该客户端发送了 6 条命令（HELO、AUTH LOGIN、MAIL FROM、RCPT TO、DATA、QUIT）。这些命令都是自解释的。该客户端通过发送一个只包含一个句点的行，告诉服务器该报文结束了。服务器对每条命令做出回答，其中含有一个状态码和某些（选项的）英文解释。这里需要指出的是：SMTP 用的是持久连接，即如果发送的邮件服务器将多个报文发往同一个接收邮件服务器，它可以通过同一个 TCP 连接发送这些所有的报文。对每一个报文，该客户端用一个新的 Mail From 开始，用独立的句点指示该邮件结束，仅当所有邮件发送完后才发送 QUIT。

本书推荐使用 Telnet（关于 Telnet 命令，见 9.5 节）与一个 SMTP 服务器进行一次直接

对话。使用命令是：

```
telnet serverName 25
```

其中，serverName 是远程邮件服务器名称。通过此命令，本地主机与邮件服务器之间建立一个 TCP 连接，完成上述命令后，从该邮件服务器收到 220 应答信息。接下来在适当时机发出 HELO、AUTH LOGIN、MAIL FROM、RCPT TO、DATA，以及 QUIT 等 SMTP 命令。如果使用 Telnet 连接到朋友的 SMTP 服务器，可以按照这种方式给你的朋友发送邮件（即使你没有使用邮件用户代理）。

9.5.3　邮件读取协议 POP3 和 IMAP

SMTP 用于发送电子邮件，而从邮件服务器接收邮件到本地计算机，还需要有接收邮件协议。现在常用的邮件接收协议有两个，即邮局协议 POP3 和网际报文存取协议（Internet Message Access Protocol，IMAP），下面分别对它们进行讨论。

1. POP3 协议及特点

POP3 使用客户端/服务器的工作方式。在接收邮件的用户 PC 中的用户代理必须运行 POP3 的客户程序，而在收件人所连接的邮件服务器中则运行 POP3 的服务程序。当然，这个邮件服务器还必须运行 SMTP 服务器程序，以便接收发送方邮件服务器的 SMTP 客户程序发来的邮件。POP3 服务程序只有在用户输入鉴别信息（用户名和口令）后才对邮箱进行读取。

图 9-27 列出 POP3 协议会话过程。邮件接收方通过 POP3 协议读取电子邮件包括 3 个步骤：特许，即用户代理输入用户名和口令，获得读取许可；事务处理，即用户读取邮件报文，并对邮件进行处理；更新，即在用户退出之后，邮件服务器删除做过删除标记的邮件报文。

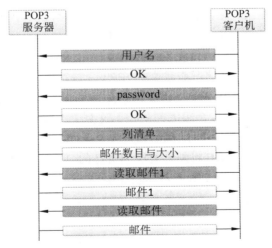

图 9-27　POP3 协议会话过程

POP3 有两种工作方式：下载并删除方式和下载并保留方式。下载删除方式就是在每一次读取邮件后就把邮箱中的这个邮件删除。保存方式就是在读取邮件后仍然在邮箱中保存这个邮件。删除方式通常在用户使用固定计算机工作的情况下,用户在本地计算机中保存和管理所收到的邮件。下载并保留方式允许在不同的计算机上多次读取同一邮件。

虽然 POP3 提供了下载并保留方式,但它不允许用户在服务器上管理它的邮件,例如,创建文件夹、对邮件进行分类管理等。因此 POP3 用户代理采用的主要模式是将所有邮件下载到本地进行管理。这种方式对于经常使用不同计算机上网的移动用户来说是非常不方便的。

POP3 协议的一个特点是只要用户从 POP3 邮件服务器读取邮件,POP3 邮件就要把这些邮件删除,这在某些情况下就不够方便。例如,某用户在办公室台式计算机上接收了一个邮件,还来不及写信,就马上携带笔记本电脑出差。当他打开笔记本电脑写回信时,POP3 服务器上却已经删除了原来已经看过的邮件(除非他事先将这些邮件复制到笔记本电脑中)。为了解决这一问题,POP3 进行了一些功能扩充,其中包括让用户能够事先设置邮件读取后仍然在 POP3 服务器存放一段时间(RFC2499)。目前,RFC2499 是互联网建议标准。

2. IMAP

另一个读取邮件协议是网际报文存取协议(IMAP),它比 POP3 复杂得多。IMAP 和 POP3 都按客户端/服务器方式工作,但它们有很大的差别。现在较新的版本是 2003 年 3 月修订的版本 4,即 IMAP4(RFC350),它目前还只是互联网的建议标准。

在使用 IMAP 时,在用户的 PC 上运行 IMAP 客户程序,然后与接收方的邮件服务器上的 IMAP 服务器程序建立 TCP 连接。用户在自己的 PC 上就可以操纵邮件服务器的邮箱,就像在本地操纵一样,因此 IMAP 是一个联机协议。当用户 PC 上的 IMAP 客户程序打开 IMAP 服务器邮箱时,用户可以看到邮件的首部。若用户需要打开某个邮件,则该邮件才传到用户的计算机上。用户可以根据需要为自己的邮箱创建便于分类管理的层次式的邮箱文件夹,并且能够将存放的邮件从某一个文件夹中移动到另一个文件夹中。用户也可按某种条件对邮件进行查找。在用户未发出删除邮件的命令之前,IMAP 服务器邮箱中的邮件一直保存着,这样就省去了用户 PC 硬盘上的大量存储空间。

IMAP 最大的好处就是用户可以在不同的地方使用不同的计算机随时上网阅读和处理自己的邮件。IMAP 还允许收件人只读取邮件中的某一个部分。例如,收到一个带有附件的视频文件(此文件可能很大)的邮件,但为了节省时间和流量,可以先下载邮件的正文部分,待以后有时间再读取或下载这个很大的附件。这对于无线移动用户来说是非常重要的,使用 IMAP 客户端软件可减少邮件所使用的流量。

IMAP 的缺点是如果用户没有将邮件复制到自己的 PC 上,则邮件一直是存放在 IMAP 服务器上的。用户如不能与 IMAP 服务器建立连接,则无法阅读自己邮箱中的邮件。

9.5.4 基于万维网的邮件

随着动态网页技术的应用与发展,越来越多的应用采用基于万维网的方式,即利用浏览器以万维网页面的形式为用户提供人机界面。今天,几乎所有著名的门户网站及许多大学或公司,都提供了基于万维网的电子邮件。现在越来越多的用户使用基于万维网的电子邮件。用户通过浏览器登录(要求提供用户名和口令)邮件服务器万维网站就可以撰写、收发、阅读和管理电子邮件。采用这种方式的一个好处就是不用安装专门的用户代理程序,用普通的万维网浏览器访问邮件服务器万维网网站即可。这些网站通常都提供非常强大和方便的邮件管理功能,用户可以在该电子邮件服务器网站上管理和处理自己的邮件,而不需要将邮件下载到本地进行管理。这对于经常在不同地点上网收发邮件的用户来说是非常方便的。

图 9-28(a)给出了基于万维网的电子邮件的工作特点。假定登录网易(163)邮件服务器的用户 A 要向同一个邮件服务器的用户 B 发送邮件。A 和 B 的电子邮件地址分别是 aaa@163.com 和 bbb@163.com。这时,A 和 B 都使用各自的浏览器登录到邮件服务器网站发送和接收邮件。从图 9-28(a)可以看出,A 和 B 在发送和接收邮件时与服务器之间都使用的是 HTTP。在邮件的传送过程中,不需要使用前面讲过的 SMTP 和 POP3 协议。

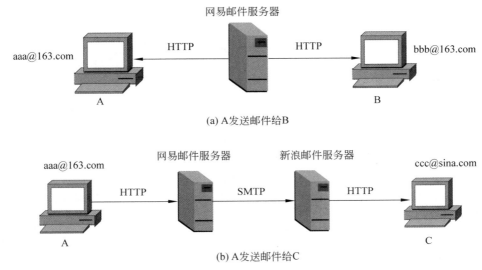

图 9-28　基于万维网的电子邮件需要使用的协议

但是,当发信人和收信人使用的是不同的邮件服务器时,情况就改变了。如图 9-28(b)所示,A 要给使用新浪服务器的 C 发送邮件。假定 C 的邮件地址是 ccc@sina.com,A 发送邮件和 C 接收邮件仍然是使用 HTTP,但从网易邮件服务器把邮件发送到新浪邮件服务器则使用的是 SMTP。

这种工作模式与 IMAP 很类似,不同的是用户计算机上无须安装专门的用户代理程序,只需要使用通用的万维网浏览器。

9.5.5　通用邮件扩充 MIME

1. MIME 概述

SMTP 具有以下几个缺点。

(1) SMTP 不能传送可执行文件或者其他二进制对象。

(2) SMTP 只能传送 7 位的 ASCII 码,许多国家非英文的文字将无法传送。

(3) SMTP 服务器会拒绝超过一定长度的邮件。

(4) 某些 SMTP 的实现并没有完全按照 SMTP 的互联网标准。

正因如此,一些非英语字符消息和二进制文件、图像、声音等非文字消息都不能在电子邮件中传输。于是在这种情况下，人们提出了通用互联网邮件扩充（Multipurpose Internet Mail Extensions，MIME）协议。MIME 并没有改动或者取代 STMP，它是在继续使用原来的邮件格式的情况下，增加了邮件主体的结构，并定义了传送非 ASCII 码的编码规则。也就是说，MIME 邮件可在现有的电子邮件程序和协议下传送。图 9-29 表示 MIME 和 SMTP 的关系。

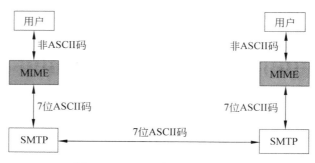

图 9-29　MIME 和 SMTP 的关系

MIME 实际上是在用户和 SMTP 之间的一层，将用户输入的非 ASCII 码的内容通过转换为 ASCII 码的内容，让 SMTP 得以接受，并利用 SMTP 对邮件进行传输。收件人收到后，再通过 MIME 协议对 SMTP 的 ASCII 码进行解码，呈现在用户眼前的是正确的信息。

MIME 最早应用于电子邮件系统，但后来也应用到浏览器。服务器发送的多媒体到浏览器，浏览器获取该多媒体数据的 MIME 类型，从而让浏览器知道接收到的信息属于哪种类型。

MIME 主要包括以下三部分内容。

（1）5 个新的邮件首部字段，加入到原来邮件的首部中。这些字段提供了有关邮件主体的信息。

（2）定义了许多邮件内容的格式，对多媒体电子邮件的表示方法进行了标准化。

（3）定义了传送编码，对任何格式内容进行转换，而不会被邮件系统改变。

为适应于任意数据类型和表示，每个 MIME 报文包含告知收件人数据类型和使用编码的信息，MIME 把新增加的信息加入到原来的邮件首部中。

下面是 MIME 增加的 5 个新的邮件首部的名称及其意义（有的可以是选项）。

（1）MIME-Version：标志 MIME 版本。现在版本号是 1.0。若无此号，则为英文文本。

（2）Content-Description：可读字符串，说明此邮件主体是否是图像、音频和视频。

（3）Content-ID：邮件的唯一标识符。

（4）Content-Transfer-Encoding：定义了对数据所执行的编码方式，可以使用 7bit，8bit，binary，quoted-printable，base64 和 custom 中的一种编码方式。

（5）Content-Type：定义了数据类型和子类型，类型与子类型之间用"/"分隔，以便数据能被适当地处理。有效的类型有：text，image，audio，video，applications，multipart 和 message。注意任何一个二进制附件都应该被叫作 application/octet-stream。

上述前三项意思很清楚，因此下面只对后面两项进行介绍。

2．内容传送编码

内容传送编码（Content Transfer Encoding）的值可以指定为 7bit、8bit、binary、quoted-printable 和 base64。下面介绍三种常用的内容传送编码。

（1）最简单的编码就是 7 位的 ASCII 码，而每行不能超过 1000 个字符。MIME 对这种由 ASCII 码构成的邮件主体不进行任何转换。

（2）另一种编码称为 quoted-printable。这种编码方法适用于当所传的数据中只有少量的非 ASCII 码，例如汉字。这种编码方法的要点就是对所有可打印的 ASCII 码，除特殊字符"="外，都不改变。"="和不可打印的 ASCII 码以及非 ASCII 码的数据的编码方法是：先将每个字节的二进制代码用两个十六进制数字表示，然后在前面加上一个"="。例如，给定二进制数据 01001100 10011101 00111001 进行 quoted-printable 编码，其转换方法如下。

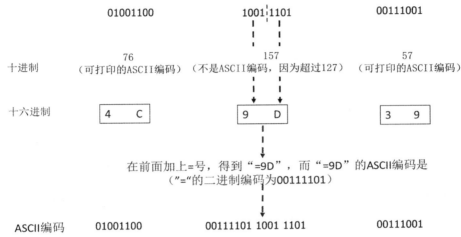

（3）对于任意的二进制文件，可用 base64 编码。这种编码方法是先把二进制代码划分为一个个 24 位长的单元，然后把每一个 24 位单元划分为 4 个 6 位组。每一个 6 位组按以下方法转换成 ASCII 码。6 位的二进制代码共有 64 种不同的值，从 0 到 63，用 A 表示 0，用 B 表示 1，等等。26 个大写字母排列完毕后，接下去再排 26 个小写字母，再后面是 10 个数字，最后用＋表示 62，而用／表示 63。再用两个连在一起的等号"＝＝"和一个等号"＝"分别表示最后一组的代码只有 8 位或 16 位。回车和换行都忽略，它们可在任何地方插入。

下面是一个 base64 编码的例子。

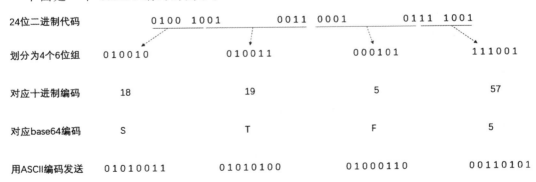

不难看出，24 位的二进制代码采用 base64 编码后变成了 32 位，开销为 25％。

3. 内容类型

MIME 标准规定 Content-Type 说明必须含有两个标识符，即内容类型和子类型，中间用"/"分开。

MIME 标准原先定义了 7 个基本内容类型和 15 种子类型。但是允许客户端和服务器之间定义专用的内容类型,但是为了避免名字冲突,专用类型一般以 X- 开始。但是,后来陆续出现了几百个子类型,而且子类型的数目还在不断增加。表 9-7 列出了 MIME 的内容类型、子类型举例及其说明。

表 9-7　可出现在 MIME Content-Type 说明中的类型及子类型举例

Content-Type	子　类　型	说　　明
text(文本)	plain, html, xml, css	不同格式的文本
image(图像)	gif, jpeg, tiff	不同格式的静止图像
audio(音频)	basic, mpeg, mp4	可听见的声音
video(视频)	mpeg, mp4, quicktime	不同格式的影片
model(模型)	vrml	3D 模型
application(应用)	octet-stream, pdf, javascript, zip	不同应用程序产生的数据
message(报文)	http, rfc822	封装的报文
multipart(多部分)	mixed, alternative, parallel, digest	多种类型的组合

MIME 的内容类型中 multipart 是很有用的,因为它使邮件增加了相当大的灵活性。MIME 标准为 multipart 定义了四种可能的子类型,每个子类型都提供重要功能。

(1) mixed 子类型允许单个报文含有多个相互独立的子报文,每个子报文拥有自己的类型和编码。mixed 子类型报文使用户能够在报文中附上文本、图像和声音,或者用额外数据段发送一个备忘录,类似商业信件含有的附件。在 mixed 后面还用到一个关键字,即 boundary=,此关键字定义了分隔报文各部分所用的字符串(由邮件系统定义),只要在邮件的内容中不会出现这样的字符串即可。当某一行以两个连字符"--"开始,后面紧跟上述字符串,就表示下面开始了另一个子报文。

下面显示了一个 MIME 邮件,它包含一个简单解释的文本和含有非文本信息的照片。

```
From:"hello" <hello@xxx.com>
To:<world@xxx.com>
Subject:hello world
Date:Mon, 9 Oct 2006 16:51:34 +0800
MIME-Version:1.0
Content-Type:multipart/mixed;boundary= lines
--lines
    Hello world
-lines
Content-Type:image/gif
Content-Transfer-Encoding: base64
... images ...
--lines--
```

上面最后一行表示 boundary 的字符串后面还有两个连字符"--",表示整个 multipart 结束。

（2）alternative 子类型允许单个报文含有同一数据的多种表示。当给多个使用不同硬件和软件系统的收件人发送备忘录时,这种类型的 multipart 报文很有用。例如,对于同一个文本,用户可选择普通的 ASCII 文本和格式化的形式发送,客户端根据自己实际选择格式化的形式。

（3）parallel 子类型允许单个报文含有可同时显示的各个子部分,例如,图片和声音子部分必须一起播放。

（4）digest 子类型允许单个报文含有一组其他报文。

9.6 Telnet 协议

1. Telnet 协议概述

Telnet 是一个简单的远程终端协议,也是互联网的正式标准。用户使用 Telnet 客户端可以连接到远程 Telnet 服务的设备(可以是网络设备,如路由器、交换机,也可以是操作系统,如 Windows 或 Linux),进行远程管理。

Telnet 能够将用户的键盘指令传到远程主机,同时也能将远程主机的输出通过 TCP 连接返回到用户屏幕。这种服务是透明的,因为用户感觉到好像键盘和显示器直接连接在远程主机上。因此 Telnet 又称为终端仿真协议。

Telnet 协议并不复杂,以前应用很广泛,现在由于操作系统功能越来越强,用户已经较少使用 Telnet 了。不过配置 Linux 服务器和网络设备还是需要 Telnet 来实现远程管理和配置。

2. Telnet 协议工作方式

Telnet 也使用客户端/服务器方式。在本地系统运行 Telnet 客户进程,而在远程主机运行 Telnet 服务器进程。服务器中的主进程等待新的请求,并产生从属进程来处理每一个连接。

Telnet 能够适应许多计算机和操作系统的差异。例如,对于文本中一行的结束,有的系统使用 ASCII 码的回车(CR),有的系统使用换行(LF),还有的系统使用回车＋换行(CR-LF)。又如,在中断一个程序时,许多系统使用 Ctrl＋C(^C),但也有系统使用 Esc 键。为了适应这种差异,Telnet 定义了数据和命令应怎样通过网络。这些定义就是所谓的网络虚拟终端(Network Virtual Terminal,NVT)。图 9-30 说明了 NVT 的意义。客户软件把用户的按键和命令转换成 NVT 格式,并送交服务器。服务器软件把收到的数据和命令从 NVT 格式转换成远地系统所需的格式。向用户返回数据时,服务器把远地系统的格式转换为 NVT 格式,本地客户再从 NVT 格式转换到本地系统所需的格式。

NVT 的格式定义很简单。所有的通信都使用 8b 即 1B。在运转时,NVT 使用 7 位 ASCII 码传送数据,而当高位置 1 时用作控制命令。ASCII 码共有 95 个可打印字符(如字母、数字、标点符号)和 33 个控制字符。所有可打印字符在 NVT 中的意义和在 ASCII 码中一样。但 NVT 只使用了 ASCII 码的控制字符中的几个。此外,NVT 还定义了两字符的 CF-LF 为标准的行结束控制符。当用户按 Enter 键时,Telnet 的客户端就把它转换为 CR-

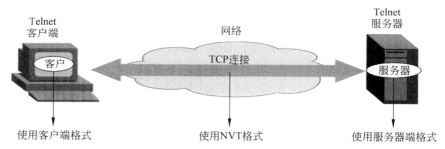

图 9-30　Telnet 使用网络虚拟终端 NVT 格式

LF 再进行传输,而 Telnet 服务器要把 CR-LF 转换为远地机器的行结束字符。

Telnet 的选项协商(Option Negotiation)使 Telnet 客户端和 Telnet 服务器可商定使用更多的终端功能,协商的双方是平等的。

习　题

一、选择题

1. 下面协议中不属于应用层协议的是(　　　)。

   A. FTP、Telnet　　　　B. ICMP、ARP　　　　C. SMTP、POP3　　　D. HTTP、SNMP

2. 在 www.tsinghua.edu.cn 这个完全限定域名(FQDN)里,(　　　)是主机名。

   A. edu.cn　　　　　　　　　　　　　B. tsinghua

   C. tsinghua.edu.cn　　　　　　　　　D. www

3. Internet 中的 DNS 的主要功能是(　　　)。

   A. 通过查询获得主机和网络的相关信息

   B. 查询主机的 MAC 地址

   C. 查询主机的计算机名

   D. 为主机动态分配 IP 地址

4. 在 Internet 域名体系中,域的下面可以划分子域,各级域名用圆点分开,按照(　　　)。

   A. 从左到右越来越小的方式分 4 层排列

   B. 从左到右越来越小的方式分多层排列

   C. 从右到左越来越小的方式分 4 层排列

   D. 从右到左越来越小的方式分多层排列

5. 域名解析过程中,每次请求一个服务器,不行再请求别的服务器,称为(　　　)。

   A. 递归解析　　　　B. 迭代解析　　　　C. 循环解析　　　　D. 层次解析

6. 从协议分析的角度,WWW 服务的第一步操作是浏览器对服务器的(　　　)。

   A. 身份验证　　　　B. 传输连接建立　　　C. 请求域名解析　　　D. 会话连接建立

7. 要从某个已知的 URL 获得一个万维网文档时,若该万维网服务器的 IP 地址开始时并不知道,需要用到的应用层协议有(　　　)。

   A. FTP 和 HTTP　　　　　　　　　　B. DNS 协议和 FTP

   C. DNS 协议和 HTTP　　　　　　　　D. Telnet 协议和 HTTP

8. Web 页面通常利用超文本方式进行组织,这些相互链接的页面(　　)。

    A. 必须放置在用户主机上

    B. 必须放置在同一主机上

    C. 必须放置在不同主机上

    D. 既可以放置在同一主机上,也可以放置在不同主机上

9. 浏览器与 Web 服务器通过建立(　　)连接来传送网页。

    A. UDP   B. TCP   C. IP   D. RIP

10. HTTP 属于 TCP/IP 的(　　)。

    A. 应用层   B. 传输层   C. 网际层   D. 网络接口

11. 当使用鼠标单击一个万维网文档时,若该文档除了有文本外,还有三个 gif 图像。HTTP 1.0 中需要建立(　　)次 UDP 连接和(　　)次 TCP 连接。

    A. 0,4   B. 1,3   C. 0,2   D. 1,2

12. TCP 和 UDP 的一些端口保留给一些特定的应用使用。为 HTTP 保留的端口号为(　　)。

    A. TCP 的 80 端口   B. UDP 的 80 端口

    C. TCP 的 25 端口   D. UDP 的 25 端口

13. 当仅需 Web 服务器对 HTTP 报文进行响应,但并不需要返回请求对象时,HTTP 请求报文应该使用的方法是(　　)。

    A. GET   B. PUT   C. POST   D. HEAD

14. 若用户 1 与用户 2 之间发送和接收电子邮件的过程如图 9-31 所示,则图中 A、B、C 阶段分别使用的应用层协议可以是(　　)。

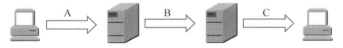

发件人计算机   发件人服务器   收件人服务器   收件人计算机

图 9-31　电子邮件发送与接收

    A. SMTP,SMTP,SMTP   B. POP3,SMTP,POP3

    C. POP3,SMTP,SMTP   D. SMTP,SMTP,POP3

15. 用户代理只能发送不能接收电子邮件,则可能是(　　)地址错误。

    A. POP3   B. SMTP   C. HTTP   D. Mail

16. SMTP 基于传输层的(　　)协议,POP3 基于传输层的(　　)协议。

    A. TCP,TCP   B. TCP,UDP   C. UDP,UDP   D. UDP,UDP

17. 因特网电子邮件系统中,用于电子邮件读取的协议包括(　　)。(多选)

    A. SMTP   B. POP3   C. IMAP   D. MIME

18. DHCP 的功能是(　　)。

    A. 为客户自动进行注册   B. 为客户端自动配置 IP 地址

    C. 使 DNS 名字自动登录   D. 为 WINS 提供路由

19. DHCP 客户端请求 IP 地址租约时首先发送的信息是下面的(　　)。

A. DHCP DISCOVER　　　　　　　B. DHCP OFFER

C. DHCP REQUEST　　　　　　　　D. DHCP POSITIVE

20. 大型网络中部署 DHCP,每个子网可设置一台计算机作为 DHCP 的(　　)。

A. 代理服务器　　　B. 中继代理　　　C. 路由器　　　　D. DNS

21. 当租约过去(　　)后,客户端向 DHCP 服务器发送一个请求,请求更新和延长当前租约。

A. 期满　　　　　B. 限制　　　　　C. 一半　　　　　D. 87.5%

22. ipconfig/release 的作用是(　　)。

A. 获取地址　　　　　　　　　　B. 释放地址、租约及子网掩码

C. 查看所有 IP 配置　　　　　　D. 以上都不正确

23. 下面提供 FTP 服务的默认 TCP 端口号是(　　)。

A. 21　　　　　B. 25　　　　　C. 23　　　　　D. 80

24. 在 Internet 的基本服务功能中,远程登录所使用的命令是(　　)。

A. ftp　　　　　B. telnet　　　　C. mail　　　　D. open

25. 在 Internet 中,用于文件传输的协议是(　　)。

A. HTML　　　　B. SMTP　　　　C. FTP　　　　D. POP

26. 下面对应用层协议说法正确的有(　　)。

A. DNS 协议支持域名解析服务,其服务端口号为 80

B. Telnet 协议支持远程登录应用

C. 电子邮件系统中,发送电子邮件和接收电子邮件均采用 SMTP

D. FTP 提供文件传输服务,并仅使用一个端口

二、简答题

1. 域名系统的主要功能是什么? 域名系统中的本地域名服务器、根域名服务器、顶级域名服务器以及权限域名服务器有何区别?

2. 域名服务器中的高速缓存的作用是什么?

3. 为什么要引入域名解析? 简要叙述访问站点 www.ecjtu.jx.cn 的工作过程中 DNS 的域名解析过程。(设 www.ecjtu.jx.cn 的 IP 地址为 202.101.208.10,DNS 地址为 202.101.208.3。)

4. 一名学生 A 希望访问网站 www.google.com。学生 A 在其浏览器中输入 http://www.google.com 并回车,直到 Google 的网站首页显示在其浏览器中,请问:

(1) 在此过程中,按照 TCP/IP 参考模型,从应用层(包括应用层)到网络接口层(包括网络接口层)都用到了哪些协议,每个协议所起的作用是什么?

(2) 简要描述该过程的流程(可用流程图描述)。

5. HTTP 请求报文和响应报文分别由什么组成?

6. 试述电子邮件的最主要的组成部件。用户代理(UA)的作用是什么? 没有 UA 行不行?

7. 试简述 SMTP 通信的三个阶段的过程。

8. 简述 DHCP 的工作过程。

三、综合应用题

1. 图 9-32 中 Client 计算机配置的 DNS 服务器是 43.6.18.8，现在需要解析 www. 91xueit.com 的 IP 地址，请画出解析过程，并标注每次解析返回的结果。

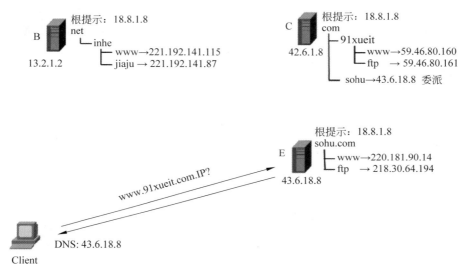

图 9-32　域名解析过程

2. 用 Wireshark 抓包软件捕获一个 HTTP 请求数据包和响应数据包，用 DNS 和 HTTP 的知识，对数据包进行分析，并回答下列问题。

（1）你的浏览器运行的是 HTTP 1.0 还是 HTTP 1.1？你所访问的服务器所运行的 HTTP 版本号是多少？

（2）你的浏览器向服务器指出它能接收何种语言版本的对象？

（3）你的计算机 IP 地址是多少？服务器的 IP 地址是多少？

（4）从服务器向浏览器返回的状态码是多少？

（5）从服务器上所获取的 HTML 文件的最后修改时间是多少？

（6）返回到你的浏览器的内容一共有多少字节？

（7）分析你的浏览器向服务器发出的第一个 HTTP GET 请求的内容，在请求报文中，是否有一行是 IF-MODIFIED-SINCE？

（8）分析服务器响应报文的内容，服务器是否明确返回了文件的内容？如何获知？

（9）分析你的浏览器向服务器发出的第二个 HTTP GET 请求的内容，在请求报文中，是否有一行是 IF-MODIFIED-SINCE？如果有，在该首部行后面跟着的信息是什么？

第 10 章　云计算技术

随着互联网的普及和发展,计算机网络成为信息的主要载体之一,其应用范围越来越广泛,应用层次逐步深入,传统的计算机网络平台已无法满足实际需求。2006 年 8 月 9 日,Google 首席执行官埃里克·施密特(Eric Schmidt)在搜索引擎大会(SES San Jose 2006)首次提出"云计算"(Cloud Computing)的概念。云计算是一种运行在计算机网络之上的分布式应用,通过网络以按需、易扩展的方式向用户提供安全、快速、便捷、廉价的数据存储和网络计算服务。云计算自提出以来,以超乎想象的速度在短短几年时间就风靡全世界,得到产业界和学术界的广泛关注和支持。

本章主要内容:
(1) 云计算基本概念。
(2) 云计算服务架构。
(3) 云计算关键技术。
(4) 国内外主流云平台。

10.1　云计算基本概念与特征

10.1.1　云计算定义

"云"实质上就是一个网络。从狭义上讲,云计算就是一种提供资源的网络,其资源包括服务器、存储设备等硬件资源和应用软件、集成开发环境、操作系统等软件资源。这些资源数量巨大,可以通过互联网为用户所用。云计算负责管理这些资源,并以很方便的方式提供给用户。用户无须了解资源具体的细节,只需要连接上互联网,使用者可以随时获取"云"上的资源,按需求量使用,并且可以看成是无限扩展的,只要按使用量付费就可以。"云"就像自来水厂一样,人们可以随时接水,并且不限量,按照自己家的用水量,付费给自来水厂就可以。从广义上讲,云计算是与信息技术、软件、互联网相关的一种服务,这种计算资源共享池叫作"云",云计算把许多计算资源集合起来,通过软件实现自动化管理,只需要很少的人参与,就能让资源被快速提供。也就是说,计算能力作为一种商品,可以在互联网上流通,就像水、电、煤气一样,可以方便地取用,且价格较为低廉。

云计算的参考架构示意图如图 10-1 所示。

总之,云计算不是一种全新的网络技术,而是一种全新的网络应用概念,云计算的核心就是以互联网为中心,将大量用网络连接的计算资源统一管理和调度,构成一个计算资源池向用户提供按需服务,提供快速且安全的云计算服务与数据存储,让每一个使用互联网的人都可以使用网络上的庞大计算资源与数据中心。它是一种基于互联网的新的 IT 服务的增加、使用和交付模式,通常涉及通过互联网来提供动态的、易扩展的,而且常常是虚拟化的资源。

云计算是继互联网、计算机后在信息时代一种新的革新,云计算是信息时代的一个大飞

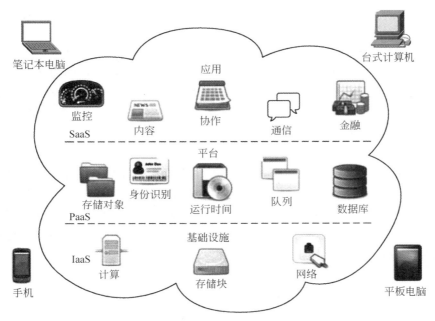

图 10-1　云计算的参考架构示意图

跃,未来的时代可能是云计算的时代,虽然目前有关云计算的定义有很多,但总体上来说,云计算的基本含义是一致的,即云计算具有很强的扩展性和需要性,可以为用户提供一种全新的体验,云计算的核心是可以将很多的计算机资源协调在一起,使用户通过网络就可以获取到无限的资源,同时获取的资源不受时间和空间的限制。

10.1.2　云计算基本特征

云计算具备一些共性的特征,它将通过虚拟化、分布式处理、在线软件等技术的发展应用,将计算、存储、网络等基础设施及其上的开发平台、软件等信息服务抽象成可运营、可管理的资源,然后通过互联网动态地按需提供给用户。为了对云计算有一个全面的了解,本书进一步总结了云计算所具有的特征,具体如下。

1. 以网络为中心,通过网络提供服务

云计算的组件和整体架构通过网络连接在一起并存在于网络中,同时通过网络向用户提供服务。云计算所依托的网络主要是互联网,也可以是局域网、广域网、企业网及专用网等。

2. 以服务为提供方式,按需服务

云计算(Cloud Computing)是分布式计算的一种,指的是通过网络"云"将巨大的数据计算处理程序分解成无数个小程序,然后,通过多部服务器组成的系统进行处理和分析这些小程序得到结果并返回给用户。云服务是分布式计算、效用计算、负载均衡、并行计算、网络存储、热备份冗杂和虚拟化等计算机技术混合演进并跃升的结果。云计算实现了用户根据自己的个性化需求提供多层次的服务。

"云"的规模是可以动态伸缩的。在使用云计算服务的时候,用户所获得的计算机资源是按用户个性化需求增加或减少的，并在此基础上对自己使用的服务进行付费的。

3. 资源的池化与透明化

云服务提供者的各种底层资源(计算、存储、网络、逻辑资源等)被池化，从而方便以多用户租用模式被所有用户使用。所有资源可以被统一管理、调度，为用户提供按需服务。对用户而言，这些资源是透明的、无限大的。用户使用服务时，无须知道资源的结构、实现方式和所在的位置，也无须了解资源池复杂的内部结构、实现方法和地理分布等，只需要关心自己的需求是否得到满足。

4. 高扩展性、高可靠性

云计算要快速、灵活、高效、安全地满足海量用户的海量需求，完善的底层技术架构是必不可少的，这个架构要有足够大的容量、足够好的弹性、足够快的业务响应和故障冗余机制、足够高的设备安全性和足够多的用户管理措施。对商业化运营而言，层次化的服务等级协议(Service Level Agreement，SLA)、灵活的计费也是必需的。为此，它使用了数据多副本容错、计算节点同构可互换等措施来保证服务的高可靠性。

5. 安全可靠

云计算必须要保证服务的可持续性、安全性、高效性和灵活性。故对于提供商来说，必须采用各种冗余机制、备份机制、足够安全的管理机制和保证存取海量数据的灵活机制等，从而保证用户的数据和服务安全可靠。对于用户来说，其只要支付一笔费用，即可得到供应商提供的专业级安全防护，节省了大量时间与精力。

10.2 云计算架构

10.2.1 云架构基本层次

云计算，作为虚拟化的一种延伸，影响范围已经越来越大。但是随着企业 IT 环境的渐趋复杂，需要云计算支持越来越复杂的企业环境，云计算架构呼之欲出。

云架构通过虚拟化、标准化和自动化的方式有机地整合了云中的硬件和软件资源，并通过网络将云中的服务交付给用户。如图 10-2 所示，典型的云架构分为服务和管理两部分。

在服务方面，主要以提供用户基于云的各种服务为主，共包含基础设施层、平台层和应用层三个层次。在管理方面，主要以云的管理层为主，它的功能是确保整个云计算中心能够安全和稳定地运行，并且能够被有效地管理。

基础设施层是经过虚拟化后的硬件资源和相关管理功能的集合。云的硬件资源包括计算、存储和网络等资源。基础设施层通过虚拟化技术对这些物理资源进行抽象，并且实现了内部流程自动化和资源管理优化，从而向外部提供动态、灵活的基础设施层服务。这层的作用是将各种底层的计算(如虚拟机)和存储等资源作为服务提供给用户。

平台层介于基础设施层和应用层之间，它是具有通用性和可复用性的软件资源的集合，为云应用提供了开发、运行、管理和监控的环境。平台层是优化的"云中间件"，能够更好地满足云的应用在可伸缩性、可用性和安全性等方面的要求。这层的作用是将一个应用的开发和部署平台作为服务提供给用户。

应用层是云上应用软件的集合，这些应用构建在基础设施层提供的资源和平台层提供

图 10-2 云计算服务平台分层示意图

的环境之上,通过网络交付给用户,这层的作用是将应用主要以基于 Web 的方式提供给客户。云应用种类繁多,既可以是受众群体庞大的标准应用,也可以是定制的服务应用,还可以是用户开发的多元应用。第一类主要满足个人用户的日常生活办公需求,如文档编辑、日历管理、登录认证等;第二类主要面向企业和机构用户的可定制解决方案,如财务管理、供应链管理和客户关系管理等;第三类是由独立软件开发商或开发团队为了满足某一类特定需求而提供的创新型应用,一般在公有云平台上搭建。

从用户角度而言,这三层服务之间的关系是独立的,因为它们提供的服务是完全不同的,而且面对的用户也不尽相同。但从技术角度而言,云服务这三层之间的关系并不是独立的,而是有一定依赖关系,例如,一个应用层的产品和服务不仅需要使用到应用层本身的技术,而且依赖平台层所提供的开发和部署平台或者直接部署于基础设施层所提供的计算资源上,还有,平台层的产品和服务也很有可能构建于基础设施层服务之上。

需要注意的是,并不是所有的云都必须在这三个层次上分别提供服务。例如,Amazon EC2,Google App Engine 和 Salesforce CRM,它们就只分别向用户交付基础设施层、平台层和应用层上的服务。对于云提供商来说,交付的层次越高,其内部需要实现的功能就越多。例如,Amazon EC2 为用户提供的是虚拟化的硬件资源,并提供对这些资源的管理;Google App Engine 除了需要对硬件资源进行抽象和管理外,还要为用户提供统一的应用开发和运行环境;对于 Salesforce CRM,不仅要提供对底层硬件和上层软件平台的支持,还要为用户开发立即可用的软件或软件功能模块。可见,位于云架构上层的云提供商在为用户提供该层的服务时,同时要实现该架构下层所必须具备的功能。虽然实现的方法和细节不尽相同,如 Salesforce.com 与 Amazon 可以采用不同的硬件抽象方法,但是这些必备功能是使其服务可以被称为"云"的必要元素。

10.2.2　云架构的服务层次

10.2.1 节中提到,云架构中的每一层都可以为用户提供服务,进而出现了基础设施即服务(Infrastructure as a Service,IaaS)、平台即服务(Platform as a Service,PaaS)和软件即服务(Software as a Service,SaaS)的概念。在本节中,将介绍这些服务来使读者进一步了解云架构。

1. 基础设施即服务

基础设施即服务交付给用户的是基本的基础设施资源。这层的作用是将各种底层的计算(如虚拟机)和存储等资源作为服务提供给用户。用户无须购买、维护硬件设备和相关系统软件,就可以直接在基础设施即服务层上构建自己的平台和应用。基础设施向用户提供了虚拟化的计算资源、存储资源和网络资源,这些资源能够根据用户的需求进行动态分配。相对于软件即服务和平台即服务,基础设施即服务所提供的服务都比较偏底层,但使用也更为灵活。

Amazon EC2 是基础设施即服务的典型实例。它的底层采用 Xen 虚拟化技术,以 Xen 虚拟机的形式向用户动态提供计算资源。除 Amazon EC2 的计算资源外,Amazon 公司还提供简单存储服务(Simple Storage Service,S3) 等多种 IT 基础设施服务。虽然 Amazon EC2 的网络资源拓扑结构是公开的,但是其内部细节对用户是透明的,因此用户可以方便地按需使用虚拟化资源。Amazon EC2 向虚拟机提供动态的 IP 地址,并且具有相应的安全机制来监控虚拟机节点间的网络,限制不相关节点之间的通信,从而保障了用户通信的私密性。从计费模式来看,EC2 按照用户使用资源的数量和时间计费,具有充分的灵活性。

2. 平台即服务

平台即服务交付给用户的是丰富的"云中间件"资源,这些资源包括应用容器、数据库和消息处理等。该层的作用是将一个应用的开发和部署平台作为服务提供给用户,因此,平台即服务面向的并不是普通的终端用户,而是软件开发人员,他们可以充分利用这些开放的资源来开发定制化的应用。

在平台即服务上开发应用和传统的开发模式相比有着很大的优势。

第一,由于平台即服务提供的高级编程接口简单易用,因此软件开发人员可以在较短时间内完成开发工作,从而缩短应用上线的时间。

第二,由于应用的开发和运行都是基于同样的平台,因此兼容性问题较少。

第三,开发者无须考虑应用的可伸缩性、服务容量等问题,因为平台即服务都已提供。

第四,平台层提供的运营管理功能还能够帮助开发人员对应用进行监控和计费。

Google 公司的 GoogleApp Engine 是典型的平台即服务实例。它向用户提供了 Web 应用开发平台。由于 GoogleApp Engine 对 Web 应用无状态的计算和有状态的存储进行了有效的分离,并对 Web 应用所使用的资源进行了严格的分配,因此使得该平台上托管的应用具有很好的自动可伸缩性和高可用性。

3. 软件即服务

软件即服务交付给用户的是定制化的软件,即软件提供方根据用户的需求,将软件或应用通过租用的形式提供给用户使用。软件即服务主要有以下三个特征。

第一,用户不需要在本地安装该软件的副本,也不需要维护相应的硬件资源,该软件部署并运行在提供方自有的或者第三方的环境中。

第二,软件以服务的方式通过网络交付给用户,用户端只需要打开浏览器或者某种客户端工具就可以使用服务。

第三,虽然软件即服务面向多个用户,但是每个用户都感觉是独自占有该服务。

这种软件交付模式无论是在商业上还是技术上都是一个巨大的变革。对于用户来说,他们不再需要关心软件的安装和升级,也不需要一次性购买软件许可证,而是根据租用服务的实际情况进行付费,也就是"按需付费"。

对于软件开发者而言,由于与软件相关的所有资源都放在云中,开发者可以方便地进行软件的部署和升级,因此软件产品的生命周期不再明显。开发者甚至可以每天对软件进行多次升级,而对于用户来说这些操作都是透明的,他们感觉到的只是质量越来越完善的软件服务。

另外,软件即服务更有利于知识产权的保护,因为软件的副本本身不会提供给客户,从而减少了反编译等恶意行为发生的可能。Salesforce.com 公司是软件即服务概念的倡导者,它面向企业用户推出了在线客户关系管理软件 Salesforce CRM,已经获得了非常积极的市场反响。Google 公司推出的 Gmail 和 Google Docs 等,也是软件即服务的典型代表。

10.3 云计算核心技术

云计算是一种以数据和处理能力为中心的密集型计算模式,其中以虚拟化技术、分布式数据存储技术、资源管理、编程模式、大规模数据管理、云计算平台管理技术最为关键。

10.3.1 虚拟化技术

云计算的核心技术之一就是虚拟化技术。所谓虚拟化,是指通过虚拟化技术将一台计算机虚拟为多台逻辑计算机。在一台计算机上同时运行多个逻辑计算机,每个逻辑计算机可运行不同的操作系统,并且应用程序可以在相互独立的空间内运行而互不影响,从而显著提高计算机的工作效率。

虚拟化的本质在于将原来运行在真实环境下的计算系统或组件运行在虚拟出来的环境中,如图 10-3 所示。

虚拟化技术最早出现在 20 世纪 60 年代的 IBM 大型计算机系统,在 20 世纪 70 年代的 System 370 系列中逐渐流行起来,这些机器通过一种叫作虚拟机监视器(Virtual Machine Monitor,VMM)的程序在物理硬件上生成许多可以运行独立操作系统软件的虚拟机(Vitual Machine,VM)实例。随着近年多核系统、集群、网络甚至云计算的广泛部署,虚拟化技术在商业应用上的优势日益体现,它不仅降低了 IT 成本,而且增强了系统的安全性和可靠性,虚拟化的概念也逐渐深入到人们日常的工作与生活中。

虚拟化平台是操作系统层虚拟化的实现。在系统虚拟化中,虚拟机是在一个硬件平台上模拟一个或者多个独立和实际底层硬件相同的执行环境。每个虚拟的执行环境里面可以运行不同的操作系统,即客户端操作系统(Guest OS)。Guest OS 通过虚拟机监控器提供的抽象层来实现对物理资源的访问和操作。目前存在各种各样的虚拟机,如图 10-4 所示,基本上所有虚拟机都是基于"计算机硬件 ＋ 虚拟机监视器(VMM)＋ 客户端操作系统

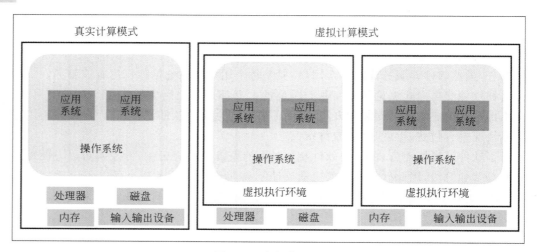

图 10-3　虚拟化原理

(Guest OS)"的模型。

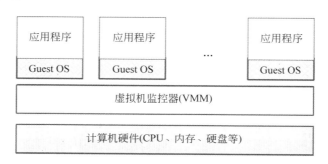

图 10-4　虚拟机模型

虚拟机监控器是计算机硬件和 Guest OS 之间的一个抽象层,它运行在最高特权级,负责将底层硬件资源加以抽象,提供给上层运行的多个虚拟机使用,并且为上层的虚拟机提供多个隔离的执行环境,使得每个虚拟机都以为自己在独占整个计算机资源。虚拟机监控器可以将运行在不同物理机器上的操作系统和应用程序合并到同一台物理机器上运行,减少了管理成本和能源损耗,并且便于系统的迁移。

根据虚拟机监视器在虚拟化平台中的位置,可以将其分为以下 3 种模型。

(1) 裸机虚拟化模型(Hypervisor Model)。裸机虚拟化模型,也称为 Type-Ⅰ型虚拟化模型、独立监控模型。在该模型中,虚拟机监视器直接运行在没有操作系统的裸机上,具有最高特权级,管理底层所有的硬件资源。所有的 Guest

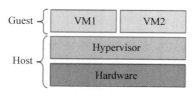

图 10-5　裸机虚拟化模型

OS 都运行在较低的特权级中,所有 Guest OS 对底层资源的访问都被虚拟机监视器拦截,由虚拟机监视器代为操作并返回操作结果,从而实现系统的隔离性,达到对系统资源的绝对控制。作为底层硬件的管理者,虚拟机监视器中有所有的硬件驱动。这种模型又称为 Type-Ⅰ型虚拟机监控器。

采用该模型的虚拟化平台有 Wind River 的 Hypervisor 2.0、VMware ESXi、Xen 等。

（2）宿主机虚拟化模型（Host-based Model）。宿主机虚拟化模型，也称为 Type-Ⅱ型虚拟化模型。如图 10-6 所示，在该模型中，虚拟机监控器作为一个应用程序运行在宿主机操作系统（Host OS）上，而 Guest OS 运行于虚拟机监控器之上。Guest OS 对底层硬件资源的访问被虚拟机监控器拦截，虚拟机监控器再转交给 Host OS 进行处理。该模型中，Guest OS 对底层资源的访问路径更长，故而性能相对独立监控模型有所损失。但其优点是，虚拟机监控器可以利用宿主机操作系统的大部分功能，而无须重复实现对底层资源的管理和分配，也无须重写硬件驱动。

采用该模型的虚拟化平台有 Wind River 的 VxWorks ST、VMware Workstation 等。

（3）混合模型（Hybrid Model）。如图 10-7 所示，在该模型中，虚拟机监控器直接运行在物理机器上，具有最高的特权级，所有虚拟机都运行在虚拟机监控器之上。与 Type-Ⅰ 型虚拟化模型不同的是：这种模型中虚拟机监控器不需要实现硬件驱动，甚至虚拟机调度器等部分的虚拟机管理功能，而把对外部设备访问、虚拟机调度等功能交给一个特权级虚拟机（RootOS、Domain 0、根操作系统等）来处理。特权级虚拟机可以管理其他虚拟机和直接访问硬件设备，只有虚拟化相关的部分，例如，虚拟机的创建/删除和外设的分配/控制等功能才交由虚拟机监视控制。

采用该模型的虚拟化平台有 Linux KVM、Jailhouse 等。

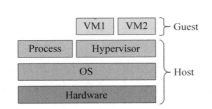
图 10-6 宿主机虚拟化模型

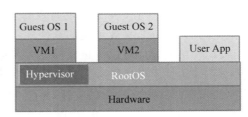
图 10-7 混合虚拟化模型

虚拟机监视器采用的虚拟化技术分为以下 4 种。

1. 硬件仿真技术

硬件仿真技术在宿主机操作系统上创建一个硬件虚拟机来仿真所想要的硬件，包括客户端所需要的 CPU 指令集和各种外设等。该技术使用虚拟机来模拟所需要的硬件，因此速度会非常慢。由于每条指令都必须在底层硬件上进行仿真，因此速度仅为原来的 1/100 的情况也并不稀奇。若要实现高度保真的仿真，包括周期精度、所仿真的 CPU 管道以及缓存行为，实际速度差距甚至可能会达到 1000 倍之多。当然，硬件仿真也有自己的优点。例如，使用硬件仿真，可以在一个 ARM 架构处理器上运行为 PowerPC 设计的操作系统，而不需要任何修改。采用该技术，甚至可以运行多个虚拟机，每个虚拟器仿真一个不同架构的处理器。

采用该技术的虚拟机有 WindRiver Simics、QEMU、Bochs 等。

2. 全虚拟化技术

全虚拟化技术（Full Virtualization），也称为原始虚拟化技术。该技术以软件模拟的方式来弥补硬件的虚拟化漏洞，呈现给虚拟机的是一个与真实硬件完全相同的硬件环境，使得为原始硬件设计的操作系统或其他系统软件完全不做任何修改就可以直接运行在全虚拟化的虚拟机监控器上,兼容性非常好。但是采用该技术的虚拟机监控器模拟了完整的底层硬件,并且需要额外的指令翻译,从而使得模拟过程比较复杂,导致效率较为低下。采用该技术的虚拟化平台有 VirtualBox、Virtual Iron、IBM z/VM、Virtual PC、Hyper-V、VMware Workstation、VMware Server (formerly GSX Server)、Adeos、Mac-on-Linux 以及 Egenera vBlade technology 等。

3. 半虚拟化技术

半虚拟化技术(Paravirtualization)又称为泛虚拟化技术、准虚拟化技术、协同虚拟化技术或者超虚拟化技术,是指通过暴露给 Guest OS 一个修改过的硬件抽象,将硬件接口以软件的形式提供给客户端操作系统。这可以通过 Hypercall(虚拟机监视器提供给 Guest OS 的直接调用,与系统调用类似)的方式来提供。比较著名的虚拟机监视器有 Denali 以及早期的 Xen 等。而 Guest OS 也修改自己的部分代码与虚拟机监视器配合工作来实现系统虚拟化。半虚拟化的优点是降低了虚拟化技术带来的性能开销,主要表现在消减代码冗余、减少特权级别转换和减少内存复制。并且半虚拟化技术修改了 Guest OS 与虚拟机监控器协同工作,使得虚拟机监控器可以得知 Guest OS 内部的一些状态,消除了黑盒调度带来的一些问题。采用该技术的虚拟化平台有 Denali、UML(User-mode Linux)和早期的 Xen 等。

4. 硬件辅助虚拟化技术

硬件辅助虚拟化技术(Hardware-Assisted Virtualization)是指借助硬件(CPU、芯片组以及 I/O 设备等)的虚拟化支持来实现高效的全虚拟化。原有的硬件体系结构在虚拟化方面存在虚拟化漏洞等缺陷,导致单纯的软件虚拟化方法存在一些问题。还有就是由于硬件架构的限制,某些功能即使可以通过软件的方式来实现,但是实现过程却异常复杂,甚至带来性能的大幅下降,这主要体现在以软件方式实现的内存虚拟化和 I/O 设备的虚拟化。通过在硬件中加入专门针对虚拟化的支持,系统虚拟化的实现变得更加容易和高效。例如,在 Intel VT 技术的支持下,Guest OS 和虚拟机监视器的执行环境可以自动地完全隔离开,Guest OS 有自己的"全套寄存器",可以直接运行在最高级别。目前支持完整的硬件辅助虚拟化技术的硬件平台如下。

X86 架构:AMD-V (代号 Pacifica)、Intel VT (代号 Vanderpool)等。

ARM 架构:ARMv8 内核的 A15 及以上处理器等。

Power 架构:Freescale P 系列/T 系列处理器等。

采用该技术的虚拟化平台有 Linux KVM、VMware Workstation、VMware Fusion、Microsoft Virtual PC、Xen、Parallels Desktop for Mac、VirtualBox 及 Parallels Workstation 等。

10.3.2 分布式数据存储技术

分布式数据存储就是将数据分散存储到多个数据存储服务器上来满足单台服务器所不能满足的存储需求。分布式存储要求存储资源能够被抽象表示和统一管理,并且能够保证数据读写操作的安全性、可靠性等各方面的要求。分布式存储目前多借鉴 Google 的经验,在众多的服务器上搭建一个分布式文件系统,再在这个分布式文件系统上实现相关的数据存储业务,甚至是再实现二级存储业务。

云计算系统中广泛使用的数据存储系统是 Google 的 GFS 和 Hadoop 团队开发的 GFS 开源实现 HDFS。GFS 和 HDFS 非常适于进行以大文件形式存储的海量数据。

1. 分布式文件系统 GFS

为了存储和管理云计算中的海量数据,Google 提出分布式文件系统 GFS(Google File System)。GFS 成为分布式文件系统的典型案例。Apache Hadoop 项目的 HDFS 实现了 GFS 的开源版本。

Google GFS 是一个大规模分布式文件存储系统。Google 公司的工程师在考虑了分布式文件系统的设计准则的基础上,又发现了以下几个不同于传统分布式文件系统的需求:第一,PC 服务器极易发生故障,造成节点失效,故障的原因多种多样,有机器本身的、网络的、管理员引起的及外部环境引起的,因此需要对整个系统中的节点进行监控,检测出现的错误,并开发相应的容错和故障恢复机制;第二,在云计算环境中,海量的结构化数据被保存为非常大的文件,一般为"GB"量级,因此需要改变原有的基于对中小文件(KB 或者 MB 量级)进行管理的文件系统设计准则,以适应对超大文件的访问;第三,系统中对文件的写操作绝大多数是追加操作,也就是在文件的末尾写入数据,在文件中间写入数据的情况其实很少发生,而且数据一旦被写入,绝大多数情况下都是被顺序地读取,不会被修改,因此在设计系统时把优化重点放在追加操作上,就可以大幅度提高系统的性能;第四,设计系统时要考虑开放的、标准的操作接口,并隐藏文件系统下层的负载均衡、冗余复制等细节,这样才可以方便地被上层系统大量地使用。因此,GFS 能够很好地支持大规模海量数据处理应用程序。图 10-8 展示了 GFS 系统架构。

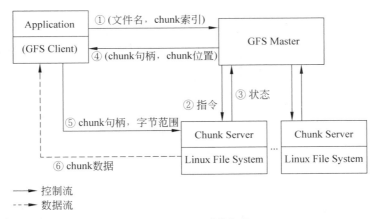

图 10-8　GFS 系统架构

一个 GFS 集群由一个主服务器(Master)和大量块服务器(Chunkserver)构成,并被许多用户(Client)访问。主服务器存储文件系统索引的元数据包括名字空间、访问控制信息、从文件到块的映射以及块的当前位置。它也控制系统范围的活动(如块租约管理、孤儿块的垃圾收集、块服务器的块迁移等)。主服务器定期通过 HeartBeat 消息与每一个块服务器通信,给块服务器传递指令并收集它的状态。GFS 中的文件被切分为 64MB 的块并冗余存储,每份数据在系统中保存 3 个以上的备份。

用户与主服务器的交换只限于对元数据的操作,所有数据方面的通信都直接和块服务器联系,这大大提高了系统的效率,防止主服务器负载过重。

2. Hadoop 的 HDFS

HDFS(Hadoop Distributed File System)是 Hadoop 项目的核心子项目,是分布式计算

中数据存储管理的基础,是基于流数据模式访问和处理超大文件的需求而开发的,可以运行于廉价的商用服务器上。它所具有的高容错、高可靠性、高可扩展性、高获得性、高吞吐率等特征为海量数据提供了不怕故障存储,为超大数据集(Large Data Set)的应用处理带来了很多便利。

1) HDFS 架构

HDFS 是一个主从(Master/Slave)体系结构,从最终用户的角度来看,它就像传统的文件系统一样,可以通过目录对文件执行 CRUD(Create、Read、Update 和 Delete)操作。但由于分布存储性质,HDFS 集群包含一个 NameNode 和一些 DataNonde。NameNode 是一个 Master Server,用来管理文件系统的命名空间,以及调节客户端对文件的访问;DataNode 用来存储实际数据。客户端通过同 NameNode 和 DataNode 的交互访问文件系统。HDFS 的整体结构如图 10-9 所示。

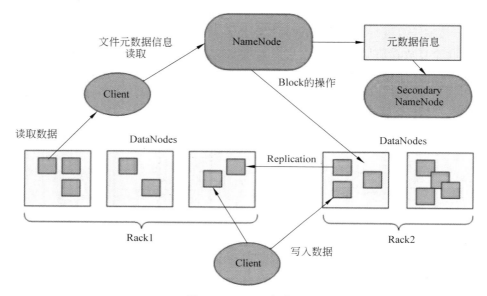

图 10-9　HDFS 架构

HDFS 会对外暴露一个文件系统命名空间,并允许用户数据以文件的形式进行存储。在内部,一个文件被分成多个块并且这些块被存储在一组 DataNode 上。

(1) NameNode:文件的元数据采用集中式存储方案存放在 NameNode 当中。NameNode 负责执行文件系统命名空间的操作,如打开、关闭、重命名文件和目录。NameNode 同时也负责将数据块映射到对应的 DataNode 中。

(2) DataNode:DataNode 是文件系统的工作节点。它们根据需要存储并检索数据块,并且定期向 NameNode 发送它们所存储的块的列表。文件数据块本身存储在不同的 DataNode 当中,DataNode 可以分布在不同机架上。

DataNode 负责服务文件系统客户端发出的读/写请求。DataNode 同时也负责接收 NameNode 的指令来进行数据块的创建、删除和复制。

(3) Client:HDFS 的 Client 会分别访问 NameNode 和 DataNode 以获取文件的元信息及内容。HDFS 集群的 Client 将直接访问 NameNode 和 DataNode,相关数据会直接从

NameNode 或者 DataNode 传送到客户端。

（4）文件写入：Client 向 NameNode 发起文件写入的请求。NameNode 会根据文件大小和文件块配置情况，返回 Client 所管理的部分 DataNode 信息。Client 将文件划分为多个Block，根据 DataNode 的地址信息，按顺序写入每一个 DataNode 块中。

（5）文件读取：Client 向 NameNode 发起文件读取的请求，NameNode 返回文件存储的 DataNode 信息，Client 读取文件信息。

HDFS 典型的部署就是：集群中的一台专用机器运行 NameNode，集群中的其他机器每台运行一个 DataNode 实例。也可以在运行 NameNode 的机器上同时运行 DataNode，或者一台机器上运行多个 DataNode。一个集群只有一个 NameNode 的设计极大地简化了集群的系统架构，它使得所有 HDFS 元数据的仲裁和存储都由单一 NameNode 来决定，避免了数据不一致性的问题。

2）HDFS 的优缺点

HDFS 的优点如下。

（1）处理超大文件。这里的超大文件通常是指数百"TB"的文件。目前在实际应用中，HDFS 已经能用来存储管理"PB"级的数据了。

（2）流式的访问数据。HDFS 的设计建立在更多地响应"一次写入、多次读写"任务的基础上。这意味着一个数据集一旦由数据源生成，就会被复制分发到不同的存储节点中，然后响应各种各样的数据分析任务请求。在多数情况下，分析任务都会涉及数据集中的大部分数据，也就是说，对 HDFS 来说，请求读取整个数据集要比读取一条记录更加高效。

（3）运行在廉价的商用机器集群上。Hadoop 设计对硬件需求比较低，只须运行在低廉的商用硬件集群上，而无须昂贵的高可用性机器上。廉价的商用机也就意味着大型集群中出现节点故障情况的概率非常高。这就要求设计 HDFS 时要充分考虑数据的可靠性、安全性及高可用性。

HDFS 的缺点如下。

（1）不适合低延迟数据访问。如果要处理一些用户要求时间比较短的低延迟应用请求，则 HDFS 不适合。HDFS 是为了处理大型数据集分析任务的，主要是为了达到高的数据吞吐量而设计的，这就可能要求以高延迟作为代价。

（2）无法高效存储小文件。因为 NameNode 把文件系统的元数据放置在内存中，所以文件系统所能容纳的文件数目是由 NameNode 的内存大小来决定。一般来说，每一个文件、文件夹和 Block 需要占据 150B 左右的空间，所以，如果有 100 万个文件，每一个占据一个 Block，就至少需要 300MB 内存。当前来说，数百万的文件还是可行的，当扩展到数十亿时，对于当前的硬件水平来说就没法实现了。还有一个问题就是：因为 Map task 的数量是由 splits 来决定的，所以用 MR 处理大量的小文件时，就会产生过多的 Map task，线程管理开销将会增加作业时间。举个例子，处理 10 000MB 的文件，若每个 split 为 1MB，那就会有10 000 个 Maptask，会有很大的线程开销。若每个 split 为 100MB，则只有 100 个 Map task，每个 Map task 将会有更多的事情做，而线程的管理开销也将减小很多。

（3）不支持多用户写入及任意修改文件。在 HDFS 的一个文件中只有一个写入者，而且写操作只能在文件末尾完成，即只能执行追加操作。目前 HDFS 还不支持多个用户对同一文件的写操作，以及在文件任意位置进行修改。

10.3.3　编程模式

云计算是一个多用户、多任务、支持并发处理的系统。云计算提供了分布式的计算模型，采用了分布式并行编程模型 MapReduce。MapReduce 是一种编程模型和任务调度模型，主要用于数据集的并行运算和并行任务的调度处理，其优势在于处理规模数据集。MapReduce 模式将任务自动分成多个子任务，通过 Map 和 Reduce 两步实现任务在大规模计算节点中的调度与分配。其中，Map 函数中定义各节点上的分块数据的处理方法，而 Reduce 函数中定义中间结果的保存方法以及最终结果的归纳方法。

MapReduce 是 Google 开发的 Java、Python、C++ 编程模型，主要用于大规模数据集(大于 1TB)的并行运算。MapReduce 模式的思想是将要执行的问题分解成 Map(映射)和 Reduce(化简)的方式，先通过 Map 程序将数据切割成不相关的区块，分配(调度)给大量计算机处理，达到分布式运算的效果，再通过 Reduce 程序将结果汇整输出。

1. MapReduce 编程模型

MapReduce 采用"分而治之"的思想，把对大规模数据集的操作，分发给一个主节点管理下的各个分节点共同完成，然后通过整合各个节点的中间结果，得到最终结果。简单地说，MapReduce 就是"任务的分解与结果的汇总"。在分布式计算中，MapReduce 框架负责处理并行编程中的分布式存储、工作调度、负载均衡、容错均衡、容错处理以及网络通信等复杂问题，把处理过程高度抽象为两个函数：Map 和 Reduce。Map 负责把任务分解成多个子任务，Reduce 负责把分解后的多个任务处理的结果汇总起来。

在 Hadoop 中，用于执行 MapReduce 任务的角色有两个：JobTracker 和 TaskTracker，JobTracker 是用于调度工作的，TaskTracker 是用于执行工作的。一个 Hadoop 集群中只有一台 JobTracker。

需要注意的是，用 MapReduce 处理的数据集(或任务)必须是待处理的数据集可以分解成许多小的数据集，而且每一个小的数据集都可以完全并行地进行处理。

2. MapReduce 处理过程

在 Hadoop 中，每个 MapReduce 任务都被初始化为一个 Job，每个 Job 又可以分为两个阶段：Map 阶段和 Reduce 阶段。这两个阶段分别用两个函数表示，即 Map 函数和 Reduce 函数。Map 函数接收一个<key,value>形式的输入，然后同样产生一个<key,value>形式的中间输出，Hadoop 函数接收一个如<key,(list of values)>形式的输入，然后对这个 value 集合进行处理，每个 Reduce 产生 0 个或 1 个输出，Reduce 的输出也是<key,value>形式的。MapReduce 处理大数据集的过程如图 10-10 所示。

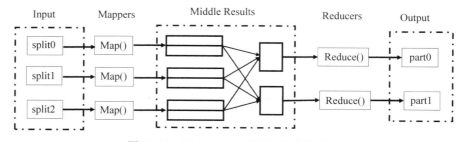

图 10-10　MapReduce 处理大数据集过程

10.3.4　大规模数据管理

云计算不仅要保证数据的存储和访问,还要能够对海量数据进行特定的检索和分析。因此,数据管理技术必须能够高效管理大量的数据。云计算系统中的数据管理技术主要是Google 的 BT(Big Table)数据管理技术和 Hadoop 开发的开源数据管理模块 HBase。

1. BT 数据管理技术

BigTable 是一个为管理大规模结构化数据而设计的分布式存储系统,可以扩展到"PB"级数据和上千台服务器。BigTable 看起来像一个数据库,采用了很多的数据库策略。但是BigTable 并不支持完整的关系数据模型,而是为客户端提供了一种简单的数据模型,客户端可以动态地控制数据的布局和格式,并且利用底层数据存储的局部特征。

BigTable 在许多方面和数据库相似,但它不是真正意义上的数据库,也不支持关联(join)等高级 SQL 操作。取而代之的是多维映射的数据结构,具有支持大规模数据处理、高容错性和自我管理等特性。从结构上看,BigTable 是一个有序的、由多列表组成的多维映射表。表中的每个单元格由一个行关键字、一个列关键字以及一个时间戳来进行三维定位,时间戳是一个 64 位整数,表示数据的不同版本。

BigTable 建立在 GFS、Scheduler、Lock Service 和 MapReduce 之上,与传统的关系数据库不同,它把所有的数据都作为对象来处理,形成一个巨大的表格,用来分布存储大规模结构化数据。BigTable 的设计目的是可靠地处理"PB"级别的数据,并且能够部署到上千台机器上。BigTable 对存储在其中的数据不做任何分析,一律看作字符串,具体数据结构的实现需要用户自行处理。BigTable 包括三个主要组件:一个主服务器、多个子表服务器和连接到客户程序中的库。主服务器主要负责以下工作:管理元数据并处理来自客户端关于元数据的请求;为子表服务器分配表;检查新加入的或者过期失效的子表服务器;对子表服务器进行负载均衡等。子表服务器主要用于存储数据并管理子表。每个子表服务器都管理一个大约由上千个表组成的表的集合,并负责处理子表的读写操作和当表数量过大时对其进行的分割操作。由于客户端读取的数据都不经过主服务器,即客户程序不必通过主服务器获取表的位置信息而直接与子表服务器进行读写操作,因此,大多数客户程序完全不需要和主服务器通信,这使得主服务器的负载变得很轻松。

BigTable 是非关系的数据库,是一个分布式的、持久化存储的多维度排序 Map(从本质上说,BigTable 是一个键值(Key-Value)映射)。BigTable 已经在超过 60 个 Google 的产品和项目上得到应用,包括 Google Analytics、Google Finance、Orkut、Personalized Search、Writely 和 Google Earth。BigTable 的主要特点如下。

(1) 适合大规模海量数据,"PB"级数据。

(2) 分布式、并发数据处理,效率极高。

(3) 易于扩展,支持动态伸缩。

(4) 适用于廉价设备。

(5) 适合读操作,不适合写操作。

(6) 不适用于传统关系数据库。

2. Hadoop 的 HBase

HBase 是 Apache 的 Hadoop 项目的一个类似 BigTable 的分布式数据库。它是一个稀疏的长期存储的(存储在硬盘上)、多维度的、排序的映射表,这张表的索引是行关键字、列关键字和时间戳。HBase 利用了 Hadoop 文件系统(HDFS)提供的容错功能,提供了对大型数据随机、实时的读写访问。HBase 是一个开源的、分布式的、多版本、面向列的存储模型。

HBase 是一个构建在 HDFS 上的分布式列存储系统。HBase 在 Hadoop 的文件系统之上,并提供了读写访问,人们可以直接或通过 HBase 存储 HDFS 数据。数据使用者可以快速随机访问海量结构化数据,它利用了 Hadoop 的文件系统(HDFS)提供的容错能力。表 10-1 给出 HDFS 与 HBase 对比列表。

表 10-1 HDFS 和 HBase 比较

HDFS	HBase
HDFS 是适用于存储大型文件的分布式文件系统	HBase 是建立在 HDFS 之上的数据库
HDFS 不支持快速的单个记录查找	HBase 为更大的表提供快速查找
它提供高延迟批处理;没有批处理的概念	它提供了从数十亿条记录(随机访问)到单行的低延迟访问
它仅提供数据的顺序访问	HBase 在内部使用哈希表并提供随机访问,并将数据存储在已索引的 HDFS 文件中以加快查找速度

HBase 是一个面向列的数据库,其中的表格按行排序。表模式仅定义列族,这就是键值。表格有多个列族,每个列族可以有任意数量的列,后续列值连续存储在磁盘上。表中的每个单元格值都有一个时间戳。总之,在 HBase 中:

(1) 表是行的集合。
(2) 行是列家族的集合。
(3) 列家族是列的集合。
(4) 列是键值对的集合。

表 10-2 给出了 HBase 中表的示例模式。

表 10-2 HBase 逻辑结构示例表

Rowid	Column Family			Column Family			Column Family			Column Family		
	clo1	clo2	col3	clo1	clo2	col3	clo1	clo2	col3	clo1	clo2	col3
1												
2												
3												

HBase 是基于 Google BigTable 模型开发的,是典型的 Key/Value 系统。HBase 是 Apache Hadoop 生态系统中的重要一员,主要用于海量结构化数据存储。从逻辑上讲,HBase 将数据按照表、行和列进行存储。与 Hadoop 一样,HBase 的目标主要依靠横向扩展,通过不断增加廉价的商用服务器,来增加计算和存储能力。

HBase 的主要特点如下。

(1) 容量大:一个表可以有数十亿行,上百万列。

（2）无模式：每行都有一个可排序的主键和任意多的列，列可以根据需要动态增加，同一张表中不同的行可以有截然不同的列。

（3）面向列：面向列（族）的存储和权限控制，列（族）独立检索。

（4）稀疏：空（null）列并不占用存储空间，表可以设计得非常稀疏。

（5）数据多版本：每个单元中的数据可以有多个版本，默认情况下版本号自动分配，是单元格插入时的时间戳。

（6）数据类型单一：HBase 中的数据都是字符串，没有类型。

10.3.5　分布式资源管理技术

云计算采用了分布式存储技术存储数据，那么自然要引入分布式资源管理技术。大规模分布式系统需要解决各种类型的协调需求。

（1）当集群中有新的进程或服务器加入时，如何探测到它的加入？ 如何能够自动获取配置参数？

（2）当配置信息被某个进程或服务器改变时，如何实时通知整个集群中的其他机器？

（3）如何判断集群中的某台机器是否还存活？

（4）如何选举主服务器，主服务器宕机，如何从备选服务器中选出新的主服务器？

以上问题的本质都是分布式系统下协调管理的问题，目前比较有名的协调系统有 Google 的 Chubby，Yahoo 的 ZooKeeper（对于协调系统来说其客户端往往是分布式集群）。

1. Chubby

Chubby 提供粗粒度锁服务。一个 Chubby 服务单元大约能为 1 万台 4 核 CPU 机器提供资源的协同管理服务。其主要功能为实现集群之间的同步，以及对整个系统的环境和资源达成一致认知。

Chubby 是一种锁服务，分布式集群中的机器通过竞争数据的锁来成为 leader，获得锁的服务器将自己的信息写入数据，让其他竞争者可见。其提供的粗粒度服务是指锁的持有时间比较长，Chubby 会允许抢到锁的服务器，在几小时甚至数天内都充当 leader 角色。Chubby 强调系统的可靠性以及高可用性等，而不追求处理高吞吐量以及在协调系统内存储大量的数据。其理论基础是 Paxos，通过相互通信并投票，对某个决定达成一致性的认识。

一个数据中心一般部署一套 Chubby 单元，如图 10-11 所示，每套 Chubby 单元由 5 台服务器组成，通过 Paxos 产生 1 台主控服务器和 4 台备份服务器，备份服务器保存的数据和主控服务器完全相同，在主控服务器宕机的情况下，快速在备份服务器中选出一台作为主控服务器，以保证提供正常的服务，提高整个系统的可用性。

主控服务器在任期时间内（几秒），备份服务器不会投票给别的服务器来选举出新的主控服务器。任期到后，如果在任期时间内没有发生故障，系统会任免原来的主控服务器继续担任该职务。如果备份服务器发生故障，系统会启动一台新机器替换出故障的机器，并更新DNS，而主控服务器会周期性地检测 DNS，一旦发现 DNS 发生变化，就将消息告知集群中的其他备份服务器。

客户端利用 RPC 通信和服务器进行交互，对 Chubby 的读写操作都由主控服务器完成，备份服务器只同步主控服务器中的数据，保证它们的数据和主控服务器的一致。若备份

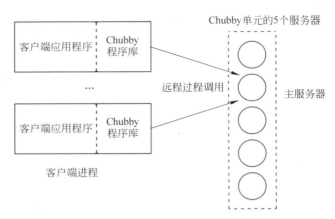

图 10-11　Chubby 架构

服务器收到来自客户端(分布式集群)的读写请求,它们会告知客户端主控服务器的地址,从而将请求转发给主服务器。

Chubby 中主要存储一些管理信息和基础数据,其目的不在于数据存储而是对资源的同步管理,不推荐在 Chubby 中存储大量数据。同时 Chubby 提供了订阅机制,即客户端可以订阅某些存储在 Chubby 上的数据,一旦该数据发生改变,Chubby 就会通知客户端。例如,将分布式集群的一份配置文件存在 Chubby 上,集群中所有的机器都订阅这份配置文件,一旦配置文件发生改变,所有的节点都会收到消息,根据配置文件做出改变。

Chubby 允许客户端在本地缓存部分数据,大部分数据客户端能够在本地缓存中请求到,一方面降低了请求响应时间,另一方面减小了 Chubby 的压力。Chubby 通过维护一个缓存表来负责维护缓存和主控服务器上数据的一致性。主控服务器在收到修改某一数据请求时会将请求暂时阻塞,并通知所有缓存了该数据的客户端,客户端收到该消息后,给 Chubby 发送确认收到的回执消息,主控服务器收到所有相关客户端的确认信息后,才会继续执行对数据的修改。

2. ZooKeeper

ZooKeeper 是一个开源的可扩展的高吞吐分布式协调系统,应用场景十分广泛。

如图 10-12 所示,ZooKeeper 集群服务由多台服务器构成(最少 3 台),通过选举产生 1 台主服务器和多台从服务器。客户端可从任何一台服务器读取到所需数据,但要写入或修改数据必须在主服务器上执行,若客户端连接从服务器执行写入或更新数据,从服务器会将

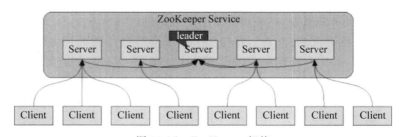

图 10-12　ZooKeeper 架构

请求转发给主服务器,由主服务器完成数据的写入或更新,并将相应的信息通知给所有从服务器,从服务器据此更新自己的数据,并向主服务发送确认信息,主服务器在接收到半数或以上从服务器的确认信息后,才通知客户端写入或更新操作成功。ZooKeeper 集群一般由 $2n+1$(奇数)台服务器组成,其最大能容忍 n 台从服务器发生故障。ZooKeeper 通过定期保存的快照信息和日志信息来实现其容错能力。

1) ZooKeeper 数据一致性问题

ZooKeeper 的任何一台从服务器也能为客户端提供读服务是其高吞吐量的主要原因,但另一方面也导致了一个问题:客户端可能会读到过期的数据。即客户端在从服务器上读数据时,主服务器已经修改了数据,还来不及将修改后的数据通知从服务器。对于此问题,ZooKeeper 提供了同步操作来解决,客户端需要在从服务器上读取数据时调用同步方法,接收到同步命令的从服务器会向主服务器发起数据同步请求,以此来保证客户端在从服务器上读取的数据和主服务器是一致的。

2) ZooKeeper 数据模型

ZooKeeper 和 Chubby 的内存数据模型都类似于传统文件系统,由树形的层级目录结构构成,其中的节点称为 Znode,其可以是文件或是目录,如图 10-13 所示。一般需要整体完成小数据的读写,其原因是避免被用于充当分布式存储系统使用存放大数据(Chubby 也是如此)。

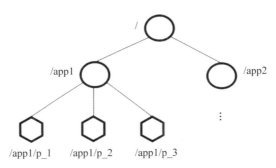

图 10-13　ZooKeeper 数据模型

ZooKeeper 和 Chubby 的节点类型也相同,分为持久型和临时型。临时型节点会在客户端结束请求或发生故障时被删除。持久型节点只有显式地执行删除才能将数据从 ZooKeeper 服务器上删除。

客户端可以在节点上设置观察标志,当节点发生变化时,ZooKeeper 会通知客户端,这一性质对于 ZooKeeper 提供的诸多服务至关重要。

3) ZooKeeper 的典型应用场景

选举领导者:ZooKeeper 在选举领导时,会创建一个临时节点,该节点上存放领导服务器的相关信息。其他节点会读取该节点的信息,使得整个集群知道谁是领导,并在临时节点上设置观察标志。若服务器没有读到该临时节点的数据,则表示此时集群中还没有领导,所有人都是平等的,则大家竞争领导,直到某一服务器的信息写入临时节点,表示领导产生。因为设置了观察标志,所有其他节点都会收到新的领导是谁的信息。如果有新的服务器加入集群,其会读取临时节点的信息,马上就能知道谁是领导。

配置管理：将上层集群的配置文件等信息存储在 ZooKeeper 集群的某个 Znode 里，集群中的所有节点都读取该 Znode 里的配置信息，并设置观察标志。以后如果配置信息发生变化，集群中所有节点都会收到消息，及时做出相应的改变。

集群成员管理：上层集群中有新人到来或是有人要走，必须要及时知道才行。ZooKeeper 服务可设置某一临时节点作为一个集群，集群中的成员作为该临时集群节点下的临时节点。客户端对这些临时节点设置观察标志，一旦有新的机器加入，或是有机器发生故障退出，就会马上收到 ZooKeeper 发来的告知消息，以此来完成集群成员的动态管理。

任务分配：客户端在 ZooKeeper 创建一个任务节点，并在该节点上设置观察标志，一旦有新任务到来就在该节点下创建一个子节点，并将信息告知上层集群。上层集群在 ZooKeeper 集群中创建一个工作节点，该节点下有多个机器节点，并对这些机器节点设置观察标志。上层集群收到任务请求后，就根据工作机器的繁忙情况选出一台机器，并在该机器节点下创建一任务节点。工作机器发现这个任务后说明有新的任务分配给自己，就去执行该任务。任务执行完后，工作机器删除自己名下的任务节点。同时会删除任务节点下的相应子节点，代表任务执行完成，客户端一直在监听这一任务节点，会马上知道任务已完成。

3. ZooKeeper 和 Chubby 的异同点

1）相同点

（1）两者的数据模型相同，都是树形的层级目录结构，类似传统文件系统。

（2）两者的节点相同，都分为临时型节点和持久型节点。

（3）Chubby 的订阅和 ZooKeeper 的观察标志类似。

（4）写或更新数据操作都需要在主服务器上完成。

2）不同点

（1）Chubby 强调系统的可靠性以及高可用性等，而不追求处理高吞吐量；ZooKeeper 能处理高吞吐量。

（2）Chubby 只有主节点能提供读数据的服务；ZooKeeper 中从节点也能提供读数据服务。

（3）一致性协议上 Chubby 使用 PAXOS；ZooKeeper 使用 ZAB。

（4）Chubby 的主节点有租约，租约到期没问题继续续约；ZooKeeper 谁是主节点就一直是谁，除非人为改变或发生故障等，没有租约概念。

10.3.6 云计算平台管理

云计算是随着分布式存储技术、海量数据处理技术、虚拟化技术等发展而形成的一种新的服务模式。云计算系统平台需要具有高效地调配大量的服务器资源，使其具有更好的协同工作的能力。其中，方便地部署和开通新业务、快速地发现并且恢复系统的故障、通过自动化和智能化手段实现大规模系统可靠的运营是云计算平台管理技术的关键。

对于提供者而言，云计算可以有三种部署模式，即公有云、私有云和混合云。三种模式对平台管理的要求大不相同。对于用户而言，由于企业对于信息通信技术（ICT）资源共享的控制、对系统效率的要求以及信息通信技术成本投入预算的不尽相同，企业所需要的云计算系统规模及可管理性能也大不相同。因此，云计算平台管理方案需要更多地考虑到定制化的需求，使其能够满足不同场景的应用。

1. 公有云

公有云通常指第三方提供商为用户提供的能够使用的云。公有云一般可通过 Internet 使用,可能是免费的或成本低廉的,公有云的核心属性是共享资源服务。企业通过自己的基础设施向外部用户提供服务。外部用户通过互联网访问服务,但并不拥有云计算资源。

公有云的计算模型可分为以下三部分。

(1) 公有云接入。个人或企业可以通过普通的互联网来获取云计算服务,公有云中的"服务接入点"负责对接入的个人或企业进行认证、判断权限和服务条件等,通过"审查"的个人和企业,就可以进入公有云平台并获取相应的服务了。

(2) 公有云平台。公有云平台是负责组织协调计算资源,并根据用户的需要提供各种计算服务。

(3) 公有云管理。公有云管理对"公有云接入"和"公有云平台"进行管理监控,它面向的是端到端的配置、管理和监控,为用户可以获得更优质的服务提供了保障。

公有云的优缺点如下。

优点:除了通过网络提供服务外,客户只需为他们使用的资源支付费用。此外,由于组织可以访问服务提供商的云计算基础设施,因此他们无须担心自己的安装和维护问题。

缺点:与安全有关。公有云通常不能满足许多安全法规遵从性的要求,因为不同的服务器有可能驻留在多个国家,并具有各种安全法规。而且,网络问题可能发生在在线流量峰值期间。虽然公有云模型通过提供按需付费的定价方式通常具有成本效益,但在移动大量数据时,其费用会迅速增加。

根据市场参与者类型分类,公有云可以分为以下五类。

(1) 传统电信基础设施运营商,包括中国移动、中国联通和中国电信。

(2) 政府主导下的地方云计算平台,如各地如火如荼的各种"××云"项目。

(3) 互联网巨头打造的公有云平台,如腾讯云、阿里云。

(4) 部分原 IDC(互联网数据中心)运营商,如世纪互联。

(5) 具有国外技术背景或引进国外云计算技术的国内企业,如风起亚洲云。

2. 私有云

私有云是为一个客户单独使用而构建的,因而能够提供对数据、安全性和服务质量的最有效控制。部署私有云的公司拥有基础设施,并可以控制在这些基础设施上部署应用程序的方式。私有云可部署在企业数据中心的防火墙内,也可以将它们部署在一个安全的主机托管场所,私有云的核心属性是专有资源。

私有云可由公司自己的 IT 机构,也可由云提供商进行构建。在后一种模式中,像 Sun、IBM 这样的云计算提供商可以安装、配置和运营基础设施,以支持一个公司企业数据中心内的专用云。此模式赋予公司对于云资源使用情况的极高水平的控制能力,同时带来建立并运作该环境所需的专门知识。

私有云平台分为以下三部分。

(1) 私有云平台。私有云平台向用户提供各类私有云计算服务、资源和管理系统。

(2) 私有云服务。私有云服务提供了以资源和计算能力为主的云服务,包括硬件虚拟化、集中管理、弹性资源调度等。

(3) 私有云管理平台。私有云管理平台负责私有云计算各种服务的运营,并对各类资源进行集中管理。

私有云的优点如下。

(1) 数据安全。私有云是为一个用户单独使用而构建的,因而在数据安全性以及服务质量上自己可以有效地管控。

(2) 服务质量(QoS)。因为私有云一般在防火墙之后,而不是在某一个遥远的数据中心中,所以当公司员工访问那些基于私有云的应用时,它的服务品质(SLA)应该会非常稳定,不会受到像 2009 年 5 月 19 日"暴风门"这种导致大规模的断网的事件影响。

(3) 充分利用现有硬件资源和软件资源。每个公司特别是大公司都会有很多遗留程序的应用,而且遗留程序大多都是其核心应用。虽然公有云的技术很先进,但却对遗留程序的应用支持不好,因为遗留程序很多都是用静态语言编写的,以 Cobol、C、C++ 和 Java 为主,而现有的公有云对这些语言的支持很有限。但私有云在这方面就不错,如 IBM 推出的 CloudBurst,通过 CloudBurst,能非常方便地构建基于 Java 的私有云。而且一些私有云的工具能够利用企业现有的硬件资源来构建云,这样将极大地降低企业的成本。

(4) 不影响现有 IT 管理的流程。私有云可以搭建在公司的局域网上,与公司内部的公司监控系统、资产管理系统等相关系统进行打通,从而更有利于公司内部系统的集成管理。

私有云虽然在数据安全性方面比公有云高,但是维护的成本也相对较大(对于中小企业而言),因此一般只有大型的企业会采用这类云平台,因为对于这些企业而言,业务数据这条生命线不能被任何其他的市场主体获取到。与此同时,一个企业尤其是互联网企业发展到一定程度之后,自身的运维人员以及基础设施都已经比较充足完善了,搭建自己的私有云有时候成本反而会比公有云来得低(所谓的规模经济)。举个例子:百度绝对不会使用阿里云,不仅是出于自己的数据安全方面的考虑,成本也是一个比较大的影响因素。

3. 混合云

混合云是近年来云计算的主要模式和发展方向。私有云主要是面向企业用户,出于安全考虑,企业更愿意将数据存放到私有云中。但是一些企业用户同时又希望可以获得公有云的计算资源,在这种情况下混合云被越来越多地采用。混合云融合了公有云和私有云,将公有云和私有云进行了混合和匹配。它既利用了私有云的安全,将内部重要数据保存在本地数据中心,同时也可以使用公有云的计算资源,更高效快捷地完成工作。相比公有云和私有云,混合云具有以下特点。

(1) 可扩展。混合云突破了私有云的硬件限制,利用公有云的可扩展性,可以随时获取更高的计算能力。企业通过把非机密功能移动到公有云区域,可以降低对内部私有云的压力和需求。

(2) 更节省。混合云可以有效地降低成本。它既可以使用公有云,又可以使用私有云,企业可以将应用程序和数据放在最适合的平台上,获得最佳的利益组合。

混合云的优缺点如下。

优点:允许用户利用公有云和私有云的优势,还为应用程序在多云环境中的移动提供了极大的灵活性。此外,混合云模式具有成本效益,因为企业可以根据需要决定使用成本更昂贵的云计算资源。

缺点:因为设置更加复杂而难以维护和保护。此外,由于混合云是不同的云平台、数据和应用程序的组合,因此整合可能是一项挑战。在开发混合云时,基础设施之间也会出现兼容性的问题。

10.3.7　信息安全

调查数据表明,安全已经成为阻碍云计算发展的最主要原因之一。数据显示,32%已经使用云计算的组织和45%尚未使用云计算的组织的信息通信技术管理将云安全作为进一步部署云的最大障碍。因此,要想保证云计算能够长期稳定、快速发展,安全是首先需要解决的问题。

事实上,云计算安全也不是新问题,传统互联网存在同样的问题。只是云计算出现以后,安全问题变得更加突出。在云计算体系中,安全涉及很多层面,包括网络安全、服务器安全、软件安全、系统安全等。因此,有分析师认为,云安全产业的发展,将把传统安全技术提高到一个新的阶段。

现在,不管是软件安全厂商还是硬件安全厂商,都在积极研发云计算安全产品和方案,包括传统杀毒软件厂商、软硬防火墙厂商、IDS/IPS 厂商在内的各个层面的安全供应商都已加入云安全领域。相信在不久的将来,云安全问题将得到很好的解决。

10.4　主流云平台

10.4.1　国外云平台

当今国外云平台主要以美国亚马逊、微软公司、谷歌公司为代表。

1. AWS 简介

AWS(Amazon Web Services,Amazon 云服务)在 2006 年开始以 Web 服务的形式向企业提供 IT 基础设施服务(现在通常称为云计算),现已发展成为一个安全的云服务平台,为全球用户提供云解决方案,提供计算能力、数据库存储、内容交付以及其他功能来帮助实现业务扩展和增长。全球数以百万计的用户目前正在利用 AWS 云产品的解决方案来构建灵活性、可扩展性和可靠性更高的复杂应用程序。

Amazon 提供的专业云计算服务包括 Amazon 弹性计算云(Amazon EC2)、Amazon 简单存储服务(Amazon S3)、Amazon 简单数据库服务(Amazon Simple DB)以及 Amazon 简单队列服务(Amazon Simple Queue Service)等。AWS 的数据中心位于美国、欧洲、巴西、新加坡和日本,AWS 云在全球 22 个地理区域内运营着 69 个可用区为 190 多个国家和地区提供服务。AWS 云提供的各种各样的基础设施服务(如计算能力、存储选项、联网和数据库等)具有按需交付、即时使用、按使用量付费定价等特点。AWS 产品架构如图 10-14 所示。

AWS 的优点如下。

AWS 在云中可提供高度可靠、可扩展、低成本的基础设施平台,让各行业的用户获得以下优势。

(1)成本低。AWS 可以用多少付多少,无前期费用,无须签订长期使用合约。AWS 能够构建和管理大规模的全球基础设施,并以优惠的价格将节约的成本传递给用户。

(2)灵敏性和即时弹性。AWS 提供大型全球云基础设施,使用户能够快速创新、实验

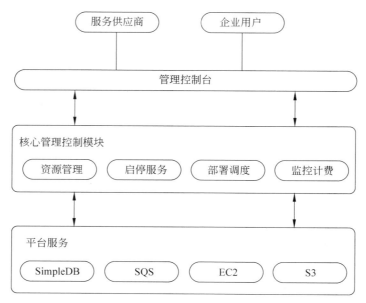

图 10-14　AWS 产品架构

和迭代。用户可以即时部署新的应用程序，随工作负载增长即时增大，并根据需求即时缩小。无论用户需要一个还是数千个虚拟服务器，无论用户需要运行几个小时还是全天候运行，用户只按实际用量付费。

（3）开放和灵活。AWS 是一款独立于语言和操作系统的平台，用户可以选择对自己的业务最有意义的开发平台或编程模型。用户可以自行选择服务类型和方式，这种灵活性使用户能够专注于创新，而不是基础设施。

（4）安全。AWS 是一个安全持久的技术平台，已获得以下行业认可的认证和审核：PCI DSS Level 1、ISO 27001、FISMA Moderate、FedRAMP、HIPAA、SOC 1（之前称为 SAS 70 或 SSAE 16）和 SOC 2 审核报告。AWS 服务和数据中心拥有多层操作和物理安全性，以确保用户数据的完整和安全。

AWS 的缺点：需要自己管理服务器上的进程，以及处理服务器意外终止后的善后工作，即维护比较麻烦。

2. Microsoft Azure

Microsoft Azure 是微软公司的公有云解决方案，是运行在微软数据中心之上的云计算平台。Windows Azure 的主要目标是为开发者提供一个平台，帮助开发可运行在云服务器、数据中心、Web 和 PC 上的应用程序。云计算的开发者能使用微软全球数据中心的储存、计算能力和网络基础服务。

Azure 就是微软云计算所有服务的基础平台，从 Live 服务，到数据服务，到提供 SharePoint 和 Microsoft Dynamics CRM 的空间服务。应用程序既可以运行在云中，也可以运行在本地系统。Microsoft Azure 平台架构示意图如图 10-15 所示。

（1）Windows Azure，用于服务托管，以及底层可扩展的存储，计算和网络的管理。

（2）Live Services，提供了一种一致性的方法，处理用户数据和程序资源，使得用户可以

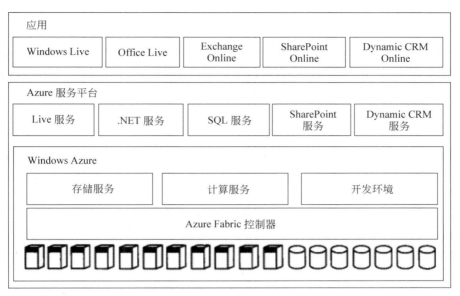

图 10-15　Windows Azure 平台

在 PC、手机、PC 应用程序和 Web 网站上存储、共享、同步文档、照片、文件以及任何信息。

（3）Microsoft SQL Services，可以扩展 Microsoft SQL Server 应用到云中的能力。

（4）Microsoft .NET Services，使得用户可以便捷地创建基于云的松耦合的应用程序。另外，包含的访问控制机制可以保护用户的安全程序。

（5）Microsoft SharePoint Services & Dynamics CRM 服务，用于在云端提供针对业务内容、协作和快速开发的服务，建立更强的客户关系。

Microsoft Azure 服务平台已经包含如下功能：网站、虚拟机、云服务、移动应用服务、大数据支持以及媒体功能的支持。

（1）网站：允许使用 ASP、NET、PHP 或 Node.js 构建，并使用 FTP、Git 或 TFS 进行快速部署。支持 SQL Database、Caching、CDN 及 Storage。

（2）虚拟机：在 Microsoft Azure 上可以轻松部署并运行 Windows Server 和 Linux 虚拟机。迁移应用程序和基础结构，而无须更改现有代码。支持 Windows Virtual Machines、Linux Virtual Machines、Storage、Virtual Network、Identity 等功能。

（3）云服务：云服务是 Windows Azure 中的企业级云平台，使用平台即服务（PaaS）环境创建高度可用的且可无限缩放的应用程序和服务。支持多层方案、自动化部署和灵活缩放。支持 Cloud Services、SQL Database、Caching、Business Analytics、Service Bus、Identity。

（4）移动应用服务：移动应用服务是 Windows Azure 提供的移动应用程序的完整后端解决方案，加速连接的客户端应用程序开发。在几分钟内并入结构化存储、用户身份验证和推送通知。支持 SQL Database、Mobile 服务。并可以快速生成 Windows Phone、Android 或者 iOS 应用程序项目。

（5）大数据处理：Windows Azure 提供的海量数据处理能力，可以从数据中获取可执行洞察力，利用完全兼容的企业准备就绪 Hadoop 服务。PaaS 产品/服务提供了简单的管理,并与 Active Directory 和 System Center 集成。支持 Hadoop、Business Analytics、Storage、SQL Database 及在线商店 Marketplace。

(6) 媒体功能支持:支持插入、编码、保护、流式处理,可以在云中创建、管理和分发媒体。此 PaaS 产品/服务提供从编码到内容保护再到流式处理和分析支持的所有内容。支持 CDN 及 Storage 存储。

3. Google GAE

GAE(Google App Engine)是 Google 公司在 2008 年推出的互联网应用服务引擎,它采用云计算技术,使用多个服务器和数据中心来虚拟化应用程序,可以看作托管网络应用程序的平台。GAE 支持的开发语言包括 Java、Python、PHP 和 Go 等,全球大量的开发者基于 GAE 开发了众多的应用。

如图 10-16 所示,GAE 平台主要包括五部分:GAE Web 服务基础设施、分布式存储服务(DataStore)、应用程序运行时环境(Application Runtime Environment)、应用开发套件(SDK)和管理控制台(Admin Console)。

图 10-16　Google App Engine 系统结构

GAE Web 服务基础设施提供了可伸缩的服务接口,保证了 GAE 对存储和网络等资源的灵活使用和管理。

分布式存储服务则提供了一种基于对象的结构化数据存储服务,保证应用能够安全、可靠并且高效地执行数据管理任务。

应用程序运行时环境为应用程序提供可自动伸缩的运行环境,目前应用程序运行时环境支持 Java 和 Python 两种编程语言。

开发者可以在本地使用应用开发套件开发和测试 Web 应用,并可以在测试完成之后将应用远程部署到 GAE 的生产环境中。

通过 GAE 的管理控制台,用户可以查看应用的资源使用情况,查看或者更新数据库、管理应用的版本,查看应用的状态和日志等。

GAE 不同于 Amazon 公司的 EC2,EC2 的目标是为了提供一个分布式的、可伸缩的、高可靠的虚拟机环境。GAE 更专注于提供一个开发简单、部署方便、伸缩快捷的 Web 应用运行和管理平台。GAE 的服务涵盖了 Web 应用整个生命周期的管理,包括开发、测试、部署、运行、版本管理、监控及卸载。GAE 使应用开发者只需专注核心业务逻辑的实现,而不需要关心物理资源的分配、应用请求的路由、负载均衡、资源及应用的监控和自动伸缩等任务。

10.4.2 国内典型云平台

国内云平台主要以阿里巴巴、百度、腾讯三家公司的产品为代表。

1. 阿里云

阿里云是阿里巴巴集团提供的云计算品牌，也是全球卓越的云计算技术和服务提供商，创立于 2009 年，在杭州、北京、美国硅谷等地设有研发中心和运营机构。至 2020 年，公有云 IaaS 厂商全球市场份额阿里云排名第三，仅次于 AWS 和 Azure。

2015 年 11 月，阿里云将旗下云 OS、云计算、云存储、大数据和云网络 5 项服务整合为统一的"飞天"平台，如图 10-17 所示。该平台所提供的服务于 2011 年 7 月 28 日在 www.aliyun.com 正式上线，推出了第一个云服务——弹性计算服务。目前，阿里云已经推出了包括弹性计算服务、开放存储服务、关系型数据库服务、开放结构化数据服务在内的一系列服务和产品。

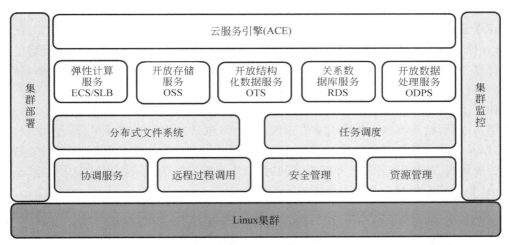

图 10-17 "飞天"系统结构图

"飞天"是一个大规模分布式计算系统，它包括飞天内核和飞天开放服务。

"飞天"内核负责管理数据中心 Linux 集群的物理资源，控制分布式程序运行，隐藏下层故障恢复和数据冗余等细节，有效提供弹性计算和负载均衡。飞天平台内核包含的模块可以分为以下几部分。

（1）分布式系统底层服务：提供分布式环境下所需要的协调服务、远程过程调用、安全管理和资源管理的服务。这些底层服务为上层的分布式文件系统、任务调度等模块提供支持。

（2）分布式文件系统：提供一个海量的、可靠的、可扩展的数据存储服务，将集群中各个节点的存储能力聚集起来，并能够自动屏蔽软硬件故障，为用户提供不间断的数据访问服务。支持增量扩容和数据的自动平衡，提供类似于 POSIX 的用户空间文件访问 API。支持随机读写和追加写的操作。

（3）任务调度：为集群系统中的任务提供调度服务，同时支持强调响应速度的在线服务（Online Service）和强调处理数据吞吐量的离线任务（Batch Processing Job）。自动检测系统中故障和热点,通过错误重试、针对长尾作业并发备份作业等方式,保证作业稳定可靠地完成。

(4) 集群监控和部署:对集群的状态和上层应用服务的运行状态和性能指标进行监控,对异常事件产生警报和记录。为运维人员提供整个飞天平台以及上层应用的部署和配置管理,支持在线集群扩容、缩容和应用服务的在线升级。

"飞天"开放服务为用户应用程序提供了计算和存储两方面的接口和服务,包括弹性计算服务(Elastic Compute Service,ECS)、开放存储服务(Open Storage Service,OSS)、开放结构化数据服务(Open Table Service,OTS)、关系型数据库服务(Relational Database Service,RDS)和开放数据处理服务(Open Data Processing Service,ODPS),并基于弹性计算服务提供了云服务引擎(Aliyun Cloud Engine,ACE)作为第三方应用开发和 Web 应用运行和托管的平台。

2. 百度智能云

百度智能云是由百度公司创建并运营,提供云计算服务的网站,创立于 2015 年。最初称为百度云或百度开放云,2019 年 4 月更改为现名。百度智能云服务包括云计算、网站托管、云存储、CDN、数据库、网络安全、数据分析、多媒体、物联网以及 App 等。百度智能云专注云计算、智能大数据、人工智能服务,提供稳定的云服务器、云主机、云存储、CDN、域名注册、物联网等云服务,支持 API 对接、快速备案等专业解决方案。

如图 10-18 所示,百度智能云新架构分为三层,底层是百度大脑,包括基础层、感知层、认知层及安全,是百度核心技术引擎。中间是平台,包括通用的基础云平台、AI 中台、知识中台,以及针对场景的平台和其他关键组件。在基础层和平台的支持下,上层的行业智能应用和行业解决方案将为各行各业赋能。同时,百度智能云打造了一体化的安全体系,全面覆盖从 AI 模型安全到行业生态安全的方方面面。

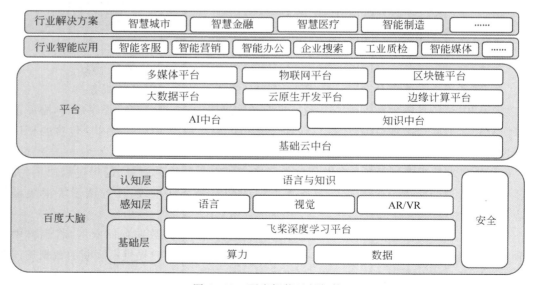

图 10-18　百度智能云新架构

百度智能云 AI 中台依托百度大脑,企业可以搭建自己的 AI 平台,让企业可以按照自己的需求快速、高效地开发 AI 解决方案。AI 中台是每个企业智能化升级必备的基础设施，包括 AI 能力引擎、AI 开发平台两大核心能力以及管理平台。

知识中台是基于百度知识图谱、自然语言处理、多模态语义理解、智能搜索等 AI 核心技术推出的平台。知识中台在底层对接各种不同来源和形式的数据，核心功能层为企业提供知识生产、知识加工、知识应用能力，上层支持不同业务场景，包括智能知识库、行业知识图谱，以及企业搜索、智能推荐等。

智能视频全面整合百度在图像、语音、文字领域的人工智能优势，提供覆盖视频生产、处理、分发和消费的全流程解决方案，助力企业快速搭建安全、稳定、高效的互联网视频应用。

智能大数据提供全托管、可视化、一站式的数据服务，助力企业智能化运营。

智能物联网以云-边-端及时空数据管理能力为核心优势，提供完善易用的物联网基础设施和端到端物联网解决方案。

区块链平台致力于打造灵活可信的 BaaS 赋能平台，构建多场景一站式区块链＋ABC 解决方案，降低企业业务链上的门槛，助力金融、政务、医疗、互联网等各行各业建立新型的企业协作模式。

云原生平台提供高度容器化、函数化的云原生基础设施，具备企业级的微服务治理能力，并集成百度 Devops 工具链。

3. 腾讯云

腾讯云是腾讯公司提供的面向企业和个人的公有云平台，主要提供云服务器、云数据库、云存储和 CDN 等基础云计算服务，以及提供游戏、视频、移动应用等行业解决方案。腾讯云有着深厚的基础架构，并且有着多年对海量互联网服务的经验，不管是社交、游戏还是其他领域，都有多年的成熟产品来提供产品服务。腾讯已在云端完成重要部署，为开发者及企业提供云服务、云数据、云运营等整体一站式服务方案。

腾讯云产品与服务架构如图 10-19 所示，开发者通过接入腾讯云平台，可降低初期创业的成本，能更轻松地应对来自服务器、存储以及带宽的压力。

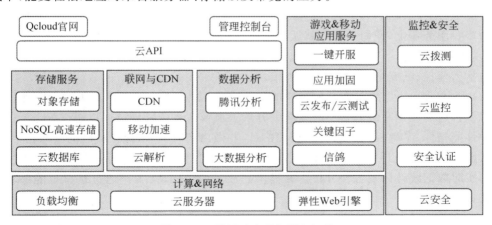

图 10-19　腾讯云产品与服务架构

1）计算与网络

包括云服务器、负载均衡、弹性 Web 引擎等功能模块。

（1）云服务器。高性能高稳定的云虚拟机,可在云中提供弹性可调节的计算容量,可以轻松购买自定义配置的机型,在几分钟内获取到新服务器,并根据用户的需要使用镜像进行快速扩容。

（2）弹性 Web 引擎。弹性 Web 引擎(Cloud Elastic Engine)是一种 Web 引擎服务,是一体化 Web 应用运行环境,弹性伸缩。通过提供已部署好 PHP、Nginx 等的基础 Web 环境,让用户仅需上传自己的代码,即可轻松地完成 Web 服务的搭建。

（3）负载均衡。腾讯云负载均衡服务,用于将业务流量自动分配到多个云服务器、弹性 Web 引擎等计算单元的服务,帮助用户构建海量访问的业务能力,以及实现高水平的业务容错能力。腾讯云提供公网及内外负载均衡,分别处理来自公网和云内的业务流量分发。

2）存储与 CDN

包括云数据库、NoSQL 高速存储、对象存储服务及 CDN 等功能模块。

（1）云数据库(Cloud DataBase,CDB)是腾讯云平台提供的面向互联网应用的数据存储服务。

（2）NoSQL 高速存储是腾讯自主研发的极高性能、内存级、持久化、分布式的 Key/Value 存储服务。NoSQL 高速存储以最终落地存储来设计,拥有数据库级别的访问保障和持续服务能力。支持 Memcached 协议,能力比 Memcached 强,适用 Memcached、TTServer 的地方都适用 NoSQL 高速存储。NoSQL 高速存储解决了内存数据可靠性、分布式及一致性上的问题,让海量访问业务的开发变得简单快捷。

（3）对象存储服务是腾讯云平台提供的对象存储服务。对象存储服务为开发者提供安全、稳定、高效、实惠的对象存储服务,开发者可以将任意动态、静态生成的数据,存放到对象存储服务上,再通过 HTTP 的方式进行访问。对象存储服务的文件访问接口提供全国范围内的动态加速,使开发者无须关注网络不同所带来的体验问题。

（4）CDN(Content Delivery Network,内容分发网络)。腾讯 CDN 服务的目标与一般意义上的 CDN 服务是一样的,旨在将开发者网站中提供给终端用户的内容(包括网页对象——文本、图片、脚本,可下载的对象——多媒体文件、软件、文档,等等),发布到多个数据中心的多台服务器上,使用户可以就近取得所需的内容,提高用户访问网站的响应速度。

3）监控与安全

包括云监控、云安全、云拨测等功能模块。

（1）腾讯云监控是面向腾讯云客户的一款监控服务,能够对客户购买的云资源以及基于腾讯云构建的应用系统进行实时监测。开发人员或者系统管理员可以通过腾讯云监控收集各种性能指标,了解其系统运行的相关信息,并做出实时响应,保证自己的服务正常运行。腾讯云监控也是一个开放式的监控平台,支持用户上报个性化的指标,提供多个维度、多种粒度的实时数据统计以及告警分析。并提供开放式的 API,让客户通过接口也能够获取到监控数据。

（2）腾讯云安全能够帮助开发商免受各种攻击行为的干扰和影响,让客户专注于自己创新业务的发展,极大地降低了客户在基础环境安全和业务安全上的投入和成本。

（3）云拨测依托腾讯专有的服务质量监测网络,利用分布于全球的服务质量监测点,对用户的网站、域名、后台接口等进行周期性监控,并提供实时告警、性能和可用性视图展示、智能分析等服务。

4）数据分析

该功能模块包括 TOD 大数据处理、腾讯云分析及腾讯云搜索等功能模块。

（1）TOD 是腾讯云为用户提供的一套完整的、开箱即用的云端大数据处理解决方案。开发者可以在线创建数据仓库，编写、调试和运行 SQL 脚本，调用 MR 程序，完成对海量数据的各种处理。另外，开发者还可以将编写的数据处理脚本定义成周期性执行的任务，通过可视化界面拖曳定义任务间的依赖关系，实现复杂的数据处理工作流。主要应用于海量数据统计、数据挖掘等领域。

（2）腾讯云分析是一款专业的移动应用统计分析工具，支持主流智能手机平台。开发者可以方便地通过嵌入统计 SDK，实现对移动应用的全面监测，实时掌握产品表现，准确洞察用户行为。不仅仅是记录，移动 App 统计还分析每个环节，利用数据透过现象看本质。

（3）腾讯云搜索（Tencent Cloud Search）是腾讯公司基于在搜索领域多年的技术积累，对公司内部各大垂直搜索业务搜索需求进行高度抽象，把搜索引擎组件化、平台化、服务化，最终形成成熟的搜索对外开放能力，为用户提供结构化数据搜索托管服务。

习　　题

一、选择题

1. 云计算是对（　　）技术的发展与运用。

    A. 并行计算　　　　B. 网格计算　　　　C. 分布式计算　　　D. 以上都是

2. SaaS 是指（　　）。

    A. 软件即服务　　B. 平台即服务　　　C. 安全即服务　　　D. 桌面即服务

3. 与 SaaS 不同，（　　）这种"云"计算形式把开发环境或者运行平台也作为一种服务提供给用户。

    A. 软件即服务　　B. 基于平台服务　　C. 基于 Web 服务　　D. 基于管理服务

4. （　　）是公有云计算基础架构的基石。

    A. 虚拟化　　　　B. 分布式　　　　　C. 并行　　　　　　D. 集中式

5. 将基础设施作为服务的云计算服务类型是（　　）。

    A. IaaS　　　　　B. PaaS　　　　　　C. SaaS　　　　　　D. 以上都不是

6. 将平台作为服务的云计算服务类型是（　　）。

    A. IaaS　　　　　B. PaaS　　　　　　C. SaaS　　　　　　D. 以上都不是

7. 虚拟基础架构，就是以一台或者多台服务器作为物理机资源，借助虚拟化软件在物理机上构建多个（　　）。

    A. 虚拟机平台　　B. 模拟系统平台　　C. 虚拟系统平台　　D. 模拟机平台

8. 虚拟化资源指一些可以实现一定操作、具有一定功能，但其本身是（　　）的资源，如计算池、存储池和网络池、数据库资源等，通过软件技术来实现相关的虚拟化功能，包括虚拟环境、虚拟系统、虚拟平台。

    A. 虚拟　　　　　B. 真实　　　　　　C. 物理　　　　　　D. 实体

9. 下面关于宿主模型的特点描述正确的是（　　）。

    A. 虚拟机监视器本身就具备虚拟化功能

B. 由于虚拟机监视器同时具备物理资源的管理功能和虚拟化功能,所以物理资源虚拟化效率更高

C. 虚拟机的安全只依赖于虚拟机监视器的安全

D. 可以充分利用现在操作系统的设备驱动程序,虚拟机监视器无须为各类 I/O 设备重新实现驱动程序

10. (　　)是 Google 提出的用于处理海量数据的并行编程模式和大规模数据集的并行运算的软件架构。

    A. GFS   B. MapReduce   C. Chubby   D. BigTable

11. 在 BigTable 中,(　　)主要用来存储子表数据以及一些日志文件。

    A. GFS   B. Chubby   C. SSTable   D. MapReduce

12. MapReduce 适用于(　　)。

    A. 任意应用程序

    B. 任意可在 Windows Servet 2008 上运行的程序

    C. 可以串行处理的应用程序

    D. 可以并行处理的应用程序

13. 下列不属于 Google 云计算平台技术架构的是(　　)。

    A. 并行数据处理 MapReduce   B. 分布式锁 Chubby

    C. 结构化数据表 BigTable   D. 弹性云计算 EC2

14. 微软于 2008 年 10 月推出的云计算操作系统是(　　)。

    A. Google App Engine   B. 蓝云

    C. Azure   D. EC2

二、简答题

1. 云计算有何特征? 如何理解?

2. 简述云计算的三种服务模式及其功能。

3. 简述 BigTable 中 Chubby 的作用。

4. 简述 GFS 体系结构。

5. 简述 MapReduce 操作的全部流程。

附录 A　网络协议分析器 Wireshark

Wireshark(前身 Ethreal)是一个网络封包分析软件。它是目前世界上最受欢迎的协议分析软件,利用它可以将捕获到的各种各样协议的网络二进制数据流翻译为人们容易读懂和理解的文字和图表等形式,极大地方便了对网络活动的监测分析和教学实验。它具有丰富和强大的统计和分析功能,可在 Windows、Linux 等系统上运行。

Wireshark 作为一个网络报文分析工具,可以在网卡处实时检测和捕获各种网络数据包,并尽可能显示出最为详细的网络封包信息。Wireshark 使用 WinPcap 作为接口,直接与网卡进行数据报文交换。Wireshark 的强大功能,使其广泛地应用于网络技术的各个领域。下面是 Wireshark 一些应用的举例。

- 网络管理员用来解决网络问题。
- 网络安全工程师用来检测安全隐患。
- 开发人员用来测试协议执行情况。
- 用来学习网络协议。

Wireshark 不是入侵侦测系统(Intrusion Detection System,IDS)。对于网络上的异常流量行为,Wireshark 不会产生警示或者任何提示。然而,仔细分析 Wireshark 截取的封包能够帮助使用者对于网络行为有更清楚的了解。Wireshark 不会对网络封包产生内容的修改,它只会反映出流通的封装包的信息。Wireshark 本身也不会送出封包至网络上。

1. 安装 Wirshark 抓包工具

Wireshark 抓包工具可以从 https://www.wireshark.org 下载。如图 A-1 所示,根据自己的计算机是 32 位系统还是 64 位系统下载相应的 Wireshark 版本。

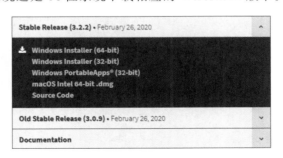

图 A-1　Wireshark 版本

在 Windows 10 上安装 Wireshark,如图 A-2 所示,在出现的安装对话框中单击 Next 按钮。在随后的安装过程中出现的对话框中,只要单击 Next 按钮即可。

在安装过程中会出现如图 A-3 所示的对话框,该对话框表示需要安装另外一个组件 Npcap。Npcap 组件和 WinPcap 都是 Windows 平台下的免费、公共的网络访问系统。开发这类项目的目的在于为 Win32 应用程序提供访问网络底层的能力。很多软件通过它们进行网络分析、故障排除、网络监控等应用。Wireshark 需通过网络接口来捕获原始数据包。

图 A-2　安装 Wireshark

Wireshark 3.0 以前的版本默认使用 WinPcap，但它无法抓取通过 127.0.0.1 本地环回地址的包。从 Wireshark 3.0 开始，Npcap 取代 WinPcap 组件，成为 Wireshark 默认的网卡核心驱动。

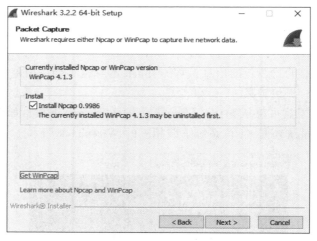

图 A-3　选择安装 Npcap 组件

2. 实施抓包

安装好 Wireshark 以后，就可以运行它来捕获数据包了。在 Windows 的"开始"菜单中，单击 Wireshark 菜单，启动 Wireshark，如图 A-4 所示。

图 A-4 为 Wireshark 初始进入的界面，界面中显示了当前可使用的接口，例如，本地连接 5、本地连接 10 等。要想捕获数据包，必须选择一个接口，表示捕获该接口上的数据包。在图 A-4 中，选择捕获"本地连接"接口上的数据包。

选择"本地连接 10"选项，然后双击该选项或单击左上角的"开始捕获分组"按钮，将开始捕获网络数据。当本地计算机浏览网站或与网络上其他计算机进行通信时，"本地连接"

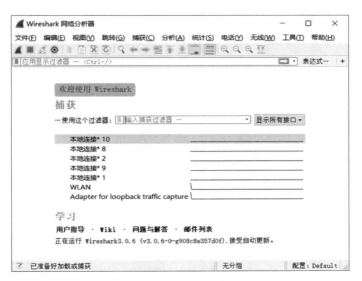

图 A-4 Wireshark 初始界面

接口的数据将会被 Wireshark 捕获到。捕获的数据包如图 A-5 所示。图中方框中显示了成功捕获到"本地连接 10"接口上的数据包。

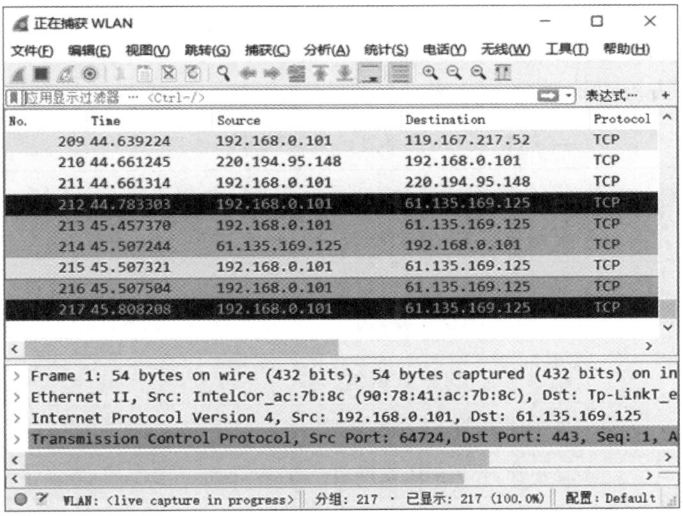

图 A-5 捕获数据界面

Wireshark 将一直捕获"本地连接"上的数据。如果不需要再捕获，可以单击"捕获"菜单上"停止"子菜单或左上角上的"停止捕获分组"按钮，停止捕获。

3. 使用显示过滤器

默认情况下，Wireshark 会捕获指定接口上的所有数据，并全部显示，这样会导致在分析这些数据包时，很难找到想要分析的那部分数据包。这时可以借助显示过滤器快速查找数据包。显示过滤器是基于协议、应用程序、字段名或特有值的过滤器，可以帮助用户在众多的数据包中快速地查找数据包，可以大大地减少查找数据包时所需的时间。

使用显示过滤器,需要在 Wireshark 的数据包界面中输入显示过滤器并执行,如图 A-6 所示。

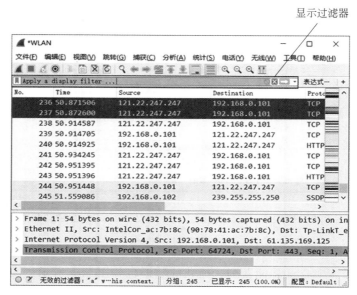

图 A-6　应用显示过滤器

图中方框标注的部分为显示过滤器区域。用户可以在里面输入显示过滤器,进行数据查找,也可以根据协议过滤数据包。表 A-1 列出常用显示过滤器及其作用。

表 A-1　常用显示过滤器及其作用

显示过滤器	作　　用
arp	显示所有 ARP 数据包
bootp	显示所有 BOOTP 数据包
dns	显示所有 DNS 数据包
ftp	显示所有 FTP 数据包
http	显示所有 HTTP 数据包
icmp	显示所有 ICMP 数据包
ip	显示所有 IPv4 数据包
ipv6	显示所有 IPv6 数据包
tcp	显示所有基于 TCP 的数据包
tftp	显示所有 TFTP(简单文件传输协议)数据包

例如,要从捕获到的所有数据包中过滤出 DNS 协议的数据包,这里使用 dns 显示过滤器,过滤结果如图 A-7 所示。图 A-7 中显示的所有数据包的协议都是 DNS 协议。

用户可以自己定义显示协议过滤器,其语法结构如下。

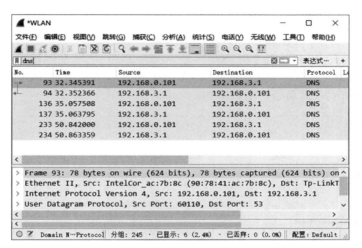

图 A-7　显示 DNS 协议数据

语法	Protocol	.	String1	.	String2	Comparison operator	Value	Logical Operations	Other Expression
例子	ftp		passive		ip	==	10.2.3.4	xor	icmp.type

其中,String1 和 String2 是可选的。依据协议过滤时,可直接通过协议来进行过滤,也可依据协议的属性值进行过滤。表 A-2 给出几个显示协议过滤器的使用例子。

表 A-2　显示协议过滤器

表　达　式	含　义
按协议过滤	
icmp	显示 ICMP 封包
snmp || dns || icmp	显示 SNMP 或 DNS 或 ICMP 封包
按协议属性值过滤	
ip.addr == 10.1.1.1	显示来源或目的 IP 地址为 10.1.1.1 的封包
ip.src != 10.1.2.3 or ip.dst != 10.4.5.6	显示来源不为 10.1.2.3 或者目的 IP 不为 10.4.5.6 的封包
ip.src != 10.1.2.3 and ip.dst != 10.4.5.6	显示来源不为 10.1.2.3 并且目的 IP 不为 10.4.5.6 的封包
tcp.port == 25	显示来源或目的 TCP 端口号为 25 的封包
tcp.dstport == 25	显示目的 TCP 端口号为 25 的封包
tcp.flags	显示包含 TCP 标志的封包
tcp.flags.syn == 0×02	显示包含 TCP SYN 标志的封包

如果过滤器的语法是正确的,表达式的背景呈绿色。如果呈红色,说明表达式有误。

4. 使用捕捉过滤器

Wireshark 过滤器分为两种:显示过滤器和捕获过滤器。显示过滤器指的是针对已经捕获的报文,过滤出符合过滤规则的报文;捕获过滤器指的是提前设置好过滤规则,只捕获符合过滤规则的报文。捕获过滤器的过滤功能相比显示过滤器弱,但适用范围广泛,使用BPF 语法,可以在很多工具中使用,如 TcpDump。

选择 Capture→Options 命令进入如图 A-8 所示界面,在该界面最下面中的"所选择接口的捕获过滤器"中,可以填写捕获过滤器,本例中填写"port 80"。设定好过滤器之后,单击"开始"按钮开始捕获满足条件的数据包。

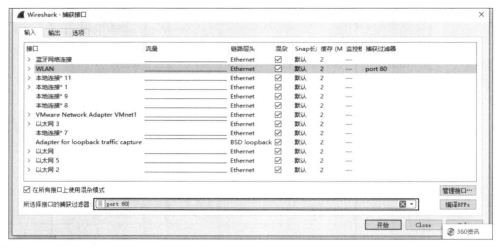

图 A-8　选择捕捉过滤器

捕获过滤器应用于 WinPcap 或 Npcap,并使用 Berkeley Packet Filter(BPF)语法。这个语法被广泛用于多种数据包嗅探软件,主要因为大部分数据包嗅探软件都依赖于使用BPF 的 libpcap/WinPcap 库。使用 BPF 语法创建的过滤器被称为表达式,并且表达式包含一个或多个原语。每个原语包含一个或多个限定词,限定词主要有三类,然后跟着一个 ID名字或者数字。表 A-3 给出了常用限定词,表 A-4 给出了几个原语例子。

表 A-3　捕获过滤器原语限定词

限 定 词	说　明	例 子
Type	指出名字或数字所代表的意义	host、net、port
Dir	指明传输方向是前往还是来自名字或数字	src、dst
Proto	限定所要匹配的协议	ether、ip、tcp、udp、http、ftp

表 A-4　捕获过滤器原语定义例子

表 达 式	含 义
捕获单个 IP	
host www.jd.com	捕获 www.jd.com 对应 IP 地址上的数据
host 192.168.0.11	捕获来自或到达 192.68.0.11 的数据
not 192.168.0.11	捕获除了来自/到达 192.168.0.11 的数据
src host 192.168.0.11	捕获来自 192.168.0.11 的数据

表　达　式	含　　义
dst host 192.168.0.11	捕获到达 192.168.0.11 的数据
捕获单个 IP	
net 192.168.0.11/24	捕获除了来自/到达 192.168.0.11 网络中任何主机的数据
net 192.168.0.11 mask 255.255.255.0	同上
捕获端口	
port 80	捕获到达/来自端口为 80 的 UDP/TCP 数据报文
tcp port 80	捕获到达/来自端口为 80 的 TCP 数据报文
udp port 80	捕获到达/来自端口为 80 的 UDP 数据报文
portrange 80-800	捕获到达/来自端口号为 80～800 的 UDP/TCP 数据报文

可以使用与(and 或符号"&")、或(or 或符号"or")、非(not 或符号"|")3 种逻辑运算符以及括号对原语进行组合,从而创建更高级的表达式。括号优先级最高,运算时从左至右进行。例如:

not tcp port 3128 and tcp port 23 与(not tcp port 3128)and tcp port 23 相同。

not tcp port 3128 and tcp port 23 与 not(tcp port 3128 and tcp port 23)不同。

5. 分析数据包层次结构

任何捕获的数据包都有它自己的层次结构,Wireshark 会自动解析这些数据包,将数据包的层次结构显示出来,供用户进行分析。这些数据包及数据包对应的层次结构分布在Wireshark 界面中的不同面板中。下面介绍如何查看指定数据包的层次结构。

使用 Wireshark 捕获数据包,界面如图 A-9 所示。

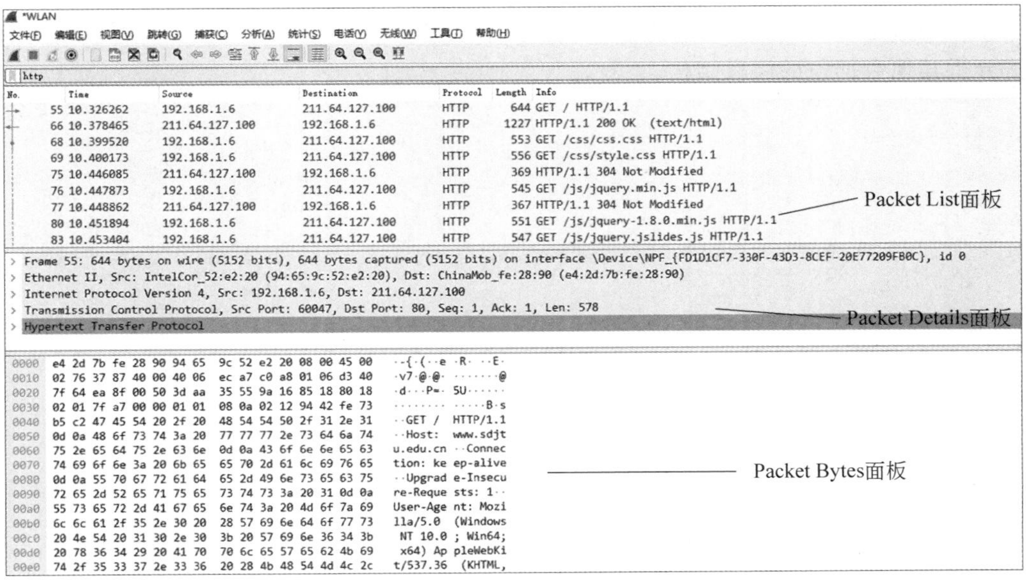

图 A-9　捕获数据包显示面板

图 A-9 中所显示的信息从上到下分布在 3 个面板中,每个面板包含的信息含义如下。

(1) Packet List 面板:显示 Wireshark 捕获到的所有数据包,这些数据包从 1 开始进行顺序编号。

(2) Packet Details 面板:中间部分,显示一个数据包的详细内容信息,并且以层次结构进行显示。这些层次结构默认是折叠起来的,用户可以展开查看详细的内容信息。

(3) Packet Bytes 面板:下面部分,显示一个数据包未经处理的原始样子,数据是以十六进制和 ASCII 格式进行显示。

下面以 HTTP 数据包为例,了解该数据包的层次结构。在 Packet List 面板中找到一个 HTTP 数据包,在图 A-9 的 Packet List 面板中,以序号 55 为例。序号 55 的数据包是一个 HTTP 数据包。此时在 Packet Details 面板上显示的信息就是该数据包的层次结构信息。这里显示了 5 个层次,每个层次的含义如下。

(1) Frame:该数据包物理层的数据帧概况。

(2) Ethernet Ⅱ:数据链路层以太网帧头部信息。

(3) Internet Protocol Version 4:网际层 IP 包头部信息。

(4) Transmission Control Protocol:传输层的数据段头部信息。

(5) Hypertext Transfer Protocol:应用层的信息,此处是 HTTP。

由此可见,Wireshark 对 HTTP 数据包进行解析,显示了 HTTP 的层次结构。

用户对数据包分析就是为了查看包的信息,展开每一层,可以查看对应的信息。例如,查看数据链路层信息,展开 Ethernet Ⅱ层,显示信息如图 A-10 所示。

```
∨ Ethernet II, Src: IntelCor_52:e2:20 (94:65:9c:52:e2:20), Dst: ChinaMob_fe:28:90 (e4:2d:7b:fe:28:90)
  > Destination: ChinaMob_fe:28:90 (e4:2d:7b:fe:28:90)
  > Source: IntelCor_52:e2:20 (94:65:9c:52:e2:20)
    Type: IPv4 (0x0800)
```

图 A-10　Ethernet Ⅱ层显示信息

显示的信息包括该数据包的发送者和接收者的 MAC 地址(物理地址)。可以以类似的方法分析其他数据包的层次结构。

图 书 资 源 支 持

感谢您一直以来对清华版图书的支持和爱护。为了配合本书的使用,本书提供配套的资源,有需求的读者请扫描下方的"书圈"微信公众号二维码,在图书专区下载,也可以拨打电话或发送电子邮件咨询。

如果您在使用本书的过程中遇到了什么问题,或者有相关图书出版计划,也请您发邮件告诉我们,以便我们更好地为您服务。

我们的联系方式:

地　　址:北京市海淀区双清路学研大厦 A 座 714

邮　　编:100084

电　　话:010-83470236　010-83470237

客服邮箱:2301891038@qq.com

QQ:2301891038(请写明您的单位和姓名)

资源下载:关注公众号"书圈"下载配套资源。

资源下载、样书申请

书 圈

获取最新书目

观看课程直播